Deepen Your Mind

Deepen Your Mind

洪錦魁簡介

一位跨越電腦作業系統與科技時代的電腦專家，著作等身的作家。

❑ DOS 時代他的代表作品是 IBM PC 組合語言、C、C++、Pascal、資料結構。

❑ Windows 時代他的代表作品是 Windows Programming 使用 C、Visual Basic。

❑ Internet 時代他的代表作品是網頁設計使用 HTML。

❑ 大數據時代他的代表作品是 R 語言邁向 Big Data 之路。

❑ 人工智慧時代他的代表作品是機器學習彩色圖解 + 基礎數學與基礎微積分 + Python 實作

除了作品被翻譯為簡體中文、馬來西亞文外，2000 年作品更被翻譯為 Mastering HTML 英文版行銷美國，近年來作品則是在北京清華大學和台灣深智同步發行：

1：Java 入門邁向高手之路王者歸來

2：Python 最強入門邁向頂尖高手、數據科學之路王者歸來

3：OpenCV 影像創意邁向 AI 視覺王者歸來

4：Python 網路爬蟲：大數據擷取、清洗、儲存與分析王者歸來

5：演算法最強彩色圖鑑 + Python 程式實作王者歸來

6：matplotlib 從 2D 到 3D 資料視覺化

7：網頁設計 HTML+CSS+JavaScript+jQuery+Bootstrap+Google Maps 王者歸來

8：機器學習彩色圖解 + 基礎數學、基礎微積分 + Python 實作王者歸來

9：R 語言邁向 Big Data 之路王者歸來

10：Excel 完整學習、Excel 函數庫、Excel VBA 應用王者歸來

11：Power BI 最強入門 – 大數據視覺化 + 智慧決策 + 雲端分享王者歸來

他的近期著作分別登上天瓏、博客來、Momo 電腦書類暢銷排行榜前幾名，他的著作最大的特色是，所有程式語法或是功能解說會依特性分類，同時以實用的程式範例做解說，讓整本書淺顯易懂，讀者可以由他的著作事半功倍輕鬆掌握相關知識。

C 最強入門邁向頂尖高手之路
王者歸來
序

1991 年我還在美國讀電腦博士班時，發表了第一本在 UNIX 環境撰寫的的 C 語言的著作，隨後因應 PC 環境也寫了 Turbo C、Borland C、Visual C、C++、電玩遊戲設計使用 C … 等著作。這些著作同時也在台灣與大陸出版，這次則是將過去撰寫 C 語言的經驗依據目前科技發展趨勢，重新撰寫與詮釋。

這是一本完整學習 C 語言的教材，也是目前講解 C 語言最完整的書籍，從最基本 C 語言觀念說起，逐步講解程式流程控制、迴圈、字串、指標、函數、結構、檔案輸入與輸出，到完整的大型專案設計。同時更進一步講解資料結構的基礎知識，串列、堆疊、佇列與二元樹，奠定讀者未來學習演算法的基礎。最後一章則是解說 C++ 與 C 語言的差異，由此內容讀者可以奠定學習物件導向程式的基礎。

為了讓讀者可以徹底了解 C 語言，本書使用大量圖例講解各語法運作過程與記憶體間的關係，特別在讀者容易搞混的指標章節、串列、堆疊、二元樹，更是全程記錄每個環節記憶體的變化。整本書用 468 個活潑、生動、實用的程式實例輔助解說各種語法的精神與內涵，436 張圖說解釋 C 語言運作原理。每個章節末端有是非題、選擇題、填充題，這是為了加深讀者學習印象與複習重點之用，193 個習題實作題，則是加強讀者程式設計技巧，同時可以舉一反三，全書附有偶數題的習題解答這是讓讀者可以自我練習與參考，奇數題則是期待讀者可以完全自我練習。本書也搭配了豐富的函數，讀者可以了解系統資源，加快未來的工作效率。從這本書內容，讀者可以徹底理解下列 C 語言的相關知識。

- ❑ 科技新知融入內容。
- ❑ 人工智慧融入內容。
- ❑ 圖解 C 的運作。
- ❑ C 語言輸入與輸出。
- ❑ C 語言解數學方程式。
- ❑ 處理基礎統計知識。
- ❑ 計算地球任意兩點的距離，
- ❑ 房貸計算。

- ❑ 程式流程控制與迴圈控制。
- ❑ 基礎數學與統計知識。
- ❑ 電腦影像處理。
- ❑ 認識排序的內涵,與臉書提昇工作效率法。
- ❑ 電腦記憶體位址詳解變數或指標的變化。
- ❑ 將迴圈應用在計算一個球的自由落體高度與距離。
- ❑ 設計函數最困難的是遞迴函數設計,本書從掉入無限遞迴的陷阱說起。
- ❑ 解說費式 (Fibonacci) 數列的產生使用一般設計與遞迴函數設計。
- ❑ 使用萊布尼茲 (Leibniz) 級數、尼莎卡莎 (Nilakanitha) 級數與反餘弦函數 acos( ) 說明圓周率。
- ❑ 從記憶體位址了解區域變數、全域變數和靜態變數。
- ❑ 最完整解說 C 語言的前端處理器。
- ❑ 徹底認識指標與陣列。
- ❑ 圖說指標與函數。
- ❑ 魔術方塊的應用。
- ❑ 完整實例與圖例解說指標與雙重指標。
- ❑ 使用陣列與指標方式講解奇數矩陣魔術方塊和 4 x 4 矩陣魔術方塊的設計。
- ❑ 將 struct 應用到平面座標系統、時間系統。
- ❑ 將 enum 應用在百貨公司結帳系統、打工薪資計算系統。
- ❑ 檔案與目錄的管理。
- ❑ 字串加密與解密。
- ❑ C 語言低階應用 – 處理位元運算。
- ❑ 建立專案執行大型程式設計。
- ❑ 說明基礎資料結構。
- ❑ 用堆疊觀念講解遞迴函數呼叫。
- ❑ 邁向 C++ 之路,詳解 C++ 與 C 語言的差異。

　　寫過許多的電腦書著作,本書沿襲筆者著作的特色,程式實例豐富,相信讀者只要遵循本書內容必定可以在最短時間精通 C 語言,奠定學習更高深電腦知識的基礎,編著本書雖力求完美,但是學經歷不足,謬誤難免,尚祈讀者不吝指正。

洪錦魁 2022-06-01

jiinkwei@me.com

教師資源說明

教學資源有 4 個部分：

1：本書所有程式實例的原始碼。

2：全部實作題的習題解答。

3：是非題、選擇題與填充題的 Word 檔案，方便老師用拷貝出考試題目。

4：教學投影片，共有 24 個章節，約 1600 頁內容。

如果您是學校老師同時使用本書教學，歡迎與本公司聯繫，本公司將提供教學投影片。請老師聯繫時提供任教學校、科系、Email、和手機號碼，以方便深智數位股份有限公司業務單位協助您。

臉書粉絲團

歡迎加入：王者歸來電腦專業圖書系列

歡迎加入：iCoding 程式語言讀書會 (Python, Java, C, C++, C#, JavaScript, 大數據, 人工智慧等不限)，讀者可以不定期獲得本書籍和作者相關訊息。

歡迎加入：穩健精實 AI 技術手作坊

讀者資源說明

讀者資源包含所有程式實例的原始碼和偶數題的習題解答，讀者可至深智公司網頁 https://deepmind.com.tw 下載。

目錄

目錄

第 7 章　陣列

第 8 章　字串徹底剖析

目錄

8

目錄

第一章

C 語言基本觀念

　　C 語言是 1972 年美國電腦科學家 Dennis Ritchie(1941 年 9 月 9 日 – 2011 年 10 月 12 日) 和 Ken Thompson(1943 年 2 月 4 日-) 兩人在一起設計 UNIX 作業系統發展出來的，由於 C 語言具備了組合語言低階功能，同時又具有高階的親和性，自然的使它成為目前電腦語言的主流。本章我們將對 C 語言的歷史，做一簡易的架構介紹。

Dennis Richie　　　　　Ken Thompson

上述圖片取材自
https://zh.wikipedia.org/wiki/%E4%B8%B9%E5%B0%BC%E6%96%AF%C2%B7%E9%87%8C%E5%A5%87
https://zh.wikipedia.org/wiki/%E8%82%AF%C2%B7%E6%B1%A4%E6%99%AE%E9%80%8A

1-1　C 語言的未來

攤開報紙的職業欄，相信各位一定經常看到： 徵求軟體工程師

條件：大專以上學歷。
　　　　二年系統設計經驗。
　　　　精通 C 語言。

　　由於 UNIX 已成為迷你或中型電腦的主要作業系統，自然的 C 語言已成這些電腦的主要程式語言。另外，IBM 的大型電腦原本也都沒有 C 的編譯程式，由於時代的趨勢也不得不加裝此一功能強大的編譯程式。在個人電腦 Visual C++ 或 Dev C++ 軟體內的 C，也成了青年學生及小軟體公司的主要程式語言了。

　　事實上資訊科學的教育體系下，系統架構程式設計、影像處理軟體、資料結構、I/O（Input/Output）控制及數值分析等均是鼓勵學生使用 C 語言完成。簡單說，如果您想在資訊科學領域有所成就，精通 C 語言是基本需求。

1-2　C 語言的特色

程式語言一般又可分為**高階語言**及**低階語言**。

高階語言 (例如：Basic、Fortran、Cobol 及 Pascal) 的**優點**是易學易懂，容易偵錯，與人類表達的語法較為有關。**缺點**是無法有效率的執行硬體週邊的控制，同時，執行效率也較差。

低階語言 (例如：組合語言) 則是執行效率好，對硬體的控制能力強，不過較難懂，同時編寫、閱讀、偵錯及事後維護均較困難。

每一個程式語言的發展均有其時代背景及特色，下列是早期一般常見的程式語言。

Basic：這是早期初學者必須學習的程式語言，淺顯易懂，也容易學習，此程式語言在目前的 Windows 作業系統下，已演變為 Visual Basic，也是資訊科學系學生必修的程式語言。

Fortran：這是工程背景學生必須的程式語言，內含有許多科學運算的函數庫可供工程計算，特別是數值分析時使用，其實筆者早年前赴美讀機械研究所時，每天均與此語言為伍。

Cobol：這屬商業用途常用的程式語言。

Pascal：這也是結構化的語言，曾經流行一段時間，早期資料結構及演算法則的學科，也曾以此語言為範本，做為學習的依據。

組合語言 (Assembly)：這是低階電腦語言，一般是電子、電機科學生的必修課程，主要應用在硬體介面的輸入 / 輸出 (I/O) 控制，學會這個語言，對於了解 CPU 運作、記憶體位址及各種電腦週邊的控制原理非常有幫助。不過，這也是較困難學習的一個電腦語言。

Python：這是當下最熱門同時應用最廣的程式語言，不論是軟硬體設計、網站前後端設計、系統設計等。如果讀者有志於在計算機科學領與發展，這是必備的程式語言，讀者可以參考筆者所著的一系列書籍。

　　C 語言其實介於高階語言和低階語言之間，它有類似 Pascal 結構化語言的特色，因此，早期計算機科學的**資料結構**及**演算法**則目前多以 C 語言做為學習範本。**註**：目前也有許多學校單位使用 Python 語言當作**資料結構**及**演算法**的程式語言。此外，C 語言也有低階電腦語言的特色，可方便執行硬體控制，及利用指標使用記憶體位址存取變數資料。同時 C 語言也可與組合語言執行連結，因此儘管 Python 語言興起，目前仍是資訊工程系或是資訊科學系學生，必須學習的電腦程式語言。

　　C 語言另一個很大的特色是具有高度的可攜性 (portability)，所謂的可攜性是在某一工作平台上用 C 語言撰寫的程式，例如，在 UNIX 系統設計的 C 語言程式，此程式轉至 Windows 作業系統時，通常可直接編譯及執行或只要修改很小的部份即可編譯及執行。你也可以將程式的可攜性想成硬體相容性 (compatibility)，例如：某一品牌的，螢幕介面卡可在任何不同主機板上安裝則表示它的相容性很好。若是此螢幕介面卡只適合 用某一品牌的主機板，則代表它的相容性不好。

1-3 C 程式語言開發過程

　　C 程式語言從設計，到最後的執行，一般是依據下列步驟進行：

1： 規劃程式。

2： 利用編輯程式撰寫原始程式。

3： 編譯和連結程式，此時系統將產生可執行模組。

4： 執行此程式。

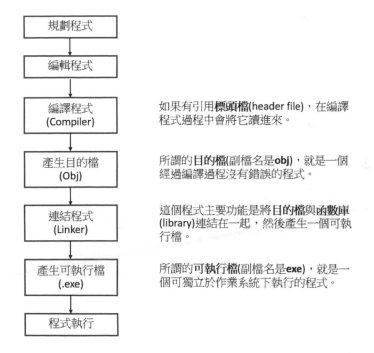

規劃程式

編輯程式

編譯程式
(Compiler)
　　如果有引用**標頭檔**(header file)，在編譯程式過程中會將它讀進來。

產生目的檔
(Obj)
　　所謂的**目的檔**(副檔名是**obj**)，就是一個經過編譯過程沒有錯誤的程式。

連結程式
(Linker)
　　這個程式主要功能是將**目的檔**與**函數庫**(library)連結在一起，然後產生一個可執行檔。

產生可執行檔
(.exe)
　　所謂的**可執行檔**(副檔名是**exe**)，就是一個可獨立於作業系統下執行的程式。

程式執行

　　設計 C 語言時，一定會使用一些函數，例如 printf( )，這是輸出函數，可協助在螢幕輸出資料，這些函數一般是定義在標頭檔內，此例：是在 stdio.h(標準輸入 / 輸出標頭檔)，因此，為了要順利編譯程式，C 語言程式前端常會看到下列指令。

```
#include <stdio.h>
```

如此，**編譯程式** (compiler) 在編譯此程式時，會將 stdio.h 標頭檔的內容讀入目的檔內。有些 C 語言編譯程式比較嚴謹，例如：Dev C++，如果程式內使用某些函數，在程式前端沒有使用「#include」，則編譯時會有錯誤訊息產生。有些 C 語言編譯程式，例如早期的 Borland C++(Turbo C) 即使你沒有使用「#include <stdio.h>」，也可以編譯，它會於編譯時先自動讀取標頭檔 stdio.h，再進行編譯，因此也可以正常產生目的檔 (obj)。或是忘了使用「#include <stdio.h>」指令時，程式編譯時只出現警告訊息，並自動讀入該標頭檔，程式仍正常產生目的檔 (obj)，例如 Visual C++。

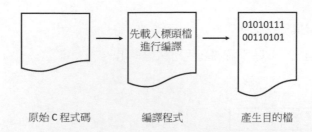

原始 C 程式碼　　　　編譯程式　　　　產生目的檔

連結程式 (Linker) 的目的是將目的檔與程式內所使用的函數連結在一起，然後產生一個可執行檔 (.exe)，這個可執行檔不需要借助 Dec C++ 或 Visual C++ 視窗環境，可以獨立在作業系統的環境下工作。

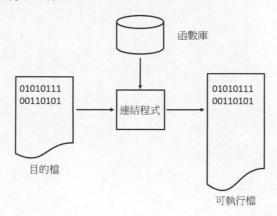

如果你所設計的是一個大型工作，其中包含數個小程式，則你的 C 語言的開發過程，應如下所示：

1： 規劃此大型工作。

2： 利用編輯程式撰寫各個小程式。

3： 編譯和連結各個小程式，此時系統將產生可執行模組。

4： 執行此程式。

下圖是上述步驟的流程圖說明。

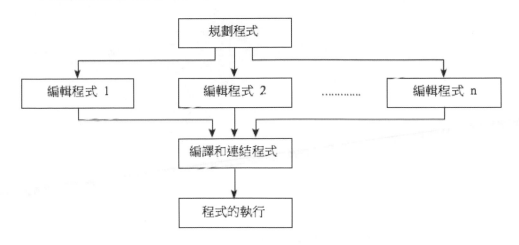

1-4 規劃程式

對初學電腦的人而言，常會面對一個程式作業而感到頭疼。一般而言，要克服困難只有一個方法，那就是多做練習。畢竟在電腦界的領域裡，沒有人是一夜成名的。

回顧早年的電腦界，1989 年舉世的頭條新聞就是**電腦病毒** (computer virus)，當時說到電腦病毒，前康乃爾 (Cornell University) 大學的 24 歲研究生羅伯莫理斯（Robert T. Morris）是這個領域中最有名氣的人。他曾利用一個電腦病毒程式，造成全美數以千計的電腦受到感染，有趣的是，他的父親是美國聯邦國家安全局電腦安全的首席主席。

美國的傳播界中，有人稱他為電腦天才，也有人稱他是電腦巫師。但是在他追求電腦知識的過程中，也是經歷過一陣刻苦的時光。在他父親的親自調教下， 他國中時期，即曾破獲別人電腦帳戶 (account) 的密碼 (password)，而進入他人的電腦帳戶內。在讀哈佛大學時，因太沈迷於電腦工作，而多讀了一年的大學。因此，唯有多做練習才可精益求精。當然在規劃程式過程中，也有簡單的基本原則可依循。那就是拿到程式作業，首先檢查，輸入資料有哪些？輸出的要求是什麼？條條大路通羅馬，你應該在這許多條路中，自行找出最可行的道路，在尋找的過程中，你可以將工作分成幾個區段，再一個一個組合起來。

一般在做程式規劃時可採用程式設計流程圖，下列是繪製流程圖時所用的流 程圖符號：

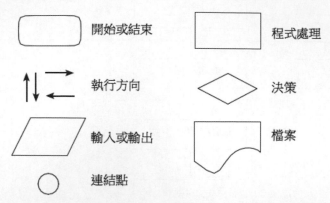

符號	意義
	開始或結束
	程式處理
	執行方向
	決策
	輸入或輸出
	檔案
	連結點

流程圖最大的好處是，可將腦海中的程式流程，在紙筆上先執行一次，特別是對於初學者的邏輯訓練很有幫助。例如，以 18 歲做區隔 (若未滿 18 歲輸出「滿 18 歲才可考駕照」)，若有駕照列印「可正常開車」，否則列印「需考駕照」，最後列印「交通安全人人有責」，則流程圖如下：

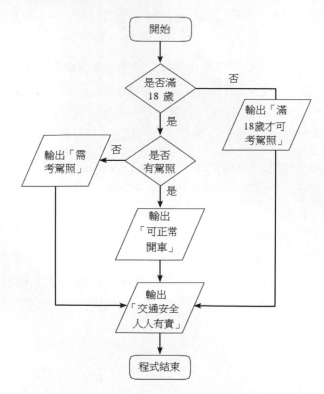

上述流程圖有 2 個決策點，第一個決策點「檢查是否滿 18 歲」，如果否，則執行輸出「滿 18 歲才可考駕照」。如果是滿 18 歲則執行第二個決策點「是否有駕照」如果是輸出「可正常開車」，否則輸出「需考駕照」，不論是經由「是」或「否」的決策，最後均進入執行輸出「交通安全人人有責」，然後程式執行結束。事實上，一般生活作息也可以用流程圖表達的，因此學會流程圖是非常有用的。

1-5 程式除錯 Debug

設計程式時難免有錯誤發生，一般程式錯誤有兩種。

1： **語法錯誤** (Syntax error)：表示您編輯程式的語法有錯，只要依照所使用的編譯程式指出的錯誤，加以訂正即可。

2： **語意錯誤** (Semantic error)：這類型的錯誤比較複雜，因為語法皆正確，程式也可以有執行結果，可是執行結果不是預期的結果。碰上這類狀況，表示架構程式的邏輯可能有問題、輸入資料錯誤或是公式錯誤，此時只好重頭到尾檢查程式碼，將程式邏輯重新構思、檢查輸入資料或是執行公式檢查。

通常我們又將程式除錯稱 Debug，De 是**除去**的意思，bug 是指**小蟲**，這是有典故的。1944 年 IBM 和哈佛大學聯合開發了 Mark I 電腦，此電腦重 5 噸，有 8 英呎高，51 英呎長，內部線路加總長是 500 英哩，沒有中斷使用了 15 年，下列是此電腦圖片。

本圖片轉載自 http://www.computersciencelab.com

在當時有一位女性程式設計師 Grace Hopper，發現了第一個電腦蟲 (bug)，一隻死的蛾 (moth) 的雙翅卡在**繼電器** (relay)，促使資料讀取失敗，下列是當時 Grace Hopper 記錄此事件的資料。

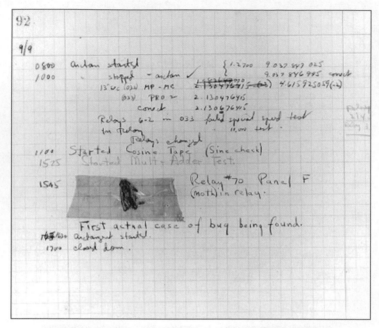

電腦歷史的第一隻電腦蟲（本圖版權屬 IEEE）

當時 Grace Hopper 寫下了下列兩句話。

Relay #70 Panel F (moth) in relay. First actual case of bug being found.

大意是編號 70 的繼電器出問題 (因為蛾)，這是真實電腦上所發現的第一隻蟲。自此電腦界認定用 debug 描述「找出及刪除程式錯誤」，這應歸功於 Grace Hopper。

1-6 程式的名稱

C 語言程式的檔案名稱，一般是由兩個部份組成，一個是**主要檔名**，另一個是**副檔名** (或是稱**延伸檔名**)。其中主要檔名可由你自行決定，副檔名則一定是 c。例如，有一個程式主要檔名是 ch1_1，則這個程式全名如下：

ch1_1.c

註 主要檔名和副檔名之間是用小數點分隔。

　　一般程式設計，大多是選用能夠表示電腦功能的名字來做檔案名稱。例如，如果設計一個時鐘程式可以使用下列檔案名稱：

clock.c

若是設一個排序程式，則使用下列檔案名稱：

sort.c

　　ch 是 chapter(章節) 的縮寫，為了本書所有程式的一貫性，本書所有程式皆以 ch 為開頭。

1-7　C 語言程式結構分析

　　假設有一範例如下所示：

程式範例 ch1_1.c：簡單的 C 語言實例。

```
1   /*    程式名稱 : ch1_1.c                  */
2   /*    第一次體驗 C                        */
3   #include <stdio.h>
4   #include <stdlib.h>
5   main()
6   {
7       int i;
8                              換列輸出
9       i = 1;
10      printf("C 程式設計\n");
11      printf("程式練習 %d \n",i);
12      printf("C 是精彩的 \n");
13      system("pause");
14  }
```

執行結果

```
　C:\Cbook\ch1\ch1_1.exe
C 程式設計
程式練習 1
C 是精彩的
請按任意鍵繼續 . . .
```

註 上述第 10 列 printf( ) 函數內有 "\n" 字元，這是換列輸出，更多觀念會在 2-3-2 節解說。

在 C 語言中，有的程式設計師喜歡在主程式 main( ) 的左邊加上 int，表示這是整數函數，如下圖程式範例 ch1_2.c 所示：

```
1   /*   程式名稱 : ch1_2.c                  */
2   /*   第二次體驗 C                        */
3   #include <stdio.h>
4   #include <stdlib.h>
5   int main()
6   {
7       int i;
8
9       i = 2;
10      printf("C 程式設計 \n");
11      printf("程式練習 %d \n",i);
12      printf("C 是精彩的 \n");
13      system("pause");
14  }
```

這相當於將主程式宣告成 int 型態，這對於整個程式執行是沒有影響的。有的程式設計師除了以上步驟外，另外，又在 int main( ) 的小括號內加上 void，表示函數沒有參數，同時程式結束前加上 "return 0;" 表示回傳值是 0，如下面程式範例 ch1_3.c 所示：

```
1   /*   程式名稱 : ch1_3.c                  */
2   /*   第三次體驗 C                        */
3   #include <stdio.h>
4   #include <stdlib.h>
5   int main(void)
6   {
7       int i;
8
9       i = 3;
10      printf("C 程式設計 \n");
11      printf("程式練習 %d \n",i);
12      printf("C 是精彩的 \n");
13      system("pause");
14      return 0;
15  }
```

1-8 C 語言程式範例 ch1_3.c 的解說

本節將介紹基本 C 語言結構，在了解 C 語言的基本結構後，我們接著才繼續說明各種 C 程式的語法，如此讀者可循序漸近的進入 C 語言的世界了。

1-8-1 程式的列號

前面程式範例中，程式的左邊有程式的列號，其實 C 語言程式是沒有列號的，在此之所以有列號，主要是供讀者閱讀方便，所以在輸入程式時，請不用輸入程式列號。

1-8-2 程式的註解

程式範例中,從第 1 列至第 2 列是註解,如下所示:

```
1  /*    程式名稱 : ch1_3.c              */
2  /*    第二次體驗 C                    */
```

凡是介於 "/*" 和 "*/" 之間的文字,編譯程式均會略過,而不予編譯。程式設計時,最好養成註解的習慣,以便利往後閱讀。

1-8-3 引用標頭檔

程式第 3 列及第 4 列的「#include」指令,是將函數庫引用在編譯程式內,未來程式連結後,即可產生正常的可執行檔。本程式第 10 列 ～ 12 列的 printf( ) 函數屬於「stdio.h」標頭檔,所以第 3 列「#include stdio.h」將促使可正常使用 printf( ) 函數呼叫。第 4 列的「#include stdlib.h」,stdlib.h 是標準函數庫標頭檔案,將促使可正常使用 system( ) 函數呼叫,未來章節會介紹更多 C 語言的函數庫,只要此函數是在 stdlib.h 內定義,我們就需使用 #include 引用該函數的標頭檔案,第 13 列的 system("pause") 函數可以凍結視窗,同時促使視窗出現「請按任意鍵繼續 …」,此時程式會先暫停,當使用者按下鍵盤上的任意鍵時,程式將繼續往下執行。如果沒有 system("pause") 螢幕會一閃就結束,我們會看不到執行結果。

stdio.h 和 stdlib.h 為什麼又稱**標頭檔** (header file) 呢?因為它們通常都是在程式開始處被引用,如果您的程式檔內文如下:

```
/*    程式名稱 : ch1_3.c              */
/*    第三次體驗 C                    */
#include <stdio.h>
#include <stdlib.h>
int main(void)
{
    ...
}
```

標頭檔 stdio.h 和 stdlib.h 標頭檔分別如下:

```
/*
 * stdio.h
 * This file has no copyright assigned and is placed in the Public Domain.
 * This file is a part of the mingw-runtime package.
 * No warranty is given; refer to the file DISCLAIMER within the package.
 *
 * Definitions of types and prototypes of functions for standard input and
 * output.
 *
 * NOTE: The file manipulation functions provided by Microsoft seem to
 * work with either slash (/) or backslash (\) as the directory separator.
 *
 */

#ifndef _STDIO_H_
#define _STDIO_H_

/* All the headers include this file. */
#include <_mingw.h>

#ifndef RC_INVOKED
#define __need_size_t
```

標頭檔 stdio.h

```
/*
 * stdlib.h
 * This file has no copyright assigned and is placed in the Public Domain.
 * This file is a part of the mingw-runtime package.
 * No warranty is given; refer to the file DISCLAIMER within the package.
 *
 * Definitions for common types, variables, and functions.
 *
 */

#ifndef _STDLIB_H_
#define _STDLIB_H_

/* All the headers include this file. */
#include <_mingw.h>


#define __need_size_t
#define __need_wchar_t
#define __need_NULL
#ifndef RC_INVOKED
```

標頭檔 stdlib.h

上述程式在編譯時，「#include <stdio.h> 和 #include <stdlib.h>」分別會被 stdio.h 和 stdlib.h 檔案取代，如下所示：

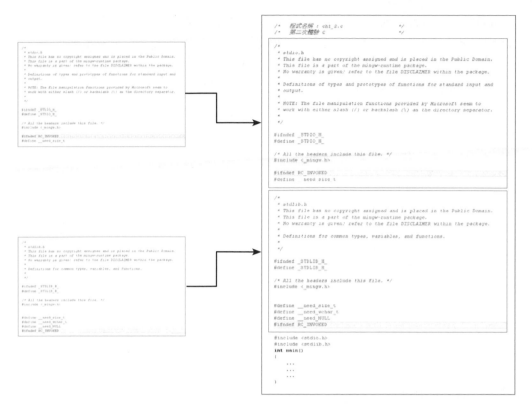

上述是程式編譯後含標頭檔的結果。

　　我們引用了標頭檔，各位可能會好奇，這些標頭檔是存放在那裡？其實一般在編譯程式資料夾內，大都有一個 include 資料夾，標頭檔就是存放在此資料夾內。例如：若以 Dev C++ 為例，若將此軟體安裝在 C 磁碟，則可在「C:\Dev- Cpp」資料夾內找到 include 資料夾，標頭檔就是在此資料夾內。**註**：更多細節可以參考 10-3-1 節。

其實有些 C 語言編譯程式，對是否在程式開頭加上 <#include stdio.h> 和 <#include stdlib.h> 並不十分介意，程式仍可正常編譯及執行，這是因為編譯程式在編譯時會自動將 stdio.h 和 stdlib.h 自動載入。有些編譯程式對未在程式開頭加上 <#include stdio.h> 和 <#include stdlib.h> 會出現警告訊息，但仍允許編譯及執行。筆者建議是最好照標準程式設計原則，該引用就引用，這樣可確保所設計的程式未來可在所有編譯程式上執行。同時，所設計程式的可攜性也大大提高了。

1-8-4　主程式 int main( ) 宣告

所有的 C 語言程式，均是由 main( ) 開頭的，C 語言程式會執行〔和〕間的內容。在這個例子中，此程式會執行第 7 列至第 14 列間的內容。

所以我們可以說，C 語言的基本架構就是：

```
int main()
{
    …
}
```

1-8-5　程式的內容

在程式範例中，第 7 列至 14 列是屬於程式內容，如下所示：

```
7    int i;
8
9    i = 3;
10   printf("C 程式設計 \n");
11   printf("程式練習 %d \n",i);
12   printf("C 是精彩的 \n");
13   system("pause");
14   return 0;
```

值得注意的是，在每一個完整敘述後面，一定要加上 ";"，這是代表一個敘述的結束。

1-8-6　變數的宣告

在 C 語言中，所有的變數在使用前，一定要加以宣告，以便編譯程式為這一個變數安排一個記憶體空間。往後使用到此變數時，編譯程式就會自行到此記憶體空間存取資料。

實例 1：當我們在第 7 列中，宣告「int i;」之後，整個記憶體將如下所示：

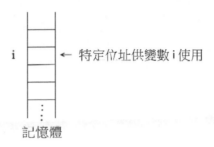

記憶體

實例 2：當我們在第 9 列定義「i=3;」時，整個記憶體將如下所示：

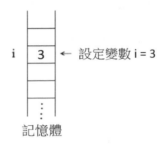

記憶體

至於其它更詳細的變數宣告原則，我們將留待下一章再做討論。

1-8-7 程式範例 ch1_3.c 的解說

在程式範例中，我預留了很多空白列，例如：第 8 列。這是為了不使程式看起來很擁擠，編譯程式在看到這些列時，會將其忽略。

以下是整個程式的說明：

1： 第 1 列至第 2 列，是程式的註解。

2： 第 3 列及第 4 列分別引用「stdio.h」和「stdlib.h」兩個標頭檔。

3： 第 5 列是宣告這是主程式。

4： 第 6 列 "{" 左大括號，表示主程式從這裡開始。

5： 第 7 列是將變數 i 宣告為整數 (int)。

6： 第 9 列是設定變數 i 的值是 3。

7：　第 10 列是列印下列字串。

　　　C 程式設計

8：　第 11 列是列印下列字串。

　　　程式練習 3

9：　第 12 列是列印下列字串。

　　　C 是精彩的

10：第 13 列是讓螢幕暫停可方便看輸出結果。

11：第 14 列是回傳 0。

12：第 15 列 "}" 右大括號，在此表示主程式結束。

　　有關程式輸入與輸出的原則，將在第三章說明。

1-9　習題

一：是非題

(　　) 1：C 語言 Dennis Ritchie 和 Ken Thompson 兩人一起在設計 Windows 作業系統發展出來的。(1-1 節)

(　　) 2：在使用數值方法解決工程上的問題時，可以使用 C 語言。(1-1 節)

(　　) 3：C 語言是一種低階的電腦語言。(1-2 節)

(　　) 4：程式編譯時，所產生的目的檔，其延伸檔名是 exe。(1-3 節)

(　　) 5：連結程式主要功能是將目的檔與函數庫連結在一起，然後產生一個以 obj 為延伸檔名的可執行檔。(1-3 節)

(　　) 6：程式設計時使用流程圖，最大的好處是可將腦海中的程式流程，在紙筆上先執行一次，這對於初學程式的使用者於邏輯訓練上很有幫助。(1-3 和 1-4 節)

(　　) 7：所謂的 Debug 是找出程式的錯誤。(1-5 節)

(　　) 8：C 語言的延伸檔名是 cpp。(1-6 節)

(　　) 9：printf( ) 函數的 '\n' 字元可以換列輸出。(1-7 節)

(　　)10：C 語言程式的標頭檔延伸檔名是 C。(1-8 節)

二：選擇題

( ) 1：C 語言是 Dennis Ritchie 和 Ken Thompson 兩人一起在設計
(A) Windows　(B) DOS　(C) UNIX　(D) Linux，時發展出來的電腦語言。
(1-1 節)

( ) 2：(A) C　(B) Pascal　(C) Basic　D) Assembly，是低階電腦語言。(1-2 節)

( ) 3：(A) Pascal　(B) Fortran　(C) Cobol　(D) Assembly，是工程計算常用的電腦語言。(1-2 節)

( ) 4：(A) C　(B) Basic　(C) Fortran　(D) Cobol，常用於資料結構和演算法則。
(1-2 節)

( ) 5：C 語言經 Visual C++ 或 Dev C++ 編譯及連結後的可執行檔，其延伸檔名是
(A) exe　(B) c　(C) obj　(D) lin。(1-3 節)

( ) 6：(A) main( )　(B) printf( )　(C) system( )　(D) #include，可令螢幕暫時中止。
(1-8 節)

( ) 7：printf( ) 函數是屬於那一個標頭檔　(A) stdlib.h　(B) stdio.h　(C) ctype.h
(D) string.h。(1-8 節)

三：填充題

1： _____ 語言具有低階語言的特性，又有高階語言的親和性，是 Dennis Ritchie 和 Ken Thompson 兩人在一起設計 _____ 系統時發展出來的。(1-1 節)

2： _____ 是一般商業上常用的程式語言。(1-2 節)

3： _____ 是低階電腦語言，主要應用在電腦週邊的控制。(1-2 節)

4： C 語言程式經編譯後，會產生 _____，經連結後會產生 _____。(1-3 節)

5： 試舉出 2 個軟體 _____ 和 _____ 可以編譯及執行 C 語言的編譯程式。(1-3 節)

6： Debug 名詞應歸功於 _____ 程式設計師，主要是指一隻 _____ 的翅膀卡住，促使 Mark I 電腦讀取失敗。(1-5 節)

7： 某一個平台上所開發的電腦程式，可以很方便的在另一工作平台上使用及執行，可以稱之為 _____ 很好。(1-8 節)

四：程式實作

1： 請輸出自己所讀的學校、科系與年級。(1-8 節)

```
C:\Cbook\ex\ex1_1.exe
明志科技大學
機械工程系
一年級
請按任意鍵繼續 . . .
```

2： 請輸出下列結果。(1-8 節)

```
C:\Cbook\ex\ex1_2.exe
   *
  ***
 *****
*******
*********
請按任意鍵繼續 . . .
```

3： 請輸出 C 圖案。(1-8 節)

```
C:\Cbook\ex\ex1_3.exe
**********
*
*
*
**********
請按任意鍵繼續 . . . ■
```

第 2 章
C 語言資料處理的概念

　　程式語言，最基本的資料處理對象就是變數和常數，在本章我們將對所有的變數和常數做一解說。另外，C 語言程式擁有許多不同於其它高階語言的運算式，本章也將一一說明。

2-1　變數名稱的使用

2-1-1　認識 C 語言的變數

　　程式設計時，所謂的變數 (variable) 就是將記憶體內，某個區塊保留，供未來程式放入 資料使用。早期使用 Basic 設計程式時是不需事先宣告變數，雖然方便，但也造成程式除錯的困難，因為如果變數輸入錯誤，會被視為是新的變數。而 C 語言事先宣告變數，讓我們可以方便有效的管理及使用變數，減少程式設計時語意的錯誤，需要事先宣告變數的程式語言又稱靜態語言。

　　C 語言對變數名稱的使用是有一些限制的，它必須以下列三種字元做開頭：

1：　大寫字母。

2：　小寫字母。

3：　底線（ _ ）。

　　至於變數名稱的組成則是由下列四種字元所構成：

1：　大寫字母

2：　小寫字母

3：　底線（ _ ）

4：　阿拉伯數字 0 ～ 9

實例 1：下列均是合法的變數名稱：

　　　SUM

　　　Hung

　　　Sum_1

　　　_fg

　　　x5

　　　y61

實例 2：下列均是不合法的變數名稱：

sum,1　　← 變數名稱不可有 "," 符號

3y　　　← 變數名稱不可由阿拉伯數字開頭

x$2　　　← 變數名稱不可含有 "$" 符號

另外，有一項要注意的是，在 C 語言中大寫字母和小寫字母代表不同的變數。

實例 3：下列三個字串，分別代表三個不同的變數。

sum

Sum

SUM

有關變數使用的另一限制是，有些字為**系統保留字**（又稱**關鍵字** Key word)，這些字在 C 編譯程式中代表特別意義，所以不可使用這些字為變數名稱。圖 2-1 是 ANSI C 語言的保留字。

auto	break	case	char	continue	default
do	double	else	enum	extern	float
for	goto	if	intlong	register	
return	short	sizeof	static	struct	switch
typedef	union	unsigned	void	while	

圖 2-1　ANSI C 語言的保留字

此外，在 Turbo C 軟體中，為了使 C 語言程式設計師能很方便存取 DOS 系資源，又擴充了一些為保留字，如圖 2-2 所示。

asm	cs	es	ss	cdecl
far	huge	interrupt	near	pascal

圖 2-2 Turbo C 擴充 ANSI C 語言的保留字

Visual C + + 軟體則擴充了一些保留字，如圖 2-3 所示。

asm	cedel	fastcall	near
based	export	loadds	segname

圖 2-3　Visual C + + 擴充的保留字

2-1-2　認識不需事先宣告變數的程式語言

有些程式語言的變數在使用前不必宣告它的資料型態，這樣可以用比較少的程式碼完成更多工作，增加程式設計的便利性，這類程式在執行前不必經過編譯 (compile) 過程，而是使用**直譯器** (interpreter) 直接直譯 (interpret) 與執行 (execute)，這類的程式語言稱動態語言 (dynamic language)，有時也可稱這類語言是文字碼語言 (scripting language)。例如：Python、Perl、Ruby。動態語言執行速度比經過編譯後的靜態語言執行速度慢，所以有相當長的時間動態語言只適合作短程式的設計，或是將它作為準備資料供靜態語言處理，在這種狀況下也有人將這種動態語言稱膠水碼 (glue code)，但是隨著軟體技術的進步直譯器執行速度越來越快，已經可以用它執行複雜的工作了。

2-2　變數的宣告

在前一章中我們已經說過，任何變數在使用前一定要先宣告。

實例 1：若是想將 i，j，k 三個數宣告為整數，則下列的宣告方式均是合法的。

方法 1：各變數間用逗號 "," 宣告用 ";" 結束。

```
int i, j, k;
```

方法 2：i 和 j 之間用 "," 號間隔，所以是合法的。

```
int i,
j, k;
```

方法 3：分成 3 次宣告，每一次宣告完成皆是用 ";" 做結束，所以是合法宣告。

```
int i;
int j;
int k;
```

經上述宣告後，記憶體內會產生位址，供未來程式使用，如下所示：

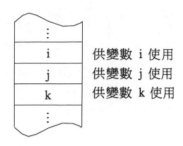

另外，你也可以在宣告變數的同時，設定變數的值。

實例 2：將 i 宣告成整數，並將其設定成 7。

int i = 7;

2-3 基本資料型態

C 語言的基本資料型態有：

1. int：整數

2. float：單精度浮點數

3. char：字元

4. double：雙倍精度浮點數

2-3-1 整數 int

有時候我們又可在整數前面加上一些修飾字，例如：short，long，unsigned 和 signed。所以事實上整數的宣告有 9 種，如圖 2-4 所示：

整數宣告型態	長度	值的範圍
int	32	-2147483648~2147483647
unsigned int	32	0~4294967295
singed int	32	-2147483648~2147483647
short int	16	-32768~32767
unsigned short int	16	0~65535
signed short int	16	-32768~32767
long int	32	-2147483648~2147483647
signed long int	32	-2147483648~2147483647
unsigned long int	32	0~4294967295

圖 2-4　整數相關概念表（長度單位是位元）

註1 8 個位元 (Bit) 稱一個位元組 (或稱字組 Byte)，早期 C 語言的整數長度是 2 個字組，或是稱 2 個位元組，也可稱 16 位元。或是說早期 16 位元的電腦，是用 16 位元長度當作整數，32 位元電腦則是用 32 位元長度當作整數，至於 64 位元電腦可能是用 32 位元或是 64 位元當作整數長度，依實際操作而定。

註2 筆者目前的電腦在 Dev C++ 或是 Visual C++ 環境，整數 (int) 長度是 4 個位元組，也可稱 32 位元。同時筆者電腦在 Dev C++ 或是 Visual C++ 環境，長整數 (long) 長度也是 32 位元。但是短整數則仍是 2 個位元組，也就是 16 個位元。

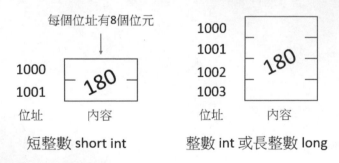

短整數 short int　　　整數 int 或長整數 long

宣告整數需使用 int 關鍵字，其語法如下：

　　int 整數變數；

也可以用圖 2-4 的其他關鍵字，宣告其他整數類型。此外，也可以在宣告整數時設定整數變數的初值。

實例 1：宣告整數變數 i 的初值是 1。

    int i = 1;

    在上述整數宣告中，如果加上「unsigned」，代表此整數一定是正整數，若以「short int」及「unsigned short int」宣告，則記憶體內容與實際數值關係如下所示

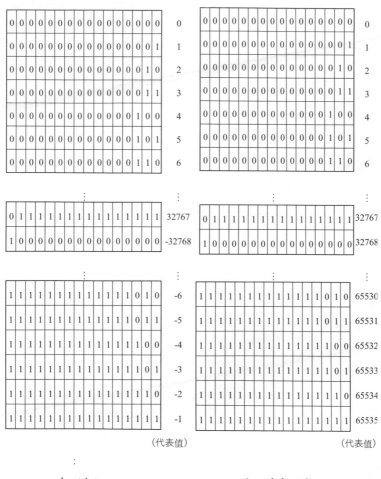

        short int   unsigned short int

    值得注意的是，短整數 short 宣告，由於所佔記憶體空間是 16 位元，因此，其最大值是 32767，如果你有一指令如下：

    int i = 32767;
    i = i + 1;

經上述指令後，i 並不是 32768， 而是 -32768， 通常又稱此種情況為溢位 (overflow)，程式設計時為了避免這情形發生，所以一定要小心的選擇整數長度。

另外： 一般整數由於所佔記憶體空間是 32 位元，因此，其最大值是 2147483647，假設有一指令如下：

```
int i = 2147483647;
i = i + 1;
```

經上述指令後，i 並不是 2147483648，而是 -2147483648， 通常又稱此種情況為 **溢位** (overflow)，程式設計時為了避免這情形發生，所以一定要小心的選擇整數長度。不過目前編譯器的主流，對於整數 int 宣告，一般皆是給予 32 位元的空間。

為了避免搞混，您也可以直接使用 short（短整數）與 long（長整數）宣告，如下：

```
short int i;
long int j;
```

或是省略 int，用下列方式宣告。

```
short i;
long j;
```

上述將 i 宣告為短整數，所佔記憶空間是 16 位元，j 則宣告為長整數，所佔記憶空間是 32 位元。

程式範例 ch2_1.c：用程式真正了解短整數溢位的觀念。

```
1   /*   ch2_1.c                    */
2   #include <stdio.h>
3   #include <stdlib.h>
4   int main()
5   {
6       short int i1, i2, i3;        /* 短整數宣告          */
7       short j1, j2, j3;            /* 省略 int 的短整數宣告 */
8       i1 = 32767;
9       i2 = i1 + 1;
10      i3 = i2 - 1;
11      printf("i1 = %d\n", i1);
12      printf("i2 = %d\n", i2);
13      printf("i3 = %d\n", i3);
14
15      j1 = 32767;
16      j2 = j1 + 1;
17      j3 = j2 - 1;
18      printf("j1 = %d\n", j1);
19      printf("j2 = %d\n", j2);
20      printf("i3 = %d\n", i3);
```

```
21      system("pause");
22      return 0;
23  }
```

執行結果

```
■ C:\Cbook\ch2\ch2_1.exe
i1 = 32767
i2 = -32768
i3 = 32767
j1 = 32767
j2 = -32768
j3 = 32767
請按任意鍵繼續 . . . ■
```

上述程式完全驗證了前面的表格短整數的觀念,原 i1 是 32767,常理推知,若將 i 值加 1,i 位應變成 32768,但由程式可知 i 值變成-32768,這就是**溢位**的觀念。

註1 上述第 11 列的 printf( ) 是輸出函數,"%d" 是整數輸出的格式字串,相當於控制 i1 變數使用整數格式輸出,第 3 章會做更完整的說明。

註2 變數宣告後,如果未設定變數值,此變數內容不一定是 0,而是原先在記憶體的殘值,所以使用前要特別留意。

程式實例 ch2_1_1.c:認識記憶體的殘值,這個程式宣告了 3 個整數變數,沒有設定變數內容,輸出時 i2 結果是 1,這個 1 就是記憶體殘值。

```
1   /*    ch2_1_1.c                    */
2   #include <stdio.h>
3   #include <stdlib.h>
4   int main()
5   {
6       int i1, i2, i3;
7
8       printf("i1 = %d\n", i1);
9       printf("i2 = %d\n", i2);
10      printf("i3 = %d\n", i3);
11      system("pause");
12      return 0;
13  }
```

執行結果

```
■ C:\Cbook\ch2\ch2_1_1.exe
i1 = 0
i2 = 1
i3 = 0
請按任意鍵繼續 . . .
```

因為是記憶體的殘值,每台電腦使用狀況不同,讀者可能獲得不一樣的結果。

程式範例 ch2_2.c：用程式真正了解整數或長整數溢位的觀念。

```
1   /*    ch2_2.c                    */
2   #include <stdio.h>
3   #include <stdlib.h>
4   int main()
5   {
6       int i1, i2, i3;                /* 整數宣告        */
7       long j1, j2, j3;               /* 長整數宣告      */
8       i1 = 2147483647;
9       i2 = i1 + 1;
10      i3 = i2 - 1;
11      printf("i1 = %d\n", i1);
12      printf("i2 = %d\n", i2);
13      printf("i3 = %d\n", i3);
14
15      j1 = 2147483647;
16      j2 = j1 + 1;
17      j3 = j2 - 1;
18      printf("j1 = %d\n", j1);
19      printf("j2 = %d\n", j2);
20      printf("j3 = %d\n", j3);
21      system("pause");
22      return 0;
23  }
```

執行結果

```
C:\Cbook\ch2\ch2_2.exe
i1 = 2147483647
i2 = -2147483648
i3 = 2147483647
j1 = 2147483647
j2 = -2147483648
j3 = 2147483647
請按任意鍵繼續 . . .
```

　　上述程式完全驗證了前面的表格整數或是長整數的觀念，原 i1 是 2147483647，常理推知，若將 i 值加 1，i 位應變成 2147483648，但由程式可知 i 值變成 -2147483648，這就是**溢位**的觀念。

2-3-2　字元 char

　　字元是指一個單引號之間的符號，可以參考下列實例 2，例如：

　　' '

　　字元也可以用碼值代表，可以參考下列實例 3。

　　宣告字元變數可以使用 char 關鍵字，每一個 char 所宣告的變數，所佔據的記憶體空間是 8 位元，也可以稱一個位元組 (byte)。

因為 $2^8 = 256$，所以每個字元 char，可代表 256 個不同的值。在 C 語言系統中，這 256 個不同的值是根據 ASCII 碼的值排列的，而這些碼的值包含小寫字母、大寫字母、數字、標點符號及其它一些特殊符號，讀者可以參考附錄 A。宣告字元變數須使用 char 關鍵字，其語法如下：

> char 字元變數；

實例 1：請宣告一字元變數 single_char，其宣告方式如下：

> char single_char;

實例 2：宣告一字元變數 single_char，並將其值設定為 'a'。

> char single_char = 'a';

實例 3：宣告一字元變數 single_char，將其碼值設為 97。

> char single_char = 97;

由於 ASCII 碼值 97 經查 ASCII 數得知是「a」，所以前述實例 2 和實例 3 代表意義是一樣的。

另外在 C 裡面，有一些無法列印字元，例如：'\0'，雖然在單引號中有 "\" 和 "0"，但是它們合併起來只能算是一個字元，我們又稱這些字元為**逸出**（escape）字元，下列是這些字元表。

整數值	字元表示方式	字元名稱
0	'\0'	空格 (null space)
7	'\a'	響鈴 (bell ring)
8	'\b'	退格 (backspace)
9	'\t'	標識 (tab)

整數值	字元表示方式	字元名稱
10	'\n'	新列 (newline)
12	'\f'	送表 (form feed)
13	'\r'	回轉 (carriage return)
34	'\"'	雙引號（double quote）
39	'\''	單引號（single quote）
92	'\\'	倒斜線（back slash）

圖 2-5 ASCII 的特殊字元

　　從程式實例 ch1_1.c 開始，筆者有說可以使用 "\n" 字元換列輸出，其實就是使用上述 ASCII 特殊字元的觀念。

　　此外，我們也可以利用下列兩種特殊字元表示方式處理所有適用於 IBM PC 的 ASCII 字元：

'\xdd'：x 後面的兩個 d 各代表一個 16 進位數值，因此可代表 256 個 ASCII 字元。

'\ddd'：三個 d 各代表一個 8 進位數值，因此此方式也可代表 256 個 ASCII 字元。

註 預設 char 所宣告的變數是 8 位元，但是適用 UNIX 作業系統的機器，也有以 16 位元儲存 char 字元變數。

2-3-3　浮點數

　　程式設計時，如果需要比較精確的記錄數值的變化，需使用小數點以下時，則建議使用浮點數宣告此變數，例如：平均成績、溫度、里程數…等。在其它高階語言中，人們習慣稱此數為實數，浮點數有 2 種，float 是浮點數、double 是雙倍精度浮點數。圖 2-6 是常用兩種浮點數的有關資料表。

浮點數宣告型態	長度	值的範圍
float	32	$-3.4 \times 10^{-38} \sim 3.4 \times 10^{38}$
double	64	$1.798 \times 10^{-308} \sim 1.798 \times 10^{308}$

圖 2-6 浮點數有關概念表 (長度單位是位元)

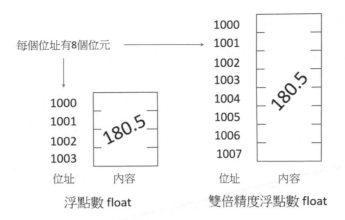

浮點數 float　　　雙倍精度浮點數 float

宣告浮點數的關鍵字是 float，宣告雙倍精度的浮點數是 double，宣告的語法如下：

　　float 變數名稱 ;
　　double 變數名稱 ;

實例 1：請宣告一個浮點數變數 average，則其宣告如下：

　　float averae;

　　double 又被稱為雙倍精度浮點數，從圖 2-6 可知它的容量是浮點數的一倍。宣告浮點數時也可以設定初值，可以參考下列實例。

實例 2：請宣告 ave 變數為浮點數，值是 76.42。

　　float ave = 76.42;

　　有時你看別人程式時會看到將上述宣告改成下面所示：

　　float ave = 76.42F;

　　上述 F 是再一次標明 ave 是浮點數變數。C 語言的編譯程式有許多，若沒有標準 F 或 f，有的編譯程式會強制將 ave 變數編譯成雙倍精度浮點數。其實對於一般程式設計師而言，浮點數的使用與雙倍精度浮點數沒有太大差別，但是如果您是工程科系的學生，使用 C 語言解決數值方法或需要高精密度的工程問題 (例如：有限元素法 Finite Element)，就常常需要將浮點數改成雙倍精度浮點數，以獲得較精確的程式設計結果。

2-3-4　sizeof( ) 函數

這個運算元最主要是供程式設計師，算出任何型別的資料，所佔用記憶體位址的數量，以 (byte) 為單位。它的使用格式如下：

sizeof(某個資料型態)

實例 1：有一 C 語言指令如下：

n = sizeof(char);

由於 char 字元定義是一個位元組 (byte)，所以執行完後，n 的值是 1。

這是一個非常實用的函數，主要是可以了解目前資料型態的位元組 (byte) 大小。在本章前面筆者一直強調，不同的編譯程式對於 int 是設定多少位元空間有不同的設定，您可以用 sizeof 運算元了解您目前所使用編譯程式的設定。

程式範例 ch2_3.c：列出資料型態所佔記憶體空間的大小。

```
1   /*   ch2_3.c                  */
2   #include <stdio.h>
3   #include <stdlib.h>
4   int main()
5   {
6       printf("型態    =  大小（bytes）\n");
7       printf("short   =  %d\n", sizeof(short));
8       printf("int     =  %d\n", sizeof(int));
9       printf("long    =  %d\n", sizeof(long));
10      printf("float   =  %d\n", sizeof(float));
11      printf("double  =  %d\n", sizeof(double));
12      printf("char    =  %d\n", sizeof(char));
13      system("pause");
14      return 0;
15  }
```

執行結果

```
C:\Cbook\ch2\ch2_3.exe
型態    =  大小（bytes）
short   =  2
int     =  4
long    =  4
float   =  4
double  =  8
char    =  1
請按任意鍵繼續 . . .
```

2-3-5 字串資料型態

一般字串指的是在兩個雙引號中的任意字元。例如：

" "

"hello, How are you?"

註 若是雙引號 (") 中沒有字元，我們稱之為空字串。

C 語言編譯程式在將字串存入記憶體時，會自動將 '\0' 加在字串最後，'\0' 又稱字串結尾字元，表示字串結束，因此，你在存放字串時，不必將 '\0' 字元放入字串內。

實例 1：假設有一字串是 "hello!"

則實際記憶體儲存此字串的圖形如下所示：

另外：雙引號 (") 並不是字串的一部份，如果你有一個字串如下：

He say, "Hello!,"

則此字串的表示法如下：

"He say, \"Hello!,\""

也就是在表示此類字串時，將 '\' 放在雙引號 (") 字元前就可以了。至於更詳細的字串和更完整的實例說明，未來將在第 8 章解說。

2-4 常數的表達方式

在本節中，將說明 C 語言常數的表達方式。

2-4-1 整數常數

C 語言的整數常數除了我們從小所使用的 10 進位，也有 8 進位和 16 進位，程式設計時 10 進位和我們的習慣用法並沒有太大的差異。

實例 1：請將 5 設定給變數 i，則我們可用下列方式表示：

i = 5;

另外，在 C 語言中，我們是允許 8 進位的整數存在，凡是以 0 (零) 為開頭的整數都被視為 8 進位數字。

實例 2：試說明 013 和 026 的 10 進位值。

013 等於 11
026 等於 22

C 語言中，也允許 16 進位的整數值存在，凡是以 0x 開頭的整數，皆被視為 16 進位整數。

實例 3：試說明 0x28 和 0x3A 的 10 進位值。

0x28 等於 40
0x3A 等於 58

在 16 進位的表示法中，例如：0x3A 和 0x3a 意義一樣的。

程式範例 ch2_4.c：8 進位和 16 進位整數輸出的應用。

```
1   /*   ch2_4.c              */
2   #include <stdio.h>
3   #include <stdlib.h>
4   int main()
5   {
6       int i, j, k;
7       i = 013;
8       j = 026;
9       printf("i = %d\n", i);
10      printf("j = %d\n", j);
11      i = 0x28;
12      j = 0x3A;
13      k = 0x3a;
14      printf("i = %d\n", i);
15      printf("j = %d\n", j);
16      printf("k = %d\n", k);
17      system("pause");
18      return 0;
19  }
```

執行結果

```
C:\Cbook\ch2\ch2_4.exe

i = 11
j = 22
i = 40
j = 58
k = 58
請按任意鍵繼續 . . .
```

整數的另一種常數表示方式是在數字後面加上 l 或 L，表示這是一個長整數。一般而言，整數值如果太大，編譯程式會自動將它設定成長整數 (例如，大於 32767 或小於-32768 之間的短整數)。

註1 值得注意的是，如果你將某變數宣告成長整數，則在使用時，儘量在此變數值後面加 l 或 L，以避免不可預期的錯誤。

註2 對於目前的 Dev C++ 而言，整數或是長整數皆適用 32 位元表示，彼此是沒有差異，因此我們在做程式設計時可以忽略 l 或是 L。

除了上述進位系統，C 語言也有 2 進位系統，在這個系統下可以執行位元運算，本書將在第 19 章解說。

下列是 2 進位系統、8 進位系統、10 進位系統和 16 進位系統的轉換表。

10 進位系統	16 進位系統	8 進位系統	2 進位系統
0	0	0	00000000
1	1	1	00000001
2	2	2	00000010
3	3	3	00000011
4	4	4	00000100
5	5	5	00000101
6	6	6	00000110
7	7	7	00000111
8	8	10	00001000
9	9	11	00001001
10	A	12	00001010
11	B	13	00001011
12	C	14	00001100
13	D	15	00001101
14	E	16	00001110
15	F	17	00001111
16	10	20	00010000

10 進位是我們熟知的系統，其他進位系統基本觀念如下：

16 進位系統：數字到達 16 就進位，所以單一位數是在 0 – 15 之間，其中 10 用 A 表示，11 用 B 表示，12 用 C 表示，13 用 D 表示，14 用 E 表示，15 用 F 表示，到達 16 就進位。

8 進位系統：數字到達 8 就進位，所以單一位數是在 0 – 7 之間，到達 8 就進位。

2 進位系統：數字到達 2 就進位，所以單一位數是在 0 – 1 之間，到達 2 就進位。

2-4-2　浮點常數

由於 double(雙倍精確度浮點數) 和 float(一般浮點數) 之間，除了容量不一樣之外，其它均相同，所以在此節我們將其合併討論。

除了基本的浮點數之外，C 語言是接受科學記號表示法的浮點數。

實例 1：若有一數字是 123.456，則我們可以將它表示為：

1.23456E2

或

0.123456e3

在上例的科學記號表示中，大寫 E 和小寫 e 意義是一樣的。

另外，若是有一個數字是 0.789，我們可以省略 0，而直接將它改寫成 .789。

2-4-3　字元常數

一般在單引號之間的字元，我們都將其稱為是字元常數。例如：'a'，';'，'3' 皆是字元常數。至於這些字元常數，在 ASCII 表中所代表的實際值，則必須查閱 ASCII 表。從附錄 A 表中，可知 'a' 是 97，';' 是 59，'3' 是 51。

實例 1：說明 '\0' 和 '0' 的 ASCII 值
　　'\0' 值是 0
　　'0' 值是 48

另外，我們有時也將字元常數和一般整數混合進行加法和減法運算。

實例 2：假設有一字元變數 ch = 'a';
　　　　假設有一指令是 ch = 'a' + 1;

因為 'a' 值是 97，執行加法運算後 ch 值是 98，所以最後 ch 值是 'b'。

程式範例 ch2_5.c：字元常數的輸出。

```
1   /*   ch2_5.c                    */
2   #include <stdio.h>
3   #include <stdlib.h>
4   int main()
5   {
6       int i;
7       char c;
8       c = 'a';
9       i = c + 1;
10      printf("c = %c\n", c);
11      printf("c = %d\n", c);
12      printf("i = %d\n", i);
13      system("pause");
14      return 0;
15  }
```

執行結果

```
C:\Cbook\ch2\ch2_5.exe
c = a
c = 97
i = 98
請按任意鍵繼續 . . .
```

註 上述 printf( ) 是輸出函數，"%c" 是字元輸出的格式符號，第 3 章會做更完整的說明。

2-4-4　字串常數

儘管在 2-3-4 節，已對字串資料型態做一介紹，由於它的觀點很重要，所以在此再強調一次。一個字串常數，其實就是在雙引號間任意個數的字元符號。例如：

　　"This is a good book"　　← 一個字串
　　""　　　　　　　　　　← 一個空字串

就技術觀點而言，其實字串就是一個陣列，它的每個元素都只存一個字元常數，編譯程式在編譯此程式時會自動地把 '\0' 放入字串的末端，代表這是字串的結束。

註 本書第 7 章將講解陣列。

實例 1：假設有一字串為 'UNIX C'，則在 C 編譯時，記憶體資料位置為。

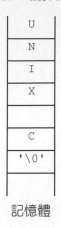

記憶體

至於，其它有關字串的程式範例使用規則將留到第 8 章再做說明。

2-4-5　一次設定多個變數值

前面幾個小節筆者介紹了常數，同時將常數設定給變數，C 語言也允許一次設定多個變數擁有相同的值。

程式實例 ch2_5_1.c：設定 a, b, c 的值是 5，本程式的重點是第 7 列。

```
1  /*   ch2_5_1.c                */
2  #include <stdio.h>
3  #include <stdlib.h>
4  int main()
5  {
6      int a, b, c;
7      a = b = c = 5;
8      printf("a = %d\n", a);
9      printf("b = %d\n", b);
10     printf("c = %d\n", c);
11     system("pause");
12     return 0;
13 }
```

執行結果

```
 C:\Cbook\ch2\ch2_5_1.exe
a = 5
b = 5
c = 5
請按任意鍵繼續 . . .
```

2-5 程式設計的專有名詞

這一節筆者將講解程式設計的相關專有名詞，未來讀者閱讀一些學術性的程式文件時，方便理解這些名詞的含義。

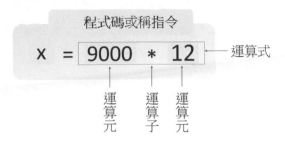

2-5-1 程式碼

一個完整的指令稱程式碼。

例如：若是有一個指令如下：

x = 9000 * 12;

上述整個敘述稱**程式碼**或是稱**指令**。

2-5-2 運算式 (Expression)

使用 C 語言設計程式，難免會有一些運算，這些運算就稱**運算式**，運算式是由運算子 (operator) 和運算元 (operand) 所組成。

例如：若是有一個指令如下：

x = 9000 * 12;

上述等號右邊 "9000 * 12" 就稱**運算式**。

2-5-3 運算子 (Operator) 與運算元 (Operand)

和其它的高階語言一樣，等號 (=)、加 (+)、減 (-)、乘 (*)、除 (/)、求餘數 (%)、遞增 (++) 或是遞減 (--) … 等，是它的基本運算符號，這些運算符號又稱**運算子** (operator)。未來學習更複雜的程式時，還會學習關係與邏輯運算子。

簡單的說**運算子** (operator) 指的是運算式操作的符號，**運算元** (operand) 指的是運算式操作的資料，這個資料可以是常數、也可以是變數。

例如：若是有一個指令如下：

x = 9000 * 12

上述 "*" 就是所謂的**運算子**，上述 "9000" 和 "12" 就是所謂的**運算元**。

例如：若是有一個指令如下：

x = y * 12

上述 "*" 就是所謂的**運算子**，上述 "y" 和 "12" 就是所謂的**運算元**。至於等號左邊的 x 也稱運算元。

2-5-4　運算元也可以是一個運算式

例如：若是有一個指令如下：

y = x * 8 * 300

"x * 8" 是一個運算式，計算完成後的結果稱**運算元**，再將此運算元乘以 300(運算元)。

2-5-5　指定運算子 (Assignment Operator)

在程式設計中所謂的**指定運算子** (assignment operator)，就是 "=" 符號，這也是程式設計最基本的操作，基本觀念是將等號右邊的運算式 (expression) 結果或運算元 (operand) 設定給等號左邊的變數。

變數 = 運算式 或 運算元 ;

例如：若是有一個指令如下：

x = 120;

x 就是等號左邊的變數，120 就是所謂運算元。

例如：若是有一個指令如下：

z = x * 8 * 300;

z 就是等號左邊的變數，"x * 8 * 300" 就是所謂運算式。

2-5-6　單元運算子 (Unary Operator)

在程式設計時，有些運算符號只需要一個運算子就可以運算，這類運算子稱**單元運算子**。例如：++ 是遞增運算子，-- 是遞減運算子，下列是使用實例：

i++

或

i--

上述 ++(執行 i 加 1) 或 --(執行 i 減 1)，由於只需要一個運算元即可以運算，這就是所謂單元運算子，有關上述運算式的說明與應用後面小節會做實例解說。

2-5-7　二元運算子 (Binary Operator)

若是有一個指令如下：

x = y * 12

對乘法運算符號而言，它必須要有 2 個運算子才可以執行運算，我們可以用下列語法說明。

operand operator operand

y 是左邊的運算元 (operand)，乘法 "*" 是運算子 (operator)，12 是右邊的運算元 (operand)，類似需要有 2 個運算子才可以運算的符號稱二元運算子 (binary operator)。其實同類型的 +、-、*、/ 或 % … 等皆算是二元運算子。

2-5-8　三元運算子 (Ternary Operator)

在程式設計時，有些運算符號 (？ :) 需要三個運算子就可以運算，這類運算子稱三元運算子。例如：

e1 ? e2 : e3

上述 e1 必須是布林值，觀念是如果 e1 是 true 則傳回 e2，如果是 false 則傳回 e3，有關上述運算式的說明與應用後面小節會做實例解說。

2-6 算術運算

2-6-1 基礎算數運算符號

C 語言算術運算基本符號如下：

1 加號

C 語言符號是 "+"，主要功能是將兩個值相加。

實例 1：有一 C 語言指令如下：

s = a + b;

假設執行前，a = 10，b = 15，s = 20

則執行完後，a = 10，b = 15，**s = 25**

註 執行加法運算後，原變數值 a, b 不會改變。

2 減號

C 語言符號 "-"，主要功能是將第一個運算元的值，減去第二個運算元的值。

實例 2：有一 C 語言指令如下：

s = a- b;

假設執行前，a = 1.8，b = 2.3，s = 1.0

則執行完後，a = 1.8，b = 2.3，s =-0.5

註 執行減法運算後，原變數值 a, b 不會改變。

3 乘號

C 語言符號 "*"，主要功能是將兩個運算元的值相乘。

實例 3：有一 C 語言指令如下：

s = a * b;

假設執行前，a = 5，b = 6，s = 10

則執行完後，a = 5，b = 6，s = 30

註 執行乘法運算後,原變數值 a, b 不會改變。

4 除號

C 語言符號是 "/",主要功能是將第一個運算元的值除以第二個運算元的值。

實例 4:有一 C 語言指令如下:

    s = a / b;

假設執行前,a = 2.4,b = 1.2,s = 0.5

則執行完後,a = 2.4,b = 1.2,s = 2.0

註 執行除法運算後,原變數值 a, b 不會改變。

5 餘數

C 語言符號是 "%",主要功能是將第一個運算元的值除以第二個運算元,然後求出餘數。**註**:這個符號只適用兩個運算元皆是整數,如果要計算浮點數的餘數須使用 fmod( ) 函數,可以參考 4-10 節。

實例 5:有一 C 語言指令如下:

    s = a % b;

假設執行前,a = 5,b = 4,s = 3

則執行完後,a = 5,b = 4,s = 1

註 執行求於數運算後,原變數值 a, b 不會改變。

程式範例 ch2_6.c:加、減、乘、除與求餘數的應用。

```
1    /*   ch2_6.c                */
2    #include <stdio.h>
3    #include <stdlib.h>
4    int main()
5    {
6        int s, a, b;
7
8        a = 10;
9        b = 15;
10       s = a + b;
11       printf("s = a + b = %d\n", s);
12       a = 1.8;
13       b = 2.3;
14       s = a - b;
15       printf("s = a - b = %d\n", s);
```

```
16      a = 5;
17      b = 6;
18      s = a * b;
19      printf("s = a * b = %d\n", s);
20      a = 2.4;
21      b = 1.2;
22      s = a / b;
23      printf("s = a / b = %d\n", s);
24      a = 5;        特殊格式字元
25      b = 4;
26      s = a % b;
27      printf("s = a %% b = %d\n", s)
28      system("pause");
29      return 0;
30  }
```

執行結果

```
■ C:\Cbook\ch2\ch2_6.exe
s = a + b = 25
s = a - b = -1
s = a * b = 30
s = a / b = 2
s = a % b = 1
請按任意鍵繼續 . . .
```

上述程式第 27 列，因為 % 符號是特殊格式字元，如果想要正常輸出此字元，必須輸入兩次 % 符號。

2-6-2　負號 (-) 運算

除了以上五種基本運算元之外，C 語言還有一種運算子，負號 (-) 運算子。這個運算符號表達方式和減號 (-) 一樣，但是意義不同，前面已經說過減號運算符號，一定要有兩個運算元搭配，而這個運算子只要一個運算元就可以了，由於它具有此特性，所以又稱這個運算符號是單元 (unary) 運算子。

實例 1：有一 C 語言指令如下，下列變數 a 的左邊是負號。

　　s =-a + b;

　　假設被執行前，a = 5，b = 10，s = 2

　　則執行完這道指令後，a = 5，b = 10，s = 5

註　前面範例一樣，運算元本身在執行時值不改變。

2-6-3　否 (!) 運算

否 (!) 運算子也是單元運算子。

實例 1：有一 C 語言指令如下。

    x = !y

上述如果 y 是 0，則 x 是 1。如果 y 不是 0，則 x 是 0。

2-6-4 運算優先順序

在前述 2-5-2 節的實例中，有一個很有趣的現象，為什麼我們不先執行 a + b，然後再執行這個負號運算符號？

其實原因很簡單，那就是各個不同的運算符號，有不同的執行優先順序。以下是上述 6 種運算符號的執行優先順序。

符號	優先順序
負號 (-)、否 (!)	高優先順序
乘 (*)、除 (/)、餘數 (%)	中優先順序
加 (+)、減 (-)	低優先順序

有了以上概念之後，相信各位就應該了解 2-6-2 節的實例，為什麼最後的結果是 5 了吧！

實例 1：有一 C 語言指令如下：

    s = a * b % c;

假設執行前 a = 5，b = 4，c = 3，s = 3

則執行後 a = 5，b = 4，c = 3，s = 2

在上述實例中，又產生了一個問題，到底是要先執行 a * b 或是 b % c，在此又產生了一個觀念，那就是，在處理有相同優先順序的運算時，它的規則是由左向右運算。

程式範例 ch2_7.c：數學運算優先順序的應用。

```
1   /*   ch2_7.c                    */
2   #include <stdio.h>
3   #include <stdlib.h>
4   int main()
5   {
6       int s, a, b, c;
7
8       a = 5;
9       b = 4;
```

```
10      c = 3;
11      s = a * b % c;
12      printf("s = a * b %% c = %d\n", s);
13
14      system("pause");
15      return 0;
16  }
```

執行結果

```
C:\Cbook\ch2\ch2_7.exe
s = a * b % c = 2
請按任意鍵繼續 . . .
```

當然運算順序，也可藉著其它的符號而更改，這個符號就是左括號 " (" 和右括號 ") "。

實例 2：有一 C 語言指令如下：

s = a * b + c;

假設我們想先執行 b + c 運算，則在程式設計時，我們可以將上述運算式改成：

s = a * (b + c);

程式實例 ch2_8.py：使用括號更改數學運算的優先順序。

```
1   /*    ch2_8.c                    */
2   #include <stdio.h>
3   #include <stdlib.h>
4   int main()
5   {
6       int s, a, b, c;
7
8       a = 5;
9       b = 4;
10      c = 3;
11      s = a * b + c;
12      printf("s = a * b + c = %d\n", s);
13      s = a * (b + c);
14      printf("s = a * (b + c) = %d\n", s);
15      system("pause");
16      return 0;
17  }
```

執行結果

```
C:\Cbook\ch2\ch2_8.exe
s = a * b + c = 23
s = a * (b + c) = 35
請按任意鍵繼續 . . .
```

2-6-5　程式碼指令太長的處理

有時候在設計 C 語言時，單一程式碼指令太長，可以在該列尾端增加 "\" 符號，編譯程式會由此符號判別下一列與此列是相同的程式碼指令。例如：可以參考下列程式碼。

```
19        d = r * acos(sin(x1*2*pi/360)*sin(x2*2*pi/360) + \
20                     cos(x1*2*pi/360)*cos(x2*2*pi/360) * \
21                     cos((y1-y2)*2*pi/360));
```

上述第 19 和 20 列右邊有 "\" 符號，由這可以知道其實 19 – 21 列是一道相同的程式碼指令，筆者會在 4-11-6 節用實例作解說。

2-7　資料型態的轉換

C 語言的資料類型有許多種，例如：字元、整數、長整數、浮點數或是雙倍精度浮點數，資料類型的轉換其實就是類似倒水。如果將小杯的水倒入大杯中，水不會流失。如果將大杯的水倒入小杯中，水會流失。例如：可以想像整數是小杯的水，浮點數是大杯的水。

最常見的轉換有整數轉換成浮點數，這時資料可保留，例如：假設 a 是整數，值是 2，將 a 轉換成浮點數後值變成 2.0，整體看資料是有保留。假設 b 是浮點數，值是 2.5，將 b 轉換成整數後值變成 2，這時資料會有流失。

在程式設計中，會依據需要做上述資料型態的轉換。

2-7-1　基礎資料型態的轉換

在設計 C 語言程式時，時常會面對不同變數資料型態之間的運算，例如：將某一浮點數和某一整數相加，碰上這種情形時，C 編譯程式會主動將整數轉換成浮點數來運算。

實例 1：有一 C 語言指令如下：

　　s = a + b;

假設執行前 a 是整數 a = 3，b 是浮點數 b = 2.5，s 是浮點數 s = 2.0

則在運算完後 s = 5.5，a = 3，b = 2.5

實例 2：有一 C 語言指令如下：

　　s = a + b;

　　假設 a 是整數 a = 3，b 是浮點數 b = 2.5，s 是整數 s = 2。

　　由於 s 是整數，所以儘管 a + b = 5.5，但 s 只能儲存整數，所以最後結果 s 是 5。

程式實例 ch2_9.c：資料型態轉換的實例 1。

```
1   /*   ch2_9.c                      */
2   #include <stdio.h>
3   #include <stdlib.h>
4   int main()
5   {
6       int s, a;
7       float b;
8
9       a = 3;
10      b = 2.5;
11      s = a + b;
12      printf("s = a + b = %d\n", s);
13
14      system("pause");
15      return 0;
16  }
```

執行結果
```
C:\Cbook\ch2\ch2_9.exe
s = a + b = 5
請按任意鍵繼續 . . .
```

實例 3：有一 C 語言指令如下：

　　s = a / b;

　　假設執行前 a、b 皆是整數，s 則是浮點數，其中 a = 3，b = 2，s = 5.0。

　　執行時，電腦會先執行整數相除，所以 a / b 的結果是 1，然後將 1 存入 s 值內，因為 s 是浮點數，所以執行結果 s 值是 1.0。

　　從以上運算可知，若你不是一位很熟練的 C 語言程式設計員，可能會被不同運算元型態的運算搞的有一點頭疼。所以設計程式時，最好的方法是，儘量避免不同型態的運算元在同一指令中出現。

　　若是無法避免不同型態的運算元在同一指令中時，幸好 C 語言提供我們另一個功能可克服上面問題，那就是更改資料型態。使用時，只要在某個變數前加上括號，然後在括號中指明運算元型態即可。例如：若你想將上述範例 a 和 b 強制改成浮點數，則你可以將上述運算式改成：

    s = (float) a / (float) b;

此時電腦在執行時會先將 a 改成 3.0，b 改成 2.0，所以在運算完成時 s 的值是 1.5。

另外：如果是進行整數值相除，假設指令如下：

    s = 3 / 2;

上述執行結果是 1，假設 s 是浮點數，我們期待獲得浮點數 1.5 的除法結果，可以將上述指令改為下列方式之一，即可以獲得正確的浮點數結果。

    s = 3.0 / 2.0;

或是

    s = 3 / 2.0;

或是

    s = 3.0 / 2;

程式實例 ch2_10.c：資料型態的轉換實例 2。

```
1  /*   ch2_10.c                    */
2  #include <stdio.h>
3  #include <stdlib.h>
4  int main()
5  {
6      int a, b;
7      float s;
8
9      a = 3;
10     b = 2;
11     s = a / b;
12     printf("s = a / b = %3.2f\n", s);
13     a = 3;
14     b = 2;
15     s = (float) a / (float) b;
16     printf("s = (float) a / (float) b = %3.2f\n", s);
17     system("pause");
18     return 0;
19 }
```

執行結果

```
C:\Cbook\ch2\ch2_10.exe
s = a / b = 1.00
s = (float) a / (float) b = 1.50
請按任意鍵繼續 . . .
```

註 上述第 12 列的 printf( ) 函數內的輸出格式 "%3.2f"，是設定輸出的浮點數整數有 3
位數，其中小數部份有 2 位數。

實例 4：有一 C 語言指令如下：

　　　s = (int) a / (int) b;

假設 a 和 b 是浮點數，a = 4.6，b = 2.1，s 是整數 s = 10。

　　執行時，由於 C 語言會先將浮點數 a 改成整數 4，b 改成整數 2，所以運算完後 s
值是 2。

程式實例 ch2_11.c：資料型態的轉換應用。

```
1   /*    ch2_11.c                    */
2   #include <stdio.h>
3   #include <stdlib.h>
4   int main()
5   {
6       float a, b, s1;
7       int s2;
8
9       a = 4.6;
10      b = 2.1;
11      s1 = a / b;
12      printf("s1 = a / b = %3.2f\n", s1);
13      s2 = (int) a / (int) b;
14      printf("s2 = (int) a / (int) b = %d\n", s2);
15      system("pause");
16      return 0;
17  }
```

執行結果

```
C:\Cbook\ch2\ch2_11.exe
s1 = a / b = 2.19
s2 = (int) a / (int) b = 2
請按任意鍵繼續 . . .
```

2-7-2　整數和字元混合使用

　　另外，有時也可能會將整數 (int) 和字元 (char) 混用，它的處理原則是，先將字元
轉換成它所對應的整數值，然後進行運算。

實例 5：有一 C 語言指令如下：

　　　i = 'a' - 'A';

假設 i 是整數，則在進行運算時，電腦首先將 'a' 轉換成 ASCII 碼 97，然後將 'A' 轉
換成 ASCII 碼 65，所以運算完後 i 的值是 32。

程式實例 ch2_12.py：整數和字元混合使用。

```
1   /*   ch2_12.c                  */
2   #include <stdio.h>
3   #include <stdlib.h>
4   int main()
5   {
6       int i;
7
8       i = 'a' - 'A';
9       printf("1 = 'a' - 'A' = %d\n", i);
10
11      system("pause");
12      return 0;
13  }
```

執行結果

```
C:\Cbook\ch2\ch2_12.exe
i = 'a' - 'A' = 32
請按任意鍵繼續 . . .
```

　　至於有關整數和字元之間的應用，我們將在往後章節，再為各位做更詳細的實例說明。

2-7-3　開學了學生買球鞋

　　假設學生腳的尺寸是 7.5，可是百貨公司只售 7 或 8 尺寸的球鞋，現在櫃檯小姐建議學生購買 8 號尺寸的球鞋。

程式實例 ch2_12_1.c：開學買球鞋程式。

```
1   /*   ch2_12_1.c                */
2   #include <stdio.h>
3   #include <stdlib.h>
4   int main()
5   {
6       int size;
7       float foot = 7.5;        /* 腳的尺寸 */
8
9       size = (int) foot + 1;
10      printf("你的腳的尺寸是      : %2.1f\n", foot);
11      printf("你購買的鞋子尺寸是 : %d\n", size);
12      system("pause");
13      return 0;
14  }
```

執行結果

```
C:\Cbook\ch2\ch2_12_1.exe
你的腳的尺寸是      : 7.5
你購買的鞋子尺寸是 : 8
請按任意鍵繼續 . . .
```

2-8 C 語言的特殊運算式

除了上述的基本運算式之外，C 語言還提供了許多，其它高階語言所沒有的運算式，也因為 C 語言有這些運算式，而使 C 語言更具有彈性，但也造成初學者的困擾。

2-8-1 遞增和遞減運算式

C 語言提供了兩個一般高階語言所沒有的運算式，一是遞增，它的表示方式為 " ++"。另一個遞減，它的表示方式為 "--"。

"++" 會主動將某個運算元加 1。

"--" 會主動將某個運算元減 1。

實例 1：有一 C 語言指令如下：

　　i++;

假設執行前 i = 2，則執行後 i = 3。

實例 2：有一 C 語言指令如下：

　　i--;

假設執行前 i = 2，則執行後 i = 1。

++ 和 -- 還有一個很特殊的地方，就是它們既可放在運算元之後，例如：i++，這種方式，我們稱**後置** (postfix) **運算**，如上述兩個例子所示。然而你也可以將它們放在運算元之前，例如：++i，這種運算方式，我們稱**前置** (prefix) **運算**。

實例 3：有一 C 語言指令如下：

　　++i;

假設執行前 i = 2，則執行後 i = 3。

實例 4：有一 C 語言指令如下：

　　--i;

假設執行前 i = 2，則執行後 i = 1。

從上述範例得知，好像前置運算和後置運算，兩者並沒有太大的差別，其實不然，它們之間仍然是有差別的。

所謂的前置運算，是指在使用這個運算元之前先進行加一或減一的動作。至於後置運算，則是指在使用這個運算元之後才進行加一或減一的動作。

實例 5：有一 C 語言指令如下：

　　　s = ++i + 3;

假設執行這道指令前 s = 3，i = 5，則執行這道指令時，電腦會先做 i 加 1，所以 i 變為 6，然後再進行加算，所以 s 的值是 9。

實例 6：有一 C 語言指令如下：

　　　s = 3 + i++ ;

假設執行這道指令前 s = 3，i = 5，則執行這道指令時，電腦會先執行 3 + i，所以 s 值是 8，然後 i 本身再加 1，所以 i 值是 6。

程式實例 ch2_13.py：前置運算與後置運算的應用。

```
1   /*   ch2_13.c                   */
2   #include <stdio.h>
3   #include <stdlib.h>
4   int main()
5   {
6       int i, s;
7
8       i = 5;
9       s = ++i + 3;
10      printf("s = ++i + 3 = %d\n", s);
11      i = 5;
12      s = 3 + i++;
13      printf("s = 3 + i++ = %d\n", s);
14      system("pause");
15      return 0;
16  }
```

執行結果

```
C:\Cbook\ch2\ch2_13.exe
s = ++i + 3 = 9
s = 3 + i++ = 8
請按任意鍵繼續 . . .
```

2-8-2　設定的特殊運算式

假設有一運算指令如下：

　i = i + 1;

在 C 語言中有一運算式，可將它改寫成：

　i += 1;

由於這種運算式，對我們在 2-5 節中所述的所有基本算術運算皆有效，所以我們可將上述運算式，寫成以下表達式：

　e1 op= e2;

其中，e1 表示運算元，e2 也是運算元，而 op 則是指 2-5 節中所述的運算子。上式的意義就相當於：

　e1 = (e1) op (e2);

請注意，e2 運算式的括號不可遺漏，下面是這種運算式符號的使用表格。

特殊運算式	基本運算式
i += j;	i = i + j;
i -= j;	i = i - j;
i *= j;	i = i * j;
i /= j;	i = i / j;
i %= j;	i = i % j;

實例 1：有一 C 語言指令如下：

　a *= c;

假設執行前 a = 3，c = 2，則執行後 c = 2，a = 6。

使用這種運算時，有一點必須注意，假設有一指令如下：

　a += c * d;

則 C 在編譯時會將上述表達式，當做下列指令，然後執行。

　a = a + (c * d);

實例 2：有一 C 語言指令如下：

　　a * = c + d;

　　假設執行前，a = 3，c = 2，d = 4，由於上述表達式相當於 a = a * (c + d)，其中 c + d 等於 6，3 * 6 = 18，所以最後可得 a = 18。

程式實例 ch2_14.c：特殊運算式的應用。

```
1  /*   ch2_14.c                */
2  #include <stdio.h>
3  #include <stdlib.h>
4  int main()
5  {
6      int a, c, d;
7
8      a = 3;
9      c = 2;
10     a *= c;
11     printf("a *= c = %d\n", a);
12     a = 3;
13     c = 2;
14     d = 4;
15     a *= c + d;
16     printf("a *= c + d = %d\n", a);
17     system("pause");
18     return 0;
19 }
```

執行結果

```
C:\Cbook\ch2\ch2_14.exe
a *= c = 6
a *= c + d = 18
請按任意鍵繼續 . . .
```

　　我們也可將上述特殊運算式應用在位元運算指令，未來章節會做做完整說明。

2-9　專題實作 – 圓面積 / 圓周長 / 圓周率

2-9-1　圓面積與周長的計算

圓面積計算公式如下：

　　pi * r * r

上述 pi 是圓周率，近似值是 3.1415926，r 是圓半徑。

程式實例 ch2_15.c：計算半徑是 2 的圓面積。

```
1   /*   ch2_15.c                    */
2   #include <stdio.h>
3   #include <stdlib.h>
4   int main()
5   {
6       float r = 2.0;
7       float pi = 3.1415926;
8       float area;
9       area = pi * r * r;
10      printf("圓面積是 %f \n", area);
11      system("pause");
12      return 0;
13  }
```

執行結果

```
C:\Cbook\ch2\ch2_15.exe
圓面積是 12.566370
請按任意鍵繼續 . . .
```

圓周長的計算公式如下：

　2 * pi * r

上述圓周長的計算將是讀者的習題。

2-9-2　計算圓周率

　　圓周率 PI 是一個數學常數，常常使用希臘字 π 表示，在計算機科學則使用 PI 代表。它的物理意義是圓的周長和直徑的比率。歷史上第一個無窮級數公式稱萊布尼茲公式，表達的就是圓周率，它的計算公式如下：

$$PI = 4 * (1 - \frac{1}{3} + \frac{1}{5} - \frac{1}{7} + \frac{1}{9} - \frac{1}{11} + \cdots)$$

　　萊布尼茲 (Leibniz)(1646 - 1716 年) 是德國人，在世界數學舞台佔有一定份量，他本人另一個重要職業是律師，許多數學公式皆是在各大城市通勤期間完成。數學歷史有一個 2 派說法的無解公案，有人認為他是微積分的發明人，也有人認為發明人是牛頓 (Newton)。

程式實例 ch2_16.c：計算下列公式的圓周率，這個級數要收斂到我們熟知的 3.14159 要相當長的時間，下列是簡易程式設計。

$$PI = 4 * (1 - \frac{1}{3} + \frac{1}{5} - \frac{1}{7} + \frac{1}{9})$$

```
1   /*   ch2_16.c                    */
2   #include <stdio.h>
3   #include <stdlib.h>
4   int main()
5   {
6       double pi;
7       pi = 4 * (1 - 1.0/3 + 1.0/5 - 1.0/7 + 1.0/9);
8       printf("pi = %f \n", pi);
9       system("pause");
10      return 0;
11  }
```

執行結果

```
■ C:\Cbook\ch2\ch2_16.exe
pi = 3.339683
請按任意鍵繼續 . . . ■
```

2-10 習題

一：是非題

(　) 1： C 語言的變數名稱只能以大小寫字母做開頭。(2-1 節)

(　) 2： C 語言變數名稱可以使用阿拉伯數字，同時也可以使用阿拉伯數字做為變數名稱的開頭。(2-1 節)

(　) 3： 假設有一變數名稱是 ABC，則在程式設計時，若將它改寫成小寫 abc 是允許的，編譯程式會將 ABC 與 abc 視為相同的變數。(2-1 節)

(　) 4： 如果想一次宣告好幾個變數，則變數間需要使用 "," 分隔。(2-2 節)

(　) 5： 下列是正確的變數宣告。(2-2 節)

　　　　int x, y; a, b;

(　) 6： 下列是正確的變數宣告。(2-2 節)

　　　　float i,
　　　　　　j,
　　　　　　c;

(　) 7： 下列是正確的變數宣告。(2-2 節)

　　　　int a, b, c, d, e, f, g, h.

(　　) 8： 下列是正確的變數宣告。(2-3 節)

　　　　　　char a = '3';

(　　) 9： 下列變數宣告會產生語法錯誤訊息。(2-3 節)

　　　　　　int i = 10.5;

(　　) 10：以 16 位元整數而言，其值在-32767 至 32768 之間。(2-3 節)

(　　) 11：char 所宣告的變數是字元，所佔記憶空間是 8 位元。(2-3 節)

(　　) 12：如果你想了解某個型別的資料所佔記憶體位置的數量時，可以使用 size 運算元。(2-3 節)

(　　) 13：double 代表雙倍整數。(2-4 節)

(　　) 14：若有一個數字是 123.456，我們可以將它表示為 1.23456E2。(2-4 節)

(　　) 15："%" 是求餘數符號，主要功能是將第一個運算元的值除以第二個運算元的值，然後求餘數。(2-6 節)

(　　) 16：乘號 (*) 是稱運算子。(2-6 節)

二：選擇題

(　　) 1： 下列那一種符號不可做為變數的開頭字元？ (A) 大寫字母 (B) 小寫字母 (C) 底線 (_) (D) 阿拉伯數字。(2-1 節)

(　　) 2： 下列那一個不是合法的變數名稱？ (A) hung　　(B) sam (C) x 5 (D) x $ 2。(2-1 節)

(　　) 3： 假設有一個「unsigned short int」變數宣告，則此變數的值將在之間？

　　　　(A)-32768~32767 (B) 0~65535　(C) 0~255 (D) 0~32767。(2-3 節)

(　　) 4： 「'\xdd'」，x 後面的兩個 d 各代表？ (A) 10 進位 (B) 8 進位 (C) 16 進位 (D) 24 進位。(2-3 節)

(　　) 5： 假設您想計算一月份 12 點的平均溫度，則建議您此平均溫度的變數應使用 (A) int (B) short int (C) char (D) float 型態。(2-3 節)

(　　) 6： 假設電腦科的成績是用「A」、「B」、「C」、「D」表示，則此成績變數應使用 (A) int (B) short int (C) char (D) float 型態。(2-3 節)

( ) 7： 如果您想測試所輸入的數字是奇數或偶數，則儲存所輸入數字的變數應使用 (A) int (B) float (C) char (D) double。(2-3 節)

( ) 8： 下列哪一個是二元運算子 (A) 遞增 (++)(B) 遞減 (--)(C) 否 (！)(D) 加號 (+)。(2-5 節)

( ) 9： 下列那一個運算符號有最優先的執行順序 (A) 乘號 (*)(B) 餘數 (%)(C) 負數 (-)(D) 加號 (+)。(2-6 節)

( ) 10： 下列哪一個是單元運算子 (A) 乘號 (*)(B) 餘數 (%)(C) 否 (！)(D) 加號 (+)。(2-6 節)

三：填充題

1： 若想將某一變數宣告成長整數，則在 int 前面要加上 _____。(2-3 節)

2： 若想將某一變數宣告成 0~65535 間的正整數，則宣告型態是 _____。若想將某一變數宣告成 0~4294967295 間的正整數，則宣告型態是 _____。(2-3 節)

3： 如果一個 16 位元的整數變數值是 32767，若將此變數值加 1，所得此變數結果不是 32768，我們指此現象是 _____。(2-3 節)

4： C 語言在將字串存入記憶體時，會自動將 _____ 加在字串最後。(2-3 節)

5： C 語言中凡以 _____ 開頭的整數都被視為 8 進位數。凡是以 _____ 開頭的整數皆被視為 16 進位整數。(2-4 節)

四：實作題

1： 請列出下列數值的 10 進位值。(2-4 節)

(a) 0x38 (b) 036 (c) 077 (d) 0x75 (e) 0xEE

2： 假設 x、y、z 和 s 皆是整數，x 是 10，y 是 18，z 是 5，請求下列運算結果。(2-4 節)

(a) s = x + y;　　　　　(b) s = 2 * x + 3 - z;

(c) s = y * z + 20 / y;　　　(d) s =-x + z - 3;

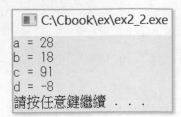

3： 假設 x、y、z 和 s 皆是浮點數，重新設計前一個程式，**註**：使用 5.2f 格式化浮點
數輸出。(2-4 節)

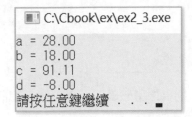

4： 假設 s 是整數，x 是浮點數且其值是 3.5，y 是整數且其值是 4，求下列運算結果。
(2-6 節)

(a) s = x + y;　　　　　　(b) s =-x + y- 8;

(c) s = x / y- 10;　　　　(d) s = x * y + 3.8;　　　(e) s = 'B'-'R';

```
■ C:\Cbook\ex\ex2_4.exe
a = 7
b = -7
c = -9
d = 17
e = -16
請按任意鍵繼續 . . .
```

5： 一個幼稚園買了 100 個蘋果給學生當營養午餐，學生人數是 23 人，每個人午餐可
以吃一顆，請問這些蘋果可以吃幾天，然後第幾天會產生蘋果不夠供應，同時列
出少了幾顆。(2-6 節)

```
■ C:\Cbook\ex\ex2_5.exe
蘋果可以吃 4 天
第 5 天會產生蘋果不足
蘋果會不足 15 顆
請按任意鍵繼續 . . .
```

6： 一個圓半徑是 2，請計算此圓周長。(2-6 節)

```
C:\Cbook\ex\ex2_6.exe
圓周長是 12.566370
請按任意鍵繼續 . . .
```

7： 假設圓柱半徑是 20 公分，高度是 30 公分，請計算此圓柱的體積。圓柱體積計算公式是圓面積乘以圓柱高度。(2-6 節)

```
C:\Cbook\ex\ex2_7.exe
圓柱體積是 37699.109375 立方公分
請按任意鍵繼續 . . .
```

8： x 和 y 是浮點數，分別是 2.77 和 3.99，s 是整數，請計算下列結果。(2-7 節)
s = x + y;

```
C:\Cbook\ex\ex2_8.exe
s = 6
請按任意鍵繼續 . . .
```

9： 重新設計前一個程式，先強制將 x 和 y 轉為整數，然後計算結果。(2-7 節)

```
C:\Cbook\ex\ex2_9.exe
s = 5
請按任意鍵繼續 . . .
```

10： 假設 x、y 和 z 皆是整數，且值都是 5，求下列運算 x 的結果。(2-8 節)

(a) x += y + z++ ;   (b) x += y + ++z ;

```
C:\Cbook\ex\ex2_10.exe
a(x) = 15
a(x) = 16
請按任意鍵繼續 . . .
```

11：與前一個程式相同，假設 x、y 和 z 皆是整數，且值都是 5，求下列運算 x 的結果。
(2-8 節)

(a) x -= ++y + z--;　　　　　　(b) x *= y- z--;　　　　　　(c) x /= 2 + y++- z++;

```
■ C:\Cbook\ex\ex2_11.exe
a(x) = -6
b(x) = 0
c(x) = 2
請按任意鍵繼續 . . .
```

12：參考 2-9-2 節的觀念擴充計算下列圓周率值。(2-9 節)

$$(a)：PI = 4 * (1 - \frac{1}{3} + \frac{1}{5} - \frac{1}{7} + \frac{1}{9} - \frac{1}{11})$$

$$(b)：PI = 4 * (1 - \frac{1}{3} + \frac{1}{5} - \frac{1}{7} + \frac{1}{9} - \frac{1}{11} + \frac{1}{13})$$

註 上述級數要收斂到我們熟知的 3.14159 要相當長的級數計算。

```
■ C:\Cbook\ex\ex2_12.exe
pi的值4*(1-1.0/3+1.0/5-1.0/7+1.0/9-1.0/11) = 2.976046
pi的值4*(1-1.0/3+1.0/5-1.0/7+1.0/9-1.0/11+1.0/13) = 3.283738
請按任意鍵繼續 . . .
```

13：尼拉卡莎 (Nilakanitha) 級數，是由印度天文學家尼拉卡莎發明，也是應用於計算
圓周率 PI 的級數，此級數收斂的數度比萊布尼茲集數更好，更適合於用來計算
PI，它的計算公式如下：(2-9 節)

$$PI = 3 + \frac{4}{2 * 3 * 4} - \frac{4}{4 * 5 * 6} + \frac{4}{6 * 7 * 8} - \cdots$$

請分別設計下列級數的執行結果。

```
■ C:\Cbook\ex\ex2_13.exe
pi的值3 + 4.0/(2*3*4) - 4.0/(4*5*6) + 4.0/(6*7*8) = 3.145238
pi的值3 + 4.0/(2*3*4) - 4.0/(4*5*6) + 4.0/(6*7*8) - 4.0/(8*9*10) = 3.139683
請按任意鍵繼續 . . .
```

第 3 章

基本的輸入與輸出

本章我們將對簡易的 C 語言輸入與輸出，做一詳盡的說明，下面是這些函數的基本定義：

1： printf( )，這是一個最常用的輸出函數。

2： scanf( )，這是一個最常用的輸入函數。

3： putchar(c)，列印字元的輸出函數。

4： getche( )，讀取字元的輸入函數。

5： getchar( )，讀取字元的輸入函數。

6： getch( )，讀取字元的輸入函數。

嚴格的說，上述函數皆不屬於 C 語言本身，而只屬於 C 語言的標準輸入與輸出函數，但由於 C 語言本身就沒有輸入與輸出指令，所以久而久之人們就自然的稱以上函數是 C 語言的輸入與輸出指令了。由於這些函數是定義在 stdio.h 標題檔案內，所以設計程式時，您必須在程式前面加上下列敘述。

```
#include <stdio.h>
```

3-1　printf( )

在 C 語言中，最常見的輸出函數就屬 printf( ) 了，通常我們可以將要輸出的資料用雙引號 " " 括起來，然後再將它放入 printf( ) 的括號中就可以了。

程式實例 ch3_1.c：列印字串 C 程式設計兩次，且將它列印在同一列中。

```
1  /*   ch3_1.c                    */
2  #include <stdio.h>
3  #include <stdlib.h>
4  int main()
5  {
6      printf("C 程式設計");
7      printf("C 程式設計");
8      system("pause");
9      return 0;
10 }
```

執行結果

```
C:\Cbook\ch3\ch3_1.exe
C 程式設計C 程式設計請按任意鍵繼續 . . .
```

3-1-1 C 語言的控制字元 \n

在程式實例 ch3_1.c 中，我們可以看到字串「C 程式設計」，在同一列中列印了兩次。C 語言提供了一種控制字元，可讓我們將上述字串分別列印在不同的兩列中，這個控制字元是 \n，這個字元主要的目的是指示輸出裝置，跳列列印輸出字元。

程式實例 ch3_2.c：重覆列印字串「C 程式設計」，但是將它分兩列列印出來。

```
1   /*   ch3_2.c                  */
2   #include <stdio.h>
3   #include <stdlib.h>
4   int main()
5   {
6       printf("C 程式設計\n");
7       printf("C 程式設計\n");
8       system("pause");
9       return 0;
10  }
```

執行結果

C:\Cbook\ch3\ch3_2.exe
```
C 程式設計
C 程式設計
請按任意鍵繼續 . . .
```

程式實例 ch3_3.c：列印字串「C 程式設計」字串兩次，但是依不同格式將它列印出來。

```
1   /*   ch3_3.c                  */
2   #include <stdio.h>
3   #include <stdlib.h>
4   int main()
5   {
6       printf("C \n程式設計\n");
7       printf("C 程式\n設計\n");
8       system("pause");
9       return 0;
10  }
```

執行結果

C:\Cbook\ch3\ch3_3.exe
```
C
程式設計
C 程式
設計
請按任意鍵繼續 . . . ■
```

3-1-2 %d 十進位整數的列印

printf( ) 除了可以直接列印字串之外，我們還可以格式化的方式，控制輸出的結果，本節我們將教你如何利用 %d 執行十進位整數的列印，基本上它的列印結構如下所示：

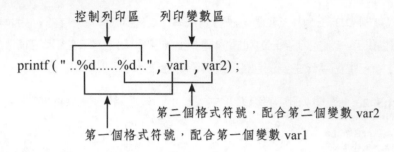

在使用上述 printf( ) 列印資料時，必須注意下列幾點：

1：　第一個格式符號配合第一個欲列印的變數，其它依此類推。

2：　在控制列印區內的格式符號之間，可以有許多空格，或是沒有任何空格。

3：　在列印變數區內，各變數之間一定要有逗點隔開。

4：　列印變數區的變數也可以是一個運算式。

5：　控制列印區需用雙引號 " " 包夾起來。

6：　控制列印區和列印變數區之間需用逗號隔開。

程式實例 ch3_4.c：基本整數輸出的實例應用，本程式將會列印 exercise ch3_4.c，但 3 和 4 分別用整數變數將它列印出來。

```
1    /*    ch3_4.c                    */
2    #include <stdio.h>
3    #include <stdlib.h>
4    int main()
5    {
6        int i,j;
7
8        i = 3;
9        j = 4;
10       printf("exercise ch%d_%d.c \n",i,j);
11       system("pause");
12       return 0;
13   }
```

執行結果

```
■ C:\Cbook\ch3\ch3_4.exe
exercise ch3_4.c
請按任意鍵繼續 . . . ■
```

上述變數 i 配合第一個格式符號，變數 j 配合第二個格式符號。

程式實例 ch3_4_1.c：列印變數區是一個表達式。

```
1   /*   ch3_4_1.c                    */
2   #include <stdio.h>
3   #include <stdlib.h>
4   int main()
5   {
6       int i,j;
7
8       i = 3;
9       j = 4;
10      printf("i + j = %d\n",i + j);
11      system("pause");
12      return 0;
13  }
```

執行結果

```
C:\Cbook\ch3\ch3_4_1.exe
i + j = 7
請按任意鍵繼續 . . .
```

另外，在使用列印變數時，還必須要知道如何修飾輸出的位置。這個修飾字通常是由阿拉伯數字構成，一般我們將它放在 % 和 d 之間。修飾字和整數格式輸出間的規則如下所示：

1 %d

在此類的輸出格式下，C 語言輸出的格數和變數的長度相同。

實例 1：假設變數值是 356，則輸出時會預留 3 格空間，如下所示：

3	5	6

假設變數值是 18，則輸出時會預留 2 格空間給它，如下所示：

1	8

2 %nd

n 是一整數值，代表輸出時預留的輸出格數。使用此種方式輸出時，會遇到兩個情況，第一，預留格數比輸出值所需要的空間還大，此時會將輸出結果向右對齊。另一種情況是預留格數比輸出值所需要空間還小，此時會忽略預留格數，而自動配予實際所需的格數。

實例 2：假設變數值是 356，控制列印的格式符號是 %2d 則列印結果如下所示：

3	5	6

實例 3：假設變數值是 356，控制列印的格式符號是 %5d，則列印結果如下所示：

		3	5	6

3 %-nd

這個輸出格式和前一個類似，唯一不同的是，若預留格數比輸出值所需的空間還大時，此時會將輸出結果向左對齊。

實例 4：假設變數值是 356，控制列印的格式符號是 %-5d，則列印結果如下所示：

3	5	6		

4 %+nd

這個輸出格式會將數值的正負號顯示出來。

實例 5：假設變數值是 356，控制列印的格式符號是 %+5d，則列印結果如下所示：

	+	3	5	6

5 %0nd

這個輸出格式會在數值前的空白處填「0」。

實例 6：假設變數值是 356，控制列印的格式符號是 %05d，則列印結果如下：

0	0	3	5	6

程式實例 ch3_5.c：格式化輸出某一整數變數值的應用。

```
1  /*   ch3_5.c                    */
2  #include <stdio.h>
3  #include <stdlib.h>
4  int main()
5  {
6      int i;
7
```

```
 8     i = 356;
 9     printf("/%d/\n",i);
10     printf("/%2d/\n",i);
11     printf("/%5d/\n",i);
12     printf("/%-5d/\n",i);
13     printf("/%+5d/\n",i);
14     printf("/%05d/\n",i);
15     system("pause");
16     return 0;
17 }
```

執行結果

```
■ C:\Cbook\ch3\ch3_5.exe
/356/
/356/
/  356/
/356  /
/ +356/
/00356/
請按任意鍵繼續 . . .
```

3-1-3 %f 浮點數或是雙倍精度浮點數的列印

浮點數變數列印的使用規則如下：

1 %f

在此類的輸出格式下，C 語言會預留 10 格空間供輸出使用，假設格數空間大於變數值所需的空間，則剩餘空間則供變數的小數點使用。

1	2	3	.	4	6	0	0	0	0

值得注意的是，一般系統浮點數只能儲存 6 或 7 個數字的精確度（又稱有效位數）而我們所要的輸出數字是 10 格，所以真正輸出時也許小數點的值會略為不同於實際值。程式範例 ch3_6.c 會說明這個概念，由於會有這種差異，所以在實際格式輸出時，我們應該避免這種方式輸出資料。

2 %m.nf

在這種格式輸出下，m 代表浮點數的輸出寬度，n 代表小數點所需寬度。和整數輸出格式一樣，如果所要求的空間不夠，系統會自己配置足夠的空間供輸出使用。若是配置的空間太多，則系統輸出結果會向右靠齊

實例 1：假設變數值是 123.56，控制列印格式符號是 %8.2f，則輸出結果如下所示：

		1	2	3	.	5	6

3 %-m.nf

這個輸出格式和上一規則類似，唯一的不同是，若預留格數比輸出值所需的空間大時，C 語言會將輸出結果向左對齊。

實例 2：假設變數值是 123.56，控制列印格式符號是 %-8.2f，則輸出結果如下所示：

1	2	3	.	5	6		

4 %+m.nf

這個輸出格式會將數值的正負號顯示出來。

實例 3：假設變數值是 123.56，控制列印格式符號是 % + 8.2f，則列印結果如下所示：

	+	1	2	3	.	5	6

5 %0m.nf

這個輸出格式會在數值前的空白處填「0」。

實例 4：假設變數值是 123.56，控制列印格式符號是 %08.2f，則列印結果如下：

0	0	1	2	3	.	5	6

註 雙倍精度浮點數的輸出可以使用 %f，也可以使用 %lf，也就是在 % 和 f 字元間增加 l。

程式實例 ch3_6.c：格式化輸出某一實數變數值的應用。

```
1  /*   ch3_6.c              */
2  #include <stdio.h>
3  #include <stdlib.h>
4  int main()
5  {
6      float i;
7
8      i = 123.56;
```

```
9       printf("/%f/\n",i);
10      printf("/%3.2f/\n",i);
11      printf("/%8.2f/\n",i);
12      printf("/%-8.2f/\n",i);
13      printf("/%+8.2f/\n",i);
14      printf("/%08.2f/\n",i);
15      system("pause");
16      return 0;
17  }
```

執行結果

```
■ C:\Cbook\ch3\ch3_6.exe
/123.559998/
/123.56/
/   123.56/
/123.56   /
/ +123.56/
/00123.56/
請按任意鍵繼續 . . . ■
```

3-1-4 %c 字元的列印

字元列印的規則如下所示：

1 %c

在此格式下會預留一格空間供輸出使用。

實例 1：假設變數值是 'a'，控制格式符號是 %c，則輸出結果如下所示：

a

2 %nc

在此格式下會預留 n 格空間供輸出使用，但輸出結果將會**向右靠齊**。

實例 2：假設變數值是 'a'，控制格式符號是 %3c，則輸出結果如下所示：

3 %-nc

在此格式下會預留 n 格空間供輸出使用，但輸出結果將會**向左靠齊**。

實例 3：假設變數值是 'a'，控制格式符號是 %-3c，則輸出結果如下所示：

程式實例 ch3_7.c：格式化輸出某一字元變數值的應用。

```
1   /*   ch3_7.c                    */
2   #include <stdio.h>
3   #include <stdlib.h>
4   int main()
5   {
6       char i;
7
8       i = 'a';
9       printf("/%c/\n",i);
10      printf("/%3c/\n",i);
11      printf("/%-3c/\n",i);
12      system("pause");
13      return 0;
14  }
```

執行結果

```
C:\Cbook\ch3\ch3_7.exe
/a/
/  a/
/a  /
請按任意鍵繼續 . . .
```

在 ASCII 碼的表內 (如附錄 A 所示)，幾個重要分類字元如下：

0 – 31：是控制字元或是通訊專用字元，可以參考 2-3-2 節。

32 – 47：是標點符號和運算符號字元，其中 32 是空格。

48 – 57：是 0 到 9 等 10 個阿拉伯數字。

58 – 64：是符號字元。

65 – 90：是 26 個大寫英文字母。

91 – 96：是符號字元。

97 – 122：是 26 個小寫英文字母。

接下來將介紹一些列印字元的程式實例。

程式實例 ch3_8.c：基本字元輸出及 ASCII 碼值的應用。

```
1   /*   ch3_8.c                    */
2   #include <stdio.h>
```

```
3   #include <stdlib.h>
4   int main()
5   {
6       char ch = 'A';      /* 設定字元變數為 A */
7
8       printf("ch = %c\n",ch);           /* 印變數 */
9       printf("ASCII of ch = %d\n",ch); /* 印碼值 */
10      system("pause");
11      return 0;
12  }
```

執行結果

```
C:\Cbook\ch3\ch3_8.exe
ch = A
ASCII of ch = 65
請按任意鍵繼續 . . .
```

程式實例 ch3_9.c：字元變數的另一個應用。

```
1   /*   ch3_9.c                    */
2   #include <stdio.h>
3   #include <stdlib.h>
4   int main()
5   {
6       char ch = 70;      /* 設定字元變數為 70 */
7
8       printf("ch = %c\n",ch);           /* 印變數 */
9       printf("ASCII of ch = %d\n",ch); /* 印碼值 */
10      system("pause");
11      return 0;
12  }
```

執行結果

```
C:\Cbook\ch3\ch3_9.exe
ch = F
ASCII of ch = 70
請按任意鍵繼續 . . .
```

程式實例 ch3_10.c：使用兩種方式輸出響鈴。

```
1   /*   ch3_10.c                   */
2   #include <stdio.h>
3   #include <stdlib.h>
4   int main()
5   {
6       char ch1 = '\a';
7       printf("%c\n", ch1);                /* 響一聲,沒有其他輸出  */
8       printf("ASCII of beep = %d\n", ch1); /* 印出 ch1 的ASCII值   */
9       char ch2 = 7;
10      printf("%c\n", ch2);                /* 響一聲,沒有其他輸出  */
11      printf("ASCII of beep = %d\n", ch2); /* 印出 ch2 的ASCII值   */
12      system("pause");
13      return 0;
14  }
```

```
■ C:\Cbook\ch3\ch3_10.exe

ASCII of beep = 7

ASCII of beep = 7
請按任意鍵繼續 . . . ▄
```

在 2-3-2 節有說明 "\t" 特殊字元，這是可以讓輸出依據鍵盤的 Tab 健控制輸出位置，細節可以參考下列實例。

程式實例 ch3_11.c：Tab 鍵控制輸出的應用。

```
1  /*   ch3_11.c                    */
2  #include <stdio.h>
3  #include <stdlib.h>
4  int main()
5  {
6      char ch1 = '\t';          /* 設定Tab鍵字元 */
7      printf("Java%c", ch1);
8      printf("C%c", ch1);
9      printf("Python%c", ch1);
10     printf("\n");
11     system("pause");
12     return 0;
13 }
```

```
■ C:\Cbook\ch3\ch3_11.exe
Java    C       Python
請按任意鍵繼續 . . .
```

在 2-3-2 節筆者曾經介紹兩種字元的表示方式：

'\xdd'：其中 x 後面的兩個 d 各代表一個 16 進位數值。

'\ddd'：其中 3 個 d 各代表一個 8 進位數值。

程式實例 ch3_12.c：16 進位的字元輸出。

```
1  /*   ch3_12.c                    */
2  #include <stdio.h>
3  #include <stdlib.h>
4  int main()
5  {
6      printf("\x4A\x4B\x4C\x4D\x4E\n");
7      printf("\x6A\x6B\x6C\x6D\x6E\n");
8      system("pause");
9      return 0;
10 }
```

執行結果

執行結果　C:\Cbook\ch3\ch3_12.exe

```
JKLMN
jklmn
請按任意鍵繼續 . . .
```

程式實例 ch3_13.c：8 進位的字元輸出。

```
1   /*   ch3_13.c                    */
2   #include <stdio.h>
3   #include <stdlib.h>
4   int main()
5   {
6       printf("\104\105\105\120\n");
7       printf("\144\145\145\160\n");
8       system("pause");
9       return 0;
10  }
```

執行結果　C:\Cbook\ch3\ch3_13.exe

```
DEEP
deep
請按任意鍵繼續 . . .
```

3-1-5 　其他格式化資料列印原則

除了以上常用的格式化輸出變數值的應用外，printf( ) 還提供下列格式化列印方式：

%ld：長整數列印。

%s：主要用於列印字串，本章會簡單解說，將在第 8 章字串徹底剖析中，做詳細說明。

%e：以 e 記號 (也就是科學符號) 表示法，輸出浮點數。

%E：以 E 記號 (也就是科學符號) 表示法，輸出浮點數。

%u：不帶符號的 10 進位整數輸出。

%o：8 進位整數輸出。

%x：16 進位整數輸出，輸出英文字母 a – f 時是小寫。

%X：16 進位整數輸出，輸出英文字母 A – F 時是大寫，最常應用在標記變數在記憶體的位址，標記記憶體位址時會省略左邊的 0，本書第 8 章 ch8_20_1.c 實例會說明，第 11 章指標章節則會大量使用。

　　%p：16 進位輸出變數的記憶體資訊，這也是 C 語言官方手冊建議使用輸出記憶體資訊的方式，輸出時英文部分會使用大寫，如果電腦是以 8 個位元組長度標記記憶體位址，記憶體位址是 62FFFA，會得到 000000000062FFFA 表示，相當於會將左邊的 0 也輸出，完整表達記憶體位址，本書第 8 章會有 ch8_20.c 實例做說明。

　　以上 9 種輸出格式，也和整數或浮點數輸出格式一樣有類似的輸出原則：

1：　在 % 和符號格式值之間若沒有任何修飾字，則 C 語言會依照實際需要做輸出。

　　❑ %s：對字串而言，會依照字串長度輸出。

　　❑ %e：預留 12 格供輸出使用。

　　❑ %u，%o，%x：依實際需要格數輸出。

2：　若 % 和符號格式值之間有修飾詞指定輸出長度，則有兩種情況。若指定長度大於輸出要求，則列印時會向右靠齊。若是指定長度小於輸出要求，則 C 語言會自動配給足夠空間供它使用。

3：　當 % 和修飾詞之間有 "-" 符號時，若指定輸出長度大於輸出要求長度，則列印時會向左靠齊。

程式實例 ch3_14.c：格式化輸出其它類型變數的應用。

```
1  /*   ch3_14.c                  */
2  #include <stdio.h>
3  #include <stdlib.h>
4  int main()
5  {
6      int i = 10;
7      float j = 123.56;
8
9      printf("格式化輸出八位元\n");
10     printf("/%o/\n",i);
11     printf("/%-8o/\n",i);
12     printf("格式化輸出十六位元\n");
13     printf("/%x/\n",i);
14     printf("/%8x/\n",i);
15     printf("格式化輸出不帶正負號數值\n");
16     printf("/%u/\n",i);
17     printf("/%8u/\n",i);
18     printf("格式化輸出科學符號\n");
19     printf("/%e/\n",j);
20     printf("/%8.3e/\n",j);
21     system("pause");
22     return 0;
23 }
```

執行結果

```
C:\Cbook\ch3\ch3_14.exe
格式化輸出八位元
/12/
/12        /
格式化輸出十六位元
/a/
/         a/
格式化輸出不帶正負號數值
/10/
/        10/
格式化輸出科學符號
/1.235600e+002/
/1.236e+002/
請按任意鍵繼續 . . .
```

程式實例 ch3_15.c：另一種不尋常的 printf( ) 輸出應用。在先前的各種應用範例中，我們大多將變數放在列印變數區內，然而我們也可以直接將某一數值放在列印變數區內，如這個實例所示：

```
1  /*   ch3_15.c                  */
2  #include <stdio.h>
3  #include <stdlib.h>
4  int main()
5  {
6      printf("不尋常的輸出 %d\n",1);
7      printf("ch%d_%d.c\n",3,15);
8      system("pause");
9      return 0;
10 }
```

執行結果

```
C:\Cbook\ch3\ch3_15.exe
不尋常的輸出 1
ch3_15.c
請按任意鍵繼續 . . .
```

3-2 scanf( )

scanf( ) 函數和 printf( ) 相類似，不過它主要是用來做資料輸入。和 printf( ) 一樣，我們也可以將它的參數區分成兩部份，一是控制輸入格式區，另一是輸入變數區如下所示：

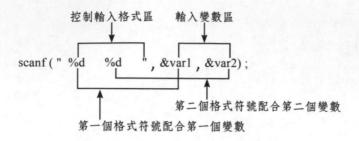

在使用上述 scanf( ) 函數讀取資料時，必須注意下列幾點：

1： 第一個格式符號配合第一個欲輸入的變數，其它依此類推。

2： 控制輸入格式區需用雙引號包夾起來。

3： 控制輸入格式區和變數區之間用逗號分開。

4： 輸入變數前面要加 & 符號，這是一個位址符號，資料讀入時，C 語言會將所讀入的值，放在這個位址內。截至目前為止，讀者只要知道在變數前面加上 & 符號就可以了，& 符號代表變數的位址，至於有關 & 符號的細節，我們將在第 11 章為各位做詳細說明。

5： 當有輸入多筆資料時，可以格式符號可以用空白隔開或是逗號 (,) 隔開。當用逗號隔開時，所輸入的資料可以用按空白鍵、Tab 鍵或是 Enter 間隔開。當多筆資料使用逗號隔開時，輸入資料也可以用逗號隔開。

6： scanf( ) 函數所能讀取資料的種類和 printf( ) 所能列印資料種類相同。

7： 讀取字串變數時，我們不必在字串變數前面加上 & 符號，詳細情形我們將在第 8 章為各位做說明。

下面是控制輸入格式符號和輸入資料型態的對照圖。

輸入格式符號	輸入資料型態
%d	整數
%ld	長整數，l 是 L 的英文小寫
%f	浮點數
%lf	雙倍精度浮點數，l 是 L 的英文小寫
%c	字元
%s	字串
%e	科學符號

輸入格式符號	輸入資料型態
%u	不帶符號 10 進位整數
%o	8 進位整數
%x	16 進位整數

註 如果是要讀取雙倍精度浮點數變數，控制輸入格式區必須使用 %lf，如果使用 %f 會有不可預期的錯誤產生。

3-2-1 讀取數值資料

讀取數值資料又可以分為讀取不同格式的數值資料、單筆數值資料，和讀取多筆數值資料。另外，讀者也需瞭解讀取不同格式的數值資料，筆者在本節將詳細解說讀取數值資料的完整觀念。

程式實例 ch3_16.c：讀取 8 進位、10 進位與 16 進位的數值資料實例。

```c
1   /*   ch3_16.c              */
2   #include <stdio.h>
3   #include <stdlib.h>
4   int main()
5   {
6       int i,j,k;
7
8       printf("請輸入 10 進位數值 : ");
9       scanf("%d",&i);
10      printf("請輸入 8  進位數值 : ");
11      scanf("%o",&j);
12      printf("請輸入 16 進位數值 : ");
13      scanf("%x",&k);
14      printf("i = %d\n",i);
15      printf("j = %d\n",j);
16      printf("k = %d\n",k);
17      printf("i + j + k = %d\n",i + j + k);
18      system("pause");
19      return 0;
20  }
```

執行結果

```
■ C:\Cbook\ch3\ch3_16.exe
請輸入 10 進位數值 : 10
請輸入 8  進位數值 : 12
請輸入 16 進位數值 : 1a
i = 10
j = 10
k = 26
i + j + k = 46
請按任意鍵繼續 . . .
```

對於讀者而言，比較特殊的是第 11 列使用 %o 格式符號讀取 8 進位資料，和第 13 列使用 %x 格式符號讀取 16 進位資料。

程式實例 ch3_17.c：使用 %f 和 %e 分別讀取浮點數與科學記號數值。

```
1   /*   ch3_17.c                  */
2   #include <stdio.h>
3   #include <stdlib.h>
4   int main()
5   {
6       float a, b;
7
8       printf("請輸入浮點數 : ");
9       scanf("%f",&a);
10      printf("請輸入科學記號浮點數 : ");
11      scanf("%e",&b);
12      printf("a = %f\n",a);
13      printf("b = %e\n",b);
14      printf("a + b = %6.3f\n",a + b);
15      system("pause");
16      return 0;
17  }
```

執行結果

```
■ C:\Cbook\tmp\ch3_17.exe
請輸入浮點數 : 5
請輸入科學記號浮點數 : 1.23456e2
a = 5.000000
b = 1.234560e+002
a + b = 128.456
請按任意鍵繼續 . . .
```

```
■ C:\Cbook\tmp\ch3_17.exe
請輸入浮點數 : 5.0
請輸入科學記號浮點數 : 1.23456E2
a = 5.000000
b = 1.234560e+002
a + b = 128.456
請按任意鍵繼續 . . . ▇
```

從上述可知道，讀取浮點數時即使所輸入資料是整數，例如：上述左邊的輸入 5，輸入後也會被視為浮點數。另外，在輸入科學記號數值時，輸入 e 或是 E 皆是可以被接受的。

格式符號 %e 雖是讀取科學記號數值，如果輸出浮點數，C 語言編譯程式也會接受，不過不鼓勵如此。如果將第 13 列的輸出格式符號 %e 改為 %E，則輸出的科學記號 e 將被改為 E。

程式實例 ch3_17_1.c：將輸出格式符號 %e 改為 %E，重新設計 ch3_17.c。

```
13          printf("b = %E\n",b);
```

執行結果

```
■ C:\Cbook\ch3\ch3_17_1.exe
請輸入浮點數 : 5.0
請輸入科學記號浮點數 : 1.23456
a = 5.000000
b = 1.234560E+000
a + b =  6.235
請按任意鍵繼續 . . . ▇
```

上述第 11 列 scanf( ) 讀取數字是使用科學記號浮點數 %e，筆者使用一般浮點數輸入，C 語言編譯程式也會接受。

在使用 scanf( ) 讀取多筆數值資料時，控制輸入格式區可以用空格或是逗號 (,) 將格式符號隔開，這時在輸入時可以用空格 (可以按空白鍵或是 Tab 間產生空格) 或是換列 (按 Enter 可以產生換列) 輸入。

程式實例 ch3_18.c：用 scanf( ) 函數讀取 2 筆數值資料的應用，兩個格式符號是用空格區隔，讀者可以參考第 9 列。

```
1   /*    ch3_18.c                */
2   #include <stdio.h>
3   #include <stdlib.h>
4   int main()
5   {
6       int a, b;
7
8       printf("請輸入兩個整數 : ");
9       scanf("%d %d",&a, &b);
10      printf("a + b = %d\n",a + b);
11      system("pause");
12      return 0;
13  }
```

執行結果

```
C:\Cbook\tmp\ch3_18.exe
請輸入兩個整數 : 3 7
a + b = 10
請按任意鍵繼續 . . .
```

```
C:\Cbook\tmp\ch3_18.exe
請輸入兩個整數 : 3
7
a + b = 10
請按任意鍵繼續 . . .
```

上述左邊是在同一列輸出，彼此用空格隔開兩筆輸入。上述右邊是輸入完 3 之後，按 Enter 鍵，然後輸入 7，相當於用 Enter 鍵隔開所輸入的兩筆數值。

註 筆者測試 Dev C++ 編譯程式，如果兩筆格式符號間沒有空格，也可以得到相同的結果，讀者可以參考 ch3_19.c，不過這會讓程式的可讀性比較差，所以不建議。

程式實例 ch3_19.c：重新設計 ch3_18.c，用 scanf( ) 函數讀取 2 筆數值資料的應用，兩個格式符號沒有空格區隔。

```
9       scanf("%d%d",&a, &b);
```

執行結果 與 ch3_18.c 相同。

程式實例 ch3_19_1.c：用 scanf( ) 函數讀取 2 筆數值資料的應用，兩個格式符號是用逗號區隔。

```
1   /*   ch3_19_1.c                    */
2   #include <stdio.h>
3   #include <stdlib.h>
4   int main()
5   {
6       int a, b;
7
8       printf("請輸入兩個整數 : ");
9       scanf("%d,%d",&a, &b);
10      printf("a + b = %d\n",a + b);
11      system("pause");
12      return 0;
13  }
```

執行結果

```
■ C:\Cbook\ch3\ch3_19_1.exe
請輸入兩個整數 : 3, 7
a + b = 10
請按任意鍵繼續 . . . ■
```

3-2-2　讀取字元資料

在輸入整數或浮點數時，我們可以用空格做區別所輸入的資料。但是輸入字元時，字元間不可有空格。使用 scanf( ) 讀取字元時，常會發生讀取字元錯誤的程式，設計如下列實例。

程式實例 ch3_19_2.c：scanf( ) 讀取字元錯誤的實例。

```
1   /*   ch3_19_2.c                    */
2   #include <stdio.h>
3   #include <stdlib.h>
4   int main()
5   {
6       int i;
7       char ch;
8
9       printf("請輸入 1 個整數 \n==>");
10      scanf("%d",&i);
11      printf("請輸入 1 個字元 \n==>");
12      scanf("%c",&ch);
13      printf("整數是=%d, Ascii碼值是=%d, 字元是=%c \n",i,ch,ch);
14      system("pause");
15      return 0;
16  }
```

執行結果

```
■ C:\Cbook\ch3\ch3_19_2.exe
請輸入 1 個整數
==>9
請輸入 1 個字元
==>整數是=9, Ascii碼值是=10, 字元是=

請按任意鍵繼續 . . .
```

在上述執行結果中，程式並沒有等待我們輸入字元 (第 12 列)，隨即執行第 13 列輸出執行結果，為什麼會這樣呢？因為當輸入阿拉伯數字 9，再按 Enter 鍵後，第 10 列的 scanf( ) 函數讀取到 9，並將指定給整數變數 i。當按下 Enter 鍵時，對電腦系統而言，它代表 Carriage Return(歸位，Ascii 碼值是 13) 和 Line Feed(換行，Ascii 碼值是 10)。當第一個 scanf( )(第 10 列) 讀到 Carriage Return 字元時便認為讀取已經結束，此時讀取緩衝區還有 Line Feed 字元 (Ascii 碼值 10，這是不可列印字元)，所以程式執行第 12 列的 scanf( ) 時，將直接讀取緩衝區內暫存的 Line Feed 字元，所以列出 Ascii 碼值是 10，由於這是不可列印字元，所以嘗試列印字元時，印出結果是空白。

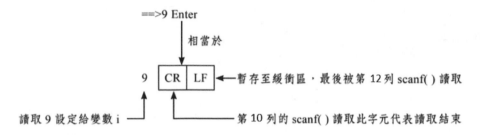

下列是 ch3_19_2.c 的另一個測試結果，筆者採用的是在第 1 筆輸入 9 之後立刻輸入 f，讀者可以觀察結果。

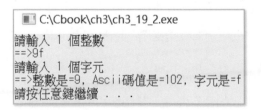

上述第 10 列 scanf( ) 讀取整數時，儘管輸入是「9f」，但只讀取前面的 9，同時將 9 設定給變數 i，此時 f 字元會在讀取緩衝區內，當第 12 列讀取字元時，所輸入的字元 f 會被讀入字元變數 ch 內。

不過一個程式若是輸入需用這種方式讀取字元是不好的設計。改良方式是在 scanf( ) 函數的「%c」之前預留一空白，這種設計方式可跳過不可列印字元，再讀取可列印字元，可參考下列 ch3_19_3.c。

程式實例 ch3_19_3.c：改良式 scanf( ) 的用法。主要是在「%c」前加空白，可跳過不可列印字元。

```
1   /*    ch3_19_3.c                      */
2   #include <stdio.h>
3   #include <stdlib.h>
4   int main()
5   {
6       int i;
7       char ch;
8
9       printf("請輸入 1 個整數 \n==>");
10      scanf("%d",&i);
11      printf("請輸入 1 個字元 \n==>");
12      scanf(" %c",&ch);   /* 可跳過不可列印字元 */
13      printf("整數是=%d, Ascii碼值是=%d, 字元是=%c \n",i,ch,ch);
14      system("pause");
15      return 0;
16  }
```

執行結果

```
C:\Cbook\ch3\ch3_19_3.exe
請輸入 1 個整數
==>9
請輸入 1 個字元
==>f
整數是=9, Ascii碼值是=102, 字元是=f
請按任意鍵繼續 . . .
```

本程式與上一個程式的最大的差異在第 12 列的「%c」前多了一個空格，由於它可跳過不可列印字元，因此輸入「f」時，即可供第 12 列的 scanf( ) 正常讀取，由於此 f 字元的碼值是 102，所以可以得到上述執行結果。

此外，C 語言也提供一個清除緩衝區的函數 fflush( )，使用方式如下：

　　　　fflush(stdin);　　　/* stdin 代表輸入設備，即鍵盤 */

上述可將輸入緩衝區的資料清除，整個使用情形可參考下列實例。

程式實例 ch3_19_4.c：fflush( ) 函數的使用，可修正原 ch3_19_2.c 的問題。

```
1   /*    ch3_19_4.c                   */
2   #include <stdio.h>
3   #include <stdlib.h>
4   int main()
5   {
6       int i;
7       char ch;
8
9       printf("請輸入 1 個整數 \n==>");
10      scanf("%d",&i);
11      printf("請輸入 1 個字元 \n==>");
12      fflush(stdin);    /* 清除緩衝區 */
13      scanf("%c",&ch);
14      printf("整數是=%d, Ascii碼值是=%d, 字元是=%c \n",i,ch,ch);
15      system("pause");
16      return 0;
17  }
```

執行結果

```
■ C:\Cbook\ch3\ch3_19_4.exe
請輸入 1 個整數
==>9
請輸入 1 個字元
==>f
整數是=9, Ascii碼值是=102, 字元是=f
請按任意鍵繼續 . . .
```

　　上述程式實例的重點在於第 12 列多了 fflush(stdin) 函數，執行結果則和 ch3_19_3. c 相同。

3-3 字元的輸入和輸出函數

3-3-1　getche( ) 和 putchar( ) 函數

　　C 語言的函數庫，還提供了另兩個每次只能讀取或寫入一個字元函數， getche( ) 可讓我們每次讀取一個字元，putchar(ch) 則可讓我們每次輸出一個字元。

　　這兩個函數最大的差別在：

1：　getche( ) 函數不包含任何參數，它的使用方式如下：

　　　　ch= getche( );

　　此時若您從終端機上輸入一字元時，C 語言會自動將這個字元值設定給字元變數 ch。此外需注意，當以 scanf( ) 函數讀取字元值時，若是按下 Enter 間之後，才正式讀取字元資料，若是以 getche( ) 函數讀取字元值時，只要一有輸入，此輸入值會被立刻讀入所設定的字元變數內。

2：　putchar(ch) 函數式則必須包含一個字元變數，它的使用方式如下：

　　　　putchar(ch);

　　此時 C 語言會自動將字元變數 ch 的內含，列印在螢幕上。

3-3-2　getchar( ) 函數

　　除了 getche( ) 函數外，另一個常用的讀取字元函數是 getchar( )，它的使用格式如下所示：

　　　　ch = getchar( );

所讀取的字元會被存至變數 ch 內。然而 getchar( ) 和 getche( ) 兩函數在讀取字元值時，仍是有所差別的，當你以 getche( ) 函數讀取字元時，不必按 Enter 鍵， 程式會自動讀取該字元。當你以 getchar( ) 函數讀取字元時，在輸入完字元後，你必須按 Enter 鍵，下面的程式範例將說明這個觀念。

由於 getchar( ) 和 putchar( ) 函數是被定義在 stdio.h 標題檔案內，所以下面程式在執行前必須加上下列指令。

　　#include <stdio.h>

至於有關 #include 指令的目的將在本書第 10 章做詳細說明。

程式實例 ch3_20.c：getchar( )，getche( ) 和 putchar( ) 函數的基本應用。

```
1   /*   ch3_20.c                    */
2   #include <stdio.h>
3   #include <stdlib.h>
4   int main()
5   {
6       char ch1,ch2,ch3;
7
8       printf("請輸入 2 個字元 \n==>");
9       ch1 = getche();
10      ch2 = getche();
11      printf("\n");
12      printf("第 1 個字元是 \n==>");
13      putchar(ch1);
14      printf("\n");
15      printf("第 2 個字元是 \n==>");
16      putchar(ch2);
17      printf("\n請輸入 1 個字元 \n==>");
18      ch3 = getchar();
19      printf("第 3 個字元是 \n==>");
20      putchar(ch3);
21      printf("\n");
22      system ("pause");
23      return 0;
24  }
```

執行結果

```
C:\Cbook\ch3\ch3_20.exe
請輸入 2 個字元
==>ab
第 1 個字元是
==>a
第 2 個字元是
==>b
請輸入 1 個字元
==>y
第 3 個字元是
==>y
請按任意鍵繼續 . . .
```

3-3-3　getch( ) 函數

此外，還有一個常用的讀取字元程式是 getch( )，本函數功能和 getche( ) 類似，彼此間唯一的差別在於，當你以 getch( ) 讀取字元時，所輸入的字元將不顯示在螢幕上。

程式實例 ch3_21.c：基本 getch( ) 函數的應用。

```
1  /*   ch3_21.c                */
2  #include <stdio.h>
3  #include <stdlib.h>
4  int main()
5  {
6      char ch1, ch2;
7
8      printf("請輸入 2 個字元 \n==>");
9      ch1 = getch();
10     ch2 = getch();
11     printf("\n");
12     printf("第 1 個字元是 \n==>");
13     putchar(ch1);
14     printf("\n");
15     printf("第 2 個字元是 \n==>");
16     putchar(ch2);
17     printf("\n");
18     system("pause");
19     return 0;
20 }
```

執行結果

```
C:\Cbook\ch3\ch3_21.exe
請輸入 2 個字元
==>
第 1 個字元是
==>o
第 2 個字元是
==>p
請按任意鍵繼續 . . .
```

從上面執行結果，很明顯的我們可以看到，所輸入的字元，並不在螢幕上顯示。

3-4 認識簡單的字串讀取

3-4-1　使用 scanf( ) 讀取字串

所謂的字串是指二個以上字元組成，字串末端一定是 '\0' 字元。使用前必須宣告字串變數，宣告方式如下：

char 字串變數 [字串長度];

註1　更完整的陣列知識將在第 7 章說明。

註2　更完整的字串知識將在第 8 章說明。

實例 1：宣告 mystr 為長度是 10 的字串。

    char mystr[10];

這時所宣告的記憶體內容如下：

mystr | | | | | | | | | | |

使用 scanf( ) 函數讀取字串的格式如下：

    scanf("%s", mystr)

執行上述指令時，scanf( ) 會從第一個非空白字元開始讀取，然後讀到空白字元為止，此外，讀取字串時，字串變數左邊不用加上 '&' 符號。

程式實例 ch3_22.c：讀取字串的應用。

```
1   /*   ch3_22.c              */
2   #include <stdio.h>
3   #include <stdlib.h>
4   int main()
5   {
6       char name[10];
7
8       printf("請輸入你的名字 \n==>");
9       scanf("%s", name);
10      printf("\n");
11      printf("%s 歡迎進入系統 \n", name);
12
13      system("pause");
14      return 0;
15  }
```

執行結果

```
C:\Cbook\ch3\ch3_22.exe
請輸入你的名字
==>Hung

Hung 歡迎進入系統
請按任意鍵繼續 . . .
```

```
C:\Cbook\ch3\ch3_22.exe
請輸入你的名字
==>    Hung

Hung 歡迎進入系統
請按任意鍵繼續 . . .
```

上述左邊是沒有預留空格的輸入，上述右邊是空了 4 格的輸入，所得到的結果都是一樣，這是因為 scanf( ) 在讀取字串時會從第一個非空白字元開始讀取。

經過上述讀取後，這時 name 字串的記憶體內容如下所示：

name | H | u | n | g | '\0' | | | | |

3-4-2　使用 scanf( ) 應注意事項

使用 scanf( ) 讀取數字時，也是會讀取第一個非空白的字元，此非空白的字元必須是數字，至於數字後邊的字元則會忽略。

程式實例 ch3_23.c：讀取數字，此數字前面有空白字元，數字後面有一般字元。

```
1  /*   ch3_23.c              */
2  #include <stdio.h>
3  #include <stdlib.h>
4  int main()
5  {
6      int sc;
7
8      printf("請輸入你的 C 語言成績 \n==>");
9      scanf("%d", &sc);
10     printf("\n");
11     printf("你的 C 語言成績是 %d \n", sc);
12
13     system("pause");
14     return 0;
15 }
```

執行結果

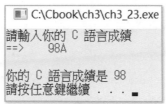

上述左邊輸入的記憶體圖形如下：

上述右邊輸入的記憶體圖形如下：

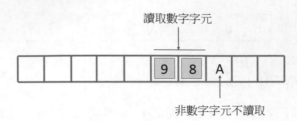

上述 A 字元雖然被忽略，但是會繼續留在輸入緩衝區內，下列程式可以讀取此緩衝區內的資料。

程式實例 ch3_24.c：改良 ch3_23.c，讀取緩衝區內的資料。

```
1   /*   ch3_24.c                */
2   #include <stdio.h>
3   #include <stdlib.h>
4   int main()
5   {
6       int sc;
7       char grade[10];
8
9       printf("請輸入你的 C 語言成績 \n==>");
10      scanf("%d", &sc);
11      printf("你的 C 語言成績是 %d \n", sc);
12      printf("請讀取成績等級 \n");
13      scanf("%s", grade);
14      printf("你的 C 語言等級是 %s \n", grade);
15
16      system("pause");
17      return 0;
18  }
```

執行結果

```
C:\Cbook\ch3\ch3_24.exe
請輸入你的 C 語言成績
==>    98A
你的 C 語言成績是 98
請讀取成績等級
你的 C 語言等級是 A
請按任意鍵繼續 . . .
```

3-5　專題實作 – 單位轉換／計算到月球的時間／雞兔同籠

3-5-1　基礎實例應用

最後我們將把所有前面所介紹的觀念，用實際的例子，來說明它的應用。

程式實例 ch3_25.c：請輸入英哩和碼數，本程式會將它們轉換成公里，並在螢幕上列印出來。

註　1 英哩 = 1.609 公里

```
1    /*   ch3_25.c                */
2    #include <stdio.h>
3    #include <stdlib.h>
4    int main()
5    {
6        int mile, yard;
7        float km;
8
9        printf("將英哩及碼數轉成公里\n");
10       printf("請輸入英哩 \n==> ");
11       scanf("%d",&mile);
12       printf("請輸入碼數 \n==> ");
13       scanf("%d",&yard);
14       km = 1.609 * ( mile + (float) yard / 1760 );
15       printf("結果是 %8.3f \n",km);
16       system("pause");
17       return 0;
18   }
```

執行結果

```
 C:\Cbook\ch3\ch3_25.exe
將英哩及碼數轉成公里
請輸入英哩
==> 487
請輸入碼數
==> 563
結果是   784.098
請按任意鍵繼續 . . .
```

程式實例 ch3_26.c：++ 和 -- 的前置運算子和後置運算子的實例應用。

```
1    /*   ch3_26.c                */
2    #include <stdio.h>
3    #include <stdlib.h>
4
5    int main()
6    {
7        int x,y,z;
```

```
8
9       x = y = z = 0;
10  /* 測試 ++ 運算子 */
11      x = ++y + ++z;
12      printf("第 11 列結果 %d %d %d\n",x,y,z);
13      x = y++ + z++;
14      printf("第 13 列結果 %d %d %d\n",x,y,z);
15  /* 測試 -- 運算子 */
16      x = y = z = 0;
17      x = --y + --z;
18      printf("第 17 列結果 %d %d %d\n",x,y,z);
19      x = y-- + z--;
20      printf("第 19 列結果 %d %d %d\n",x,y,z);
21      system("pause");
22      return 0;
23  }
```

執行結果

```
■ C:\Cbook\ch3\ch3_26.exe
第 11 列結果 2 1 1
第 13 列結果 2 2 2
第 17 列結果 -2 -1 -1
第 19 列結果 -2 -2 -2
請按任意鍵繼續 . . .
```

上述程式第 9 列和 16 列會分別依序設定 z、y 和 x 值為 0。

程式實例 ch3_27.c：加、減、乘、除及求餘數 (+=，-=，*=，/=，%=) 等特殊運算子的程式應用。

```
1   /*   ch3_27.c                    */
2   #include <stdio.h>
3   #include <stdlib.h>
4   int main()
5   {
6       int a,b,c,d,e;
7
8       a = b = c = d = e = 0;
9       a += 2;
10      printf("a = %d\n",a);
11
12      b -= 2;
13      printf("b = %d\n",b);
14
15      c *= c = 2;
16      printf("c = %d\n",c);
17
18      d %= d = 3;
19      printf("d = %d\n",d);
20
21      e /= e = 4;
22      printf("e = %d\n",e);
23      system("pause");
24      return 0;
25  }
```

執行結果

```
■ C:\Cbook\ch3\ch3_27.exe
a = 2
b = -2
c = 4
d = 0
e = 1
請按任意鍵繼續 . . .
```

上述程式第 15 列會先將 c 值設定為 2，再執行 c 乘以 c 功能，最後將運算結果放在 c 內。第 18 列和第 21 列請依此類推。

程式實例 ch3_28.c：請輸入一華氏溫度，本程式會將它轉換成攝氏溫度，然後輸出，華氏溫度轉換成攝氏溫度的基本公式如下：

攝氏溫度 = (5.0/9.0) * (華氏溫度 - 32.0)

```
1   /*    ch3_28.c                  */
2   #include <stdio.h>
3   #include <stdlib.h>
4   int main()
5   {
6       float f,c;
7
8       printf("請輸入華氏溫度 \n==>");
9       scanf("%f",&f);
10      c = ( 5.0 / 9.0 ) * ( f - 32.0 );
11      printf("攝氏溫度是 %6.2f \n",c);
12      system("pause");
13      return 0;
14  }
```

執行結果

```
■ C:\Cbook\ch3\ch3_28.exe
請輸入華氏溫度
==>104
攝氏溫度是   40.00
請按任意鍵繼續 . . .
```

程式實例 ch3_29.c：不同型態資料運算與強制運算元的基本應用。

```
1   /*    ch3_29.c                  */
2   #include <stdio.h>
3   #include <stdlib.h>
4   int main()
5   {
6       float x = 5.3;
7       int   y = 9;
8       int   z = 4;
9
10      x = y / z;
11      printf("結果是 %6.2f\n",x);
```

```
12      x = (float) y / (float) z;
13      printf("結果是 %6.2f\n",x);
14      system("pause");
15      return 0;
16  }
```

執行結果

```
■ C:\Cbook\ch3\ch3_29.exe
結果是    2.00
結果是    2.25
請按任意鍵繼續 . . .
```

　　上述第 11 列由於 y 和 z 皆是整數，因此，相除結果獲得 2，再設定給浮點數 x，最後得到 x 值是 2.0。第 13 列由於已經強制設為浮點數，所以可以得到正常浮點數的相除結果。

程式實例 ch3_30.c：字元與整數資料的混合運算。

```
1   /*  ch3_30.c                */
2   #include <stdio.h>
3   #include <stdlib.h>
4   int main()
5   {
6       char ch1 = 'd';
7
8       ch1 -= 1;
9       printf("ch1 = %c\n",ch1);
10      ch1 += 5;
11      printf("ch1 = %c\n",ch1);
12      system("pause");
13      return 0;
14  }
```

執行結果

```
■ C:\Cbook\ch3\ch3_30.exe
ch1 = c
ch1 = h
請按任意鍵繼續 . . . ■
```

　　上述程式第 6 列將 ch1 設為字元「d」，其 ASCII 碼值是 100，執行完第 8 列後可以得到 ch1 的 ASCII 碼值是 99，所以第 9 列將列出碼值是 99 相對應的字元「c」。第 10 列將 ch1 碼值加 5，得到碼值是 104，經查得知相對應的字元是「h」，所以最後列出字元「h」。

3-5-2　計算地球到月球所需時間

　　馬赫 (Mach number) 是音速的單位，主要是紀念奧地利科學家恩斯特馬赫 (Ernst Mach)，一馬赫就是一倍音速，它的速度大約是每小時 1225 公里。

程式實例 ch3_31.c：從地球到月球約是 384400 公里，假設火箭的速度是一馬赫，設計一個程式計算需要多少天、多少小時才可抵達月球。這個程式省略分鐘數。

```
1   /*   ch3_31.c                    */
2   #include <stdio.h>
3   #include <stdlib.h>
4   int main()
5   {
6       int dist, speed;
7       int total_hour, days, hours;
8
9       dist = 384400;                /* 地球到月亮的距離        */
10      speed = 1225;                 /* 1 馬赫速度每小時 1225公里 */
11      total_hour = dist / speed;
12      days = total_hour / 24;
13      hours = total_hour % 24;
14      printf("天數 %d \n", days);
15      printf("時數 %d \n", hours);
16      system("pause");
17      return 0;
18  }
```

執行結果

```
C:\Cbook\ch3\ch3_31.exe
天數 13
時數 1
請按任意鍵繼續 . . .
```

3-5-3　雞兔同籠－解聯立方程式

古代孫子算經有一句話，" 今有雞兔同籠，上有三十五頭，下有百足，問雞兔各幾何？"，這是古代的數學問題，表示有 35 個頭，100 隻腳，然後籠子裡面有幾隻雞與幾隻兔子。雞有 1 隻頭、2 隻腳，兔子有 1 隻頭、4 隻腳。我們可以使用基礎數學解此題目，也可以使用迴圈解此題目，這一小節筆者將使用基礎數學的聯立方程式解此問題。

如果使用基礎數學，將 x 代表 chicken，y 代表 rabbit，可以用下列公式推導。

chicken + rabbit = 35	相當於---- >	x + y = 35
2 * chicken + 4 * rabbit = 100	相當於---- >	2x + 4y = 100

經過推導可以得到下列結果：

x(chicken) = 20　　　　　　# 雞的數量
y(rabbit) = 15　　　　　　 # 兔的數量

　　整個公式推導，假設 f 是腳的數量，h 代表頭的數量，可以得到下列公式：

x(rabbit) = f / 2 − h

y(chicken) = 2h − f / 2

程式實例 ch3_32.c：請輸入頭和腳的數量，本程式會輸出雞的數量和兔的數量。

```
1   /*   ch3_32.c               */
2   #include <stdio.h>
3   #include <stdlib.h>
4   int main()
5   {
6       int h, f;
7       int chicken, rabbit;
8
9       printf("請輸入頭的數量 : ");
10      scanf("%d", &h);
11      printf("請輸入腳的數量 : ");
12      scanf("%d", &f);
13      rabbit = (int) (f / 2 - h);
14      chicken = (int) (2 * h - f / 2);
15      printf("雞有 %2d 隻, 兔有 %d 隻\n", chicken, rabbit);
16      system("pause");
17      return 0;
18  }
```

執行結果

```
C:\Cbook\ch3\ch3_32.exe
請輸入頭的數量 : 35
請輸入腳的數量 : 100
雞有 20 隻, 兔有 15 隻
請按任意鍵繼續 . . .
```

3-5-4　高斯數學 – 計算等差數列和

　　約翰‧卡爾‧佛里德里希 – 高斯 (Johann Karl Friedrich GauB)(1777 – 1855) 是德國數學家，被認為是歷史上最重要的數學家之一。他在 9 歲時就發明了等差數列求和的計算技巧，他在很短的時間內計算了 1 到 100 的整數和。使用的方法是將第 1 個數字與最後 1 個數字相加得到 101，將第 2 個數字與倒數第 2 個數字相加得到 101，然後依此類推，可以得到 50 個 101，然後執行 50 * 101，最後得到解答。

程式實例 ch3_33.c：使用等差數列計算 1 – 100 的總和。

```
1   /*   ch3_33.c               */
2   #include <stdio.h>
3   #include <stdlib.h>
4   int main()
5   {
6       int starting;
7       int ending;
8       int sum;
```

```
9      int d;
10
11     starting = 1;
12     ending = 100;
13     d = 1;              /* 等差數列間距 */
14     sum = (int) ((starting + ending) * (ending - starting + d) / (2 * d));
15     printf("1 到 100 的總和是 %4d\n", sum);
16     system("pause");
17     return 0;
18  }
```

執行結果

```
C:\Cbook\ch3\ch3_33.exe
1 到 100 的總和是 5050
請按任意鍵繼續 . . .
```

3-5-5　補充說明 system( )

在 1-8-3 節有介紹 system( ) 函數，同時說明當此函數的參數是 "pause" 時，可以凍結視窗，也可以使用下列參數：

```
system("cls");                    /* 清除視窗內容  */
system("dir");                    /* 顯示資料夾內容 */
```

或是可以用下列方式更改視窗的前景和背景顏色。

```
system("color BA");
```

上述 BA，B 是代表視窗背景顏色，A 是代表視窗前景顏色，各顏色的參數說明如下：

數值	顏色	數值	顏色	數值	顏色
0	黑色	6	黃色	C	淺紅色
1	藍色	7	白色	D	淺紫色
2	綠色	8	灰色	E	淺黃色
3	寶藍色	9	淺藍色	F	亮白色
4	紅色	A	淺綠色		
5	紫色	B	淺寶藍色		

程式實例 ch3_34.c：輸出目前資料夾內容。

```
1  /*   ch3_34.c              */
2  #include <stdio.h>
3  #include <stdlib.h>
4  int main()
5  {
6      system("dir");
7      return 0;
8  }
```

執行結果

```
■ C:\Cbook\ch3\ch3_34.exe

磁碟區 C 中的磁碟是 Acer
磁碟區序號： BE40-C5F3

C:\Cbook\ch3 的目錄

2022/05/19  上午 12:18    <DIR>              .
2022/05/19  上午 12:18    <DIR>              ..
2022/04/21  下午 05:37                   190 ch3_1.c
2022/04/21  下午 05:37               131,177 ch3_1.exe
2022/04/21  下午 05:55                   434 ch3_10.c
```

程式實例 ch3_35.c： 使用淺黃色底與藍色的字。

```
1   /*   ch3_35.c                      */
2   #include <stdio.h>
3   #include <stdlib.h>
4   int main()
5   {
6       printf("C 程式設計\n");
7       printf("C 程式設計\n");
8       system("color E1");
9       return 0;
10  }
```

執行結果

```
■ C:\Cbook\ch3\ch3_35.exe
C 程式設計
C 程式設計

---------------------------------
Process exited after 2.542 seconds with return value 0
請按任意鍵繼續 . . .
```

3-6 習題

一：是非題

( ) 1： 「\n」控制字元，可促使輸出裝置跳列列印。(3-1 節)

( ) 2： 「%nd」程式輸出時，如果預留格數比所輸出的空間還大，此時輸出結果將向左對齊。(3-1 節)

( ) 3： %u 是不帶符號的 10 進位整數輸出。(3-1 節)

( ) 4： 輸入格式符號 %d，可以控制輸入整數。(3-2 節)

( ) 5： 輸入格式符號 %s，可以控制輸入浮點數。(3-2 節)

( ) 6： 使用 scanf( ) 讀取資料時，當按下 Enter 後會產生殘留訊息在輸入緩衝區，此殘留值可以用 fflush(stdin) 函數清除。(3-2 節)

( ) 7： getche( ) 函數可以一次讀入一個字元，同時，只要鍵盤有輸入時按 Enter 鍵後，才執行此讀取動作。(3-3 節)

( ) 8： getch( ) 函數與 getche( ) 函數一樣是讀取字元，不過用 getch( ) 讀取字元時，所輸入字元將不顯示在螢幕上。(3-3 節)

二：選擇題

( ) 1： 浮點數列印在「%f」格式下，C 語言會留 (A) 8 格 (B) 10 格 (C) 12 格 (D)15 格空間供輸出使用。(3-1 節)

( ) 2： 輸出時若看到「\xdd」，則 x 後面的兩個 d，各代表 (A) 2 進位 (B) 8 進位 (C) 10 位進 (D) 16 進位數值。(3-1 節)

( ) 3： (A)%e (B) %u (C) %o (D) %x，代表科學記號表示方法輸出浮點數。(3-1 節)

( ) 4： (A)%e (B) %u (C) %o (D) %x，代表 8 進位整數輸出。(3-1 節)

( ) 5： 輸入整數或是浮點數變數前面要加上 (A) % (B) & (C) @ (D) $ 字元。(3-2 節)

( ) 6： (A)getchar( ) (B) scanf( ) (C) getche( ) (D) get( )，於讀取字元時，只要一有輸入，不必等到按 Enter 鍵，程式會自動讀取該字元。(3-3 節)

( ) 7： (A) %e (B) %f (C) %o (D) %16，可以控制讀取字串。(3-4 節)

三：填充題

1： 控制字元 ＿＿＿＿＿＿，可指示輸出裝置跳列列印輸出字元。(3-1 節)

2： 假設變數值是 998，控制列印符號是 "%-5d"，則輸出結果是 ⬚⬚⬚⬚⬚ 。(3-1 節)

3： 假設變數值是 789.56 控制格式符號是 "%8.2f"，則輸出結果是 ⬚⬚⬚⬚⬚⬚⬚⬚ 。(3-1節)

4： 假設變數是 'd'，控制格式符號是 "%3c"，則輸出結果是 ⬚⬚⬚ 。(3-1 節)

5： 延續上一題，控制格式符號是 "%-3c"，則輸出結果是 ⬚⬚⬚ 。(3-1 節)

6： ＿＿＿＿＿＿ 供格式化 16 進位整數。(3-1 節)

7： ＿＿＿＿＿＿ 供格式化不帶符號的 10 進位整數輸出。(3-1 節)

8： ＿＿＿＿＿＿ 供格式化科學符號，輸出浮點數。(3-1 節)

9： 使用 scanf( ) 函數讀取字串變數時，需在變數前面增加 ＿＿＿＿＿＿ 符號。(3-2 節)

10：函數＿＿＿＿＿＿ 可以清除緩衝區的資料。(3-2 節)

11： ＿＿＿＿＿＿ 函數是用於讀取輸入字元，同時只要鍵盤有輸入就讀取，不必等到按 Enter 鍵。(3-3 節)

12：＿＿＿＿＿＿函數與 getche( ) 函數類似，不過所輸入字元不在螢幕上顯示。(3-3 節)

四：實作題

1： 寫一程式輸入 10 進位整數值，本程式將改成輸出 8 進位及 16 進位。(3-2 節)

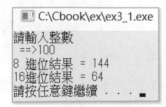

2： 請設計一個程式，此程式會要求你輸入 3 個小於 100 的整數，最後請列出總和（以整數方式輸出）及平均值（以浮點數方式輸出，精確到小數第 2 位）。(3-2 節)

```
C:\Cbook\ex\ex3_2.exe
請輸入 3 個小於 100 的整數
==>50 90 80
總和是  ==> 220
平均是  ==>  73.33
請按任意鍵繼續 . . .
```

3： 試設計一個程式，此程式會要求你輸入 3 個小於 100 的浮點數，最後請列出總和及平均值（以浮點數方式輸出，精確到小數第 2 位）。(3-2 節)

```
C:\Cbook\ex\ex3_3.exe
請輸入 3 個小於 100 的浮點數
==>20.5 31.2 41.9
總和是  ==>  93.60
平均是  ==>  31.20
請按任意鍵繼續 . . .
```

4： 程式範例 ch3_25.c 是要求各位輸入英哩和碼數，然後該範例會將之轉換成公里，請仿照該實例，但請改成輸入整數的公里，然後將它轉換成整數英哩和整數碼數。(3-2 節)

```
C:\Cbook\ex\ex3_4.exe
將公里轉成英哩及碼數
請輸入公里
==> 3
結果是 1 英哩
結果是 1521 碼數
請按任意鍵繼續 . . .
```

5： 修改程式範例 ch3_28.c，改成輸入整數的攝氏溫度，程式會將它轉換成整數和浮點數的華氏溫度輸出，當以浮點數方式輸出時，精確到小數第 2 位。(3-2 節)

```
C:\Cbook\ex\ex3_5.exe
請輸入攝氏溫度
==>40
整數華氏溫度是   104
浮點數華氏溫度是 104.00
請按任意鍵繼續 . . .
```

6: 請輸入工作時數和每小時工資,試列出全部工資。假設有 10% 是稅金,試列出整數的淨所得及稅金。(3-2 節)

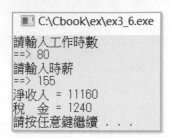

7: 設計一個程式,此程式會要求你輸入 5 個字元,然後將這 5 個字元依相反順序輸出。例如,假設你的輸入如下所示:(3-2 節)

abcde

則輸出應如下所示:

edcba

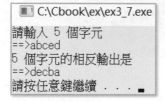

8: 試寫一程式要求使用者輸入學校名稱、科系、姓名,然後將依下列方式輸出。(3-4 節)

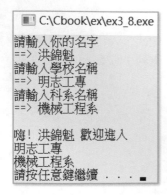

9 :   重新設計 ch3_31.py：需計算至分鐘與秒鐘數。(3-5 節)

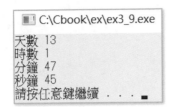

10 : 假設一架飛機起飛的速度是 v，飛機的加速度是 a，下列是飛機起飛時所需的跑道
長度公式。(3-5 節)

$$distance = \frac{v^2}{2a}$$

請輸入飛機時速 (公尺 / 秒) 和加速速 (公尺 / 秒)，然後列出所需跑道長度 (公尺)。

```
■ C:\Cbook\ex\ex3_10.exe
請輸入加速度 : 3.0
請輸入速度 : 80.0
所需跑道長度 1066.7 公尺
請按任意鍵繼續 . . .■
```

11 : 高斯數學之等差數列運算，請輸入等差數列起始值、終點值與差值，這個程式可
以計算數列總和。(3-5 節)

```
■ C:\Cbook\ex\ex3_11.exe
請輸入數列起始值 : 1
請輸入數列終點值 : 99
請輸入數列　差值 : 2
數列總和是 2500
請按任意鍵繼續 . . .
```

```
■ C:\Cbook\ex\ex3_11.exe
請輸入數列起始值 : 2
請輸入數列終點值 : 100
請輸入數列　差值 : 2
數列總和是 2550
請按任意鍵繼續 . . .■
```

第 4 章

簡易數學函數的使用

前面章節筆者針對 C 語言的基本運算和輸入／輸出有了說明，其實已經可以設計簡單的程式了，這一節將說明 C 語言內建的簡單數學函數，有了這個知識，我們可以設計更多相關的應用。

C 語言編譯程式內含有許多數學函數可供我們直接呼叫使用，由於這些函數是儲存於 math.h 標題檔案內，所以設計程式時，你必須在程式前面加上：

#include <math.h>

以便編譯程式能將你所使用的數學函數引用在程式內，至於 #include 的更完整用法解說，在第 10 章會有詳細說明。

4-1　pow( ) 和 pow10( ) 函數 – 求某數值的次方值

4-1-1　pow( ) 函數

這個函數可讓我們求某數的某次方值，它的使用方式如下：

pow(x, y);

上述函數呼叫前，請將 x 和 y 宣告為雙倍精度浮點數 double，這個函數會傳回下列公式的運算結果。

$$x^y$$

4-1-2　pow10( ) 函數

這個函數可以計算 10 的某次方，它的使用方式如下：

pow10(x)

上述函數呼叫前，請將 x 宣告為雙倍精度浮點數 double，這個函數會傳回下列公式的運算結果。

$$10^x$$

註　pow10( ) 不是標準函數，不一定適用所有編譯程式，使用時或許會有不可預期的錯誤，建議使用 pow( ) 函數即可。

程式實例 ch4_1.c：pow( ) 函數的基本應用。

```
1   /*    ch4_1.c                    */
2   #include <math.h>
3   #include <stdio.h>
4   #include <stdlib.h>
5   int main()
6   {
7       double x1 = 3.0;
8       double y1 = 3.0;
9       printf("pow(x1,y1) --> %5.2f  \n",pow(x1,y1));
10      double x2 = 3.2;
11      double y2 = 1.8;
12      printf("pow(x2,y2) --> %5.2f  \n",pow(x2,y2));
13      printf("pow10(3)   --> %6.2f  \n",pow10(3));
14      system("pause");
15      return 0;
16  }
```

執行結果

```
C:\Cbook\ch4\ch4_1.exe
pow(x1,y1) --> 27.00
pow(x2,y2) -->  8.11
pow10(3)   --> 1000.00
請按任意鍵繼續 . . .
```

註 上述程式雖然使用 double 設定變數為雙倍精度浮點數，但是如果設為 float 也可以正常執行。

4-2 sqrt( ) 函數 – 求平方根值

求某數的開平方根值，它的使用格式如下：

sqrt(x);

在使用前請將 x 宣告成雙倍精度浮點數 double，這個函數會回傳下列公式的運算結果。

$$\sqrt{x}$$

程式實例 ch4_2.c：sqrt( ) 函數的基本應用，這個程式嘗試將 x 變數設為 float，也可以正常執行。

```
1   /*    ch4_2.c                    */
2   #include <math.h>
3   #include <stdio.h>
4   #include <stdlib.h>
5   int main()
```

```
6  {
7      float x1 = 4.0;
8      float x2 = 8.0;
9      printf("sqrt(x1) --> %5.2f  \n",sqrt(x1));
10     printf("sqrt(x2) --> %5.2f  \n",sqrt(x2));
11     system("pause");
12     return 0;
13 }
```

執行結果

```
C:\Cbook\ch4\ch4_2.exe
sqrt(x1) -->  2.00
sqrt(x2) -->  2.83
請按任意鍵繼續 . . .
```

4-3 絕對值函數

C 語言有 3 種絕對值函數：

abs(x)：計算整數 x 的絕對值。

labs(x)：計算長整數 x 的絕對值。

fabs(x)：計算浮點數或是雙倍精度浮點數 x 的絕對值。

讀者可以依照參數 x 類型選擇適當的絕對值函數。

程式實例 ch4_3.c：回傳雙倍精度浮點數絕對值的應用。

```
1  /*   ch4_3.c                    */
2  #include <math.h>
3  #include <stdio.h>
4  #include <stdlib.h>
5  int main()
6  {
7      double x1 = -4.0;
8      double x2 = 4.0;
9      printf("fabs(x1) --> %5.2f  \n",fabs(x1));
10     printf("fabs(x2) --> %5.2f  \n",fabs(x2));
11     system("pause");
12     return 0;
13 }
```

執行結果

```
C:\Cbook\ch4\ch4_3.exe
fabs(x1) -->  4.00
fabs(x2) -->  4.00
請按任意鍵繼續 . . .
```

4-4 floor( ) 函數 - 不大於數值的最大整數

這個函數會傳回不大於 x 的最大整數，它的使用格式如下：

    floor(x);

在使用前請將 x 宣告成雙倍精度浮點數 double。

程式實例 ch4_4.c： floor( ) 函數的應用。

```
1   /*    ch4_4.c                    */
2   #include <math.h>
3   #include <stdio.h>
4   #include <stdlib.h>
5   int main()
6   {
7       double x1 = 3.5;
8       double x2 = -3.5;
9       printf("floor(x1) --> %5.2f  \n",floor(x1));
10      printf("floor(x2) --> %5.2f  \n",floor(x2));
11      system("pause");
12      return 0;
13  }
```

執行結果

```
■ C:\Cbook\ch4\ch4_4.exe
floor(x1) -->  3.00
floor(x2) --> -4.00
請按任意鍵繼續 . . .
```

4-5 ceil( ) 函數 - 不小於數值的最小整數

這個函數會傳回不小於 x 的最小整數，它的使用格式如下：

    ceil(x);

在使用前請將 x 宣告成雙倍精度浮點數 double。

程式實例 ch4_5.c： ceil( ) 函數的應用。

```
1   /*    ch4_5.c                    */
2   #include <math.h>
3   #include <stdio.h>
4   #include <stdlib.h>
5   int main()
6   {
```

```
7    double x1 = 3.5;
8    double x2 = -3.5;
9    printf("ceil(x1) --> %5.2f \n",ceil(x1));
10   printf("ceil(x2) --> %5.2f \n",ceil(x2));
11   system("pause");
12   return 0;
13 }
```

執行結果

```
C:\Cbook\ch4\ch4_5.exe
ceil(x1) -->  4.00
ceil(x2) --> -3.00
請按任意鍵繼續 . . .
```

4-6 hypot( ) 函數

這個函數可讓我們先計算求兩數的平方和，然後開根號，它的使用方式如下：

hypot(x, y);

上述函數呼叫前，請將 x 和 y 宣告為雙倍精度浮點數 double，這個函數會傳回下列公式的運算結果。

$$\sqrt{x^2 + y^2}$$

程式實例 ch4_6.c：hypot( ) 函數的應用。

```
1   /*   ch4_6.c                    */
2   #include <math.h>
3   #include <stdio.h>
4   #include <stdlib.h>
5   int main()
6   {
7       double x = 8.0;
8       double y = 6.0;
9
10      printf("hypot(x,y) --> %5.2f \n",hypot(x,y));
11      system("pause");
12      return 0;
13  }
```

執行結果

```
C:\Cbook\ch4\ch4_6.exe
hypot(x,y) --> 10.00
請按任意鍵繼續 . . . _
```

4-7 exp( ) 函數 - 指數計算

這個函數可以計算以 e 為底的 x 次方值，它的使用格式如下：

exp(x);

此 exp( ) 函數的數學公式觀念如下：

$$e^x$$

在使用前請將 x 宣告成雙倍精度浮點數 double。

註 e 的值約是 2.718281828459045，此值也稱歐拉數 (Euler Number)，主要是以瑞士數學家**歐拉**命名。

程式實例 ch4_7.c：指數函數的應用。

```
1   /*   ch4_7.c                    */
2   #include <math.h>
3   #include <stdio.h>
4   #include <stdlib.h>
5   int main()
6   {
7       double x1 = 1.0;
8       double x2 = 2.0;
9
10      printf("exp(x1) --> %5.2f \n",exp(x1));
11      printf("exp(x2) --> %5.2f \n",exp(x2));
12      system("pause");
13      return 0;
14  }
```

執行結果

```
C:\Cbook\ch4\ch4_7.exe
exp(x1) -->  2.72
exp(x2) -->  7.39
請按任意鍵繼續 . . .
```

4-8 對數函數

4-8-1 log( ) 函數 - 對數函數

函數 log( ) 可以計算自然對數，對於自然對數它的底是 e，它的使用格式如下：

log(x);

此 log( ) 函數的數學公式觀念如下，下列公式也可以省略 e：

$$log_e x$$

在使用前請將 x 宣告成雙倍精度浮點數 double。

程式實例 ch4_8.c：自然對數的應用。

```
1    /*   ch4_8.c                 */
2    #include <math.h>
3    #include <stdio.h>
4    #include <stdlib.h>
5    int main()
6    {
7        double x1 = 2.72;
8        double x2 = 10.0;
9
10       printf("log(x1) --> %5.2f \n",log(x1));
11       printf("log(x2) --> %5.2f \n",log(x2));
12       system("pause");
13       return 0;
14   }
```

執行結果

```
 C:\Cbook\ch4\ch4_8.exe
log(x1) -->  1.00
log(x2) -->  2.30
請按任意鍵繼續 . . .
```

4-8-2　log10( ) 函數 – 對數函數

函數 log10( ) 可以計算以 10 為底數的對數，它的使用格式如下：

log10(x);

此 log10( ) 函數的數學公式觀念如下：

$$log_{10} x$$

在使用前請將 x 宣告成雙倍精度浮點數 double。

程式實例 ch4_9.c：以 10 為底對數的應用。

```
1    /*   ch4_9.c                 */
2    #include <math.h>
3    #include <stdio.h>
4    #include <stdlib.h>
5    int main()
6    {
```

```
7     double x1 = 2.72;
8     double x2 = 10.0;
9
10    printf("log10(x1) --> %5.2f \n",log10(x1));
11    printf("log10(x2) --> %5.2f \n",log10(x2));
12    system("pause");
13    return 0;
14 }
```

執行結果

```
C:\Cbook\ch4\ch4_9.exe
log10(x1) -->  0.43
log10(x2) -->  1.00
請按任意鍵繼續 . . . ■
```

4-8-3　log2( ) 函數 – 對數函數

函數 log2( ) 可以計算以 2 為底數的對數，它的使用格式如下：

　log2(x);

此 log2( ) 函數的數學公式觀念如下：

$$log_2 x$$

在使用前請將 x 宣告成雙倍精度浮點數 double。

程式實例 ch4_9_1.c：以 2 為底對數的應用。

```
1  /*   ch4_9_1.c                 */
2  #include <math.h>
3  #include <stdio.h>
4  #include <stdlib.h>
5  int main()
6  {
7      double x = 8.0;
8      printf("log2(x) --> %2.1f \n",log2(x));
9      system("pause");
10     return 0;
11 }
```

執行結果

```
C:\Cbook\ch4\ch4_9_1.exe
log2(x) --> 3.0
請按任意鍵繼續 . . .
```

4-9 三角函數

在三角函數的應用中，所有的參數皆是以弧度為度量，C 語言編譯程式系統包含下列常見的各種三角函數。

正弦函數：sin(x)

餘弦函數：cos(x)

正切函數：tan(x)

反正弦函數：asin(x)

反餘弦函數：acos(x)

反正切函數：atan(x)

雙曲線正弦函數：sinh(x)

雙曲線餘弦函數：cosh(x)

雙曲線正切函數：tanh(x)

上述 x 是需宣告為雙倍精度浮點數 double，其意義是弧度，假設角度是 x，可以使用下列公式將角度轉成弧度。

弧度 = x * 2 * pi / 360

> 註　pi 圓周率，可以使用 3.1415926 代替。

程式實例 ch4_10.c：計算 30 度角度的 sin( )、cos( ) 和 tan( ) 的值。

```
1  /*   ch4_10.c                */
2  #include <math.h>
3  #include <stdio.h>
4  #include <stdlib.h>
5  int main()
6  {
7      double x = 30;              /* 角度   */
8      double radian;              /* 弧度   */
9      double pi = 3.1415926;
10
11     radian = x * 2 * pi / 360;
12     printf("sin(x) --> %5.2f \n", sin(radian));
13     printf("cos(x) --> %5.2f \n", cos(radian));
14     printf("tan(x) --> %5.2f \n", tan(radian));
15     system("pause");
16     return 0;
17  }
```

執行結果

```
■ C:\Cbook\ch4\ch4_10.exe
sin(x) -->  0.50
cos(x) -->  0.87
tan(x) -->  0.58
請按任意鍵繼續 . . . ■
```

4-10 fmod( ) - 計算浮點數的餘數

這個函數可讓我們求浮點數的餘數，它的使用方式如下：

　　fmod(x, y);

　　上述函數呼叫前，請將 x 和 y 宣告為雙倍精度浮點數 double，這個函數會傳回浮點數餘數的運算結果。

程式實例 ch4_10_1.c：計算浮點數的餘數。

```
1   /*    ch4_10_1.c
2   #include <math.h>
3   #include <stdio.h>
4   #include <stdlib.h>
5   int main()
6   {
7       float x = 3.6;
8       float y = 2.4;
9       float z;
10      z = fmod(x, y);
11      printf("%5.2f \n", z);
12      system("pause");
13      return 0;
14  }
```

執行結果

```
■ C:\Cbook\ch4\ch4_10_1.exe
 1.20
請按任意鍵繼續 . . . ■
```

4-11　專題實作 – 價值衰減 / 存款與房貸 / 計算地球任意兩點的距離

4-11-1　銀行存款複利的計算

程式實例 ch4_11.c：銀行存款複利的計算，假設目前銀行年利率是 1.5%，複利公式如下：

$$total = capital * (1 + rate)^n$$

上述公式 total 代表本金和，capital 代表本金，rate 是年利率，n 是年數。假設你有一筆 5 萬元，請計算 5 年後的本金和。

```
1   /*    ch4_11.c                              */
2   #include <math.h>
3   #include <stdio.h>
4   #include <stdlib.h>
5   int main()
6   {
7       double money;
8       money = 50000 * pow(1+0.015, 5);
9       printf("5 年後本金總和 --> %8.2f \n", money);
10      system("pause");
11      return 0;
12  }
```

執行結果

```
C:\Cbook\ch4\ch4_11.exe
5 年後本金總和 --> 53864.20
請按任意鍵繼續 . . .
```

4-11-2　價值衰減的計算

程式實例 ch4_12.c：有一個品牌車輛，前 3 年每年價值衰減 15 ，請問原價 100 萬的車輛 3 年後的殘值是多少。

```
1   /*    ch4_12.c                              */
2   #include <math.h>
3   #include <stdio.h>
4   #include <stdlib.h>
5   int main()
6   {
7       double car;
8       car = 1000000 * pow(1-0.15, 3);
9       printf("3 年後車輛殘值 --> %5.2f \n", car);
10      system("pause");
11      return 0;
12  }
```

執行結果

```
■ C:\Cbook\ch4\ch4_12.exe
3 年後車輛殘值 --> 614125.00
請按任意鍵繼續 . . . ■
```

註 讀者可以留意第 8 列價值衰減的公式。

4-11-3 計算座標軸 2 個點之間的距離

有 2 個點座標分別是 (x1, y1)、(x2, y2)，求 2 個點的距離，其實這是國中數學的畢氏定理，基本觀念是直角三角形兩邊長的平方和等於斜邊的平方。

$$a^2 + b^2 = c^2$$

所以對於座標上的 2 個點我們必須計算相對直角三角形的 2 個邊長，假設 a 是 (x1-x2) 和 b 是 (y1-y2)，然後計算斜邊長，這個斜邊長就是 2 點的距離，觀念如下：

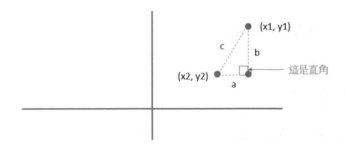

計算公式如下：

$$\sqrt{(x1 - x2)^2 + (y1 - y2)^2}$$

可以將上述公式轉成下列電腦數學表達式。

$$dist = ((x1 - x2)^2 + (y1 - y2)^2)^{0.5}$$

在人工智慧的應用中，我們常用點座標代表某一個物件的特徵 (feature)，計算 2 個點之間的距離，相當於可以了解物體間的相似程度。如果距離越短代表相似度越高，距離越長代表相似度越低。

程式實例 ch4_13.c：有 2 個點座標分別是 (1, 8) 與 (3, 10)，請計算這 2 點之間的距離。

```
1   /*   ch4_13.c                        */
2   #include <math.h>
3   #include <stdio.h>
4   #include <stdlib.h>
5   int main()
6   {
7       double dist;
8       double x1, y1, x2, y2;
9       x1 = 1.0;
10      y1 = 8.0;
11      x2 = 3.0;
12      y2 = 10.0;
13      dist = sqrt(pow(x1-x2,2)+pow(y1-y2,2));
14      printf("2 點之間的距離 --> %5.2f \n", dist);
15      system("pause");
16      return 0;
17  }
```

執行結果

```
C:\Cbook\ch4\ch4_13.exe

2 點之間的距離 -->  2.83
請按任意鍵繼續 . . .
```

4-11-4　房屋貸款問題實作

每個人在成長過程可能會經歷買房子，第一次住在屬於自己的房子是一個美好的經歷，大多數的人在這個過程中可能會需要向銀行貸款。這時我們會思考需要貸款多少錢？貸款年限是多少？銀行利率是多少？然後我們可以利用上述已知資料計算每個月還款金額是多少？同時我們會好奇整個貸款結束究竟還了多少貸款本金和利息。在做這個專題實作分析時，我們已知的條件是：

貸款金額：筆者使用 loan 當變數
貸款年限：筆者使用 year 當變數
年利率：筆者使用 rate 當變數

然後我們需要利用上述條件計算下列結果：

每月還款金額：筆者用 monthlyPay 當變數
總共還款金額：筆者用 totalPay 當變數

處理這個貸款問題的數學公式如下：

$$\text{每月還款金額} = \frac{\text{貸款金額} * \text{月利率}}{1 - \frac{1}{(1 + \text{月利率})^{\text{貸款年限}*12}}}$$

　　在銀行的貸款術語習慣是用年利率，所以碰上這類問題我們需將所輸入的利率先除以 100，這是轉成百分比，同時要除以 12 表示是月利率。可以用下列方式計算月利率，筆者用 monthrate 當作變數。

　　　monthrate = rate / (12*100)　　　　　　　# 第 17 列

　　為了不讓求每月還款金額的數學式變的複雜，筆者將分子 (第 19 列) 與分母 (第 20 列) 分開計算，第 21 列則是計算每月還款金額，第 22 列是計算總共還款金額。

程式實例 ch4_14.c：房屋貸款問題實作。

```c
1   /*   ch4_14.c                           */
2   #include <math.h>
3   #include <stdio.h>
4   #include <stdlib.h>
5   int main(void)
6   {
7       float loan, year, rate, monthrate;
8       double molecules, denominator;
9       double monthlyPay, totalPay;
10
11      printf("請輸入貸款金額 : \n==> ");
12      scanf("%f", &loan);
13      printf("請輸入年限 : \n==> ");
14      scanf("%f", &year);
15      printf("請輸入年利率 : \n==> ");
16      scanf("%f", &rate);
17      monthrate = rate / (12*100);      /* 年利率改成月利率 */
18  /* 計算每月還款金額 */
19      molecules = loan * monthrate;
20      denominator = 1 - (1 / pow(1+monthrate, year*12));
21      monthlyPay = molecules / denominator;
22      totalPay = monthlyPay * year * 12;
23      printf("每月還款金額 --> %d \n", (int) monthlyPay);
24      printf("總共還款金額 --> %d \n", (int) totalPay);
25      system("pause");
26      return 0;
27  }
```

執行結果

```
C:\Cbook\ch4\ch4_14.exe
請輸入貸款金額 :
==> 6000000
請輸入年限 :
==> 20
請輸入年利率 :
==> 2.0
每月還款金額 --> 30353
總共還款金額 --> 7284725
請按任意鍵繼續 . . .
```

4-11-5　正五角形面積

在幾何學，正五角形邊長假設是 s，其面積的計算公式如下：

$$area = \frac{5*s^2}{4*\tan(\frac{\pi}{5})}$$

上述計算正五角形面積需要使用數學的 pi 和 tan( )。

程式實例 ch4_15.c：請輸入正五角形的邊長 s，此程式會計算此正五角形的面積。

```
1   /*    ch4_15.c                          */
2   #include <math.h>
3   #include <stdio.h>
4   #include <stdlib.h>
5   int main()
6   {
7       float length;
8       double area;
9       double pi = 3.1415926;
10
11      printf("請輸入五角形邊長 : \n==> ");
12      scanf("%f", &length);
13      area = (5 * pow(length, 2)) / (4 * tan(pi / 5));
14      printf("area --> %5.2f \n", area);
15      system("pause");
16      return 0;
17  }
```

執行結果

```
C:\Cbook\ch4\ch4_15.exe
請輸入五角形邊長 :
==> 5
area --> 43.01
請按任意鍵繼續 . . .
```

4-11-6　使用經緯度觀念計算地球任意兩點的距離

地球是圓的，我們使用經度和緯度單位瞭解地球上每一個點的位置。有了 2 個地點的經緯度後，可以使用下列公式計算彼此的距離。

distance = r*acos(sin(x1)*sin(x2)+cos(x1)*cos(x2)*cos(y1-y2))

上述 r 是地球的半徑約 6371 公里，由於 C 語言的三角函數參數皆是弧度 (radians)，我們使用上述公式時，需使用 math.radian( ) 函數將經緯度角度轉成弧度。上述公式西經和北緯是正值，東經和南緯是負值。

經度座標是介於 -180 和 180 度間，緯度座標是在 -90 和 90 度間，雖然我們是習慣稱經緯度，在用小括號表達時 (緯度 , 經度)，也就是第一個參數是放緯度，第二個參數放經度)。

最簡單獲得經緯度的方式是開啟 Google Maps(地圖)，其實我們開啟 Guogle 地圖後就可以在網址列看到我們目前所在地點的經緯度，點選地點就可以在網址列看到所選地點的經緯度資訊，可參考下方左圖：

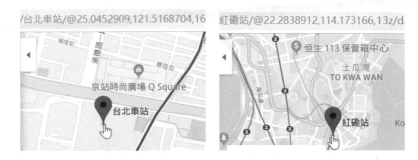

由上圖可以知道台北車站的經緯度是 (25.0452909, 121.5168704)，以上觀念可以應用查詢世界各地的經緯度，上方右圖是香港紅磡車站的經緯度 (22.2838912, 114.173166)，以下程式為了簡化筆者小數取 4 位。

程式實例 ch4_16.c：香港紅磡車站的經緯度資訊是 (22.2839, 114.1731)，台北車站的經緯度是 (25.0452, 121.5168)，請計算台北車站至香港紅磡車站的距離。

```
1   /*    ch4_16.c                            */
2   #include <math.h>
3   #include <stdio.h>
4   #include <stdlib.h>
5   int main()
6   {
7       double r;
8       double x1, y1;
9       double x2, y2;
10      double pi = 3.1415926;
11      double d;                    /* 距離 */
12
13      r = 6371;                    /* 地球半徑        */
14      x1 = 22.2838;                /* 香港紅勘車站緯度 */
15      y1 = 114.1731;               /* 香港紅勘車站經度 */
16      x2 = 25.0452;                /* 台北車站緯度     */
17      y2 = 121.5168;               /* 台北車站經度     */
18
19      d = r * acos(sin(x1*2*p1/360)*sin(x2*2*pi/360) + \
20              cos(x1*2*pi/360)*cos(x2*2*pi/360) * \
21              cos((y1-y2)*2*pi/360));
22      printf("distance --> %7.2f 公里\n", d);
23      system("pause");
24      return 0;
25  }
```

執行結果

```
■ C:\Cbook\ch4\ch4_16.exe
distance --> 808.31 公里
請按任意鍵繼續 . . . ▪
```

註　上述 19 列到 21 列其實是同一道指令，因為此道指令太長，所以分列輸出，分列
　　方式是在最右邊增加 "\" 符號，C 編譯程式會知道下一列是與這列相同指令。

4-11-7　求一元二次方程式的根

在國中數學中，我們可以看到下列一元二次方程式：

$$ax^2 + bx + c = 0$$

上述可以用下列方式獲得根。

$$r1 = \frac{-b + \sqrt{b^2 - 4ac}}{2a} \qquad r2 = \frac{-b - \sqrt{b^2 - 4ac}}{2a}$$

上述方程式有 3 種狀況，如果上述 $b^2 - 4ac$ 是正值，那麼這個一元二次方程式有
2 個實數根。如果上述 $b^2 - 4ac$ 是 0，那麼這個一元二次方程式有 1 個實數根。如果
上述 $b^2 - 4ac$ 是負值，那麼這個一元二次方程式沒有實數根。

實數根的幾何意義是與 x 軸交叉點的座標。

程式實例 ch4_17.py：有一個一元二次方程式如下：

$$3x^2 + 5x + 1 = 0$$

求這個方程式的根。

```
1   /*   ch4_17.c                  */
2   #include <stdio.h>
3   #include <stdlib.h>
4   int main()
5   {
6       int a = 3;
7       int b = 5;
8       int c = 1;
9       float r1, r2;
10      r1 = (-b + pow((pow(b,2)-4*a*c),0.5)) / (2 * a);
11      r2 = (-b - pow((pow(b,2)-4*a*c),0.5)) / (2 * a);
12      printf("r1 = %5.2f,  r2 = %5.2f\n", r1, r2);
13      system("pause");
14      return 0;
15  }
```

執行結果

```
C:\Cbook\ch4\ch4_17.exe
r1 = -0.23,  r2 = -1.43
請按任意鍵繼續 . . .
```

4-11-8 求解聯立線性方程式

假設有一個聯立線性方程式如下：

ax + by = e
cx + dy = f

可以用下列方式獲得 x 和 y 值。

$$x = \frac{e*d-b*f}{a*d-b*c} \qquad y = \frac{a*f-e*c}{a*d-b*c}$$

在上述公式中，如果 "a*d – b*c" 等於 0，則此聯立線性方程式無解。

程式實例 ch4_18.py：計算下列聯立線性方程式的值。

2x + 3y = 13
x – 2y =-4

```
1   /*    ch4_18.c                  */
2   #include <stdio.h>
3   #include <stdlib.h>
4   int main()
5   {
6       int a = 2;
7       int b = 3;
8       int c = 1;
9       int d = -2;
10      int e = 13;
11      int f = -4;
12      float x, y;
13      x = (e*d - b*f) / (a*d - b*c);
14      y = (a*f - e*c) / (a*d - b*c);
15      printf("x = %5.2f,  y = %5.2f\n", x, y);
16      system("pause");
17      return 0;
18  }
```

執行結果

```
C:\Cbook\ch4\ch4_18.exe
x = 2.00,  y = 3.00
請按任意鍵繼續 . . .
```

4-11-9　使用反餘弦函數計算圓周率

前面程式實例筆者使用 3.1415926 代表圓周率 PI，這個數值已經很精確了，其實我們也可以使用下列反餘弦函數 acos( ) 計算圓周率 PI。

acos(-1)

當將 PI 設為雙倍精度浮點數時，可以獲得更精確的圓周率 PI 值。

程式實例 ch4_19.c：使用反餘弦函數 acos( ) 計算圓周率 PI。

```
1   /*   ch4_19.c                        */
2   #include <stdio.h>
3   #include <stdlib.h>
4   #include <math.h>
5   int main()
6   {
7       double pi;
8
9       pi = acos(-1);
10      printf("PI = %20.19lf\n",pi);
11      system("pause");
12      return 0;
13  }
```

執行結果

```
C:\Cbook\ch4\ch4_19.exe
PI = 3.1415926535897931000
請按任意鍵繼續 . . .
```

4-12　習題

一：是非題

(　　) 1：函數 pow( ) 可以求某數的平方。(4-1 節)

(　　) 2：函數 square( ) 可以計算某數的平方值。(4-2 節)

(　　) 3：函數 sqrt( ) 可以計算某數的平方根值。(4-2 節)

(　　) 4：floor(-5.2) 可以回傳 -5。(4-4 節)

(　　) 5：ceil(5.5) 可以回傳 6。(4-5 節)

(　　) 6：exp(x) 函數是計算以 2 為底的 x 次方值。(4-7 節)

二：選擇題

( ) 1： pow(2, 3) 結果是 (A)9.0 (B)4.0 (C)8.0 (D)5.0。(4-1 節)

( ) 2： fabs(2.0) 結果是 (A)2.0 (B)-2.0 (C)4.0 (D)0.0。(4-3 節)

( ) 3： floor(3.5) 結果是 (A)4.0 (B)3.0 (C)-4.0 (D)-3.0。(4-4 節)

( ) 4： ceil(-3.5) 結果是 (A)3.0 (B)4.0 (C)-3.0 (D)-4.0。(4-5 節)

( ) 5： log10(100.0) 結果是 (A)1.0 (B)2.0 (C)10.0 (D)100.0。(4-8 節)

三：填充題

1： _____ 可以回傳不大於數值的最大整數。(4-4 節)

2： _____ 可以回傳不小於數值的最小整數。(4-5 節)

3： _____ 可讓我們先計算求兩數的平方和，然後開根號。(4-6 節)

4： _____ 可以計算以 e 為底的次方值。(4-7 節)

5： 三角函數的參數是 _____ 為度量。(4-9 節)

四：實作題

1： 假設期初本金是 100000 元，假設年利率是 2%，這是複利計算，請問 10 年後本金總和是多少。(4-1 節)

```
C:\Cbook\ex\ex4_1.exe
10 年後本金總和 --> 121899.44
請按任意鍵繼續 . . .
```

2： 假設病毒繁殖速度是每小時以 0.2 倍速度成長，假設原病毒數量是 100，1 天候病毒數量是多少，請捨去小數位。(4-1 節)

```
C:\Cbook\ex\ex4_2.exe
1 天後病毒量 --> 7949
請按任意鍵繼續 . . .
```

3： 請計算這 2 個點座標 (1, 8) 與 (3, 10)，距座標原點 (0, 0) 的距離。(4-1 節)

```
C:\Cbook\ex\ex4_3.exe
座標(1, 8)與(0, 0)的距離) --> 8.06
座標(3, 10)與(0, 0)的距離) --> 10.44
請按任意鍵繼續 . . .
```

4： 請輸入 2 個點的座標，然後輸出這 2 個點的距離。(4-1 節)

```
■ C:\Cbook\ex\ex4_4.exe
請輸入第 1 個點的座標
==>1 8
請輸入第 2 個點的座標
==>3 10
2點的距離是 ==>    2.83
請按任意鍵繼續 . . .
```

5： 前一個習題觀念的擴充，平面任意 3 個點可以產生三角形，請輸入任意 3 個點
的座標，可以使用下列公式計算此三角形的面積。假設三角形各邊長是 dist1、
dist2、dist3。(4-1 節)

p = (dist1 + dist2 + dist3) / 2

$$area = \sqrt{p(p\text{-}dist1)(p\text{-}dist2)(p\text{-}dist3)}$$

```
■ C:\Cbook\ex\ex4_5.exe
請輸入第 1 個點的座標
==>1.5 5.5
請輸入第 2 個點的座標
==>-2.1 4
請輸入第 3 個點的座標
==>-8 -3.2
三角形面積是 ==>    8.54
請按任意鍵繼續 . . .
```

6： 在 4-10-5 節筆者有介紹正五角形的面積計算公式，可以將該公式擴充為正多邊形
面積計算，如下所示：(4-9 節)

$$area = \frac{n*s^2}{4*\tan\left(\frac{\pi}{n}\right)}$$

```
■ C:\Cbook\ex\ex4_6.exe
請輸入正多邊形邊數
==> 4
請輸入正多邊形邊長
==> 4
area ==>    16.00
請按任意鍵繼續 . . . ■
```

```
■ C:\Cbook\ex\ex4_6.exe
請輸入正多邊形邊數
==> 5
請輸入正多邊形邊長
==> 5
area ==>    43.01
請按任意鍵繼續 . . .
```

```
■ C:\Cbook\ex\ex4_6.exe
請輸入正多邊形邊數
==> 6
請輸入正多邊形邊長
==> 6
area ==>    93.53
請按任意鍵繼續 . . . ■
```

7 ： 請擴充 ch4_16.py，將程式改為輸入 2 個地點的經緯度，本程式可以計算這 2 個
地點的距離。(4-9 節)

```
C:\Cbook\ex\ex4_7.exe
請輸入第一個地點的經緯度
==> 22.0652 114.3457
請輸入第二個地點的經緯度
==> 24.7667 121.5966
distance -->      798.35
請按任意鍵繼續 . . .
```

8 ： 北京故宮博物院的經緯度資訊大約是 (39.9196, 116.3669)，法國巴黎羅浮宮的經
緯度大約是 (48.8595, 2.3369)，請計算這 2 博物館之間的距離。(4-9 節)

```
C:\Cbook\ex\ex4_8.exe
distance --> 8214.09 公里
請按任意鍵繼續 . . .
```

9 ： 假設一架飛機起飛的速度是 v，飛機的加速度是 a，下列是飛機起飛時所需的跑道
長度公式。(4-11 節)

$$distance = \frac{v^2}{2a}$$

請輸入飛機時速 (公尺 / 秒) 和加速速 (公尺 / 秒)，然後列出所需跑道長度 (公尺)。

```
C:\Cbook\ex\ex4_9.exe
請輸入加速度 a 和速度 v : 3 80
distance -->      1066.67 公尺
請按任意鍵繼續 . . .
```

10 ： 請參考 ch4_17.c，但是修改為在螢幕輸入 a, b, c 等 3 個數值，然後計算此一元二
次方程式的根，先列出有幾個根。如果有實數根則列出根值，如果沒有實數根則
列出沒有實數根，然後程式結束。(4-11 節)

```
C:\Cbook\ex\ex4_10.exe
請輸入一元二次方程式的係數 : 3 5 1
有 2 個實數根 :
r1 = -0.23,  r2 = -1.43
請按任意鍵繼續 . . .
```

```
C:\Cbook\ex\ex4_10.exe
請輸入一元二次方程式的係數 : 1 2 1
有 1 個實數根
r1 = -1.00
請按任意鍵繼續 . . .
```

```
■ C:\Cbook\ex\ex4_10.exe
請輸入一元二次方程式的係數 : 1 2 8
沒有實數根
請按任意鍵繼續 . . .
```

11 : 請參考 ch4_18.c，但是修改為在螢幕輸入 a, b, c, d, e, f 等 6 個數值，彼此用空格
隔開，這些數值分別是聯立線性方程式的係數與方程式的值，然後計算此線性方
程式的 x 和 y 值，如果此題無解則列出此題目沒有解答。(4-11 節)

```
■ C:\Cbook\ex\ex4_11.exe
請輸入線性方程式的係數 : 2 3 1 -2 13 -4
x =  2.00,  y =  3.00
請按任意鍵繼續 . . .
```

```
■ C:\Cbook\ex\ex4_11.exe
請輸入線性方程式的係數 : 1 2 2 4 4 5
此線性方程式沒有解答
請按任意鍵繼續 . . .
```

第 5 章

程式的流程控制

　　一個程式如果是按部就班從頭到尾，中間沒有轉折，其實是無法完成太多工作。程式設計過程難免會需要轉折，這個轉折在程式設計的術語稱流程控制，本章將完整講解 C 語言 if、switch、break … 等，相關敘述的流程控制。另外，與程式流程設計有關的關係運算子與邏輯運算子也將在本章做說明，因為這些是 if 敘述流程控制的基礎。

　　這一章起逐步進入程式設計的核心，對於一個初學電腦語言的人而言，最重要就是要有正確的程式流程觀念，不僅要懂而且要靈活運用，本章用了 24 個程式範例，相信必可對讀者有所幫助。

5-1 關係運算子

　　C 語言所使用的關係運算子有：

❑ > : 大於

❑ >= : 大於或等於

❑ < : 小於

❑ <= : 小於或等於

　　上述四項關係運算子有相同的優先執行順序。另外，C 語言有兩個測試是否相等的關係運算子：

❑ == : 等於

❑ != : 不等於

關係運算子	說明	實例	說明
>	大於	a > b	檢查是否 a 大於 b
>=	大於或等於	a >= b	檢查是否 a 大於或等於 b
<	小於	a < b	檢查是否 a 小於 b
<=	小於或等於	a <= b	檢查是否 a 小於或等於 b
==	等於	a == b	檢查是否 a 等於 b
!=	不等於	a != b	檢查是否 a 不等於 b

　　上述運算如果是真 (True) 會傳回 1，如果是偽 (False) 會傳回 0。

實例 1：下列會傳回 1。

　　10 > 8

　　或

　　8 <= 10

實例 2：下列會傳回 0。

　　10 > 20

　　或

　　10 < 5

5-2 邏輯運算子

C 所使用的邏輯運算子：

❑ &&：相當於邏輯符號 AND

❑ ||：相當於邏輯符號 OR

❑ !：相當於邏輯符號 NOT

下面是邏輯運算子 && 的圖例說明：

&&	真	偽
真	真	偽
偽	偽	偽

邏輯運算子和關係運算子一樣，如果運算結果是**真** (True) 則傳回整數 1，若是運算結果是**偽** (False)，則傳回整數 0。

實例 1：下列會回傳**真** (True)，也就是 1。

　　(10 > 8) && (20 >= 10)

實例 2：下列會回傳**偽** (False)，也就是 0。

　　(10 > 8) && (10 > 20)

下列是邏輯運算子 || 的圖例說明。

||	真	偽
真	真	真
偽	真	偽

實例 3：下列會回傳**真** (True)，也就是 1。

(10 > 8) || (20 > 10)

實例 4：下列會回傳**偽** (False)，也就是 0。

(10 < 8) || (10 > 20)

下列是邏輯運算子 ! 的圖例說明。

!	真	偽
	偽	真

實例 5：下列會回傳**真** (True)，也就是 1。

!(10 < 8)

實例 6：下列會回傳**偽** (False)，也就是 0。

!(10 > 8)

下圖是截至目前為止，我們所學，基本算術運算、關係運算子、邏輯運算子的執行優先順序圖。

基本運算子優先順序
!、-(負號)、++、--
*、/、%
+、-
<、<=、>、>=
==、!=
||

註1 上述位置高有高優先權。

註2 在同一列表示優先順序相同，運算時由左到右。

實例 7:假設有一關係運算式如下:

　　a > b + 2

　　由於 "+" 號優先順序較 ">" 號高,所以上式也可以表示為 a > (b + 2) 在設計程式時,若一時記不清楚算術運算子的優先順序時最好的方法是,一律用括號區別,如上式所示。

5-3 if 敘述

　　這個 if 敘述的基本語法如下:

　　if (條件判斷)
　　{
　　　　程式碼區塊 ;
　　}

　　上述觀念是如果條件判斷是**真** (True),則執行程式碼區塊,如果條件判斷是偽 (False),則不執行程式碼區塊。如果程式碼區塊只有一道指令,可將上述語法包圍程式碼區塊的左大括號和右大括號省略,寫成下列格式。

　　if (條件判斷)
　　　　程式碼區塊 ;

　　可以用下列流程圖說明這個 if 敘述:

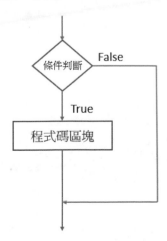

程式實例 ch5_1.c：if 敘述的基本應用。

```
1   /*   ch5_1.c                      */
2   #include <stdio.h>
3   #include <stdlib.h>
4   int main()
5   {
6       int age;
7       printf("請輸入年齡 : ");
8       scanf("%d", &age);
9       if (age < 20)
10      {
11          printf("你年齡太小\n");
12          printf("須年滿20歲才可以購買菸酒\n");
13      }
14      system("pause");
15      return 0;
16  }
```

執行結果

```
C:\Cbook\ch5\ch5_1.exe
請輸入年齡 : 18
你年齡太小
須年滿20歲才可以購買菸酒
請按任意鍵繼續 . . .
```

```
C:\Cbook\ch5\ch5_1.exe
請輸入年齡 : 20
請按任意鍵繼續 . . .
```

上述第 9 列的 (age < 20) 就是一個條件判斷，如果是判斷是**真** (True) 才會執行第 11 和 12 列。

程式實例 ch5_2.c：測試條件判斷的程式碼區塊只有 1 列，可以省略大括號。

```
1   /*   ch5_2.c                      */
2   #include <stdio.h>
3   #include <stdlib.h>
4   int main()
5   {
6       int age;
7       printf("請輸入年齡 : ");
8       scanf("%d", &age);
9       if (age < 20)
10          printf("須年滿20歲才可以購買菸酒\n");
11      system("pause");
12      return 0;
13  }
```

執行結果

```
C:\Cbook\ch5\ch5_2.exe
請輸入年齡 : 18
須年滿20歲才可以購買菸酒
請按任意鍵繼續 . . .
```

```
C:\Cbook\ch5\ch5_2.exe
請輸入年齡 : 20
請按任意鍵繼續 . . .
```

程式實例 ch5_3.c：輸入整數值，然後輸出此整數值的絕對值。

```
1   /*    ch5_3.c                  */
2   #include <stdio.h>
3   #include <stdlib.h>
4   int main()
5   {
6       int num;
7       printf("請輸入整數值 : ");
8       scanf("%d", &num);
9       if (num < 0)
10          num = -num;
11      printf("絕對值是 %d\n", num);
12      system("pause");
13      return 0;
14  }
```

執行結果

```
■ C:\Cbook\ch5\ch5_3.exe
請輸入整數值 : -5
絕對值是 5
請按任意鍵繼續 . . .
```

```
■ C:\Cbook\ch5\ch5_3.exe
請輸入整數值 : 5
絕對值是 5
請按任意鍵繼續 . . .
```

5-4 if … else 敘述

　　程式設計時更常用的功能是條件判斷為**真** (True) 時執行某一個程式碼區塊，當條件判斷為**偽** (False) 時執行另一段程式碼區塊，此時可以使用 if … else 敘述，它的語法格式如下：

```
if ( 條件判斷 )
{
    程式碼區塊 1;
}
else
{
    程式碼區塊 2;
}
```

　　上述觀念是如果條件判斷是 True，則執行程式碼區塊 1，如果條件判斷是 False，則執行程式碼區塊 2。**註**：上述程式碼區塊 1 或是 2，若是只有一道指令，可以省略大括號。

可以用下列流程圖說明這個 if … else 敘述：

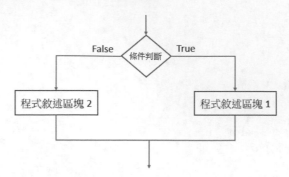

程式實例 ch5_4.c：重新設計 ch5_1.c，多了年齡滿 20 歲時 " 歡迎購買菸酒 " 字串的輸出。

```
1   /*    ch5_4.c                    */
2   #include <stdio.h>
3   #include <stdlib.h>
4   int main()
5   {
6       int age;
7       printf("請輸入年齡 : ");
8       scanf("%d", &age);
9       if (age < 20)
10      {
11          printf("你年齡太小\n");
12          printf("須年滿20歲才可以購買菸酒\n");
13      }
14      else
15          printf("歡迎購買菸酒\n");
16      system("pause");
17      return 0;
18  }
```

執行結果

```
■ C:\Cbook\ch5\ch5_4.exe
請輸入年齡 : 18
你年齡太小
須年滿20歲才可以購買菸酒
請按任意鍵繼續 . . .
```

```
■ C:\Cbook\ch5\ch5_4.exe
請輸入年齡 : 20
歡迎購買菸酒
請按任意鍵繼續 . . . ■
```

註　第 15 列因為只有一道指令，所以可以省略大括號。

程式實例 ch5_5.c：奇數和偶數的判斷，請輸入任意數，本程式會判別這是奇數，還是偶數。

```
1   /*    ch5_5.c                    */
2   #include <stdio.h>
3   #include <stdlib.h>
4   int main()
5   {
```

```
6      int number, rem;
7
8      printf("請輸入任意值 ==> ");
9      scanf("%d",&number);
10     rem = number % 2;
11     if ( rem == 1 )
12        printf("%d 是奇數 \n",number);
13     else
14        printf("%d 是偶數 \n",number);
15     system("pause");
16     return 0;
17  }
```

執行結果

```
C:\Cbook\ch5\ch5_5.exe
請輸入任意值 ==> 5
5 是奇數
請按任意鍵繼續 . . .
```

```
C:\Cbook\ch5\ch5_5.exe
請輸入任意值 ==> 6
6 是偶數
請按任意鍵繼續 . . .
```

程式實例 ch5_6.c：輸入任意兩個整數，本程式會列出較大值。

```
1   /*    ch5_6.c                  */
2   #include <stdio.h>
3   #include <stdlib.h>
4   int main()
5   {
6       int x, y;
7
8       printf("請輸入任意兩個整數值 ==> ");
9       scanf("%d %d",&x, &y);
10      if ( x > y )
11         printf("%d 是較大值 \n",x);
12      else
13         printf("%d 是較大值 \n",y);
14      system("pause");
15      return 0;
16  }
```

執行結果

```
C:\Cbook\ch5\ch5_6.exe
請輸入任意兩個整數值 ==> 5 9
9 是較大值
請按任意鍵繼續 . . .
```

```
C:\Cbook\ch5\ch5_6.exe
請輸入任意兩個整數值 ==> 8 3
8 是較大值
請按任意鍵繼續 . . .
```

5-5 巢狀的 if 敘述

　　if 敘述是允許有巢狀 (nested) 情形，也就是在某個 if 敘述內或許有其它的 if 敘述存在，其可能格式如下：

```
if ( 條件判斷 1 )
{
    程式碼區塊 1;
    if ( 條件判斷 2 )
    {
        程式碼區塊 2;
    }
    程式碼區塊 3;
}
```

程式實例 ch5_7.c：基本巢狀迴圈的應用，本程式巢狀迴圈的流程如下所示：

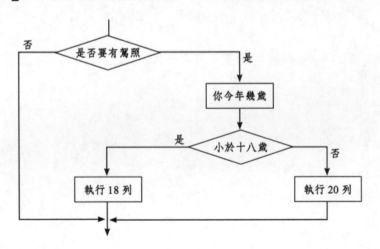

```
1   /*   ch5_7.c                    */
2   #include <stdio.h>
3   #include <stdlib.h>
4   int main()
5   {
6       char ch;
7       int ages;
8
9       printf("你是否要駕照 ?(y/n) ");
10      ch = getche();
11      printf("\n");
12
13      if ( ch == 'y' )
14      {
15          printf("你幾歲 ? ");
16          scanf("%d",&ages);
17          if ( ages < 18 )
18              printf("對不起你年齡太小 \n");
19          else
20              printf("你需要考駕照 \n");
```

```
21          }
22          system("pause");
23          return 0;
24  }
```

執行結果

```
■ C:\Cbook\ch5\ch5_7.exe
你是否要駕照 ?(y/n) y
你幾歲 ? 22
你需要考駕照
請按任意鍵繼續 . . .
```

```
■ C:\Cbook\ch5\ch5_7.exe
你是否要駕照 ?(y/n) y
你幾歲 ? 17
對不起你年齡太小
請按任意鍵繼續 . . .
```

5-6　if ··· else if ··· else 敘述

　　這是一個多重判斷，程式設計時需要多個條件作比較時就比較有用，例如：在美國成績計分是採取 A、B、C、D、F ··· 等，通常 90-100 分是 A，80-89 分是 B，70-79 分是 C，60-69 分是 D，低於 60 分是 F。若是使用 C 可以用這個敘述，很容易就可以完成這個工作。這個敘述的基本語法如下：

```
if ( 條件判斷 1 )
{
    程式碼區塊 1;
}
else if ( 條件判斷 2)
{
    程式碼區塊 2;
}
    …
else
{
    程式碼區塊 3;
}
```

　　在上面語法格式中，若是程式碼區塊只有一道指令，可以省略大括號。另外，else 敘述可有可無，不過一般程式設計師，通常會加上此一部份，以便敘述有錯時，更容易偵測錯誤。這道 if ··· else if ··· else 敘述的流程結構如下所示：

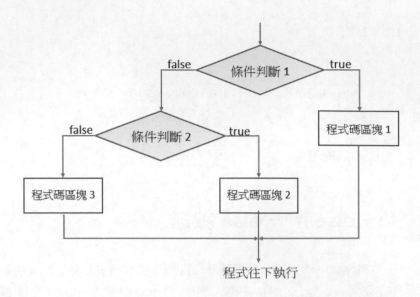

程式實例 ch5_8.c：請輸入數字分數，程式將回應 A、B、C、D 或 F 等級。

```c
1   /*    ch5_8.c                    */
2   #include <stdio.h>
3   #include <stdlib.h>
4   int main()
5   {
6       int sc;
7       printf("請輸入分數 : ");
8       scanf("%d", &sc);
9       if (sc >= 90)
10          printf(" A \n");
11      else if (sc >= 80)
12          printf(" B \n");
13      else if (sc >= 70)
14          printf(" C \n");
15      else if (sc >= 60)
16          printf(" D \n");
17      else
18          printf(" F \n");
19      system("pause");
20      return 0;
21  }
```

執行結果

```
C:\Cbook\ch5\ch5_8.exe
請輸入分數 : 90
 A
請按任意鍵繼續 . . .
```

```
C:\Cbook\ch5\ch5_8.exe
請輸入分數 : 74
 C
請按任意鍵繼續 . . .
```

```
C:\Cbook\ch5\ch5_8.exe
請輸入分數 : 58
 F
請按任意鍵繼續 . . . ■
```

這個程式的流程圖如下：

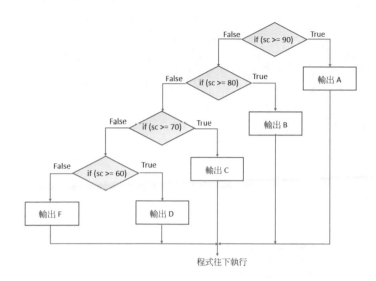

程式實例 ch5_9.c：這個程式會要求輸入字元，然後會告知所輸入的字元是大寫字母、小寫字母、阿拉伯數字或特殊字元。

```c
1   /*    ch5_9.c                  */
2   #include <stdio.h>
3   #include <stdlib.h>
4   int main()
5   {
6       char ch;
7       printf("請輸入字元 ==> ");
8       ch = getche();
9       printf("\n");
10      if (( ch >= 'A' ) && ( ch <= 'Z' ))
11          printf("這是大寫字元 \n");
12      else if (( ch >= 'a' ) && ( ch <= 'z' ))
13          printf("這是小寫字元 \n");
14      else if (( ch >= '0' ) && ( ch <= '9' ))
15          printf("這是數字 \n");
16      else
17          printf("這是特殊字元 \n");
18      system("pause");
19      return 0;
20  }
```

執行結果

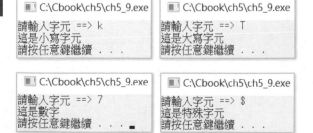

註 上述程式第 10、12、14 列是比較完整的寫法，也可以省略括號，如下所示：

```
            if (ch >= 'A' && ch <='Z")    /* 第 10 列 */
```

此觀念的程式實例可以參考 ch5_9_1.c。

```
1   /*   ch5_9_1.c                    */
2   #include <stdio.h>
3   #include <stdlib.h>
4   int main()
5   {
6       char ch;
7       printf("請輸入字元 ==> ");
8       ch = getche();
9       printf("\n");
10      if (ch >= 'A' && ch <= 'Z')
11          printf("這是大寫字元 \n");
12      else if (ch >= 'a' && ch <= 'z')
13          printf("這是小寫字元 \n");
14      else if (ch >= '0' && ch <= '9')
15          printf("這是數字 \n");
16      else
17          printf("這是特殊字元 \n");
18      system("pause");
19      return 0;
20  }
```

5-7 e1 ? e2 : e3 特殊運算式

在 if 的敘述應用中，我們經常看到下列敘述：

```
if (a>b)
  c = a;
else
  c = b;
```

很顯然，上面敘述是求較大值運算，其執行情形是比較 a 是否大於 b，如果是，則令 c 等於 a，否則令 c 等於 b。C 語言提供了我們一種特殊運算元，可讓我們簡化上面敘述。

e1 ? e2 : e3

它的執行情形是，如是 e1 為真，則執行 e2，否則執行 e3。若我們想將求兩數最大值運算，以這種特殊運算表示，則其指令寫法如下：

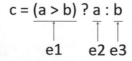

c = (a > b) ? a : b
   e1   e2 e3

註 也有程式設計師將此特殊運算式稱簡潔版的 if … else 敘述。

程式實例 ch5_10.c：使用 e1？e2：e3 特殊運算式，重新設計 ch5_6.c。

```
1   /*    ch5_10.c              */
2   #include <stdio.h>
3   #include <stdlib.h>
4   int main()
5   {
6       int a,b,c;
7
8       printf("請輸入任意 2 數字 ==> ");
9       scanf("%d%d",&a,&b);
10      c = ( a > b ) ? a : b;
11      printf("較大值是 %d \n",c);
12      system("pause");
13      return 0;
14  }
```

執行結果

```
■ C:\Cbook\ch5\ch5_10.exe
請輸入任意 2 數字 ==> 5 9
較大值是 9
請按任意鍵繼續 . . .
```

```
■ C:\Cbook\ch5\ch5_10.exe
請輸入任意 2 數字 ==> 8 3
較大值是 8
請按任意鍵繼續 . . .
```

5-8 switch 敘述

　　儘管 if … else if … else 可執行多種條件判斷的敘述，但是 C 語言有提供 switch 指令，這個指令可以讓程式設計師更方便執行多種條件判斷，switch 指令，讓使用者可以更容易了解程式邏輯，它的使用語法如下：

```
switch ( 變數 )
{
    case 選擇值 1:
        程式區塊 1;
        break;
    case 選擇值 2:
        程式區塊 2;
        break;
        …
    default：程式區塊 3; /* 上述條件都不成立時，則執行此道指令 */
}
```

註 上述 case 的**選擇值**必須是數字或字元。

　　C 語言在執行此道指令時，會先去 case 中找出與變數條件相符的選擇值，當找到時，C 語言就會去執行與該 case 有關的程式區塊，直到碰上 break 或是遇到 switch 敘述的結束符號，才結束 switch 動作。下圖是 switch 敘述的流程圖。

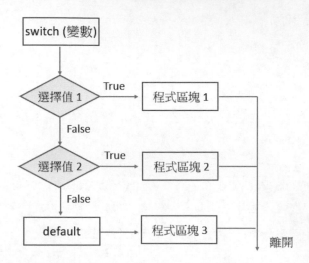

　　在使用 switch 時，你必須要知道下列事情：

1：　若是某一個 case 的程式區塊結束前沒有加上 break，則 C 語言在執行完這個 case 敘述後，會繼續往下執行。

2：　switch 的 case 值只能是整數或是字元。

3：　default 敘述句可有可無。

程式實例 ch5_11.c：螢幕功能的選擇。請輸入任意數字，本程式會將你所選擇的字串列印出來。

```
1   /*    ch5_11.c              */
2   int main()
3   {
4       int i;
5       printf("1. Access      ......   \n");
6       printf("2. Excel       ......   \n");
7       printf("3. Word        ......   \n");
8       printf("請選擇 ==> ");
9       scanf("%d",&i);
10      printf("\n");
11      switch ( i )
12      {
13        case 1: printf("Access 是資料庫軟體 \n");
14           break;
15        case 2: printf("Excel 是試算表軟體 \n");
```

```
16            break;
17     case 3: printf("Word 文書處理軟體 \n");
18            break;
19     default:
20            printf("選擇錯誤 \n");
21     }
22     system("pause");
23     return 0;
24  }
```

執行結果

上述程式的 switch 敘述流程如下：

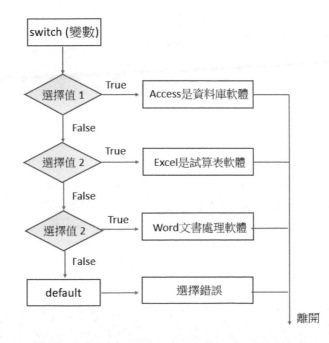

註　C 語言程式設計師有時候不喜歡 case 右邊有程式碼,此時會將 13 與 14 列改成 3 列顯示,如下所示:

```
case 1:
    printf("Access 是資料庫軟體 \n");
    break;
```

程式實例 ch5_11_1.c:調整 case 敘述寫作方式。

```
1  /*   ch5_11_1.c                */
2  int main()
3  {
4      int i;
5      printf("1. Access      ...... \n");
6      printf("2. Excel       ...... \n");
7      printf("3. Word        ...... \n");
8      printf("請選擇 ==> ");
9      scanf("%d",&i);
10     printf("\n");
11     switch ( i )
12     {
13         case 1:
14             printf("Access 是資料庫軟體 \n");
15             break;
16         case 2:
17             printf("Excel 是試算表軟體 \n");
18             break;
19         case 3:
20             printf("Word 文書處理軟體 \n");
21             break;
22         default:
23             printf("選擇錯誤 \n");
24     }
25     system("pause");
26     return 0;
27 }
```

執行結果　與 ch5_11.c 相同。

　　未來讀者要採取哪一種方式,可以依個人喜好決定。

程式實例 ch5_12.c:重新設計 ch5_11.c,輸入 a 或 A 顯示 Access 是資料庫軟體,輸入 b 或 B 顯示 Excel 是試算表軟體,輸入 c 或 C 顯示 Word 文書處理軟體。輸入其他字元, 顯示選擇錯誤。

```
1  /*   ch5_12.c                */
2  int main()
3  {
4      char i;
5      printf("A: Access      ...... \n");
6      printf("B: Excel       ...... \n");
```

```
7      printf("C: Word        ......  \n");
8      printf("請選擇 ==> ");
9      scanf("%c",&i);
10     printf("\n");
11     switch ( i )
12     {
13         case 'a':
14         case 'A': printf("Access 是資料庫軟體 \n");
15             break;
16         case 'b':
17         case 'B': printf("Excel 是試算表軟體 \n");
18             break;
19         case 'c':
20         case 'C': printf("Word 文書處理軟體 \n");
21             break;
22         default:
23             printf("選擇錯誤 \n");
24     }
25     system("pause");
26     return 0;
27 }
```

執行結果

```
■ C:\Cbook\ch5\ch5_12.exe

A: Access     ......
B: Excel      ......
C: Word       ......
請選擇 ==> a

Access 是資料庫軟體
請按任意鍵繼續 . . .
```

```
■ C:\Cbook\ch5\ch5_12.exe

A: Access     ......
B: Excel      ......
C: Word       ......
請選擇 ==> A

Access 是資料庫軟體
請按任意鍵繼續 . . .
```

5-9 goto 敘述

幾乎所有的電腦語言都含有這個指令，這是一個無條件的跳越指令，但是幾乎所有的結構化語言，都建議讀者不要使用這個指令。因為這個指令會破壞程式的結構性，記得筆者在美國讀研究所時，教授就明文規定凡是含有 goto 令的程式，成績一律打 8 折。

goto 敘述在執行時，後面一定要加上標題 (label)，標題是一個符號位址，也就是告訴 C 語言，直接跳到標題位置執行指令。當然程式中，一定要含有標題這個敘述，標題的寫法和變數一樣，但是後面要加上冒號 ":"。

例如：有一個指令如下：

```
begin:
    …
    if (i > j)
        goto stop;
    goto begin;
    …
stop:
```

　　這段敘述主要說明，如果 i 大於 j 則跳到 stop 位址，否則跳到 begin 位址。另外，在使用 goto 時必須要注意，這個 goto 指令，只限在同一程式段落內跳，不可跳到另一函數或副程式內。

程式實例 ch5_13.c：goto 指令的運用，本程式會要求使用者輸入兩個數字，如果第一個數字大於第二個數字則利用 goto 指令中止程式的執行，否則程式會利用 goto 指令再度要求輸入兩個整數。

```
1   /*   ch5_13.c                */
2   #include <stdio.h>
3   #include <stdlib.h>
4   int main()
5   {
6       int i,j;
7
8   start:
9       printf("請輸入 2 個數字 \n==> ");
10      scanf("%d%d",&i,&j);
11      if ( i > j )   /* 如果第 1 數字大於第 2 數字 */
12          goto stop;  /* 跳至 stop 程式結束 */
13      goto start;
14  stop:
15      printf("程式結束 \n");
16      system("pause");
17      return 0;
18  }
```

執行結果

```
■ C:\Cbook\ch5\ch5_13.exe
請輸入 2 個數字
==> 2 5
請輸入 2 個數字
==> 5 2
程式結束
請按任意鍵繼續 . . .
```

5-10 專題實作 – BMI 指數 / 閏年計算 / 猜數字 / 火箭升空

5-10-1 BMI 指數計算

BMI(Body Mass Index) 指數又稱身高體重指數 (也稱身體質量指數)，是由比利時的科學家凱特勒 (Lambert Quetelet) 最先提出，這也是世界衛生組織認可的健康指數，它的計算方式如下：

$$BMI = 體重(Kg) / (身高)^2 (公尺)$$

如果 BMI 在 18.5 – 23.9 之間，表示這是健康的 BMI 值。請輸入自己的身高和體重，然後列出是否在健康的範圍，據統計 BMI 指數公布更進一步資料如下：

分類	BMI
體重過輕	BMI < 18.5
正常	18.5 <= BMI AND BMI < 24
超重	24 <= BMI AND BMI < 28
肥胖	BMI >= 28

程式實例 ch5_14.py：人體健康體重指數判斷程式，這個程式會要求輸入身高與體重，然後計算 BMI 指數，由這個 BMI 指數判斷體重是否肥胖。

```
1   /*   ch5_14.c                */
2   #include <math.h>>
3   #include <stdio.h>
4   #include <stdlib.h>
5   int main()
6   {
7       int height, weight;
8       float bmi;
9       printf("請輸入身高(公分) : ");
10      scanf("%d",&height);
11      printf("請輸入體重(公斤) : ");
12      scanf("%d",&weight);
13      bmi = (float) weight / pow(height / 100.0, 2);
14      if (bmi >= 28)
15          printf("體重肥胖\n");
16      else
17          printf("體重不肥胖\n");
18      system("pause");
19      return 0;
20  }
```

執行結果

```
C:\Cbook\ch5\ch5_14.exe
請輸入身高(公分)：170
請輸入體重(公斤)：100
體重肥胖
請按任意鍵繼續 . . .
```

```
C:\Cbook\ch5\ch5_14.exe
請輸入身高(公分)：170
請輸入體重(公斤)：65
體重不肥胖
請按任意鍵繼續 . . .
```

5-10-2　計算閏年程式

程式實例 ch5_15.c：測試某年是否閏年。請輸入任一年份，本程式將會判斷這個年份是否閏年。

```
1   /*   ch5_15.c               */
2   #include <stdio.h>
3   #include <stdlib.h>
4   int main()
5   {
6       int year, rem4, rem100, rem400;
7
8       printf("請輸入測試年份 ==> ");
9       scanf("%d",&year);
10      rem400 = year % 400;
11      rem100 = year % 100;
12      rem4 = year % 4;
13      if ((( rem4 == 0 ) && ( rem100 != 0 )) || ( rem400 == 0 ))
14          printf("%d 是閏年 \n", year);
15      else
16          printf("%d 不是閏年 \n", year);
17      system("pause");
18      return 0;
19  }
```

執行結果

```
C:\Cbook\ch5\ch5_15.exe
請輸入測試年份 ==> 2020
2020 是閏年
請按任意鍵繼續 . . .
```

```
C:\Cbook\ch5\ch5_15.exe
請輸入測試年份 ==> 2022
2022 不是閏年
請按任意鍵繼續 . . .
```

　　閏年的條件是首先要可以被 4 整除 (相當於沒有餘數)，這個條件成立時，還必須符合，它除以 100 時餘數不為 0 或是除以 400 時餘數為 0，當兩個條件皆符合才算閏年。因此，由程式第 13 列判斷所輸入的年份是否閏年。

5-10-3 成績判斷輸出適當的字串

程式實例 ch5_16.c：依據輸入英文成績，然後輸出評語。

```
1   /*   ch5_16.c                  */
2   int main()
3   {
4       char grade;
5
6       printf("請輸入成績 : ");
7       scanf("%c",&grade);
8       printf("\n");
9       switch ( grade )
10      {
11          case 'a':
12          case 'A':
13              printf("Excellent \n");
14              break;
15          case 'b':
16          case 'B':
17              printf("Good \n");
18              break;
19          case 'c':
20          case 'C':
21              printf("Pass \n");
22              break;
23          case 'd':
24          case 'D':
25              printf("Not good \n");
26              break;
27          case 'f':
28          case 'F':
29              printf("Fail \n");
30              break;
31          default:
32              printf("輸入錯誤 \n");
33      }
34      system("pause");
35      return 0;
36  }
```

執行結果

```
C:\Cbook\ch5\ch5_16.exe
請輸入成績 : A

Excellent
請按任意鍵繼續 . . .
```

```
C:\Cbook\ch5\ch5_16.exe
請輸入成績 : b

Good
請按任意鍵繼續 . . .
```

```
C:\Cbook\ch5\ch5_16.exe
請輸入成績 : c

Pass
請按任意鍵繼續 . . .
```

```
C:\Cbook\ch5\ch5_16.exe
請輸入成績 : D

Not good
請按任意鍵繼續 . . .
```

```
C:\Cbook\ch5\ch5_16.exe
請輸入成績 : f

Fail
請按任意鍵繼續 . . .
```

```
C:\Cbook\ch5\ch5_16.exe
請輸入成績 : k

輸入錯誤
請按任意鍵繼續 . . .
```

5-10-4　猜數字遊戲

程式實例 ch5_17.c：這個程式會要求猜 1 – 100 間的數字，所猜的數字是在第 7 列設定，如果沒有猜對會一直重複要求猜數字。

```
1   /*    ch5_17.c               */
2   #include <stdio.h>
3   #include <stdlib.h>
4   int main()
5   {
6       int guess;
7       int answer = 5;
8   start:
9       printf("請猜 1-100 間的 1 個數字 : ");
10      scanf("%d",&guess);
11      if ( guess == answer )
12         goto stop;   /* 跳至 stop 程式結束 */
13      goto start;
14  stop:
15      printf("恭喜答對了 ! \n");
16      system("pause");
17      return 0;
18  }
```

執行結果

```
■ C:\Cbook\ch5\ch5_17.exe

請猜 1-100 間的 1 個數字 : 10
請猜 1-100 間的 1 個數字 : 5
恭喜答對了 !
請按任意鍵繼續 . . .
```

5-10-5　猜出 0 ~ 7 之間的數字

程式實例 ch5_18.c：讀者心中先預想一個 0-7 之間的一個數字，這個專題會問讀者 3 個問題，請讀者真心回答，然後這個程式會回應讀者心中的數字。

```
1   /*    ch5_18.c               */
2   #include <stdio.h>
3   #include <stdlib.h>
4   int main()
5   {
6       int ans = 0;
7       char num;
8       printf("猜數字遊戲,請心中想一個 0 - 7之間的數字，然後回答問題\n");
9       /* 檢測2進位的第 1 位是否含 1 */
10      printf("有沒有看到心中的數字 : \n");
11      printf("1, 3, 5, 7 \n");
12      printf("輸入y或Y代表有，其它代表無 : ");
13      scanf(" %c", &num);
14      if ((num == 'y') || (num == 'Y'))
15          ans += 1;
16      /* 檢測2進位的第 2 位是否含 1 */
17      printf("有沒有看到心中的數字 : \n");
```

```
18      printf("2, 3, 6, 7 \n");
19      printf("輸入y或Y代表有, 其它代表無 : ");
20      scanf(" %c", &num);
21      if ((num == 'y') || (num == 'Y'))
22          ans += 2;
23      /* 檢測2進位的第 3 位是否含 1 */
24      printf("有沒有看到心中的數字 : \n");
25      printf("4, 5, 6, 7 \n");
26      printf("輸入y或Y代表有, 其它代表無 : ");
27      scanf(" %c", &num);
28      if ((num == 'y') || (num == 'Y'))
29          ans += 4;
30      printf("讀者心中所想的數字是 : %d\n", ans);
31      system("pause");
32      return 0;
33  }
```

執行結果

```
C:\Cbook\ch5\ch5_18.exe
猜數字遊戲,請心中想一個 0－7之間的數字, 然後回答問題
有沒有看到心中的數字 :
1, 3, 5, 7
輸入y或Y代表有, 其它代表無 : n
有沒有看到心中的數字 :
2, 3, 6, 7
輸入y或Y代表有, 其它代表無 : y
有沒有看到心中的數字 :
4, 5, 6, 7
輸入y或Y代表有, 其它代表無 : y
讀者心中所想的數字是 : 6
請按任意鍵繼續 . . .
```

0－7 之間的數字基本上可用 3 個 2 進位表示,000－111 之間。其實所問的 3 個問題,基本上只是了解特定位元是否為 1。

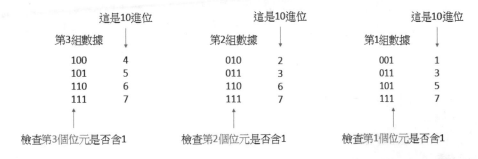

了解了以上觀念,我們可以再進一步擴充上述實例猜測一個人的生日日期,這將是讀者的習題。

5-10-6　12 生肖系統

在中國除了使用西元年份代號，也使用鼠、牛、虎、兔、龍、蛇、馬、羊、猴、雞、狗、豬，當作十二生肖，每 12 年是一個週期，1900 年是鼠年。

程式實例 ch5_19.c：請輸入你出生的西元年 19xx 或 20xx，本程式會輸出相對應的生肖年。

```
1   /*   ch5_19.c                */
2   #include <stdio.h>
3   #include <stdlib.h>
4   int main()
5   {
6       int year, zodiac;
7
8       printf("請輸入西元出生年 : ");
9       scanf("%d", &year);
10      year -= 1900;
11      zodiac = year % 12;
12      if (zodiac == 0)
13          printf("你的生肖是 : 鼠\n");
14      else if (zodiac == 1)
15          printf("你的生肖是 : 牛\n");
16      else if (zodiac == 2)
17          printf("你的生肖是 : 虎\n");
18      else if (zodiac == 3)
19          printf("你的生肖是 : 兔\n");
20      else if (zodiac == 4)
21          printf("你的生肖是 : 龍\n");
22      else if (zodiac == 5)
23          printf("你的生肖是 : 蛇\n");
24      else if (zodiac == 6)
25          printf("你的生肖是 : 馬\n");
26      else if (zodiac == 7)
27          printf("你的生肖是 : 羊\n");
28      else if (zodiac == 8)
29          printf("你的生肖是 : 猴\n");
30      else if (zodiac == 9)
31          printf("你的生肖是 : 雞\n");
32      else if (zodiac == 10)
33          printf("你的生肖是 : 狗\n");
34      else
35          printf("你的生肖是 : 豬\n");
36      system("pause");
37      return 0;
38  }
```

執行結果

```
■ C:\Cbook\ch5\ch5_19.exe
請輸入西元出生年 : 1961
你的生肖是 : 牛
請按任意鍵繼續 . . .
```

```
■ C:\Cbook\ch5\ch5_19.exe
請輸入西元出生年 : 2009
你的生肖是 : 牛
請按任意鍵繼續 . . .
```

5-10-7　火箭升空

地球的天空有許多人造衛星，這些人造衛星是由火箭發射，由於地球有地心引力、太陽也有引力，火箭發射要可以到達人造衛星繞行地球、脫離地球進入太空，甚至脫離太陽系必須要達到宇宙速度方可脫離，所謂的宇宙速度觀念如下：

❑　**第一宇宙速度**

所謂的第一宇宙速度可以稱環繞地球速度，這個速度是 7.9km/s，當火箭到達這個速度後，人造衛星即可環繞著地球做圓形移動。當火箭速度超過 7.9km/s 時，但是小於 11.2km/s，人造衛星可以環繞著地球做橢圓形移動。

❑　**第二宇宙速度**

所謂的第二宇宙速度可以稱脫離速度，這個速度是 11.2km/s，當火箭到達這個速度尚未超過 16.7km/s 時，人造衛星可以環繞太陽，成為一顆類似地球的人造行星。

❑　**第三宇宙速度**

所謂的第三宇宙速度可以稱脫逃速度，這個速度是 16.7km/s，當火箭到達這個速度後，就可以脫離太陽引力到太陽系的外太空。

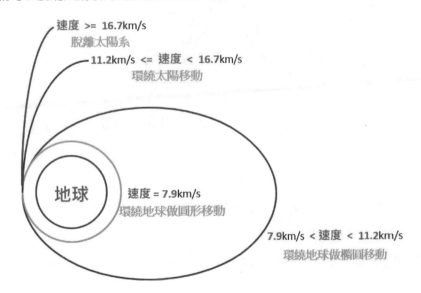

程式實例 ch5_20.c：請輸入火箭速度 (km/s)，這個程式會輸出人造衛星飛行狀態。

```
1   /*   ch5_20.c                    */
2   #include <stdio.h>
3   #include <stdlib.h>
4   int main()
5   {
6       float v;
7
8       printf("請輸入火箭速度 : ");
9       scanf("%f", &v);
10      if (v < 7.9)
11          printf("你人造衛星無法進入太空\n");
12      else if (v == 7.9)
13          printf("人造衛星可以環繞地球作圓形移動\n");
14      else if ((v > 7.9) && (v < 11.2))
15          printf("人造衛星可以環繞地球作橢圓形移動\n");
16      else if ((v >= 11.2) && (v < 16.7))
17          printf("人造衛星可以環繞太陽移動\n");
18      else
19          printf("人造衛星可以脫離太陽系\n");
20      system("pause");
21      return 0;
22  }
```

執行結果

```
■ C:\Cbook\ch5\ch5_20.exe
請輸入火箭速度 : 7.9
人造衛星可以環繞地球作橢圓形移動
請按任意鍵繼續 . . .
```

```
■ C:\Cbook\ch5\ch5_20.exe
請輸入火箭速度 : 9.9
人造衛星可以環繞地球作橢圓形移動
請按任意鍵繼續 . . .
```

```
■ C:\Cbook\ch5\ch5_20.exe
請輸入火箭速度 : 11.8
人造衛星可以環繞太陽移動
請按任意鍵繼續 . . .
```

```
■ C:\Cbook\ch5\ch5_20.exe
請輸入火箭速度 : 16.7
人造衛星可以脫離太陽系
請按任意鍵繼續 . . . ■
```

5-10-8　簡易的人工智慧程式 - 職場性向測驗

有一家公司的人力部門錄取了一位新進員工，同時為新進員工做了英文和社會的性向測驗，這位新進員工的得分，分別是英文 60 分、社會 55 分。

公司的編輯部門有人力需求，參考過去編輯部門員工的性向測驗，英文是 80 分，社會是 60 分。

行銷部門也有人力需求，參考過去行銷部門員工的性向測驗，英文是 40 分，社會是 80 分。

如果你是主管，應該將新進員工先轉給哪一個部門？

這類問題可以使用座標軸分析，我們可以將 x 軸定義為英文，y 軸定義為社會，整個座標說明如下：

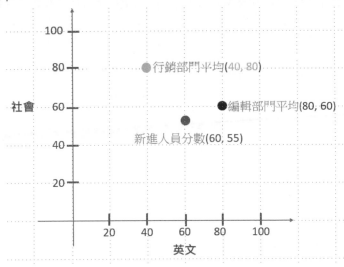

程式實例 ch5_21.c：判斷新進人員比較適合在哪一個部門。

```
1   /*    ch5_21.c                    */
2   #include <stdio.h>
3   #include <stdlib.h>
4   #include <math.h>
5   int main()
6   {
7       int market_x = 40;          /* 行銷部門英文平均成績 */
8       int market_y = 80;          /* 行銷部門社會平均成績 */
9       int editor_x = 80;          /* 編輯部門英文平均成績 */
10      int editor_y = 60;          /* 編輯部門社會平均成績 */
11      int employ_x = 60;          /* 新進人員英文考試成績 */
12      int employ_y = 55;          /* 新進人員社會考試成績 */
13      float m_dist, e_dist;       /* 行銷距離, 編輯距離    */
14      m_dist = pow(pow(market_x-employ_x,2)+pow(market_y-employ_y,2),0.5);
15      e_dist = pow(pow(editor_x-employ_x,2)+pow(editor_y-employ_y,2),0.5);
16      printf("新進人員與編輯部門差異 %5.2f\n",e_dist);
17      printf("新進人員與行銷部門差異 %5.2f\n",m_dist);
18      if (m_dist > e_dist)
19          printf("新進人員比較適合編輯部門\n");
20      else
21          printf("新進人員比較適合編輯部門\n");
22      system("pause");
23      return 0;
24  }
```

執行結果

```
■ C:\Cbook\ch5\ch5_21.exe
新進人員與編輯部門差異 20.62
新進人員與行銷部門差異 32.02
新進人員比較適合編輯部門
請按任意鍵繼續 . . .
```

5-10-9　輸出每個月有幾天

程式實例 ch5_22.c：這個程式會要求輸入月份，然後輸出該月份的天數。註：假設 2 月是 28 天。

```
1   /*   ch5_22.c                    */
2   #include <stdio.h>
3   #include <stdlib.h>
4   int main()
5   {
6       int month;
7
8       printf("請輸入月份 : ");
9       scanf("%d", &month);
10      switch (month)
11      {
12          case 2: printf("%d 月份有 28 天\n", month);
13              break;
14          case 1:
15          case 3:
16          case 5:
17          case 7:
18          case 8:
19          case 10:
20          case 12: printf("%d 月份有 31 天\n", month);
21              break;
22          case 4:
23          case 6:
24          case 9:
25          case 11: printf("%d 月份有 30 天\n", month);
26              break;
27          default:
28              printf("月份輸入錯誤\n");
29      }
30      system("pause");
31      return 0;
32  }
```

執行結果

```
■ C:\Cbook\ch5\ch5_22.exe
請輸入月份 : 2
2 月份有 28 天
請按任意鍵繼續 . . .
```

```
■ C:\Cbook\ch5\ch5_22.exe
請輸入月份 : 7
7 月份有 31 天
請按任意鍵繼續 . . . ■
```

```
■ C:\Cbook\ch5\ch5_22.exe
請輸入月份 : 11
11 月份有 30 天
請按任意鍵繼續 . . .
```

```
■ C:\Cbook\ch5\ch5_22.exe
請輸入月份 : 20
月份輸入錯誤
請按任意鍵繼續 . . .
```

5-11 習題

一：是非題

(　　) 1： C 語言所使用的關係運算子大於等於符號是 ">="，也可以用 "=>" 表示。
(5-1 節)

(　　) 2： 關係運算子的等於符號是 "="。(5-1 節)

(　　) 3： && 相當於是邏輯符號 AND。(5-2 節)

(　　) 4： If 敘述主要是做迴圈設計。(5-3 節)

(　　) 5： 有一個流程圖如下：(5-3 節)

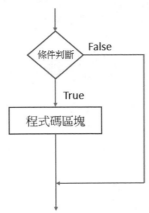

上述流程圖適合使用 if … else 敘述設計。

(　　) 6： 有一個流程圖如下：(5-4 節)

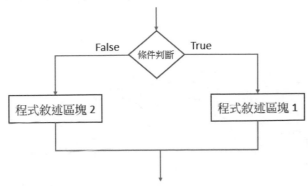

上述流程圖適合使用 if … else 敘述設計。

(　) 7：if 敘述內有 if 敘述，稱巢狀 if 敘述。(5-5 節)

(　) 8：有一個敘述如下，如果 e1 是 True，則結果是 e3。(5-7 節)

　　　e1 ? e2:e3

(　) 9：使用 switch 敘述時，每一個 case 的敘述執行結束前，建議要加上 break，
代表這個 case 的程式區塊執行結束。(5-8 節)

二：選擇題

(　) 1：關係運算子的不等於符號是 (A) <> (B) >= (C) <= (D) !=。(5-1 節)

(　) 2：邏輯符號 OR (A) && (B) | (C) || (D) &。(5-2 節)

(　) 3：有一個流程圖如下：(5-3 節)

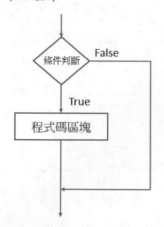

上述適合使用哪一種敘述方式設計 (A) If (B) if … else (C) e1 ? e2 : e3 (D) switch。

(　) 4：有一個流程圖如下：(5-4 節)

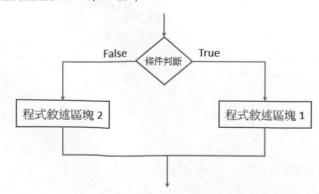

上述適合使用哪一種敘述方式設計 (A) If (B) if … else (C) e1 ? e2 : e3 (D) switch。

(　　) 5 : 有一個流程圖如下：(5-6 節)

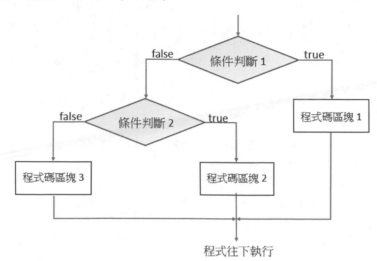

上述適合使用哪一種敘述方式設計 (A) If (B) if … else (C) e1 ? e2 : e3 (D) if … else if … else。

(　　) 6 : 在 switch 敘述內，各條件的指令是 (A) for (B) if (C) continue (D) case。(5-8 節)

(　　) 7 : switch 敘述可以使用哪一種敘述取代。(A) If (B) if … else (C) e1 ? e2 : e3 (D) if … else if … else。(5-8 節)

三：填充題

1 : 關係運算子等於符號是 _____ ，不等於符號是 _____ 。(5-1 節)

2 : 邏輯運算子 AND 符號是 _____ ，OR 符號是 _____ 。(5-2 節)

3 : if … else 敘述可以簡化成哪一道敘述 _____ 。(5-7 節)

4 : if … else if … else 敘述可以簡化成 _____ 敘述，同時程式更容易了解其邏輯。(5-6 和 5-8 節)

5 : _____ 敘述是一個無條件的跳越指令。(5-9 節)

四：實作題

1： 請輸入 3 個數字，本程式可以將數字由大到小輸出。(5-3 節)

```
C:\Cbook\ex\ex5_1.exe
請輸入任意 3 整數 ==> 3 6 5
由大到小分別是　 6,　5,　3
請按任意鍵繼續 . . .
```

```
C:\Cbook\ex\ex5_1.exe
請輸入任意 3 整數 ==> 2 8 10
由大到小分別是　10,　8,　2
請按任意鍵繼續 . . .
```

2： 有一個圓半徑是 20，圓中心在座標 (0,0) 位置，請輸入任意點座標，這個程式可
以判斷此點座標是不是在圓內部。(5-4 節)

提示：可以計算點座標距離圓中心的長度是否小於半徑。

```
C:\Cbook\ex\ex5_2.exe
請輸入任意 x, y 座標 ==> 10 10
點座標 (10.00, 10.00) 在圓內
請按任意鍵繼續 . . .
```

```
C:\Cbook\ex\ex5_2.exe
請輸入任意 x, y 座標 ==> 21 21
點座標 (21.00, 21.00) 不在圓內
請按任意鍵繼續 . . .
```

3： 請擴充 ch5_14.py，增加列出 BMI 值。(5-4 節)

```
C:\Cbook\ex\ex5_3.exe
請輸入身高(公分) : 170
請輸入體重(公斤) : 100
BMI = 34.60 體重肥胖
請按任意鍵繼續 . . .
```

```
C:\Cbook\ex\ex5_3.exe
請輸入身高(公分) : 170
請輸入體重(公斤) : 65
BMI = 22.49 體重不肥胖
請按任意鍵繼續 . . .
```

4： 請設計一個程式，如果輸入是負值則將它改成正值輸出，如果輸入是正值則將它
改成負值輸出，如果輸入 0 則輸出 0。(5-4 節)

```
C:\Cbook\ex\ex5_4.exe
請輸入任意整數值 ==> 5
-5
請按任意鍵繼續 . . .
```

```
C:\Cbook\ex\ex5_4.exe
請輸入任意整數值 ==> -7
7
請按任意鍵繼續 . . .
```

```
C:\Cbook\ex\ex5_4.exe
請輸入任意整數值 ==> 0
0
請按任意鍵繼續 . . .
```

5： 使用者可以先選擇華氏溫度與攝氏溫度轉換方式，然後輸入一個溫度，可以轉換成另一種溫度。(5-6 節)

```
C:\Cbook\ex\ex5_5.exe
溫度轉換選擇
1:華氏溫度轉成攝氏溫度
2:攝氏溫度轉華氏溫度
= 1
請輸入華氏溫度： 104
華氏 104.0 等於攝氏 40.0
請按任意鍵繼續 . . .
```

```
C:\Cbook\ex\ex5_5.exe
溫度轉換選擇
1:華氏溫度轉成攝氏溫度
2:攝氏溫度轉華氏溫度
= 2
請輸入攝氏溫度： 31
攝氏 31.0 等於華氏 87.8
請按任意鍵繼續 . . .
```

```
C:\Cbook\ex\ex5_5.exe
溫度轉換選擇
1:華氏溫度轉成攝氏溫度
2:攝氏溫度轉華氏溫度
= 3
輸入錯誤請按任意鍵繼續 . .
```

6： 有一地區的票價收費標準是 100 元。(5-6 節)

❏ 但是如果小於等於 6 歲或大於等於 80 歲，收費是打 2 折。

❏ 但是如果是 7-12 歲或 60-79 歲，收費是打 5 折。

請輸入歲數，程式會計算票價。

```
C:\Cbook\ex\ex5_6.exe
計算票價
請輸入年齡： 81
票價是 20.0
請按任意鍵繼續 . . .
```

```
C:\Cbook\ex\ex5_6.exe
計算票價
請輸入年齡： 77
票價是 50.0
請按任意鍵繼續 . . .
```

```
C:\Cbook\ex\ex5_6.exe
計算票價
請輸入年齡： 12
票價是 50.0
請按任意鍵繼續 . . .
```

```
C:\Cbook\ex\ex5_6.exe
計算票價
請輸入年齡： 20
票價是 100.0
請按任意鍵繼續 . . .
```

7：　假設麥當勞打工每週領一次薪資，工作基本時薪是 160 元，其它規則如下：

❑ 小於 40 小時 (週)，每小時是基本時薪的 0.8 倍。

❑ 等於 40 小時 (週)，每小時是基本時薪。

❑ 大於 40 至 50(含) 小時 (週)，每小時是基本時薪的 1.2 倍。

❑ 大於 50 小時 (週)，每小時是基本時薪的 1.6 倍。

請輸入工作時數，然後可以計算週薪。(5-6 節)

```
■ C:\Cbook\ex\ex5_7.exe
請輸入本週工作時數 ： 20
本週薪資 = 3200
請按任意鍵繼續 . . .
```

```
■ C:\Cbook\ex\ex5_7.exe
請輸入本週工作時數 ： 40
本週薪資 = 8000
請按任意鍵繼續 . . .
```

```
■ C:\Cbook\ex\ex5_7.exe
請輸入本週工作時數 ： 45
本週薪資 = 10800
請按任意鍵繼續 . . .
```

```
■ C:\Cbook\ex\ex5_7.exe
請輸入本週工作時數 ： 60
本週薪資 = 19200
請按任意鍵繼續 . . .
```

8：　假設今天是星期日，請輸入天數 days，本程式可以回應 days 天後是星期幾。**註**：請用 if … else if … else 設計。(5-6 節)

```
■ C:\Cbook\ex\ex5_8.exe
今天是星期日
請輸入天數 ： 5
 5 天後是星期五
請按任意鍵繼續 . . .
```

```
■ C:\Cbook\ex\ex5_8.exe
今天是星期日
請輸入天數 ： 10
 10 天後是星期三
請按任意鍵繼續 . . .
```

```
■ C:\Cbook\ex\ex5_8.exe
今天是星期日
請輸入天數 ： 15
 15 天後是星期一
請按任意鍵繼續 . . .
```

9： 擴充設計 ch5_14.py，列出中國 BMI 指數區分的結果表。(5-6 節)

```
■ C:\Cbook\ex\ex5_9.exe
請輸入身高(公分) : 170
請輸入體重(公斤) : 49
BMI = 16.96 體重過輕
請按任意鍵繼續 . . . ▂
```

```
■ C:\Cbook\ex\ex5_9.exe
請輸入身高(公分) : 170
請輸入體重(公斤) : 62
BMI = 21.45 體重正常
請按任意鍵繼續 . . .
```

```
■ C:\Cbook\ex\ex5_9.exe
請輸入身高(公分) : 170
請輸入體重(公斤) : 80
BMI = 27.68 體重超重
請按任意鍵繼續 . . .
```

```
■ C:\Cbook\ex\ex5_9.exe
請輸入身高(公分) : 170
請輸入體重(公斤) : 90
BMI = 31.14 體重肥胖
請按任意鍵繼續 . . . ▂
```

10： 請重新設計 ch5_10.c，改為輸出較小值。(5-7 節)

```
■ C:\Cbook\ex\ex5_10.exe
請輸入任意 2 數字 ==> 5 9
較小值是 5
請按任意鍵繼續 . . .
```

```
■ C:\Cbook\ex\ex5_10.exe
請輸入任意 2 數字 ==> 8 3
較小值是 3
請按任意鍵繼續 . . .
```

11： 假設今天是星期日，請輸入天數 days，本程式可以回應 days 天後是星期幾。**註：** 請用 switch 設計。(5-8 節)

```
■ C:\Cbook\ex\ex5_11.exe
今天是星期日
請輸入天數 : 5
 5 天後是星期五
請按任意鍵繼續 . . .
```

```
■ C:\Cbook\ex\ex5_11.exe
今天是星期日
請輸入天數 : 10
 10 天後是星期三
請按任意鍵繼續 . . . ▂
```

```
■ C:\Cbook\ex\ex5_11.exe
今天是星期日
請輸入天數 : 15
 15 天後是星期一
請按任意鍵繼續 . . .
```

12：三角形邊長的要件是 2 邊長加起來大於第三邊，請輸入 3 個邊長，如果這 3 個邊長可以形成三角形則輸出三角形的周長。如果這 3 個邊長無法形成三角形，則輸出這不是三角形的邊長。(5-10 節)

```
 C:\Cbook\ex\ex5_12.exe
請輸入 3 邊長 ==> 3.0 3.0 3.0
三角形周長是　9.0
請按任意鍵繼續 . . .
```

```
 C:\Cbook\ex\ex5_12.exe
請輸入 3 邊長 ==> 3.0 3.0 9.0
這不是三角形
請按任意鍵繼續 . . .
```

13：猜測一個人的生日日期，對於 1-31 之間的數字可以用 5 個 2 進位的位元表示，所以我們可以使用詢問 5 個問題，每個問題獲得一個位元是否為 1，經過 5 個問題即可獲得一個人的生日日期，筆者心中想的數據是 12。(5-10 節)

```
 C:\Cbook\ex\ex5_13.exe
猜生日日期遊戲,請回答下列5個問題,這個程式即可列出你的生日
有沒有看到自己的生日日期 ：
1, 3, 5, 7, 9, 11, 13, 15, 17, 19, 21, 23, 25, 27, 29, 31
輸入y或Y代表有, 其它代表無 : n
有沒有看到自己的生日日期 ：
2, 3, 6, 7, 10, 11, 14, 15, 18, 19, 22, 23, 26, 27, 30, 31
輸入y或Y代表有, 其它代表無 : n
有沒有看到自己的生日日期 ：
4, 5, 6, 7, 12, 13, 14, 15, 20, 21, 22, 23, 28, 29, 30, 31
輸入y或Y代表有, 其它代表無 : y
有沒有看到自己的生日日期 ：
8, 9, 10, 11, 12, 13, 14, 15, 24, 25, 26, 27, 28, 29, 30, 31
輸入y或Y代表有, 其它代表無 : y
有沒有看到自己的生日日期 ：
16, 17, 18, 19, 20, 21, 22, 23, 24, 25, 26, 27, 28, 29, 30, 31
輸入y或Y代表有, 其它代表無 : n
沒讀者的生日日期是 : 12
請按任意鍵繼續 . . .
```

14：重新設計 ch5_14.c，增加所猜測的次數。(5-10 節)

```
 C:\Cbook\ex\ex5_14.exe
請猜 1-100 間的 1 個數字 : 3
請猜 1-100 間的 1 個數字 : 7
請猜 1-100 間的 1 個數字 : 5
恭喜答對了 ！
共猜了 3 次
請按任意鍵繼續 . . .
```

```
 C:\Cbook\ex\ex5_14.exe
請猜 1-100 間的 1 個數字 : 3
請猜 1-100 間的 1 個數字 : 5
恭喜答對了 ！
共猜了 2 次
請按任意鍵繼續 . . .
```

15： 請修改 ch5_21.c，將新進人員的考試成績改為由螢幕輸入，然後直接列出比較適
合的部門。(5-10 節)

```
C:\Cbook\ex\ex5_15.exe
請輸入英文考試成績 : 60
請輸入社會考試成績 : 55
新進人員與編輯部門差異 20.62
新進人員與行銷部門差異 32.02
新進人員比較適合編輯部門
請按任意鍵繼續 . . .
```

16： 請輸入月份，這個程式會輸出此月份的英文。(5-10 節)

```
C:\Cbook\ex\ex5_16.exe
請輸入月份 : 7
7 月份英文是 July
請按任意鍵繼續 . . .
```

```
C:\Cbook\ex\ex5_16.exe
請輸入月份 : 13
月份輸入錯誤
請按任意鍵繼續 . . .
```

17： 請輸入一個字元，這個程式可以判斷此字元是不是英文字母。(5-10 節)

```
C:\Cbook\ex\ex5_17.exe
請輸入字元 : k
k 是字母
請按任意鍵繼續 . . .
```

```
C:\Cbook\ex\ex5_17.exe
請輸入字元 : *
* 不是字母
請按任意鍵繼續 . . .
```

第 6 章

程式的迴圈設計

假設現在筆者要求讀者設計一個 1 加到 10 的程式，然後列印結果，讀者可能用下列方式設計這個程式。

程式實例 ch6_1.py：從 1 加到 10，同時列印結果。

```
1   /*   ch6_1.c                   */
2   #include <stdio.h>
3   #include <stdlib.h>
4   int main()
5   {
6       int sum = 0;
7
8       sum = 1 + 2 + 3 + 4 + 5 + 6 + 7 + 8 + 9 + 10;
9       printf("總和 = %d \n",sum);
10      system("pause");
11      return 0;
12  }
```

執行結果

```
C:\Cbook\ch6\ch6_1.exe
總和 = 55
請按任意鍵繼續 . . .
```

現在假設我要求各位從 1 加至 100 或是 1000，此時，若是仍用上面方法設計程式，就顯得很不經濟了，幸好 C 語言提供了我們解決這類問題的方式，這也是本章的重點。

6-1　for 迴圈

6-1-1　單層 for 迴圈

for 迴圈 (loop) 的語法如下：

for (運算式 1; 運算式 2; 運算式 3)
{
　　迴圈主體
}

上述各運算式的功能如下：

❏ 運算式 1：設定迴圈指標的初值。

❏ 運算式 2：這是關係運算式，條件判斷是否要離開迴圈控制敘述。

❏ 運算式 3：更新迴圈指標。

上述,運算式 1 和運算式 3 是一般設定敘述。而運算式 2 則是一道關係運算式,如果此條件判斷關係運算式是真 (True) 則迴圈繼續,如果此條件判斷關係運算式是偽 (False),則**跳出迴圈**或是稱**結束迴圈**。另外,若是**迴圈主體**只有一道指令,可將大括號省略,否則我們應繼續擁有大括號。由於 for 迴圈各運算式功能不同,所以也可以用下列表達式取代。

> for (設定迴圈指標初值;條件判斷;更新迴圈指標)
> {
> 　　迴圈主體
> }

下列是 for 迴圈的流程圖。

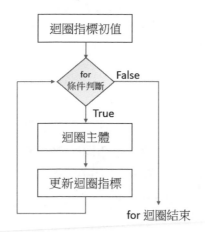

當然,在上述 3 個運算式中,任何一個皆可以省略,但是分號 (;) 不可省略,如果不需要運算式 1 和運算式 3,那麼把它省略不寫就可以了,如程式範例 ch6_3.c 所示。

程式實例 ch6_2.c:從 1 加到 100,並將結果列印出來。

```
1   /*   6_2.c              */
2   #include <stdio.h>
3   #include <stdlib.h>
4   int main()
5   {
6       int sum = 0;
7       int i;
8
9       for ( i = 1; i <= 100; i++ )
10          sum += i;
11      printf("總和 = %d \n",sum);
12      system("pause");
13      return 0;
14  }
```

執行結果

```
C:\Cbook\ch6\ch6_2.exe
總和 = 5050
請按任意鍵繼續 . . .
```

上述實例的 for 迴圈流程如下：

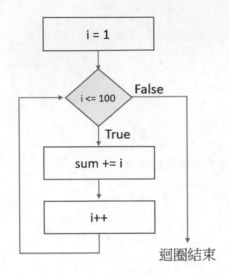

富有變化，是 C 語言最大的特色，使用同樣的控制敘述，配合不同的運算子，卻可得到同樣的結果，下面程式範例將充份說明這個觀念。

程式實例 ch6_3.c：重新設計從 1 加到 100，並將結果列印出來

```
1   /*   ch6_3.c                    */
2   #include <stdio.h>
3   #include <stdlib.h>
4   int main()
5   {
6       int sum = 0;
7       int i = 1;
8
9       for ( ; i <= 100; )
10          sum += i++;
11      printf("總和 = %d \n",sum);
12      system("pause");
13      return 0;
14  }
```

執行結果　與 ch6_2.c 相同。

上述的程式範例中，for 敘述的運算式 1 被省略了，但是我們在 for 的前一列已經設定 i=1 了，這是合法的動作。另外，運算式 3 的指令也省略了，但是這並不代表，我們沒有運算式 3 的動作，在此程式中，我們只是把運算式 3 和迴圈主體融合成一個指令罷了。

　　sum += i++;　　　　　　　　/* 這是迴圈主體 */

上述相當於：

　　sum = sum + i;
　　i = i + 1;

所以，以上程式實例 ch6_3.c 仍能產生正確結果。

程式實例 ch6_4.c：從 1 加到 9，並將每一個加法後的值列印出來。

```
1   /*   ch6_4.c              */
2   #include <stdio.h>
3   #include <stdlib.h>
4   int main()
5   {
6       int sum = 0;
7       int i = 1;
8
9       printf(" i        總和   \n");
10      printf("----------------\n");
11      for ( i ; i <= 9; i++ )
12      {
13         sum += i;
14         printf(" %d         %d\n",i,sum);
15      }
16      system("pause");
17      return 0;
18  }
```

執行結果

```
C:\Cbook\ch6\ch6_4.exe

i        總和
----------------
1        1
2        3
3        6
4        10
5        15
6        21
7        28
8        36
9        45
請按任意鍵繼續 . . .
```

上述程式的 for 迴圈觀念的流程如下：

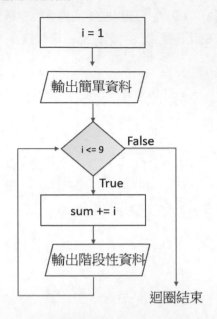

程式實例 ch6_5.c：列出從 97 至 122 間所有 ASCII 字元。

```
1    /*    ch6_5.c                */
2    #include <stdio.h>
3    #include <stdlib.h>
4    int main()
5    {
6        int i;
7
8        for ( i = 97; i <= 122; i++ )
9            printf("%d=%c\t",i,i);
10       printf("\n");
11       system("pause");
12       return 0;
13   }
```

執行結果

上述程式第 9 列的 \t，主要是設定依據鍵盤 Tab 鍵的設定位置輸出資料。

6-1-2 for 敘述應用到無限迴圈

在 for 敘述中如果條件判斷，也就是運算式 2 不寫的話，那麼這個結果將永遠是真，所以下面寫法將是一個無限迴圈。

```
for ( 運算式 1, , 運算式 3)
{
    …
}
```

或是

```
for ( ; ; )
{
    …
}
```

如果程式掉入無限迴圈，其實就是一個錯誤，如果要設計讓程式在無限迴圈中，也必需在特定情況讓此程式甦醒離開此無限迴圈，無限迴圈常用在 2 個地方：

1： 讓程式暫時中斷。註：其實我們可以使用 C 語言的 sleep( ) 函數執行此功能，6-8 節會解釋 sleep( ) 函數。

2： 猜謎遊戲，答對才可以離開無限迴圈。

本章 6-5 節會有無限迴圈的實例解說。

6-1-3 雙層或多層 for 迴圈

和其它高階語言一樣，for 迴圈也可以有雙層迴圈存在。所謂的雙層迴圈控制敘述就是某個 for 敘述是在另一個 for 敘述裡面，其基本語法觀念如下所示：

如果我們以下列符號代表迴圈。

則下列各種複雜的迴圈是允許的。

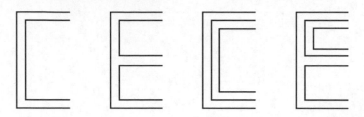

使用迴圈時有一點要注意的是，迴圈不可有交叉的情形，也就是兩個迴圈不可有交叉產生。例如下列複雜迴圈是不允許的。

迴圈交叉是不允許的

註　我們也可以將多層次的迴圈稱**巢狀迴圈** (nested loop)。

程式實例 ch6_6.c：利用雙層 for 迴圈敘述，列印 9×9 乘法表。

```
1   /*   ch6_6.c                */
2   #include <stdio.h>
3   #include <stdlib.h>
4   int main()
5   {
6       int i,j,result;
7
8       for ( i = 1; i <= 9; i++ )
9       {
10          for ( j = 1; j <= 9; j++ )
11          {
12              result = i * j;
13              printf("%d*%d=%-3d",i,j,result);
14          }
```

```
15          printf("\n");
16      }
17      system("pause");
18      return 0;
19  }
```

執行結果

```
C:\Cbook\ch6\ch6_6.exe
1*1=1   1*2=2   1*3=3   1*4=4   1*5=5   1*6=6   1*7=7   1*8=8   1*9=9
2*1=2   2*2=4   2*3=6   2*4=8   2*5=10  2*6=12  2*7=14  2*8=16  2*9=18
3*1=3   3*2=6   3*3=9   3*4=12  3*5=15  3*6=18  3*7=21  3*8=24  3*9=27
4*1=4   4*2=8   4*3=12  4*4=16  4*5=20  4*6=24  4*7=28  4*8=32  4*9=36
5*1=5   5*2=10  5*3=15  5*4=20  5*5=25  5*6=30  5*7=35  5*8=40  5*9=45
6*1=6   6*2=12  6*3=18  6*4=24  6*5=30  6*6=36  6*7=42  6*8=48  6*9=54
7*1=7   7*2=14  7*3=21  7*4=28  7*5=35  7*6=42  7*7=49  7*8=56  7*9=63
8*1=8   8*2=16  8*3=24  8*4=32  8*5=40  8*6=48  8*7=56  8*8=64  8*9=72
9*1=9   9*2=18  9*3=27  9*4=36  9*5=45  9*6=54  9*7=63  9*8=72  9*9=81
請按任意鍵繼續 . . .
```

上述程式流程如下：

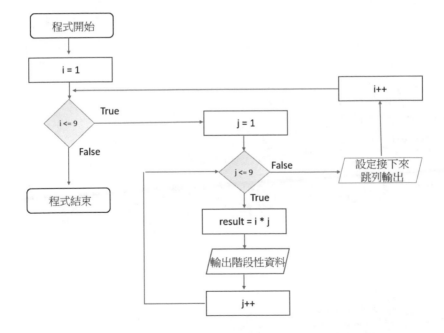

程式實例 ch6_7.c：利用 != 來控制 for 迴圈，執行列印 9×9 乘法表。

```
1   /*    ch6_7.c                    */
2   #include <stdio.h>
3   #include <stdlib.h>
4   int main()
5   {
```

```
6       int i,j,result;
7
8       for ( i = 1; i != 10; i++ )
9       {
10          for ( j = 1; j != 10; j++ )
11          {
12              result = i * j;
13              printf("%d*%d=%-3d",i,j,result);
14          }
15          printf("\n");
16      }
17      system("pause");
18      return 0;
19  }
```

執行結果　與 ch6_6.c 相同。

程式實例 ch6_8.c：繪製樓梯。

```
1   /*    ch6_8.c                    */
2   #include <stdio.h>
3   #include <stdlib.h>
4   int main()
5   {
6       int i,j;
7
8       printf(" \n");      /* 最上方留空白 */
9       for ( i = 1; i <= 10; i++ )
10      {
11          for ( j = 1; j <= i; j++ )
12              printf("%c%c",97,97);
13          printf("\n");
14      }
15      system("pause");
16      return 0;
17  }
```

執行結果

```
■ C:\Cbook\ch6\ch6_8.exe

aa
aaaa
aaaaaa
aaaaaaaa
aaaaaaaaaa
aaaaaaaaaaaa
aaaaaaaaaaaaaa
aaaaaaaaaaaaaaaa
aaaaaaaaaaaaaaaaaa
aaaaaaaaaaaaaaaaaaaa
請按任意鍵繼續 . . . ■
```

6-1-4　for 迴圈指標遞減設計

前面的 for 迴圈是讓迴圈指標以遞增方式處理，其實我們也可以設計讓迴圈指標以遞減方式處理。

程式實例 ch6_8_1.c：以遞減方式重新設計 ch6_2.c，計算 1 – 100 的總和。

```
1   /*   6_8_1.c                */
2   #include <stdio.h>
3   #include <stdlib.h>
4   int main()
5   {
6       int sum = 0;
7       int i;
8
9       for ( i = 100; i >= 1; i-- )
10          sum += i;
11      printf("總和 = %d \n",sum);
12      system("pause");
13      return 0;
14  }
```

執行結果

```
C:\Cbook\ch6\ch6_8_1.exe
總和 = 5050
請按任意鍵繼續 . . .
```

註　迴圈指標的遞減設計觀念，也可以應用在未來會介紹的 while 和 do … while 迴圈。

6-2 while 迴圈

while 迴圈功能幾乎和 for 迴圈相同，只是寫法不同。

6-2-1　單層 while 迴圈

while 迴圈的語法如下：

運算式 1;
while (運算式 2)
{
　　迴圈主體
　　運算式 3;
}

上述各運算式的功能如下：

❑ 運算式 1：設定迴圈指標的初值。

❑ 運算式 2：這是關係運算式，條件判斷是否要離開迴圈控制敘述。

❑ 運算式 3：更新迴圈指標。

上述，運算式 1 和運算式 3 是一般設定敘述。而運算式 2 則是一道關係運算式，如果此條件判斷關係運算式是真 (True) 則迴圈繼續，如果此條件判斷關係運算式是偽 (False)，則**跳出迴圈**或是稱**結束迴圈**。另外，若是**迴圈主體和更新迴圈指標可以用**一道指令表達，可將大括號省略，否則我們應繼續擁有大括號。由於 while 迴圈各運算式功能不同，所以也可以用下列表達式取代。

```
設定迴圈指標初值 ;
while ( 條件判斷 )
{
    迴圈主體
    更新迴圈指標 ;
}
```

下列是 while 迴圈的流程圖。

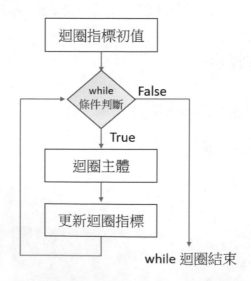

其實上述 while 迴圈流程圖和 for 迴圈流程圖功能是類似的，只是語法表達方式不相同。至於在程式設計時，究竟是要使用 for 或是 while，6-4 節會討論。

程式實例 ch6_9.c：使用 while 迴圈，從 1 加到 10，並將結果列印出來。

```
1   /*    ch6_9.c                    */
2   #include <stdio.h>
3   #include <stdlib.h>
4   int main()
5   {
6       int i,sum;
7
8       i = 1;
9       sum = 0;
10      while ( i <= 10 )
11      {
12          sum += i;
13          i++;
14      }
15      printf("總和 = %d \n",sum);
16      system("pause");
17      return 0;
18  }
```

執行結果

```
C:\Cbook\ch6\ch6_9.exe
總和 = 55
請按任意鍵繼續 . . .
```

上述範例的流程圖如下：

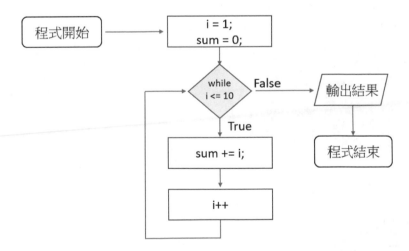

在上述範例中，我們也可以將**迴圈主體**和**更新迴圈指標**用一道指令表達，此時我們可以將大括號省略，如下面範例所示：

程式實例 ch6_10.c：簡化 ch6_9.c 的程式設計。

```
1   /*    ch6_10.c                  */
2   #include <stdio.h>
3   #include <stdlib.h>
4   int main()
5   {
6       int i,sum;
7
8       i = 1;
9       sum = 0;
10      while ( i <= 10 )
11          sum += i++;
12      printf("總和 = %d \n",sum);
13      system("pause");
14      return 0;
15  }
```

執行結果

```
■ C:\Cbook\ch6\ch6_10.exe
總和 = 55
請按任意鍵繼續 . . .■
```

　　從上面程式範例，我們可以很清楚地看到，while 迴圈的確是被簡化了許多，這也是 C 語言高手使用的方法。

程式實例 ch6_11.c：將所輸入的數字，相反列印出來。

```
1   /*    ch6_11.c                  */
2   #include <stdio.h>
3   #include <stdlib.h>
4   int main()
5   {
6       int digit,num;
7
8       printf("請輸入任意整數 \n==> ");
9       scanf("%d",&num);
10      printf("整數的相反輸出 \n==> ");
11      while ( num != 0 )
12      {
13          digit = num % 10;
14          num = num / 10;
15          printf("%d",digit);
16      }
17      printf("\n");
18      system("pause");
19      return 0;
20  }
```

執行結果

```
■ C:\Cbook\ch6\ch6_11.exe
請輸入任意整數
==> 365
整數的相反輸出
==> 563
請按任意鍵繼續 . . .■
```

程式實例 ch6_12.c：直接將鍵盤輸入列印在螢幕上，欲結束這個程式，直接按 Enter 鍵就可以了。在 IBM PC 中，按 Enter 鍵將產生相當於 '\r' 字元。

```c
1   /*   ch6_12.c                */
2   #include <stdio.h>
3   #include <stdlib.h>
4   int main()
5   {
6       char ch;
7
8       ch = getche();
9       while ( ch != '\r' )
10      {
11          putchar(ch);
12          printf("\n");
13          ch = getche();
14      }
15      system("pause");
16      return 0;
17  }
```

執行結果

```
C:\Cbook\ch6\ch6_12.exe
aa
kk
yy
請按任意鍵繼續 . . .
```

在上述執行結果中，第一個字元是輸入字元，第二個字元是程式輸出。

程式實例 ch6_13.c：以更精簡、更符合 C 語言精神的方式，執行直接將螢幕輸入列印在螢幕上，欲結束這個程式，請按 Enter 鍵。

```c
1   /*   ch6_13.c                */
2   #include <stdio.h>
3   #include <stdlib.h>
4   int main()
5   {
6       char ch;
7
8       while ( ( ch = getche() ) != '\r' )
9       {
10          putchar(ch);
11          printf("\n");
12      }
13      system("pause");
14      return 0;
15  }
```

執行結果

```
C:\Cbook\ch6\ch6_13.exe
kk
55
qq
請按任意鍵繼續 . . .
```

看過這個程式和上一個程式之後，相信大家一定會感覺對初學者而言，上一個程式較容易懂。但是一般系統設計師還是喜歡這種較精簡的設計方式，其實只要熟悉 C 語言程式之後，相信大家會喜歡這個程式的，這個程式的重點是 while 迴圈指令。

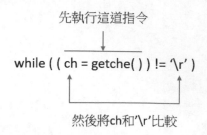

6-2-2　while 敘述應用到無限迴圈

使用 while 敘述建立無限迴圈時，可以使用 while (n)，將括號內 n 設定 1 即可，如下所示：

```
while ( n )
{
    …
}
```

上述 n 設為 1，可以創造無限迴圈，如下所示：

```
while ( 1 )
{
    …
}
```

註 其實只要 n 不等於 0，就可以創造無限迴圈，本章 6-5 節會有這方面的應用實例。

6-2-3　雙層或多層 while 迴圈

和 for 迴圈一樣，while 迴圈也可以有雙層迴圈存在。所謂的雙層迴圈控制敘述就是某個 while 敘述是在另一個 while 敘述裡面，其基本語法觀念如下所示：

與 for 迴圈一樣,在使用多層 while 迴圈時,下列情況是允許的。

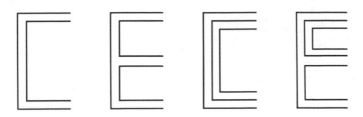

與 for 多層迴圈一樣,在設計迴圈時,不可有交叉情形,如下所示:

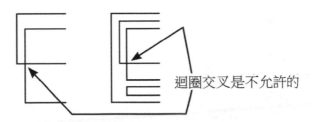

迴圈交叉是不允許的

程式實例 ch6_14.c:使用雙層 while 迴圈,列印 9×9 乘法表

```
1   /*    ch6_14.c                    */
2   #include <stdio.h>
3   #include <stdlib.h>
4   int main()
5   {
6       int i,j,result;
7
8       i = 1;
9       while ( i <= 9 )
10      {
11          j = 1;
12          while ( j <= 9 )
13          {
14              result = i * j;
15              printf("%d*%d=%-3d\t",i,j++,result);
16          }
```

```
16          }
17          i++;
18          printf("\n");
19      }
20      system("pause");
21      return 0;
22  }
```

執行結果

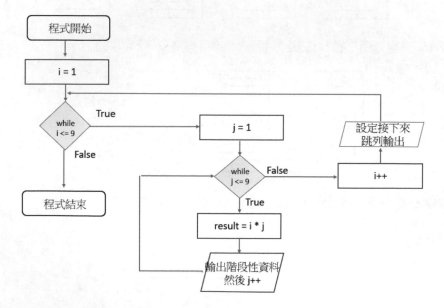

上述程式流程如下：

程式實例 ch6_15.c：繪製三角形。

```
1  /*    ch6_15.c                    */
2  #include <stdio.h>
3  #include <stdlib.h>
4  int main()
5  {
6      int i,j;
7
```

```
 8        i = 5;
 9        while ( i <= 9 )
10        {
11           j = 1;
12           while ( j++ <= ( 9 - i ) )
13              printf(" ");
14           j = 9;
15           while ( ( j++ - i ) < i )
16              printf("A");
17           i++;
18           printf("\n");
19        }
20        system("pause");
21        return 0;
22     }
```

執行結果

```
■ C:\Cbook\ch6\ch6_15.exe
      A
     AAA
    AAAAA
   AAAAAAA
  AAAAAAAAA
請按任意鍵繼續 . . . ■
```

6-3　do … while 迴圈

6-3-1　單層 do … while 迴圈

　　for 和 while 迴圈在使用時，都是將條件判斷的敘述放在迴圈的起始位置。C 語言的第 3 種迴圈 do … while，會在執行完迴圈的主體之後，才判斷迴圈是否要結束。do … while 的使用語法如下：

　　　運算式 1;
　　　do
　　　{
　　　　迴圈主體
　　　　運算式 3;
　　　} while (運算式 2);

上述各運算式的功能如下：

❏ 運算式 1：設定迴圈指標的初值。

❏ 運算式 2：這是關係運算式，條件判斷是否要離開迴圈控制敘述。

❏ 運算式 3：更新迴圈指標。

上述，運算式 1 和運算式 3 是一般設定敘述。而運算式 2 則是一道關係運算式，如果此條件判斷關係運算式是真 (True) 則迴圈繼續，如果此條件判斷關係運算式是偽 (False)，則**跳出迴圈**或是稱**結束迴圈**。由於 do while 迴圈各運算式功能不同，所以也可以用下列表達式取代。

```
設定迴圈指標初值；
do
{
    迴圈主體
    更新迴圈指標；
} while ( 條件判斷 );
```

下列是 while 迴圈的流程圖。

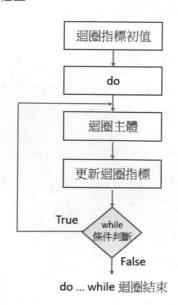

do ... while 迴圈結束

程式實例 ch6_16.c：利用 do … while 執行 1 加到 100，並將結果列印出來。

```
1   /*    ch6_16.c                      */
2   #include <stdio.h>
3   #include <stdlib.h>
4   int main()
5   {
6       int i,sum;
7
8       i = 1;
9       sum = 0;
10      do
11      {
12          sum += i++;
13      } while ( i <= 100 );
14      printf("總和 = %d \n",sum);
15      system("pause");
16      return 0;
17  }
```

執行結果
```
C:\Cbook\ch6\ch6_16.exe
總和 = 5050
請按任意鍵繼續 . . .
```

上述程式流程如下：

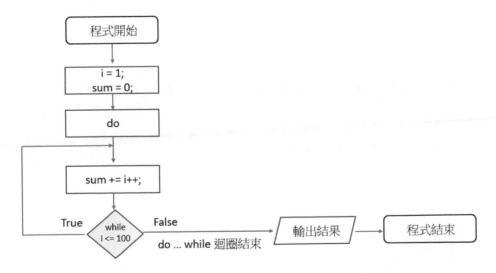

6-3-2　do … while 敘述的無限迴圈

使用 do … while 敘述建立無限迴圈時，可以使用 while 的括號內設定 1 即可，如下所示：

```
do
{
    …
} while ( 1 );
```

本章 6-5 節會有無限迴圈的應用實例。

6-3-3　雙層或多層 do … while 迴圈

do … while 迴圈和先前二節所提的 for 和 while 迴圈一樣，你也可以利用此迴圈設計雙層迴圈，此時其格式如下：

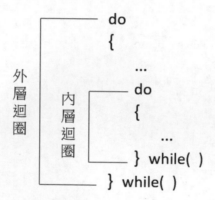

至於其它雙層迴圈的使用細節，例如：迴圈不可交叉，和前面的 for 和 while 雙層迴圈類似。

程式實例 ch6_17.c：使用 do … while 迴圈繪製樓梯。

```
1   /*    ch6_17.c                    */
2   #include <stdio.h>
3   #include <stdlib.h>
4   int main()
5   {
6       int i,j;
7
8       i = 1;
9       do
10      {
11        j = i;
12        do {
13          printf("  ");
14        }  while ( j++ <= 9 );
15        j = 1;
16        do {
```

```
17          printf("%c%c",97,97);
18      } while ( j++ < i );
19      printf("\n");
20  } while ( i++ <= 9 );
21  system("pause");
22  return 0;
23  }
```

執行結果

6-4 迴圈的選擇

　　至今筆者介紹了 C 語言的 3 種迴圈，其實只要一種迴圈可以完成工作，表示也可以使用其他二種迴圈完成工作，至於在現實工作環境應該要使用哪一種迴圈，其實沒有一定標準，讀者可以依據自己的習慣使用這三種迴圈之一種，下列是這 3 種迴圈的基本差異。

迴圈特色	for 迴圈	while 迴圈	do … while 迴圈
預知執行迴圈次數	是	否	否
條件判斷位置	迴圈前端	迴圈前端	迴圈末端
最少執行次數	0	0	1
更新迴圈指標方式	for 敘述內	迴圈主體內	迴圈主體內

　　筆者多年使用迴圈的習慣，如果已經知道迴圈執行的次數，筆者會使用 for 迴圈。如果不知道迴圈執行的次數，則比較常使用 while 迴圈。至於 do … while 迴圈則比較少用。

6-5 break 敘述

break 敘述的用法有兩種，第一個是在 switch 敘述中扮演將 case 敘述中斷的角色，讀者可以參考 5-8 節。另一個則是扮演強迫一般迴圈指令，for、while、do … while，迴圈中斷。

實例 1：有一個 for 迴圈指令片段如下：

```
for (i = 0; i <= 99; i++)
{
    ...
    if ( 條件判斷 )
        break;
    ...
}
```

離開迴圈

從上面敘述我們可以知道，原則上迴圈將執行 100 圈，但是，如果條件判斷成立，則不管敘述已經執行幾圈了，將立即離開這個迴圈敘述。上述雖然舉了 for 迴圈實例，但是可以同時應用在 while 和 do … while 迴圈，如下所示：

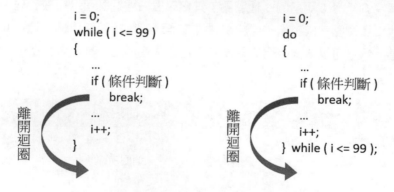

```
i = 0;
while ( i <= 99 )
{
    ...
    if ( 條件判斷 )
        break;
    ...
    i++;
}
```

離開迴圈

```
i = 0;
do
{
    ...
    if ( 條件判斷 )
        break;
    ...
    i++;
} while ( i <= 99 );
```

離開迴圈

程式實例 ch6_18.c：for 迴圈和 break 指令的應用。原則上這個程式將執行 100 次，但是我們在迴圈中，設定迴圈指標如果大於等於 5 則執行 break，所以這個迴圈只能執行 5 次就中斷了。

```
1   /*   ch6_18.c                */
2   #include <stdio.h>
3   #include <stdlib.h>
4   int main()
5   {
6       int i;
```

```
7
8       for ( i = 1; i <= 100; i ++ )
9       {
10          printf("迴圈索引 %d \n",i);
11          if ( i >= 5 )
12             break;
13      }
14      system("pause");
15      return 0;
16  }
```

執行結果

```
■ C:\Cbook\ch6\ch6_18.exe
迴圈索引 1
迴圈索引 2
迴圈索引 3
迴圈索引 4
迴圈索引 5
請按任意鍵繼續 . . . ■
```

程式實例 ch6_19.c：無限迴圈和 break 的應用。這個程式會要求你猜一個數字，直到你猜對 while 迴圈才結束，本程式要猜的數字在第 12 列設定。

```
1   /*    ch6_19.c                    */
2   #include <stdio.h>
3   #include <stdlib.h>
4   int main()
5   {
6       int i;
7       int count = 1;
8       while ( 1 )
9       {
10          printf("輸入欲猜數字 : ");
11          scanf("%d",&i);
12          if ( i == 5 )    /* 設定欲猜數字 */
13             break;
14          count++;
15      }
16      printf("花 %d 次猜對 \n",count);
17      system("pause");
18      return 0;
19  }
```

執行結果

```
■ C:\Cbook\ch6\ch6_19.exe
輸入欲猜數字 : 8
輸入欲猜數字 : 3
輸入欲猜數字 : 5
花 3 次猜對
請按任意鍵繼續 . . .
```

6-6 continue 敘述

continue 和 break 敘述類似，但是 continue 敘述是令程式重新回到迴圈起始位置然後往下執行，而忽略 continue 和迴圈終止之間的程式指令。

實例 1：有一個 for 迴圈指令片段如下：

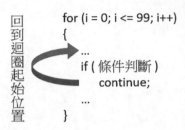

從上面敘述我們可以知道，迴圈將完整執行 100 圈，但是，如果條件判斷成立，則不執行 continue 後面至迴圈結束之間的指令，也就是無法完整執行 for 迴圈內的所有指令 100 圈。

註 若是想將 continue 敘述應用在 while 和 do … while 敘述時，必須將迴圈指標寫在 if 條件判斷前，這樣才不會掉入無限迴圈的陷阱中，如下所示：

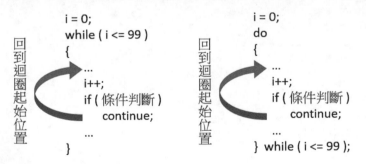

程式實例 ch6_20.c：for 和 continue 指令的應用，實際上這個迴圈應執行 101 執行，但是因為 continue 的關係，我們只列印這個索引值 5 次。此外，這個程式也會列出迴圈執行次數。

```
1   /*    ch6_20.c                    */
2   #include <stdio.h>
3   #include <stdlib.h>
4   int main()
5   {
6       int i;
7       int counter = 0;
```

```
8
9        for ( i = 0; i <= 100; i++ )
10       {
11          counter++;
12          if ( i >= 5 )
13             continue;
14          printf("索引是 %d \n",i);
15       }
16       printf("迴圈執行次數 %d \n",counter);
17       system("pause");
18       return 0;
19  }
```

執行結果

```
C:\Cbook\ch6\ch6_20.exe
索引是 0
索引是 1
索引是 2
索引是 3
索引是 4
迴圈執行次數 101
請按任意鍵繼續 . . .
```

程式實例 ch6_21.c：利用 for 敘述和 continue 指令，計算 2 + 4 + ⋯ + 100。

```
1   /*    ch6_21.c                           */
2   #include <stdio.h>
3   #include <stdlib.h>
4   int main()
5   {
6       int i,sum;
7
8       sum = 0;
9       for ( i = 2; i <= 100; i++ )
10      {
11          if ( ( i % 2 ) != 0 )
12             continue;
13          sum += i;
14      }
15      printf("總和是 %d \n",sum);
16      system("pause");
17      return 0;
18  }
```

執行結果

```
C:\Cbook\ch6\ch6_21.exe
總和是 2550
請按任意鍵繼續 . . .
```

6-7　隨機數函數

6-7-1　rand( ) 函數

　　隨機函數 rand( ) 是在 <#include stdlib.h> 內定義，因為我們的 C 語言程式已經有加上此標頭檔了，所以可以正常使用此檔案。這個函數可以回傳 0 – RAND_MAX 之間的整數，RAND_MAX 是定義在 stdlib.h 內的常數，不同的編譯程式對 RAND_MAX 常數有不一樣的定義，GNU C 標頭檔中定義是使用 32 位元有號整數的最大值，此值是 2147483647。Dev C++ 則是使用 16 位元有號整數的最大值，此值是 32767。

程式實例 ch6_22.c：列出所使用編譯程式的 RAND_MAX 常數值。

```
1   /*    ch6_22.c                    */
2   #include <stdio.h>
3   #include <stdlib.h>
4   int main()
5   {
6       printf("RAND_MAX = %d\n",RAND_MAX);
7       system("pause");
8       return 0;
9   }
```

執行結果
```
C:\Cbook\ch6\ch6_22.exe
RAND_MAX = 32767
請按任意鍵繼續 . . .
```

程式實例 ch6_23.c：建立 5 筆隨機數。

```
1   /*    ch6_23.c                    */
2   #include <stdio.h>
3   #include <stdlib.h>
4   int main()
5   {
6       int i,rnd;
7
8       for ( i = 1; i <= 9; i++ )
9       {
10          rnd = rand();
11          printf("隨機數 %d = %d\n",i,rnd);
12      }
13      system("pause");
14      return 0;
15  }
```

執行結果　下列是執行 2 次的結果。

上述程式如果每次執行，讀者可以得到與上述一樣的結果，所以這個隨機數又被稱**偽隨機數**。

6-7-2 srand( ) 函數

正式的隨機數在產生前，建議使用初始化函數 srand( ) 進行隨機數序列初始化工作，只要每一次的種子值不一樣，每次皆可以產生不一樣的隨機數。此 srand( ) 函數的語法如下：

```
srand(unsigned int seed);
```

上述參數 seed，又稱隨機數的種子值。

程式實例 ch6_24.c：建立種子值是 5 的隨機數。

```
1   /*    ch6_24.c                      */
2   #include <stdio.h>
3   #include <stdlib.h>
4   int main()
5   {
6       int i,rnd;
7
8       srand(5);              /* 種子值 */
9       for ( i = 1; i <= 5; i++ )
10      {
11          rnd = rand();
12          printf("隨機數 %d = %d\n",i,rnd);
13      }
14      system("pause");
15      return 0;
16  }
```

執行結果

　　上述執行結果與 ch6_23.c 的執行結果是不一樣的,不過每一次執行,因為有相同的種子值,所以仍是獲得一樣的結果。在人工智慧應用,我們希望每次執行程式皆可以產生相同的隨機數做測試,上述 srand( ) 函數就很有用了,因為只要設定相同的種子值,就可以獲得一樣的隨機數。

程式實例 ch6_25.c:使用種子值是 10,重新設計 ch6_24.c,讀者可以將執行結果與 ch6_24.c 做比較。

```
1   /*    ch6_25.c                        */
2   #include <stdio.h>
3   #include <stdlib.h>
4   int main()
5   {
6       int i,rnd;
7
8       srand(10);            /* 種子值 */
9       for ( i = 1; i <= 5; i++ )
10      {
11          rnd = rand();
12          printf("隨機數 %d = %d\n",i,rnd);
13      }
14      system("pause");
15      return 0;
16  }
```

執行結果

```
■ C:\Cbook\ch6\ch6_25.exe
隨機數 1 = 71
隨機數 2 = 16899
隨機數 3 = 3272
隨機數 4 = 13694
隨機數 5 = 13697
請按任意鍵繼續 . . .
```

6-7-3　time( ) 函數

　　從前一小節我們已經知道可以使用不同的種子值,產生不同的隨機數序列,如果我們期待每一次執行程式可以產生不同的隨機數序列,可以使用 time( ) 函數,這個函數是在 time.h 標頭檔內,所以使用前必須加上下列指令。

　　#include <time.h>

此函數使用語法如下:

　　t = time(NULL);

或

　　t = time(0);

　　上述執行後可以回傳格林威治時間 1970 年 1 月 1 日 00:00:00 到目前的秒數，如果將變數 t 當作種子值，可以保證每一次執行 rand( ) 函數皆可以獲得不同的隨機數序列。

程式實例 ch6_26.c：建立每一次執行接可以產生 5 筆不同的隨機數序列。

```
1  /*    ch6_26.c                      */
2  #include <stdio.h>
3  #include <stdlib.h>
4  #include <time.h>
5  int main()
6  {
7      int i,rnd;
8
9      srand(time(NULL));            /* 種子值 */
10     for ( i = 1; i <= 5; i++ )
11     {
12         rnd = rand();
13         printf("隨機數 %d = %d\n",i,rnd);
14     }
15     system("pause");
16     return 0;
17 }
```

執行結果　下列是執行兩次的結果。

```
C:\Cbook\ch6\ch6_26.exe
隨機數 1 = 24672
隨機數 2 = 2571
隨機數 3 = 633
隨機數 4 = 22225
隨機數 5 = 1806
請按任意鍵繼續 . . .
```
```
C:\Cbook\ch6\ch6_26.exe
隨機數 1 = 24809
隨機數 2 = 28020
隨機數 3 = 30032
隨機數 4 = 17076
隨機數 5 = 9034
請按任意鍵繼續 . . .
```

6-7-4　建立某區間的隨機數

　　如果我們想建立擲骰子 1－6 之間的隨機數，可以將所獲得的隨機數，求 6 的餘數，這時可以得到 0－5 之間的數字，將這數字加 1，就可以獲得 1－6 之間的隨機數。

程式實例 ch6_27.c：建立 10 筆 1－6 之間的隨機數。

```
1  /*    ch6_27.c                      */
2  #include <stdio.h>
3  #include <stdlib.h>
4  #include <time.h>
5  int main()
6  {
7      int i,rnd;
8
9      srand(time(NULL));            /* 種子值 */
```

```
10      for ( i = 1; i <= 10; i++ )
11      {
12          rnd = rand() % 6 + 1;
13          printf("骰子值 %2d = %d\n",i,rnd);
14      }
15      system("pause");
16      return 0;
17  }
```

執行結果　下列是執行 2 次的結果。

```
C:\Cbook\ch6\ch6_27.exe
骰子值　1 = 6
骰子值　2 = 4
骰子值　3 = 2
骰子值　4 = 4
骰子值　5 = 4
骰子值　6 = 3
骰子值　7 = 6
骰子值　8 = 2
骰子值　9 = 1
骰子值 10 = 4
請按任意鍵繼續 . . .
```

```
C:\Cbook\ch6\ch6_27.exe
骰子值　1 = 3
骰子值　2 = 1
骰子值　3 = 5
骰子值　4 = 6
骰子值　5 = 1
骰子值　6 = 6
骰子值　7 = 1
骰子值　8 = 3
骰子值　9 = 6
骰子值 10 = 1
請按任意鍵繼續 . . .
```

6-7-5　建立 0－1 之間的浮點數隨機數

如果要建立 0－1 之間的浮點數隨機數，可以將所獲得的隨機數除以下列數字。

(RAND_MAX + 1.0)

程式實例 ch6_28.c：建立 10 筆 0-1 之間的浮點數隨機數。

```
1   /*    ch6_28.c                          */
2   #include <stdio.h>
3   #include <stdlib.h>
4   #include <time.h>
5   int main()
6   {
7       int i;
8       float rnd;
9
10      srand(time(NULL));          /* 種子值 */
11      for ( i = 1; i <= 10; i++ )
12      {
13          rnd = (float )rand() / (RAND_MAX + 1);
14          printf("骰子值 %2d = %f\n",i,rnd);
15      }
16      system("pause");
17      return 0;
18  }
```

執行結果 下列是執行 2 次的結果。

```
■ C:\Cbook\ch6\ch6_28.exe
骰子值  1 = 0.941467
骰子值  2 = 0.683441
骰子值  3 = 0.483337
骰子值  4 = 0.076141
骰子值  5 = 0.610992
骰子值  6 = 0.695038
骰子值  7 = 0.991852
骰子值  8 = 0.110260
骰子值  9 = 0.261078
骰子值 10 = 0.192322
請按任意鍵繼續 . . .
```

```
■ C:\Cbook\ch6\ch6_28.exe
骰子值  1 = 0.946747
骰子值  2 = 0.068268
骰子值  3 = 0.377411
骰子值  4 = 0.996887
骰子值  5 = 0.294098
骰子值  6 = 0.046234
骰子值  7 = 0.026031
骰子值  8 = 0.375580
骰子值  9 = 0.967468
骰子值 10 = 0.248230
請按任意鍵繼續 . . .
```

6-8 休息函數

C 語言有休息函數 sleep( ) 和 usleep( )，執行時可以讓此程式在指定時間內休息，然而 CPU 和其他程序仍可以正常執行。

6-8-1 sleep( ) 函數

對於 Windows 系統而言，函數 sleep( ) 是定義在 windows.h 標頭檔內。對於 Unix 系統而言，此函數是定義在 unistd.h 標頭檔內。sleep( ) 函數的語法如下：

    sleep(unsigned seconds)

上述參數 seconds 單位是秒。

程式實例 ch6_29.c：擴充設計 ch6_26.c，每隔一秒輸出一次隨機數。

```
1  /*   ch6_29.c                    */
2  #include <stdio.h>
3  #include <stdlib.h>
4  #include <time.h>
5  #include <windows.h>
6  int main()
7  {
8      int i,rnd;
9
10     srand(time(NULL));          /* 種子值 */
11     for ( i = 1; i <= 5; i++ )
12     {
13         rnd = rand();
14         sleep(1);               /* 休息 1 秒 */
15         printf("隨機數 %d = %d\n",i,rnd);
```

```
16          }
17      system("pause");
18      return 0;
19  }
```

執行結果

```
 ■  C:\Cbook\ch6\ch6_29.exe
隨機數 1 = 7141
隨機數 2 = 19595
隨機數 3 = 25833
隨機數 4 = 5711
隨機數 5 = 26186
請按任意鍵繼續 . . .
```

6-8-2　usleep( ) 函數

對於 Windows 系統而言，函數 usleep( ) 是定義在 windows.h 標頭檔內。對於 Unix 系統而言，此函數是定義在 unistd.h 標頭檔內。usleep( ) 函數的語法如下：

usleep(unsigned seconds)

上述參數 seconds 單位是微秒 (百萬分之一表)，一般情況建議使用 sleep( ) 函數以秒為單位就可以了。

6-9　專題實作 – 計算成績 / 圓周率 / 最大公約數 / 國王的麥粒

6-9-1　計算平均成績和不及格人數

程式實例 ch6_30.c：請輸入班級人數及班上 C 語言考試成績，本程式會將全班平均成績和不及格人數列印出來。

```
1   /*   ch6_30.c                  */
2   #include <stdio.h>
3   #include <stdlib.h>
4   int main()
5   {
6       int sum,score,fail_count,num;
7       int i;              /* 索引 */
8       float ave;
9
10      sum = fail_count = 0;
11      printf("輸入學生人數 ==> ");
12      scanf("%d",&num);
13
14      for ( i = 1; i <= num; i++ )
15      {
```

```
16          printf("輸入成績 : ",i);
17          scanf("%d",&score);
18          sum += score;
19          if ( score < 60 )
20              fail_count++;
21      }
22      ave = (float) sum / (float) num;
23      printf("平均成績是 : %6.2f \n",ave);
24      printf("不及格人數 : %d \n",fail_count);
25      system("pause");
26      return 0;
27 }
```

執行結果

```
C:\Cbook\ch6\ch6_30.exe

輸入學生人數 ==> 4
輸入成績 : 88
輸入成績 : 100
輸入成績 : 59
輸入成績 : 60
平均成績是 :   76.75
不及格人數 : 1
請按任意鍵繼續 . . .
```

6-9-2 猜數字遊戲

程式實例 ch6_19.c 是一個猜數字遊戲,所猜數字是筆者自行設定,這一節將改為
所猜數字由隨機數產生。

程式實例 ch6_31.c:猜數字遊戲,同時列出猜幾次才答對。

```
1  /*   ch6_31.c               */
2  #include <stdio.h>
3  #include <stdlib.h>
4  #include <time.h>
5  int main()
6  {
7      int i;
8      int count = 1;
9      int ans;
10
11     srand(time(NULL));
12     ans = rand() % 10 + 1;      /* 設定欲猜數字 */
13     while ( 1 )
14     {
15         printf("輸入欲猜數字 : ");
16         scanf("%d",&i);
17         if ( i > ans )
18             printf("請猜小一點!\n");
19         else if ( i < ans )
20             printf("請猜大一點!\n");
21         else
22             break;
23         count++;
```

```
24        }
25        printf("花 %d 次猜對 \n",count);
26        system("pause");
27        return 0;
28   }
```

執行結果

```
■ C:\Cbook\ch6\ch6_31.exe
輸入欲猜數字：5
請猜小一點!
輸入欲猜數字：3
請猜大一點!
輸入欲猜數字：4
花 3 次猜對
請按任意鍵繼續 . . .
```

6-9-3　利用輾轉相除法求最大公約數

所謂的公約數是指可以被 2 個數字整除的數字，最大公約數 (Great Common Divisor, GCD) 是指可以被 2 個數字整除的最大值。例如：16 和 40 的公約數有，1、2、4、8，其中 8 就是最大公約數。

有 2 個數使用輾轉相除法求最大公約數，步驟如下：

1： 計算較大的數。

2： 讓較大的數當作被除數，較小的數當作除數。

3： 兩數相除。

4： 兩數相除的餘數當作下一次的除數，原除數變被除數，如此循環直到餘數為 0，當餘數為 0 時，這時的除數就是最大公約數。

程式實例 ch6_32.c：利用輾轉相除法球最大公約數。

```
1   /*   ch6_32.c                  */
2   #include <stdio.h>
3   #include <stdlib.h>
4   int main()
5   {
6        int i,j,tmp;
7
8        printf("請輸入 2 個正整數 \n==> ");
9        scanf("%d %d",&i,&j);
10       while ( j != 0 )
11       {
12           tmp = i % j;
13           i = j;
14           j = tmp;
15       }
16       printf("最大公約數是 %d \n",i);
17       system("pause");
18       return 0;
19   }
```

執行結果

```
C:\Cbook\ch6\ch6_32.exe
請輸入 2 個正整數
==> 14 2
最大公約數是 2
請按任意鍵繼續 . . .
```

```
C:\Cbook\ch6\ch6_32.exe
請輸入 2 個正整數
==> 14 63
最大公約數是 7
請按任意鍵繼續 . . .
```

6-9-4　計算圓周率

在 2-9-2 節筆者有說明計算圓周率的知識，筆者使用了萊布尼茲公式，當時筆者也說明了此級數收斂速度很慢，這一節我們將用迴圈處理這類的問題。我們可以用下列公式說明萊布尼茲公式：

這是減號, 因為指數(i+1)是奇數

$$pi = 4(1 - \frac{1}{3} + \frac{1}{5} - \frac{1}{7} + \cdots + \frac{(-1)^{i+1}}{2i-1})$$

這是加號, 因為指數(i+1)是偶數

其實我們也可以用一個加總公式表達上述萊布尼茲公式，這個公式的重點是 (i + 1) 次方，如果 (i + 1) 是奇數可以產生分子是-1，如果 (i + 1) 是偶數可以產生分子是 1。

$$4 \sum_{i=1}^{n} \frac{(-1)^{i+1}}{2i-1}$$

如果 i + 1 是奇數分子結果是 -1
如果 i + 1 是偶數分子結果是 1

程式實例 ch6_33.py：使用萊布尼茲公式計算圓周率，這個程式會計算到 1 百萬次，同時每 10 萬次列出一次圓周率的計算結果。

```
1   /*   ch6_33.c                    */
2   #include <stdio.h>
3   #include <stdlib.h>
4   #include <math.h>
5   int main()
6   {
7       int x = 1000000;
8       int i;
9       double pi = 0.0;
10
11      for ( i = 1; i <= x; i++ )
12      {
13          pi += 4*(pow(-1,(i+1)) / (2*i-1));
14          if (i % 100000 == 0)
15              printf("當 i = %7d 時 PI = %20.19lf\n",i,pi);
```

```
16        }
17        system("pause");
18        return 0;
19  }
```

執行結果

```
 C:\Cbook\ch6\ch6_33.exe
當 i =  100000 時 PI = 3.1415826535897198000
當 i =  200000 時 PI = 3.1415876535897618000
當 i =  300000 時 PI = 3.1415893202564642000
當 i =  400000 時 PI = 3.1415901535897439000
當 i =  500000 時 PI = 3.1415906535896920000
當 i =  600000 時 PI = 3.1415909869230147000
當 i =  700000 時 PI = 3.1415912250182609000
當 i =  800000 時 PI = 3.1415914035897172000
當 i =  900000 時 PI = 3.1415915424786509000
當 i = 1000000 時 PI = 3.1415916535897743000
請按任意鍵繼續 . . .
```

註　上述程式必須將 pi 設為雙倍精度浮點數,如果只是設為浮點數會有誤差。從上述可以得到當迴圈到 40 萬次後,此圓周率才進入我們熟知的 3.14159xx。

6-9-5　雞兔同籠 – 使用迴圈計算

程式實例 ch6_34.py:3-5-3 節筆者介紹了雞兔同籠的問題,該問題可以使用迴圈計算,我們可以先假設雞 (chicken) 有 0 隻,兔子 (rabbit) 有 35 隻,然後計算腳的數量,如果所獲得腳的數量不符合,可以每次增加 1 隻雞。

```c
1   /*   ch6_34.c                    */
2   #include <stdio.h>
3   #include <stdlib.h>
4   int main()
5   {
6       int chicken = 0;
7       int rabbit;
8       while ( 1 )
9       {
10          rabbit = 35 - chicken;
11          if (2 * chicken + 4 * rabbit == 100)
12          {
13              printf("雞有 %d 隻, 兔有 %d 隻\n", chicken, rabbit);
14              break;
15          }
16          chicken++;
17      }
18      system("pause");
19      return 0;
20  }
```

執行結果

```
 C:\Cbook\ch6\ch6_34.exe
雞有 20 隻, 兔有 15 隻
請按任意鍵繼續 . . .
```

6-9-6 國王的麥粒

程式實例 ch6_35.py：古印度有一個國王很愛下棋，打遍全國無敵手，昭告天下只要能打贏他，即可以協助此人完成一個願望。有一位大臣提出挑戰，結果國王真的輸了，國工也願意信守承諾，滿足此位大臣的願望。結果此位大臣提出想要麥粒：

第 1 個棋盤格子要 1 粒 ---- 其實相當於 2^0

第 2 個棋盤格子要 2 粒 ---- 其實相當於 2^1

第 3 個棋盤格子要 4 粒 ---- 其實相當於 2^2

第 4 個棋盤格子要 8 粒 ---- 其實相當於 2^3

第 5 個棋盤格子要 16 粒 ---- 其實相當於 2^4

......

第 30 個棋盤格子要 xx 粒 ---- 其實相當於 2^{29}

　　國王聽完哈哈大笑的同意了，管糧的大臣一聽大驚失色，不過也想出一個辦法，要贏棋的大臣自行到糧倉計算麥粒和運送，結果國王沒有失信天下，贏棋的大臣無法取走天文數字的所有麥粒，這個程式會計算到底這位大臣要取走多少麥粒。

```c
1   /*    ch6_35.c                    */
2   #include <stdio.h>
3   #include <stdlib.h>
4   #include <math.h>
5   int main()
6   {
7       int sum = 0;
8       int wheat;
9       int i;
10      for ( i = 0; i < 30; i++ )
11      {
12          if ( i == 0 )
13              wheat = 1;
14          else
15              wheat = (int) pow(2,i);
16          sum +=  wheat;
17      }
18      printf("麥粒總共 = %d\n",sum);
19      system("pause");
20      return 0;
21  }
```

執行結果

```
C:\Cbook\ch6\ch6_35.exe
麥粒總共 = 1073741823
請按任意鍵繼續 . . .
```

註1 一個棋盤是 8 x 8 格，所以原始題意應該是大臣要 64 個棋盤格子的米粒，但是使用 Dev C++ 編譯程式長整數的最大值是 2147483647，如果使用 64 格棋盤會產生溢位，所以這個程式改為 30 格棋盤。Microsoft C 編譯程式可以使用 long long 代表更長的整數，這是用 64 位元儲存整數，讀者如果有 Microsoft C 編譯程式可以自行測試。

註2 最近熱門的程式語言 Python 整數大小沒有限制，如果計算 64 個棋盤格子的米粒，可以得到 18446744073709551615 的米粒。

6-9-7　離開無限迴圈與程式結束 Ctrl + c 鍵

設計程式不小心進入無限迴圈時，可以使用同時按鍵盤的 Ctrl + c 鍵離開無限迴圈，此程式同時將執行結束。

程式實例 ch6_36.c：請輸入任意值，本程式會將這個值的絕對值列印出來。此外，本程式第 9 列的 while (1) 是一個無窮迴圈，若想中止此程式執行，你必須同時按 Ctrl 和 c 鍵。

```
1   /*    ch6_36.c                */
2   #include <stdio.h>
3   #include <stdlib.h>
4   int main()
5   {
6       int i;
7
8       while ( 1 )
9       {
10          printf("請輸入任意值 ==> ");
11          scanf("%d",&i);
12          if ( i < 0 )
13             i = -i;
14          printf("絕對值是 %d \n",i);
15      }
16      system("pause");
17      return 0;
18  }
```

執行結果　　■ C:\Cbook\ch6\ch6_36.exe

```
請輸入任意值 ==> 98
絕對值是 98
請輸入任意值 ==> -55
絕對值是 55
請輸入任意值 ==>
```

上述同時按 Ctrl + c 可以結束執行程式。

6-9-8 銀行帳號凍結

程式實例 ch6_37.c：在現實生活中我們可以使用網路進行買賣基金、轉帳等操作，在進入銀行帳號前會被要求輸入密碼，密碼輸入 3 次錯誤後，此帳號就被凍結，然後要求到銀行櫃台重新申請密碼，這個程式是模擬此操作。

```
1   /*    ch6_37.c                   */
2   #include <stdio.h>
3   #include <stdlib.h>
4   int main()
5   {
6       int i;
7       int password;
8
9       for (i=1; i<=3; i++)
10      {
11          printf("請輸入密碼 : ");
12          scanf("%d", &password);
13          if (password == 12345)
14          {
15              printf("密碼正確, 歡迎進入系統\n");
16              break;
17          }
18          else
19              if (i == 3 && password != 12345)
20                  printf("密碼錯誤 3 次, 請至櫃台重新申請密碼\n");
21      }
22      system("pause");
23      return 0;
24  }
```

執行結果

```
■ C:\Cbook\ch6\ch6_37.exe

請輸入密碼 : 12345
密碼正確, 歡迎進入系統
請按任意鍵繼續 . . .
```

```
■ C:\Cbook\ch6\ch6_37.exe

請輸入密碼 : 12333
請輸入密碼 : 22331
請輸入密碼 : 88899
密碼錯誤 3 次, 請至櫃台重新申請密碼
請按任意鍵繼續 . . . ■
```

6-9-9 自由落體

程式實例 ch6_38.c：有一顆球自 100 公尺的高度落下，每次落地後可以反彈到原先高度的一半，請計算第 10 次落地之後，共經歷多少公尺？同時第 10 次落地後可以反彈多高。

```
1   /*    ch6_38.c                   */
2   #include <stdio.h>
3   #include <stdlib.h>
4   int main()
5   {
6       float height, dist;
7       int i;
```

```
8      height = 100;
9      dist = 100;
10     height = height / 2;          /* 第一次反彈高度 */
11     for(i = 2; i <= 10; i++)
12     {
13         dist += 2 * height;
14         height = height / 2;
15     }
16     printf("第10次落地行經距離 %6.3f\n",dist);
17     printf("第10次落地反彈高度 %6.3f\n",height);
18     system("pause");
19     return 0;
20 }
```

執行結果

```
■ C:\Cbook\ch6\ch6_38.exe
第10次落地行經距離 299.609
第10次落地反彈高度   0.098
請按任意鍵繼續 . . .
```

上述程式 height 是反彈高度的變數，每次是原先的一半高度，所以第 14 列會保留反彈高度。求的移動距離則是累加反彈高度，因為反彈會落下，所以第 13 列需要乘以 2，然後累計加總。

6-10 習題

一：是非題

(　　) 1： 有一個 for 迴圈語法如下，其中運算式 1 是設定迴圈指標初值。(6-1 節)

       for (運算式 1; 運算式 2; 運算式 3)

       {

          迴圈主體

       }

(　　) 2： 有一個 for 迴圈語法如下，其中運算式 2 是更新迴圈指標。(6-1 節)

       for (運算式 1; 運算式 2; 運算式 3)

       {

          迴圈主體

       }

(　　) 3： 凡是可以用 for 迴圈，皆可以用 while 迴圈取代。(6-2 節)

( ) 4： 下列是 while 無限迴圈設計。(6-2 節)

```
while ( 1 )
{
    …
}
```

( ) 5： 除了 while 無限迴圈外，設計 while 迴圈時需在 while 敘述前面設定迴圈指標。(6-2 節)

( ) 6： 按鍵盤的 Enter 鍵，可以產生 '\n' 字元。(6-2 節)

( ) 7： 凡是可以用 for 迴圈，皆可以用 do … while 迴圈取代。(6-3 節)

( ) 8： for 迴圈可以保證迴圈主體至少執行 1 次。(6-4 節)

( ) 9： while 迴圈可以保證迴圈主體至少執行 1 次。(6-4 節)

( ) 10： do … while 迴圈可以保證迴圈主體至少執行 1 次。(6-4 節)

( ) 11： break 可以讓 for 迴圈中斷，但是不能讓 while 迴圈中斷。(6-5 節)

( ) 12： continue 敘述是令程式重新回到迴圈起始位置。(6-6 節)

( ) 13： 若是想將 continue 敘述應用在 while 和 do … while 敘述時，必須將迴圈指標寫在 if 條件判斷前，這樣才不會掉入無限迴圈的陷阱中。(6-6 節)

( ) 14： 函數 srand( ) 可以進行隨機數序列初始化。(6-7 節)

( ) 15： sleep(n) 函數，函數參數 n 的單位是千分之一秒。(6-8 節)

( ) 16： 使用 sleep( ) 函數時，CPU 也將跟著休息。(6-8 節)

二：選擇題

( ) 1： 有一個 for 迴圈語法如下。(6-1 節)

```
for ( 運算式 1; 運算式 2; 運算式 3)
{
    迴圈主體
}
```

其中運算式 2 是 (A) 設定迴圈指標 (B) 關係運算式 (C) 更新迴圈指標 (D) 以上皆非。(6-1 節)

(　) 2：有一個 for 迴圈語法如下。(6-1 節)

    for (運算式 1; 運算式 2; 運算式 3)
    {
        迴圈主體
    }

其中運算式 3 是 (A) 設定迴圈指標 (B) 關係運算式 (C) 更新迴圈指標 (D) 以上皆非。(6-1 節)

(　) 3：有一個 for 迴圈語法如下。(6-1 節)

    for (運算式 1; 運算式 2; 運算式 3)
    {
        迴圈主體
    }

省略哪一項可以產生無限迴圈 (A) 運算式 2 和運算式 3 (B) 運算式 2 (C) 運算式 3 (D) 以上皆是。(6-1 節)

(　) 4：哪一種迴圈可以預知迴圈執行次數。(A) for (B) while (C) do … while (D)if 敘述。(6-1 節)

(　) 5：有一個 while 迴圈如下：(6-2 節)

    運算式 1;
    while (運算式 2)
    {
        迴圈主體
        運算式 3;
    }

由上述語法得知，此 while 迴圈至少需有 (A) 1 (B) 2 (C) 3 (D) 4 道指令。

(　) 6：哪一種迴圈是先進入迴圈主體執行，然後再做條件判斷 (A) for (B) while (C) do … while (D) if … else。(6-3 節)

(　) 7：哪一種迴圈至少會先執行一次 (A) for (B) while (C) do … while (D) if … else。(6-4 節)

( ) 8： 哪一道指令可以讓迴圈中斷 (A) case (B) break (C) continue (D) sleep( )。(6-5 節)

( ) 9： 哪一道指令可以讓程式回到迴圈起點 (A) case (B) break (C) continue (D) sleep( )。(6-6 節)

( ) 10：可以產生隨機數 (A) rand( ) (B) sleep( ) (C) srand( ) (D) time( )。(6-7 節)

( ) 11：有一個無窮迴圈「while (1)」，想利用鍵盤輸入跳開此迴圈，可使用那個鍵 (A) Ctrl-c (B) Enter (C) 空白鍵 (D) Ctrl t。(6-9 節)

三：填充題

1： for 迴圈若是省略 _____，可以產生無限迴圈的效果。(6-1 節)

2： _____在設計時可以預知迴圈執行的次數。(6-1 節)

3： 設計一個迴圈，想要按 Enter 鍵可離開此迴圈，則要檢查的輸入字元是 _____。(6-2 節)。

4： _____ 是執行完才做條件判斷是否繼續執行。(6-3 節)

5： _____ 會至少執行一次。(6-4 節)

6： _____ 和 _____ 是在迴圈前端先做條件判斷是否執行。(6-4 節)

7： _____ 指令可以中斷迴圈的執行。(6-5 節)

8： _____ 指令可以讓程式回到迴圈起點。(6-6 節)

9： 使用 rand( ) 函數產生的隨機數最大值是 _____。(6-7 節)

10： _____ 函數可以回傳格林威治時間 1970 年 1 月 1 日 00:00:00 到目前的秒數。(6-7 節)

11： _____ 和 _____ 函數可以讓此程式在指定時間內休息，然而 CPU 和其他程序仍可以正常執行。(6-8 節)

四：實作題

1： 參考 ch6_5.c，列出大寫 A 至 Z 之間的英文字母。(6-1 節)

2： 請輸入起點值和終點值，起點值必須小於終點值，然後計算之間的總和。(6-1 節)

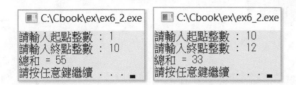

3： 請輸入一個數字，這個程式可以測試此數字是不是質數，質數的條件如下。(6-1 節)

　　❑ 2 是質數。

　　❑ n 不可以被 2 至 n-1 的數字整除。

註　質數的英文是 Prime number，prime 的英文有強者的意義，所以許多有名的職業球員喜歡用質數當作背號，例如：Lebron Jame 是 23，Michael Jordan 是 23，Kevin Durant 是 7。

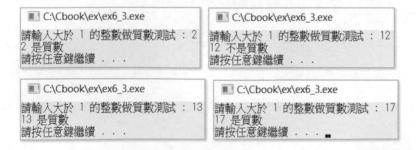

4： 請將本金、年利率與存款年數從螢幕輸入，然後計算每一年的本金和。(6-1 節)

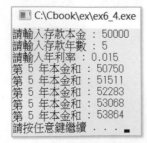

5： 假設你今年體重是 50 公斤，每年可以增加 1.2 公斤，請列出未來 5 年的體重變化。
(6-1 節)

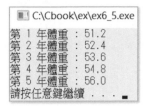

6： 請用雙層 for 迴圈輸出下列結果。(6-1 節)

7： 請用雙層 for 迴圈輸出下列結果。(6-1 節)

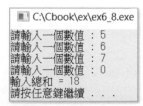

8： 在程式設計時，我們可以在 while 迴圈中設定一個輸入數值當作迴圈執行結束的
值，這個值稱哨兵值 (Sentinel value)。本程式會計算輸入值的總和，哨兵值是 0，
如果輸入 0 則程式結束。(6-2 節)

9： 至少需有一個 while 迴圈，列出阿拉伯數字中前 20 個質數。(6-2 節)

10： 使用 while 迴圈設計此程式，假設今年大學學費是 50000 元，未來每年以 5% 速度向上漲價，多少年後學費會達到或超過 6 萬元，學費不會少於 1 元，計算時可以忽略小數位數。(6-2 節)

```
■ C:\Cbook\ex\ex6_10.exe
經過 4 學費會超過60000
請按任意鍵繼續 . . .
```

11： 請擴充設計 ex6_2.c，這個程式會使用 do … while 迴圈增加檢查起點值必須小於終點值，如果起點值大於終點值會要求重新輸入。(6-3 節)

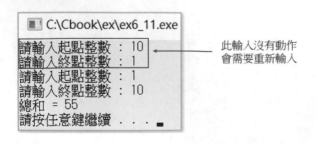

12 : 這個程式會先建立 while 無限迴圈，如果輸入 q，則可跳出這個 while 無限迴圈。程式內容主要是要求輸入水果，然後輸出此水果。(6-5 節)

　　註 1：假設使用 fruit 字串變數，這個程式可以用 fruit[0] 判斷第一個字母是不是 q，判斷是否要結束執行程式，fruit[0] 是陣列觀念下一章會說明。

　　註 2：這個程式可以忽略以 q 為開頭的水果名稱。

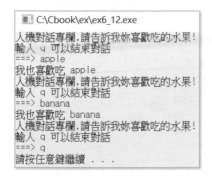

13 : 使用 while 和 continue，設計列出 1 .. 10 之間的偶數。(6-6 節)

14 : 一般賭場的機器其實可以用隨機數控制輸贏，例如：某個猜大小機器，一般人以為猜對率是 50%，但是只要控制隨機數賭場可以直接控制輸贏比例。請設計一個猜大小的遊戲，程式執行初可以設定莊家的輸贏比例，程式執行過程會立即回應是否猜對。下列實例是輸入莊家贏的比例是 80% 的執行結果。(6-7 節)

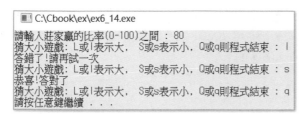

15：請將 ch6_31.c 的猜數字遊戲改為花多少秒才猜對，因為這是練習程式，讀者可以使用 srand( ) 函數，將隨機數的種子值設為 10。(6-9 節)

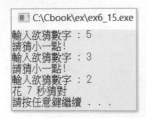

```
C:\Cbook\ex\ex6_15.exe
輸入欲猜數字：5
請猜小一點！
輸入欲猜數字：3
請猜小一點！
輸入欲猜數字：2
花 7 秒猜對
請按任意鍵繼續 . . .
```

16：計算數學常數 e 值，它的全名是 Euler's number，又稱歐拉數，主要是紀念瑞士數學家歐拉，這是一個無限不循環小數，我們可以使用下列級數計算 e 值。這個程式會計算到 i=10，同時列出不同 i 值的計算結果，輸出結果到小數第 15 位。(6-9 節)

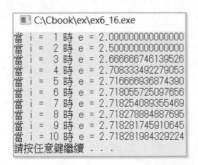

```
C:\Cbook\ex\ex6_16.exe
當 i =  1 時  e = 2.000000000000000
當 i =  2 時  e = 2.500000000000000
當 i =  3 時  e = 2.666666746139526
當 i =  4 時  e = 2.708333492279053
當 i =  5 時  e = 2.716666936874390
當 i =  6 時  e = 2.718055725097656
當 i =  7 時  e = 2.718254089355469
當 i =  8 時  e = 2.718278884887695
當 i =  9 時  e = 2.718281745910645
當 i = 10 時  e = 2.718281984329224
請按任意鍵繼續 . . .
```

17：輸出 26 個大寫和小寫英文字母。(6-9 節)

```
C:\Cbook\ex\ex6_17.exe
A B C D E F G H I J K L M N O P Q R S T U V W X Y Z
a b c d e f g h i j k l m n o p q r s t u v w x y z
請按任意鍵繼續 . . .
```

18：輸出 100 至 999 之間的水仙花數，所謂的水仙花數是指一個三位數，每個數字的立方加總後等於該數字，例如：153 是水仙花數，因為 1 的 3 次方加上 5 的 3 次方再加上 3 的 3 次方等於 153。(6-9 節)

```
C:\Cbook\ex\ex6_18.exe
153
370
371
407
請按任意鍵繼續 . . .
```

19：設計程式可以輸出字母三角形。(6-9 節)

20：設計數字三角形，讀者可以輸入三角形高度。(6-9 節)

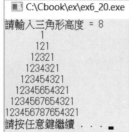

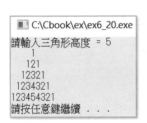

第 7 章

陣列

7-1 一維陣列

7-1-1 基礎觀念

如果我們在程式設計時，是用變數儲存資料各變數間沒有互相關聯，可以將資料想像成下列圖示，筆者用散亂方式表達相同資料型態的各個變數，在真實的記憶體中讀者可以想像各變數在記憶體內並沒有依次序方式排放。

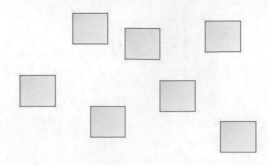

如果我們將相同型態資料組織起來形成陣列 (array)，可以將資料想像成下列圖示，讀者可以想像各變數在記憶體內是依次序方式排放：

當資料排成陣列後，我們未來可以用索引值 (index) 存取此陣列特定位置的內容，在 C 語言的索引是從 0 開始，所以第一個元素的索引是 0，第 2 個元素的索引是 1，可依此類推，所以如果一個陣列若是有 n 筆元素，此陣列的索引是在 0 和 (n-1) 之間。

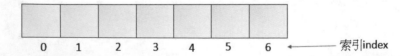

從上述說明我們可以得到，陣列本身是種結構化的資料型態，主要是將相同型態的變數集合起來，以一個名稱來代表。存取陣列資料值時，則以陣列的索引值 (index) 指示所要存取的資料。

陣列的使用和其它的變數一樣，使用前一定要先宣告，以便編譯程式能預留空間供程式使用，一維陣列 (One Dimensional Array) 宣告語法如下：

資料型態 變數名稱 [長度];

　　上述變數名稱右邊的中括號內代表這是陣列,中括號內的長度是指陣列元素的個數,一般常用的資料型態有整數,浮點數和字元,有關字元資料型態,我們將留到第 8 章討論。

實例 1:有一陣列宣告如下:

　　int sc[5];

　　表示宣告一個長度為 5 的一維整數陣列,長度為 5 相當於是陣列內有 5 個元素,陣列名稱是 sc。在 C 語言中,陣列第一個元素的索引值一定是 0,下面是 sc 宣告的圖示說明:

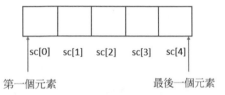

sc[0]	sc[1]	sc[2]	sc[3]	sc[4]

第一個元素　　　　　　　最後一個元素

註　索引是放在中括號內。

程式實例 ch7_1.c:設定 5 個元素的整數陣列內容,然後列印此陣列。

```
1   /*   ch7_1.c                 */
2   #include <stdio.h>
3   #include <stdlib.h>
4   int main()
5   {
6       int i;
7       int sc[5];
8
9       sc[0] = 5;
10      sc[1] = 15;
11      sc[2] = 25;
12      sc[3] = 35;
13      sc[4] = 45;
14      for ( i = 0; i < 5; i++ )
15          printf("sc[%d] = %d\n", i, sc[i]);
16
17      system("pause");
18      return 0;
19  }
```

執行結果

```
C:\Cbook\ch7\ch7_1.exe
sc[0] = 5
sc[1] = 15
sc[2] = 25
sc[3] = 35
sc[4] = 45
請按任意鍵繼續 . . .
```

7-1-2　認識陣列的殘值

在設計陣列時，如果沒有為陣列設定值，這時列印陣列所獲得的值將是記憶體內的的殘值 (Residual value)，這個值是不可預測的。

程式實例 ch7_2.c：使用陣列認識記憶體的殘值，這個程式沒有設定 sc[2] 和 sc[3]，因此所列印出來的值是記憶體的殘值。

```
1   /*    ch7_2.c                    */
2   #include <stdio.h>
3   #include <stdlib.h>
4   int main()
5   {
6       int i;
7       int sc[5];
8
9       sc[0] = 5;
10      sc[1] = 15;
11      sc[4] = 45;
12      for ( i = 0; i < 5; i++ )
13          printf("sc[%d] = %d\n", i, sc[i]);
14
15      system("pause");
16      return 0;
17  }
```

執行結果

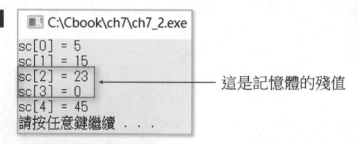

C:\Cbook\ch7\ch7_2.exe

```
sc[0] = 5
sc[1] = 15
sc[2] = 23
sc[3] = 0
sc[4] = 45
請按任意鍵繼續 . . .
```

這是記憶體的殘值

註　因為 sc[2] 和 sc[3] 是記憶體的殘值，所以讀者執行此程式所獲得的結果可能和本書執行結果不同。

7-1-3　C 語言不做陣列邊界的檢查

在設計程式時，C 語言不做邊界檢查，所以處理超出陣列範圍的元素，C 語言也是使用記憶體的殘值回應此元素內容。

程式實例 ch7_3.c：觀察超出陣列範圍的元素，系統使用記憶體殘值輸出。

```
1   /*    ch7_3.c                 */
2   #include <stdio.h>
3   #include <stdlib.h>
4   int main()
5   {
6       int i;
7       int sc[5];
8
9       sc[0] = 5;
10      sc[1] = 15;
11      sc[2] = 25;
12      sc[3] = 35;
13      sc[4] = 45;
14      for ( i = 0; i <= 6; i++ )
15          printf("sc[%d] = %d\n", i, sc[i]);
16
17      system("pause");
18      return 0;
19  }
```

執行結果

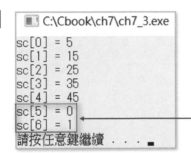

這是超出陣列範圍
以記憶體的殘值輸出

7-1-4　一維陣列的初值設定

在第 2 章筆者已經說明，普通資料在宣告的同時，可允許你直接設定它的初值，同樣的觀念也可以應用在陣列，設定一維陣列初值的語法如下：

> 資料型態 變數名稱 [長度 n] = { 初值 1, 初值 2, …初值 n};

註 設定初值時，是將初值放在大括號內。

實例 1：宣告元素初值是 1, 2, 3 的 sc 整數陣列。

> int sc[3] = {1, 2, 3};

在宣告陣列元素初值時，如果省略陣列長度宣告，C 語言會依大括號的初值個數，自行配置足夠的記憶體空間。

實例 2：宣告元素初值是 1, 2, 3 的 sc 整數陣列，這個宣告省略陣列長度。

```
int sc[ ] = {1, 2, 3};
```

宣告陣列時也接受所宣告陣列元素值比陣列長度少，這時未設定初值的元素內容會填上 0。

實例 3：宣告長度是 3 的 sc 陣列，其中第一個元素是 5，其餘元素是 0。

```
int sc[3] = {5};
```

程式實例 ch7_4.c：陣列初值的應用。

```
1   /*    ch7_4.c              */
2   #include <stdio.h>
3   #include <stdlib.h>
4   int main()
5   {
6       int i, sum1, sum2, sum3;
7       sum1 = sum2 = sum3 = 0;
8       int a[3] = {1, 2, 3};
9       int b[] = {1, 2, 3};              /* 省略宣告陣列長度   */
10      int c[3] = {5};                   /* 省略宣告元素      */
11
12      for ( i = 0; i <= 2; i++ )
13      {
14          sum1 += a[i];
15          sum2 += b[i];
16          sum3 += c[i];
17      }
18      printf("a[] = %d\n", sum1);
19      printf("b[] = %d\n", sum2);
20      printf("c[] = %d\n", sum3);
21      printf("c[0] = %d, c[1] = %d, c[2] = %d\n",c[0],c[1],c[2]);
22      system("pause");
23      return 0;
24  }
```

執行結果

```
C:\Cbook\ch7\ch7_4.exe
a[] = 6
b[] = 6
c[] = 5
c[0] = 5, c[1] = 0, c[2] = 0
請按任意鍵繼續 . . .
```

宣告陣列時，如果所宣告陣列元素值個數比陣列長度多，這時會產生下列警告訊息。

```
excess elements in array initializer
```

雖然程式可以執行，不過讀者要比較小心。

程式實例 ch7_5.c：宣告陣列元素值個數比陣列長度多。

```
1   /*    ch7_5.c                  */
2   #include <stdio.h>
3   #include <stdlib.h>
4   int main()
5   {
6       int i, sum;
7       sum = 0;
8       int a[3] = {1, 2, 3, 4};        /* 宣告元素多於陣列長度 */
9
10      for ( i = 0; i <= 2; i++ )
11          sum += a[i];
12      printf("a[] = %d\n", sum);
13
14      system("pause");
15      return 0;
16  }
```

執行結果

```
■ C:\Cbook\ch7\ch7_5.exe
a[] = 6
請按任意鍵繼續 . . .
```

7-1-5　計算陣列所佔的記憶體空間和陣列長度

在 2-3-4 節筆者有介紹 sizeof( ) 函數，這個函數可以計算變數所佔的記憶體空間大小，該節的觀念也可以應用在計算陣列所佔據的記憶體空間大小。

程式實例 ch7_6.c：計算整數、浮點數和雙倍精度浮點數陣列所佔據的記憶體空間大小。

```
1   /*    ch7_6.c                  */
2   #include <stdio.h>
3   #include <stdlib.h>
4   int main()
5   {
6       int a[5];
7       float b[5];
8       double c[5];
9       printf("a[5]陣列空間 = %d 位元組\n", sizeof(a));
10      printf("b[5]陣列空間 = %d 位元組\n", sizeof(b));
11      printf("c[5]陣列空間 = %d 位元組\n", sizeof(c));
12      system("pause");
13      return 0;
14  }
```

執行結果

```
■ C:\Cbook\ch7\ch7_6.exe
a[5]陣列空間 = 20 位元組
b[5]陣列空間 = 20 位元組
c[5]陣列空間 = 40 位元組
請按任意鍵繼續 . . . ■
```

　　假設陣列名稱是 a，當讀者瞭解使用 sizeof(a) 函數獲得陣列的記憶體空間大小後，可以使用 sizeof(a[0]) 函數獲得陣列元素的大小，這樣子就可以使用下列公式獲得陣列的大小 (元素個數)，或是稱陣列長度。

　　　　陣列長度 = sizeof(a) / sizeof(a[0]);

程式實例 ch7_6_1.c：計算陣列元素個數。

```
1   /*   ch7_6_1.c                */
2   #include <stdio.h>
3   #include <stdlib.h>
4   int main()
5   {
6       int size;
7       int a[] = {1, 2, 3, 4};
8
9       size = sizeof(a) / sizeof(a[0]);
10      printf("陣列 a 的元素個數 = %d\n",size);
11      system("pause");
12      return 0;
13  }
```

執行結果

```
C:\Cbook\ch7\ch7_6_1.exe
陣列 a 的元素個數 = 4
請按任意鍵繼續 . . .
```

7-1-6　讀取一維陣列的輸入

　　設計陣列時，有時候也須使用鍵盤輸入陣列內容，具體作法可以參考下列實例。

程式實例 ch7_7.c：輸入學生人數及學生成績，本程式會將全班的平均成績列印出來。

```
1   /*   ch7_7.c                  */
2   #include <stdio.h>
3   #include <stdlib.h>
4   int main()
5   {
6       int score[10],i,sum,num;
7       float ave;
8
9       sum = 0;
10      printf("請輸入學生人數 ==> ");
11      scanf("%d",&num);
12      for ( i = 0; i < num; i++ )
13      {
14          printf("請輸入分數 ==> ");
15          scanf("%d",&score[i]);
16          sum += score[i];
17      }
18      ave = (float) sum / (float) num;
```

```
19        printf("平均分數是 %6.2f \n",ave);
20        system("pause");
21        return 0;
22    }
```

執行結果

```
■ C:\Cbook\ch7\ch7_7.exe
請輸入學生人數 ==> 4
請輸入分數 ==> 58
請輸入分數 ==> 66
請輸入分數 ==> 87
請輸入分數 ==> 60
平均分數是   67.75
請按任意鍵繼續 . . . ■
```

　　上述程式是直接輸入學生人數，如果我們一開始不知道學生人數，也可以使用輸入 0 當做輸入結束。

程式實例 ch7_8.c：不知道學生人數，以輸入 0 當做輸入成績結束，重新設計 ch7_7.c。

```
1    /*   ch7_8.c                    */
2    #include <stdio.h>
3    #include <stdlib.h>
4    int main()
5    {
6        int score[10];        /* 假設最多是 10 個學生 */
7        int i,sum;
8        float ave;
9        i = 0;
10       sum = 0;
11       printf("輸入 0 代表輸入結束\n");
12       do
13       {
14          printf("請輸入分數 ==> ");
15          scanf("%d",&score[i]);
16          sum += score[i];
17       } while (score[i++] > 0);
18       ave = (float) sum / (i - 1);
19       printf("平均分數是 %6.2f \n",ave);
20       system("pause");
21       return 0;
22    }
```

執行結果

```
■ C:\Cbook\ch7\ch7_8.exe
輸入 0 代表輸入結束
請輸入分數 ==> 58
請輸入分數 ==> 66
請輸入分數 ==> 87
請輸入分數 ==> 60
請輸入分數 ==> 0
平均分數是   67.75
請按任意鍵繼續 . . .
```

7-1-7　自行設計陣列邊界檢查程式

7-1-3 節筆者有介紹 C 語言不做陣列邊界檢查的觀念，下列是重新設計 ch7_8.c 程式，但是增加陣列邊界檢查的功能。

程式實例 ch7_9.c：擴充 ch7_8.c，增加邊界檢查，同時輸入分數過程如果到達陣列元素，會跳離開 do … while 迴圈。

```
1  /*   ch7_9.c                       */
2  #include <stdio.h>
3  #include <stdlib.h>
4  int main()
5  {
6      int Size = 5;
7      int score[Size];            /* 假設最多是 5 個學生 */
8      int i,sum;
9      float ave;
10     i = 0;
11     sum = 0;
12     printf("輸入 0 代表輸入結束\n");
13     do
14     {
15         if (i >= Size)
16         {
17             printf("陣列已滿\n");
18             i += 1;              /* 25列會減 1 */
19             break;
20         }
21         printf("請輸入分數 ==> ");
22         scanf("%d",&score[i]);
23         sum += score[i];
24     } while (score[i++] > 0);
25     ave = (float) sum / (i - 1);
26     printf("平均分數是 %6.2f \n",ave);
27     system("pause");
28     return 0;
29 }
```

執行結果

```
■ C:\Cbook\ch7\ch7_9.exe
輸入 0 代表輸入結束
請輸入分數 ==> 58
請輸入分數 ==> 66
請輸入分數 ==> 87
請輸入分數 ==> 60
請輸入分數 ==> 90
陣列已滿
平均分數是   72.20
請按任意鍵繼續 . . . ▪
```

7-1-8 一維陣列的實例應用

程式實例 ch7_10.c：找出陣列的最大值。

```
1   /*   ch7_10.c                */
2   #include <stdio.h>
3   #include <stdlib.h>
4   int main()
5   {
6       int i, mymax;
7       int arr[5] = {76, 32, 88, 45, 65};
8
9       for ( i = 0; i < 5; i++ )
10      {
11          if (i == 0)
12              mymax = arr[i];
13          else
14              if (mymax < arr[i])
15                  mymax = arr[i];
16      }
17      printf("最大值 = %d\n", mymax);
18      system("pause");
19      return 0;
20  }
```

執行結果
```
■ C:\Cbook\ch7\ch7_10.exe

最大值 = 88
請按任意鍵繼續 . . .
```

上述程式是先假設第 0 個元素是最大值，然後再做比較。

程式實例 ch7_11.c：順序搜尋法，請輸入要搜尋的值，這個程式會輸出是否找到此值，如果找到會輸出相對應索引陣列結果。

```
1   /*   ch7_11.c                */
2   #include <stdio.h>
3   #include <stdlib.h>
4   int main()
5   {
6       int i;
7       int num;
8       int flag = 0;           /* 如果 0 代表沒找到 */
9       int arr[8] = {76, 32, 88, 45, 65, 76, 76, 88};
10
11      printf("請輸入陣列的搜尋值 : ");
12      scanf("%d", &num);
13      for ( i = 0; i < 8; i++ )
14          if (arr[i] == num)
15          {
16              printf("arr[%d] = %d\n", i, num);
17              flag = 1;
18          }
19      if (flag == 0)
```

```
20          printf("沒有找到\n");
21      system("pause");
22      return 0;
23  }
```

執行結果

```
■ C:\Cbook\ch7\ch7_11.exe
請輸入陣列的搜尋值：76
arr[0] = 76
arr[5] = 76
arr[6] = 76
請按任意鍵繼續 . . .
```

```
■ C:\Cbook\ch7\ch7_11.exe
請輸入陣列的搜尋值：55
沒有找到
請按任意鍵繼續 . . .
```

```
■ C:\Cbook\ch7\ch7_11.exe
請輸入陣列的搜尋值：88
arr[2] = 88
arr[7] = 88
請按任意鍵繼續 . . .
```

7-2 二維陣列

其實二維陣列 (Two Dimensional Array) 就是一維陣列的擴充，如果我們將一維陣列想像成一度空間，則二維陣列就是二度空間，也就是平面。

7-2-1 基礎觀念

假設有 6 筆散亂的資料，如下所示：

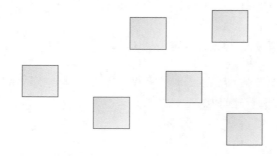

如果我們將相同型態資料組織起來形成 2x3 的二維陣列，可以將資料想像成下列圖示：

　　當資料排成二維陣列後，我們未來可以用 [row][column] 索引值，通常 column 可以縮寫為 col，所以整個可以寫成是 [row][col]，也可以想成是 [列][行] 索引值，存取此二維陣列特定位置的內容。二維陣列的使用和其它的變數一樣，使用前一定要先宣告，以便編譯程式能預留空間供程式使用，二維陣列 (Two Dimensional Array) 宣告語法如下：

　　　　資料型態 變數名稱 [列長度][行長度];

　　上述變數名稱右邊有連續的兩個中括號內代表這是二維陣列，中括號內的長度是指二維陣列內**列** (row) 的元素的個數和**行** (column) 的元素個數。

實例 1：宣告整數的 2x3 二維陣列。

　　　　int num[2][3];

7-2-2　二維陣列的初值設定

　　7-1-4 節筆者有介紹一維陣列初值的設定，C 語言也允許你直接設定二維陣列的初值，設定二維陣列初值的語法如下：

　　　　資料型態 變數名稱 [列長度] [行長度]= {[第 1 列的初值],
　　　　　　　　　　　　　　　　　　　　 [第 2 列的初值],
　　　　　　　　　　　　　　　　　　　　 …
　　　　　　　　　　　　　　　　　　　　 [第 n 列的初值]};

實例 1：假設有一個考試成績如下：

學生座號	第 1 次考試	第 2 次考試	第 3 次考試
1	90	80	95
2	95	90	85

請宣告上述考試成績的初值。

　　　　int sc[2][3] = {{90, 80, 95},
　　　　　　　　　　{95, 90, 85}};

程式設計時有時候也可以看到有人使用下列方式設定二維陣列的初值。

　　　　int sc[2][3] = {{90, 80, 95}, {95, 90, 85}};　　　/* 不鼓勵，因為會比較不清楚 */

程式實例 ch7_12.c：列出學生各次考試成績的應用。

```
1   /*   ch7_12.c                  */
2   #include <stdio.h>
3   #include <stdlib.h>
4   int main()
5   {
6       int i, j;
7       int sc[2][3] = {{90, 80, 95},
8                       {95, 90, 85}};
9       for ( i = 0; i < 2; i++ )
10          for ( j= 0; j < 3; j++)
11              printf("學生 %d 的第 %d 次考試成績是 %d\n",i+1,j+1,sc[i][j]);
12      system("pause");
13      return 0;
14  }
```

執行結果

```
■ C:\Cbook\ch7\ch7_12.exe
學生 1 的第 1 次考試成績是 90
學生 1 的第 2 次考試成績是 80
學生 1 的第 3 次考試成績是 95
學生 2 的第 1 次考試成績是 95
學生 2 的第 2 次考試成績是 90
學生 2 的第 3 次考試成績是 85
請按任意鍵繼續 . . .
```

上述程式第 11 列，在 printf( ) 函數內有 i+1 和 j+1，這是因為陣列是從索引 0 開始，而學生座號與考試編號是從 1 開始，所以使用加 1，比較符合題意。

在設定二維陣列的初值時，也可以省略列長度的宣告，相同的實例如下所示：

　　int sc[ ][3] = {{90, 80, 95},
　　　　　　　{95, 90, 85}};

上述筆者省略了第一個中括號的 2，這種方式宣告會比較方便，因為可以自由增加或減少陣列的大小，不用考慮實際列數的大小。

註　不過讀者須留意，只能省略最左的中括號，對二維陣列而言就是列長度宣告，右邊中括號的行長度不可省略。在更多維的陣列中，也就是省略最左的索引，未來 ch7_17.c 實例會解說。

程式實例 ch7_13.c：省略**列長度**的宣告，重新設計 ch7_12.c。

```
1   /*   ch7_13.c                  */
2   #include <stdio.h>
3   #include <stdlib.h>
4   int main()
5   {
6       int i, j;
7       int sc[][3] = {{90, 80, 95},
8                      {95, 90, 85}};
```

```
9        for ( i = 0; i < 2; i++ )
10          for ( j= 0; j < 3; j++)
11             printf("學生 %d 的第 %d 次考試成績是 %d\n",i+1,j+1,sc[i][j]);
12       system("pause");
13       return 0;
14    }
```

執行結果　可參考 ch7_12.c。

7-2-3　讀取二維陣列的輸入

要讀取二維陣列資料需要使用迴圈，下列將使用實例解說。

程式實例 ch7_13.c：輸入 2 個二維陣列的資料，然後執行加法運算。

```
1   /*    ch7_14.c                      */
2   #include <stdio.h>
3   #include <stdlib.h>
4   int main()
5   {
6       int num1[3][3],num2[3][3],num3[3][3];
7       int i,j;
8
9       printf("請輸入第一個二維陣列 \n");
10      for ( i = 0; i < 3; i++ )
11         for ( j = 0; j < 3; j++ )
12            scanf("%d",&num1[i][j]);
13      printf("請輸入第二個二維陣列 \n");
14      for ( i = 0; i < 3; i++ )
15         for ( j = 0; j < 3; j++ )
16            scanf("%d",&num2[i][j]);
17      for ( i = 0; i < 3; i++ )       /* 執行相乘 */
18         for ( j = 0; j < 3; j++ )
19            num3[i][j] = num1[i][j] + num2[i][j];
20      printf("列出相加結果 \n");
21      for ( i = 0; i < 3; i++ )
22         printf("%3d %3d %3d\n",num3[i][0],num3[i][1],num3[i][2]);
23      system("pause");
24      return 0;
25   }
```

執行結果

```
C:\Cbook\ch7\ch7_14.exe
請輸入第一個二維陣列
5 6 4
3 2 9
1 6 8
請輸入第二個二維陣列
2 8 5
9 7 2
3 4 9
列出相加結果
  7  14   9
 12   9  11
  4  10  17
請按任意鍵繼續 . . .
```

上述二維陣列加法，整個圖說觀念如下：

5	6	4
3	2	9
1	6	8

+

2	8	5
9	7	2
3	4	9

=

7	14	9
12	9	11
4	10	17

7-2-4　二維陣列的實例應用

程式實例 ch7_15.c：二維陣列宣告的目的有很多，特別是若是你在設計電玩程式時，若想設計大型字體或圖案，你可以利用設定二維陣列初值方式，設計此字體或是圖案。例如，假設我想設計一個圖案 " 洪 "，則我們可依下列方式設計。

```
1   /*   ch7_15.c                    */
2   #include <stdio.h>
3   #include <stdlib.h>
4   int main()
5   {
6       int num[][16] = {
7           { 1,1,0,0,0,0,0,1,1,0,0,0,1,1,0,0 },
8           { 0,1,1,0,0,0,0,1,1,0,0,0,1,1,0,0 },
9           { 0,0,1,1,0,1,1,1,1,1,1,1,1,1,1,1 },
10          { 0,0,0,0,0,0,0,1,1,0,0,0,1,1,0,0 },
11          { 1,1,1,1,0,0,0,1,1,0,0,0,1,1,0,0 },
12          { 0,0,0,0,0,1,1,1,1,1,1,1,1,1,1,1 },
13          { 0,0,1,1,0,0,0,0,1,1,0,0,1,1,0,0 },
14          { 0,1,1,0,0,0,0,1,1,0,0,0,0,1,1,0 },
15          { 1,1,0,0,0,0,1,1,0,0,0,0,0,0,1,1 }}
16      int i,j;
17
18      for ( i = 0; i < 9; i++ )
19      {
20          for ( j = 0; j < 16; j++ )
21              if ( num[i][j] == 1 )
22                  printf("*");
23              else
24                  printf(" ");
25          printf("\n");
26      }
27      system("pause");
28      return 0;
29  }
```

執行結果

```
C:\Cbook\ch7\ch7_15.exe
**      **    **
 **     **    **
  ** ***********
        **    **
****    **    **
      ***********
  **    **    **
 **     **    **
**      **      **
請按任意鍵繼續 . . .
```

7-2-5 二維陣列的應用解說

二維陣列或是多維陣列常用於處理電腦影像。有一個位元影像圖如下，下圖是 12 x12 點字的矩陣，所代表的是英文字母 H：

上述每一個方格稱像素，每個圖像的像素點是由 0 或 1 組成，如果像素點是 0 表示此像素是黑色，如果像素點是 1 表示此像素點是白色。在上述觀念下，我們可以用下列表示電腦儲存此英文字母的方式。

0	0	0	0	0	0	0	0	0	0	0
0	1	1	1	0	0	1	1	1	1	0
0	0	1	1	0	0	0	0	1	1	0	0
0	0	1	1	0	0	0	0	1	1	0	0
0	0	1	1	0	0	0	0	1	1	0	0
0	0	1	1	1	1	1	1	1	1	0	0
0	0	1	1	0	0	0	0	1	1	0	0
0	0	1	1	0	0	0	0	1	1	0	0
0	0	1	1	0	0	0	0	1	1	0	0
0	0	1	1	0	0	0	0	1	1	0	0
0	1	1	1	0	0	1	1	1	1	0
0	0	0	0	0	0	0	0	0	0	0

因為每一個像素是由 0 或 1 組成，所以稱上述為位元影像表示法，雖然很簡單，缺點是無法很精緻的表示整個影像。因此又有所謂的灰階色彩的觀念，可以參考下圖。

上述圖雖然也稱黑白影像，但是在黑與白色之間多了許多灰階色彩，因此整個影像相較於位元影像細膩許多。在電腦科學中灰階影像有 256 個等級，使用 0 – 255 代表灰階色彩的等級，其中 0 代表純黑色，255 代表純白色。這 256 個灰階等級剛好可以使用 8 個位元 (Bit) 表示，相當於是一個位元組 (Byte)，下列是 10 進制數值與灰階色彩表。

10進位值	灰階色彩實例
0	
32	
64	
96	
128	
160	
192	
224	
255	

若是使用上述灰階色彩，可以使用一個二維陣列代表一個影像，我們將這類色彩稱 GRAY 色彩空間。

7-3　更高維的陣列

7-3-1　基礎觀念

C 語言也允許有更高維的陣列存在，不過每多一維表達方式會變得更加複雜，程式設計時如果想要遍歷陣列就需要多一層迴圈，下列是 2x2x3 的三維陣列示意圖。

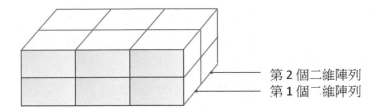

第 2 個二維陣列
第 1 個二維陣列

下列是三維陣列各維度位置參照圖。

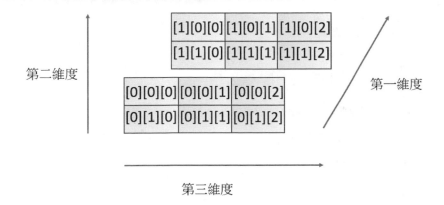

第二維度

| [1][0][0] | [1][0][1] | [1][0][2] |
| [1][1][0] | [1][1][1] | [1][1][2] |

第一維度

| [0][0][0] | [0][0][1] | [0][0][2] |
| [0][1][0] | [0][1][1] | [0][1][2] |

第三維度

下列是索引相對三維陣列的維度參考圖。

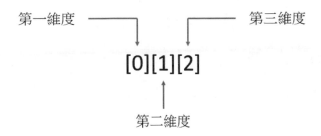

第一維度   第三維度

[0][1][2]

第二維度

程式實例 ch7_16.c：有一個 3 維陣列，找出此陣列的最大元素。

```
1   /*    ch7_16.c                 */
2   #include <stdio.h>
3   #include <stdlib.h>
4   int main()
5   {
6       int i, j, k;
7       int mymax = 0;
8       int sc[2][2][3] = {{{1,2,3},
9                           {4,5,6}},
10                          {{7,8,9},
```

```
11                          {10,11,12}},
12                        };
13     for ( i = 0; i < 2; i++ )
14         for ( j = 0; j < 2; j++)
15             for (k = 0; k < 3; k++)
16                 if (mymax < sc[i][j][k])
17                     mymax = sc[i][j][k];
18     printf("最大值是 %d\n",mymax);
19     system("pause");
20     return 0;
21 }
```

執行結果

```
■ C:\Cbook\ch7\ch7_16.exe

最大值是 12
請按任意鍵繼續 . . .
```

註　在設計三維陣列的遍歷時，維度相對迴圈控制如下：

1：　第一維度，由最外圍的迴圈控制。

2：　第二維度，由中間迴圈控制。

3：　第三維度，由最內層迴圈控制。

程式實例 ch7_17.c：參考 7-2-2 節，省略最左索引宣告，重新設計 ch7_16.c。

```
8      int sc[][2][3] = {{{1,2,3},
9                        {4,5,6}},
10                       {{7,8,9},
11                        {10,11,12}},
12                       };
```

執行結果　與 ch7_16.c 相同。

7-3-2　三維或更高維陣列的應用解說

如果是黑白影像，可以使用一個二維陣列代表，可以參考 7-2-5 節。彩色是由 R(Red)、G(Green)、B(blue) 三種色彩所組成，每一個色彩是用一個二維陣列表示，相當於可以用 3 個二維陣列代表一張彩色圖片。

更多細節讀者可以參考筆者所著的 **OpenCV 影像創意邁向 AI 視覺**。

7-4 排序

　　歷史上最早擁有排序概念的機器是由美國赫爾曼‧何樂禮 (Herman Hollerith) 在 1901-1904 年發明的基數排序法分類機，此機器還有打卡、製表功能，這台機器協助美國在兩年內完成了人口普查，赫爾曼‧何樂禮在 1896 年創立了電腦製表紀錄公司 (CTR，Computing Tabulating Recording)，此公司也是 IBM 公司的前身，1924 年 CTR 公司改名 IBM 公司 (International Business Machines Corporation)。

7-4-1 排序的觀念與應用

　　在電腦科學中所謂的**排序** (sort) 是指可以將一串資料依特定方式排列的演算法。基本上，排序演算法有下列原則：

1： 輸出結果是原始資料位置重組的結果，

2： 輸出結果是遞增的序列。

註　如果不特別註明，所謂的排序是指將資料從小排到大的遞增排列。如果將資料從大排到小也算是排序，不過我們必須註明這是從大到小的排列通常又將此排序稱**反向排序** (reversed sort)。

　　下列是數字排序的圖例說明。

6 1 5 7 3 9 4 2 8

↓ 排序

1 2 3 4 5 6 7 8 9

　　排序另一個重大應用是可以方便未來的搜尋，例如：臉書用戶約有 20 億，當我們登入臉書時，如果臉書帳號沒有排序，假設電腦每秒可以比對 100 個帳號，如果使用一般線性搜尋帳號需要 20000000 秒 (約 231 天) 才可以判斷所輸入的是否正確的臉書帳號。如果帳號資訊已經排序完成，使用二分法 (時間計算是 log n) 所需時間只要約 0.3 秒即可以判斷是否正確臉書帳號。

註 所謂的二分搜尋法 (Binary Search)，首先要將資料排序 (sort)，然後將搜尋值 (key) 與中間值開始比較，如果搜尋值大於中間值，則下一次往右邊 (較大值邊) 搜尋，否則往左邊 (較小值邊) 搜尋。上述動作持續進行直到找到搜尋值或是所有資料搜尋結束才停止。有一系列數字如下，假設搜尋數字是 3：

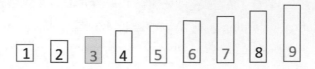

第 1 步是將數列分成一半，中間值是 5，由於 3 小於 5，所以往左邊搜尋。

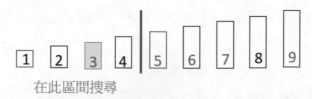

第 2 步，目前數值 1 是索引 0，數值 4 是索引 3，"(0 + 3) // 2"，所以中間值是索引 1 的數值 2，由於 3 大於 2，所以往右邊搜尋。

第 3 步，目前數值 3 是索引 2，數值 4 是索引 3，"(2 + 3) // 2"，所以中間值是索引 2 的數值 3，由於 3 等於 3，所以找到了。

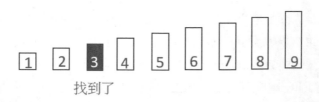

上述每次搜尋可以讓搜尋範圍減半，當搜尋 log n 次時，搜尋範圍就剩下一個數據，此時可以判斷所搜尋的數據是否存在，所以搜尋的時間複雜度是 O(log n)。

程式實例 ch7_18.c：假設臉書電腦每秒可以比對 100 個帳號，計算臉書辨識 20 億用戶登入帳號所需時間。

```
1   /*   ch7_18.c              */
2   #include <math.h>
3   #include <stdio.h>
4   #include <stdlib.h>
5   int main()
6   {
7       double x = 2000000000.0;
8       float sec;
9       sec = log2(x) / 100;
10      printf("臉書辨識20億用戶所需時間 --> %6.5f 秒\n", sec);
11      system("pause");
12      return 0;
13  }
```

執行結果

```
■ C:\Cbook\ch7\ch7_18.exe
臉書辨識20億用戶所需時間 --> 0.30897 秒
請按任意鍵繼續 . . .
```

7-4-2　排序實作

上一小節筆者介紹了排序的重要性，這一小節將講解排序的程式設計。

程式實例 ch7_19.c：泡沫排序 (Bubble Sort) 的程式設計，這個程式會將陣列 num 的元素，由小到大排序。

```
1   /*   ch7_19.c              */
2   #include <stdio.h>
3   #include <stdlib.h>
4   int main()
5   {
6       int  i,j,tmp;
7       int  num[] = {3, 6, 7, 5, 9};   /* 欲排序數字 */
8
9       for ( i = 1; i < 5; i++ )
10      {
11        for ( j = 0; j < 4; j++ )
12          if ( num[j] > num[j+1] )
13          {
14              tmp = num[j];
15              num[j] = num[j+1];
16              num[j+1] = tmp;
17          }
18        printf("loop %d ",i);
19        for ( j = 0; j < 5; j++ )
20          printf("%4d",num[j]);
21        printf("\n");
22      }
23      system("pause");
24      return 0;
25  }
```

執行結果

```
C:\Cbook\ch7\ch7_19.exe
loop 1    3    6    5    7    9
loop 2    3    5    6    7    9
loop 3    3    5    6    7    9
loop 4    3    5    6    7    9
請按任意鍵繼續 . . .
```

　　上述程式的 num 陣列有 5 筆資料,若是想將第一筆調至最後,或是將最後一筆調至最前面必須調 4 次,所以程式第 9 列至 22 列的外部迴圈必須執行 4 次。排序方法的精神是將兩相鄰的數字做比較,所以 5 筆資料也必須比較 4 次,因此內部迴圈第 11 列至 17 列必須執行 4 次,觀念如下:

1 次　　2 次　　3 次　　4 次

　　這個程式設計的基本觀念是將陣列相鄰元素作比較,由於是要從小排到大,所以只要發生左邊元素值比右邊元素值大,就將相鄰元素內容對調,由於是 5 筆資料所以每次迴圈比較 4 次即可。上述所列出的執行結果是每個外層迴圈的執行結果,下列是第一個外層迴圈每個內層迴圈的執行過程與結果。

```
3 6 7 5 9  ←── 原始數據
3 6 7 5 9      第 1 次內層比較
3 6 7 5 9      第 2 次內層比較
3 6 5 7 9      第 3 次內層比較
3 6 5 7 9      第 4 次內層比較
```

　　下列是第二個外層迴圈每個內層迴圈的執行過程與結果。

```
3 6 5 7 9  ←── 第二次外層迴圈數據
3 6 5 7 9      第 1 次內層比較
3 5 6 7 9      第 2 次內層比較
3 5 6 7 9      第 3 次內層比較
3 5 6 7 9      第 4 次內層比較
```

下列是第三個外層迴圈每個內層迴圈的執行過程與結果。

3 5 6 7 9 ⟵ 第三次外層迴圈數據

3 5 6 7 9 　第 1 次內層比較

3 5 6 7 9 　第 2 次內層比較

3 5 6 7 9 　第 3 次內層比較

3 5 6 7 9 　第 4 次內層比較

下列是第四個外層迴圈每個內層迴圈的執行過程與結果。

3 5 6 7 9 ⟵ 第四次外層迴圈數據

3 5 6 7 9 　第 1 次內層比較

3 5 6 7 9 　第 2 次內層比較

3 5 6 7 9 　第 3 次內層比較

3 5 6 7 9 　第 4 次內層比較

由上可知真的達到兩陣列內容對調的目的了，同時小索引有比較小的內容。

上述排序法有一個缺點，很明顯程式只排兩個外層迴圈就完成排序工作，但是上述程式仍然執行 4 次迴圈。我們可以使用一個旗號變數 (flag) 解決上述問題，詳情請看下一個程式。

程式實例 ch7_20.c：改良式泡沫排序法，注意：本程式宣告陣列時，程式第 7 列，並不註明陣列長度。本程式的設計原則是，如果在排序過程中，沒有執行資料對調工作 (程式 16 列至 19 列)，則表示已經排序排好了，因此程式的 flag 值將保持 1，程式 21 列偵測 flag 值，如果 flag 值為 1，表示排序完成，所以離開排序迴圈。

```
1    /*   ch7_20.c              */
2    #include <stdio.h>
3    #include <stdlib.h>
4    int main()
5    {
6        int  i,j,tmp;
7        int  num[] = {3, 6, 7, 5, 9};   /* 欲排序數字 */
8        int  flag;
9
10       for ( i = 1; i < 5; i++ )
11       {
```

```
12        flag = 1;
13        for ( j = 0; j < 4; j++ )
14          if ( num[j] > num[j+1] )
15          {
16             tmp = num[j];
17             num[j] = num[j+1];
18             num[j+1] = tmp;
19             flag = 0;
20          }
21        if ( flag )
22          break;
23        printf("loop %d ",i);
24        for ( j = 0; j < 5; j++ )
25          printf("%4d",num[j]);
26        printf("\n");
27     }
28     system("pause");
29     return 0;
30 }
```

執行結果

```
 C:\Cbook\ch7\ch7_20.exe
loop 1    3    6    5    7    9
loop 2    3    5    6    7    9
請按任意鍵繼續 . . .
```

　　上述程式最關鍵的地方在於如果內部迴圈第 13 列至 20 列沒有執行任何陣列相鄰元素互相對調，代表排序已經完成，此時 flag 值將保持 1，因此第 21 列的 if 敘述會促使離開第 10 列至 27 列間的迴圈。否則只要有發生相鄰值對調，第 20 列 flag 值就被設為 0，此時只要外部迴圈執行次數不超過 4 次，就必須繼續執行。

7-5 專題實作 – Fibonacci 數列 / 魔術方塊

7-5-1　Fibonacci 數列

　　Fibonacci 數列的起源最早可以追朔到 1150 年印度數學家 Gopala，在西方最早研究這個數列的是義大利科學家費波納茲李奧納多 (Leonardo Fibonacci)，他描述兔子生長的數目時使用這個數列，描述內容如下：

1：　最初有一對剛出生的小兔子。

2：　小兔子一個月後可以成為成兔。

3：　一對成兔每個月後可以生育一對小兔子。

4：　兔子永不死去。

下列上述兔子繁殖的圖例說明。

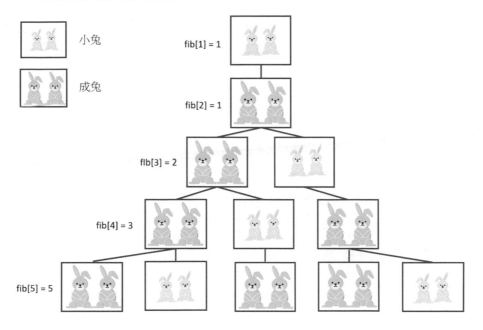

後來人們將此兔子繁殖數列稱費式數列，費式數列數字的規則如下：

1：　此數列的第一個值是 0，第二個值是 1，如下所示：

　　fib[0] = 0
　　fib[1] = 1

2：　其它值則是前二個數列值的總和

　　fib[n] = fib[n-1] + fib[n-2]，for n> = 2

最後費式數列值應該是 0, 1, 1, 2, 3, 5, 8, 13, 21, 34, …

程式實例 ch7_21.c：使用迴圈產生前 10 個費式數列 Fibonacci 數字。

```
1   /*   ch7_21.c                  */
2   #include <stdio.h>
3   #include <stdlib.h>
4   int main()
5   {
6       int fib[10],i;
7
8       fib[0] = 0;
9       fib[1] = 1;
10      for ( i = 2; i <= 9; i++ )
```

```
11        fib[i] = fib[i-1] + fib[i-2];
12    printf("fibonacci 數列數字如下 \n");
13    for ( i = 0; i <= 9; i++ )
14      printf("%3d",fib[i]);
15    printf("\n");
16    system("pause");
17    return 0;
18  }
```

執行結果

```
■ C:\Cbook\ch7\ch7_21.exe
fibonacci 數列數字如下
    0  1  1  2  3  5  8 13 21 34
請按任意鍵繼續 . . .
```

由於要獲得 10 個 fibonacci 數字，相當於 fib[0] - fib[9]，所以程式第 10 列設計 i <= 9，相當於 i > 9 時此迴圈將結束。

7-5-2　二維陣列乘法

程式實例 ch7_22.c：二維陣列乘法運算。

```
1   /*    ch7_22.c                  */
2   #include <stdio.h>
3   #include <stdlib.h>
4   int main()
5   {
6       int i, j;
7       int tmp;
8       int num1[][3] = {{2, 5, 6},
9                        {8, 5, 4},
10                       {3, 8, 6}};
11      int num2[][3] = {{56,8, 9},
12                       {76,55,2},
13                       {6, 2, 4}};
14      int num3[3][3];
15      for ( i = 0; i < 3; i++ )        /* 執行相乘 */
16        for ( j = 0; j < 3; j++ )
17        {
18            tmp = 0;
19            tmp += num1[i][0] * num2[0][j];
20            tmp += num1[i][1] * num2[1][j];
21            tmp += num1[i][2] * num2[2][j];
22            num3[i][j] = tmp;
23        }
24      printf("列出相乘結果 \n");
25      for ( i = 0; i < 3; i++ )
26        printf("%3d %3d %3d\n",num3[i][0],num3[i][1],num3[i][2]);
27      system("pause");
28      return 0;
29  }
```

執行結果

```
C:\Cbook\ch7\ch7_22.exe
列出相乘結果
528 303  52
852 347  98
812 476  67
請按任意鍵繼續 . . .
```

7-5-3　4 x 4 魔術方塊

程式實例 ch7_23.c：4×4 魔術方塊 (Magic blocks) 的應用，所謂的魔術方塊就是讓各行的值總和，等於各列的值總和，以及等於兩對角線的總和。一般我們將求 4×4 的魔術方塊分成下列步驟：

1：　設定魔術方塊的值，假設起始值是 1，則原來方塊內含值的分佈應如下所示：

1	2	3	4
5	6	7	8
9	10	11	12
13	14	15	16

　　當然各個相鄰元素間的差值，並不一定是 1，而起始值也不一定是 1。例如， 我們可以設定起始值是 4，各個相鄰元素的差值是 2，則原來方塊內含值分佈如下：

4	6	8	10
12	14	16	18
20	22	24	26
28	30	32	34

2：　求最大和最小值的總和，這個例子的總和是 34 + 4=38。

3：　以 38 減去所有對角線的值，然後將減去的結果放在原來位置，如此就可獲得魔術方塊。

34	6	8	28
12	24	22	18
20	16	14	26
10	30	32	4

```
1   /*   ch7_23.c                    */
2   #include <stdio.h>
3   #include <stdlib.h>
4   int main()
5   {
6       int magic[4][4] = {{4, 6, 8, 10},
7                          {12,14,16,18},
8                          {20,22,24,26},
9                          {28,30,32,34}};
10      int sum;              /* 最小值與最大值之和      */
11      int i,j;
12
13      sum = magic[0][0] + magic[3][3];
14      for ( i = 0, j = 0; i < 4; i++, j++ )
15          magic[i][j] = sum - magic[i][j];
16      for ( i = 0, j = 3; i < 4; i++, j-- )
17          magic[i][j] = sum - magic[i][j];
18      printf("最後的魔術方塊如下 : \n");
19      for ( i = 0; i < 4; i++ )
20      {
21          for ( j = 0; j < 4; j++ )
22              printf("%5d",magic[i][j]);
23          printf("\n");
24      }
25      system("pause");
26      return 0;
27  }
```

執行結果　　　　C:\Cbook\ch7\ch7_23.exe

```
最後的魔術方塊如下 :
    34     6     8    28
    12    24    22    18
    20    16    14    26
    10    30    32     4
請按任意鍵繼續 . . .
```

7-5-4　奇數矩陣魔術方塊

程式實例 ch7_24.c：奇數矩陣魔術方塊的應用，它的產生步驟如下所示：

1：　在第一列的中間位置，設定值為 1。然後，將下一個值放在它的東北方。

	1	

2: 因為上述超過列的界限，所以我們將這個值，改放在該行最大列的位置，如下所示：

	1	
		2

3: 然後將下一個值放在它的東北方，因為上述超過行的界限，所以我們將這個值，改放在該列最小行的位置，如下所示：

	1	
3		
		2

4: 然後將下一個值放在它的東北方，若是東北方已經有值，則將這個值，改放在原先值的下方。

	1	
3		
4		2

5: 若是東北方是空值，則存入這個值，緊接著我們可以存入值 6

	1	6
3	5	
4		2

6: 若是東北方即超過行的界限也超過列的界限，則將值放在原先值的下方。

	1	6
3	5	7
4		2

```
1   /*    ch7_24.c              */
2   #include <stdio.h>
3   #include <stdlib.h>
4   int main()
5   {
6       int magic[3][3];
7       int n;                    /* n * n 矩陣 */
8       int i,j,k;
9
10      n = 3;
11      for ( i = 0; i < n; i++ )
```

```
12        for ( j = 0; j < n; j++ )
13            magic[i][j] = 0;              /*先令矩陣內容為 0*/
14    i = 1;
15    j = ( n / 2 ) - 1;
16    for ( k = 1; k <= n*n; k++ )
17    {
18        i--;
19        j++;                              /* 規則 1 */
20        if ( ( i == -1 ) && ( j == n ) )    /* 規則 6 */
21        {
22            i = 1;
23            j = n - 1;
24        }
25        else
26        {
27            if ( i == -1 )              /* 規則 2 */
28                i = n - 1;
29            else
30                if ( j == n )          /* 規則 3 */
31                    j = 0;
32        }
33        if ( magic[i][j] != 0 )        /* 規則 4 */
34        {
35            i += 2;
36            j--;
37        }
38        magic[i][j] = k;
39    }
40    printf("%d * %d 魔術方塊 \n",n,n);
41    for ( i = 0; i < n; i++ )
42    {
43        for ( j = 0; j < n; j++ )
44            printf("%5d", magic[i][j]);
45        printf("\n");
46    }
47    system("pause");
48    return 0;
49 }
```

執行結果

```
■ C:\Cbook\ch7\ch7_24.exe
3 * 3 魔術方塊
    8    1    6
    3    5    7
    4    9    2
請按任意鍵繼續 . . .
```

7-5-5　基礎統計

假設有一組數據，此數據有 n 筆資料，我們可以使用下列公式計算它的**平均值** (Mean)、**變異數** (Variance)、**標準差** (Standard Deviation，縮寫 SD，數學符號稱 sigma)。

❏ **平均值**

指的是系列數值的平均值，其公式如下：

$$\bar{x} = \frac{1}{n} \sum_{i=1}^{n} x_i = \frac{x_1 + x_2 + \cdots + x_n}{n}$$

❏ **變異數**

變異數的英文是 variance，從學術角度解說變異數主要是描述系列數據的離散程度，用白話角度變異數是指所有數據與平均值的偏差距離，其公式如下：

$$variance = \frac{1}{n} \sum_{i=1}^{n} (x_i - \bar{x})^2$$

❏ **標準差**

標準差的英文是 Standard Deviation，縮寫是 SD，當計算變異數後，將變異數的結果開根號，可以獲得平均距離，所獲得的平均距離就是標準差，其公式如下：

$$standard\ deviation = \sqrt{\frac{1}{n} \sum_{i=1}^{n} (x_i - \bar{x})^2}$$

由於統計數據將不會更改，所以可以用陣列儲存處理。

程式實例 ch7_25：計算 5,6,8,9 的平均值、變異數和標準差。

```
1   /*   ch7_25.c              */
2   #include <stdio.h>
3   #include <stdlib.h>
4   int main()
5   {
6       int data[] = {5, 6, 8, 9};
7       int i;
8       int n = 4;
9       float means, var, dev;
10
11
12      for ( i = 0; i < n; i++ )        /* 計算平均值 */
13          means += ((float) data[i] / n);
14      var = 0.0;
15      for ( i = 0; i < n; i++)         /* 計算變異數和標準差 */
16          {
```

```
17              var += pow(data[i] - means, 2);
18              dev += pow(data[i] - means, 2);
19          }
20          printf("平均值 = %4.2f\n", means);
21          var = var / n;
22          printf("變異數 = %4.2f\n", var);
23          dev = pow(dev / 4, 0.5);
24          printf("標準差 = %4.2f\n", dev);
25          system("pause");
26          return 0;
27      }
```

執行結果

```
■ C:\Cbook\ch7\ch7_25.exe
平均值 = 7.00
變異數 = 2.50
標準差 = 1.58
請按任意鍵繼續 . . . ■
```

7-6 習題

一：是非題

(　　) 1：　存取陣列資料值時，是以陣列的索引值 (index) 指示所要存取的資料。(7-1 節)

(　　) 2：　在 C 語言中，陣列的第 1 個元素，其索引值是 1。(7-1 節)

(　　) 3：　在陣列宣告時也可以直接設定陣列的初值。(7-1 節)

(　　) 4：　C 語言在編譯程式時會做陣列邊界檢查。(7-1 節)

(　　) 5：　二維陣列第一個索引是行 (column)。(7-2 節)

(　　) 6：　二維陣列第二個索引是行 (column)。(7-2 節)

(　　) 7：　下列是正確的二維陣列索引宣告。(7-2 節)

        int sc[ ][2] = {{1, 2}, {3, 4}};

(　　) 8：　C 語言無法處理三維以上陣列。(7-3 節)

(　　) 9：　所謂的排序是指從大排到小。(7-4 節)

(　　) 10：費式 (Fibonacci) 數列數字的規則第一個值是 0，第二個值是 1。(7-5 節)

二：選擇題

(　) 1： 假設陣列名稱是 sc，陣列長度是 5，當列印 sc[5] 時，所獲得的值稱 (A) 正常陣列值 (B) 正常索引值 (C) 記憶體殘值 (D) 會有編譯錯誤產生。(7-1 節)

(　) 2： 有一個宣告如下，可以知道 A[2] 等於多少。(7-1 節)

　　　　int A[5] = {0, 1, 2, 3, 4};

　　　　(A) 1 (B) 2 (C) 3 (D) 4

(　) 3： 有一個宣告如下，可以知道 A[0][1] 等於多少。(7-2 節)

　　　　int A[ ][3] = {{5,6,7},{8,9,10}}

　　　　(A) 5 (B) 6 (C) 7 (D) 8

(　) 4： 鐵達尼號郵輪遊客所住的床艙有 10 層樓高，每一層有 50 個房間，每個房間有 4 個床位，想要索引每個床位需使用幾維陣列。(A) 一維 (B) 二維 (C) 三維 (D) 四維。(7-3 節)

(　) 5： 假設有一個雜亂排放的陣列有 10 個元素，若想將最大值放在陣列最後一個位置，最多要比較幾次 (A) 9 (B) 8 (C) 7 (D)10。(7-4 節)

三：填充題

1： 有一個陣列如下：(7-1 節)

　　　int n[ ] = {5, 6, 7, 8, 9};

　　　可以得到 n[1] = _____，n[3] = _____。

2： 有一個陣列宣告如下，由此可知陣列長度是 _____。(7-1 節)

　　　int n[ ] = {5, 6, 7};

3： 二維陣列第一個索引是 _____ 索引。(7-2 節)

4： 二維陣列第二個索引是 _____ 索引。(7-2 節)

5： 有一個索引如下：(7-3 節)

　　　n[5][4][3]

　　　上述第三維度的索引是 _____。

6: 所謂的排序是指從 _____ 排到 _____。(7-4 節)

7: 費式數列第 2 個值是 _____，第 3 個值是 _____。(7-5 節)

四：實作題

1: 使用設定一維陣列初值方式重新設計 ch7_1.c。(7-1 節)

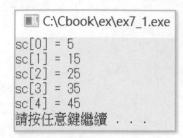

2: 擴充 ch7_8.c，增加列印學生人數。(7-1 節)

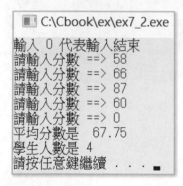

3: 程式實例 ch7_8.c 的缺點是，迴圈指標不是迴圈人數，迴圈人數是 (i-1)，請更改為 while 迴圈設計，讓迴圈指標是學生人數。**註：**這個程式更重要的是看讀者所設計的程式邏輯。(7-1 節)

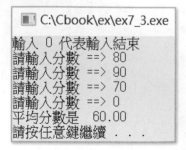

4 : 將程式 ch7_10.c 擴充增加列出最大值索引。(7-1 節)

```
C:\Cbook\ex\ex7_4.exe
最大值      = 88
最大值索引  = 2
請按任意鍵繼續 . . .
```

5 : 將程式 ch7_10.c 改為找出最小值和最小值索引。(7-1 節)

```
C:\Cbook\ex\ex7_5.exe
最小值      = 32
最小值索引  = 1
請按任意鍵繼續 . . .
```

6 : 一週平均溫度如下：(7-1 節)

星期日	星期一	星期二	星期三	星期四	星期五	星期六
25	26	28	23	24	29	27

請設計程式，列出星期幾是最高溫，同時列出溫度。

```
C:\Cbook\ex\ex7_6.exe
最高溫度是在星期五，溫度是 29 度
請按任意鍵繼續 . . .
```

7 : 深智公司各季業績表如下：(7-1 節)

產品	第 1 季	第 2 季	第 3 季	第 4 季
書籍	200	180	310	210
國際證照	80	120	60	150

請輸入上述業績，然後分別列出書籍總業績、國際證照總業績和全部業績。

```
C:\Cbook\ex\ex7_7.exe
書籍總業績      = 900
國際證照總業績  = 410
全部業績        = 1310
請按任意鍵繼續 . . .
```

8：　輸出鑽石外形。(7-2 節)

```
 C:\Cbook\ex\ex7_8.exe
   *
  * *
 *   *
  * *
   *
請按任意鍵繼續 . . .
```

9：　使用二維陣列觀念設計 ex7_7.c。(7-2 節)

```
 C:\Cbook\ex\ex7_9.exe
書籍總業績     = 900
國際證照總業績 = 410
全部業績       = 1310
請按任意鍵繼續 . . .
```

10：　氣象局紀錄了台北過去一週的最高溫和最低溫度。(7-2 節)

溫度	星期日	星期一	星期二	星期三	星期四	星期五	星期六
最高溫	30	28	29	31	33	35	32
最低溫	20	21	19	22	23	24	20
平均溫							

請使用二維陣列紀錄上述溫度，最後將平均溫度填入上述二維陣列，同時輸出過去一週的最高溫和最低溫。

```
 C:\Cbook\ex\ex7_10.exe
最高溫 = 35.0
最低溫 = 19.0
平均溫 = 25.0    24.5    24.0    26.5    28.0    29.5    26.0
請按任意鍵繼續 . . .
```

11: 兩張影像相加，可以創造一張影像含有兩張影像的特質，假設有兩張影像如下：
(7-3 節)

執行上述影像相加，可以得到下列結果。

請建立兩張三維陣列的影像，下列是影像 1：

30	50	77
60	120	43
90	90	20

R

98	74	45
66	31	190
32	200	150

G

81	66	81
222	80	100
74	180	77

B

下列是影像 2：

80	77	90
120	32	100
190	86	120

R

60	10	100
70	50	77
80	40	32

G

60	100	80
70	120	90
80	200	100

B

請將上述影像相加，如果某元素相加結果大於 255，則取 255，可以得到下列結果。

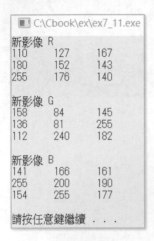

12： 在影像處理過程，0 是黑色，255 是白色，相當於將彩色影像的像素值變高會讓影像色彩變淡，有一個影像如下，請將每個像素值加 50，如果大於 255，則取 255。(7-3 節)

下列是三維影像陣列：

30	50	77
60	120	43
90	90	20

R

98	74	45
66	31	190
32	200	150

G

81	66	81
222	80	100
74	180	77

B

下列是執行結果。

```
■ C:\Cbook\ex\ex7_12.exe
新影像  R
80        100        127
110       170        93
140       140        70

新影像  G
148       124        95
116       81         240
82        250        200

新影像  B
131       116        131
255       130        150
124       230        127

請按任意鍵繼續 . . .
```

13： 將 ch7_20.c 泡沫排序法改為從大到小排序。(7-4 節)

```
■ C:\Cbook\ex\ex7_13.exe

loop 1    6    7    5    9    3
loop 2    7    6    9    5    3
loop 3    7    9    6    5    3
loop 4    9    7    6    5    3
請按任意鍵繼續 . . .
```

14： 重新設計 ch7_23.c，4x4 魔術方塊的起始值與差值從螢幕輸入。(7-5 節)

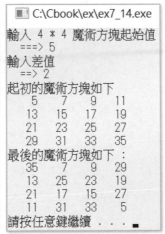

15：重新設計 ch7_24.c，奇數魔術方塊邊的元素數量從螢幕輸入。(7-5 節)

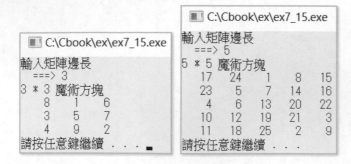

16：建立 0-10 之間的 Pascal 三角形，所謂的 Pascal 三角形是第 2 層以後，每個數字是正左上方和正右上方的和。(7-5 節)

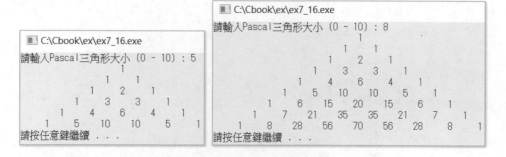

第 8 章

字串徹底剖析

字元串列簡稱字串，在 C 語言中佔有相當份量，因此本書決定將所有，有關字串的相關知識，集中說明。

8-1 由字元所組成的一維陣列

第 7 章筆者已經敘述一維陣列的使用方式，基本上陣列是一種結構化的資料型態，主要是將相同型態的變數集合起來，以一個名稱來代表。存取陣列資料值時，則以陣列的索引值 (index) 指示所要的存取的資料。

字元陣列的使用、宣告方式和整數陣列及浮點數陣列語法是完全一樣的，如下所示：

資料型態 變數名稱 [長度];

上述資料型態需改為 char，可以參考下列實例。

實例 1：宣告字元陣列 "name"。

char name[5] = {'H', 'u', 'n', 'g'};

或是

char name[ ] = {'H', 'u', 'n', 'g'};　　　　　/* 程式設計師比較常用的方式 */

程式實例 ch8_1.c：簡易字元陣列的輸出。

```
1   /*      ch8_1.c                    */
2   #include <stdio.h>
3   #include <stdlib.h>
4   int main()
5   {
6       char name[] = {'H','u','n','g'};
7       int  i;
8
9       for ( i = 0; i < 4; i++ )
10          printf("%c", name[i]);
11      printf("\n");
12      system("pause");
13      return 0;
14  }
```

執行結果

```
C:\Cbook\ch8\ch8_1.exe
Hung
請按任意鍵繼續 . . .
```

上述實例第 6 列在宣告字元陣列時，也可以增加字元陣列大小，如下所示：

char name[4] = {'H','u','n','g'};

8-2 比較字元陣列和字串

本書在 2-3-5 節和 3-4-1 節有說明簡單的字串觀念，如果現在將程式實例 ch8_1.c 的字串 hung，使用 C 語言宣告，則語法如下：

char name[ ] = "Hung";

上述字串 name 的記憶體圖形如下方左圖，如果將 ch8_1.c 實例宣告的字串繪製記憶體圖形可以得到下方右圖。

字串　　　　　　　　字元陣列

也就是我們在宣告字串時，雖然沒有加上 '\0' 字元，但是編譯程式會自動為字串加上 '\0' 字元。字元陣列則不用在結尾加上 '\0' 字元。

讀者可能會好奇，字元陣列可不可以使用字串格式 % 輸出，因為字元陣列本身沒有結尾字元 '\0'，所以編譯程式處理輸出時需要自行抓取結尾字元 '\0'，如果記憶體字串末端的記憶體內容是 '\0' 則可以順利處理輸出，如果字串末端的記憶體內容不是 '\0' 則輸出時可能會有記憶體殘留字元，造成輸出錯誤。

程式實例 ch8_2.c：程式實例 ch8_1.c 筆者使用將字元陣列的字元一個一個輸出，這個程式則是將字元陣列使用格式符號 %s，將字元陣列用字串格式輸出，讀者可以觀察執行結果。

```
1   /*    ch8_2.c                */
2   #include <stdio.h>
3   #include <stdlib.h>
4   int main()
5   {
6       char str1[] = {'D','e','e','p'};
7       char str2[] = {'D','e','e','p','M','i','n','d'};
8
9       printf("%s\n", str1);
10      printf("%s\n", str2);
```

```
11      system("pause");
12      return 0;
13 }
```

執行結果

```
C:\Cbook\ch8\ch8_2.exe
Deep
DeepMind
請按任意鍵繼續 . . .
```

結果 str1 字元陣列可以正常輸出，str2 字元陣列輸出時多了記憶體的殘留字元，產生不可預期的結果。為了解決這類問題，所以許多 C 語言的程式設計師也會在字元陣列末端增加 '\0' 字元，這樣就可以避免記憶體殘留字元的問題。

程式實例 ch8_2_1.c：在字串末端增加 '\0'，重新設計 ch8_2.c，觀察執行結果。

```
1  /*     ch8_2_1.c                    */
2  #include <stdio.h>
3  #include <stdlib.h>
4  int main()
5  {
6      char str1[] = {'D','e','e','p','\0'};
7      char str2[] = {'D','e','e','p','M','i','n','d','\0'};
8
9      printf("%s\n", str1);
10     printf("%s\n", str2);
11     system("pause");
12     return 0;
13 }
```

執行結果

```
C:\Cbook\ch8\ch8_2_1.exe
Deep
DeepMind
請按任意鍵繼續 . . .
```

從上述可以了解，C 編譯程式處理字串與字元陣列的基本觀念了，也就是字元陣列末端沒有 '\0' 字元，字串末端有 '\0' 字元。

字串也可以採用字元方式輸出，可參考下列實例。

程式實例 ch8_3.c：將字串以 for 迴圈方式逐字元輸出。

```
1  /*     ch8_3.c                     */
2  #include <stdio.h>
3  #include <stdlib.h>
4  int main()
5  {
6      char name[] = "Hung";    /* 字串宣告 */
7      int  i;
8
```

```
9       for ( i = 0; i < 4; i++ )
10          printf("%c", name[i]);
11      printf("\n");
12      system("pause");
13      return 0;
14  }
```

執行結果　與 ch8_1.c 相同。

　　上述第 6 列宣告字串同時指定字串內容時，可以不用設定字串長度，系統會自動配置足夠的記憶體空間儲存字串內容 "Hung"。

　　由於字串有末端字元是 '\0' 的特色，所以當字串長度是未知時，也可以使用 '\0' 偵測是否是字串結尾，然後逐字元方式輸出字串。

程式實例 ch8_4.c：使用 while 迴圈偵測 '\0' 字元然後輸出字串，讀者可以將此和 ch8_3.c 做比較。

```
1   /*    ch8_4.c                  */
2   #include <stdio.h>
3   #include <stdlib.h>
4   int main()
5   {
6       char name[] = "Hung";   /* 字串宣告 */
7       int  i = 0;
8
9       while (name[i] != '\0')
10          printf("%c", name[i++]);
11      printf("\n");
12      system("pause");
13      return 0;
14  }
```

執行結果　與 ch8_1.c 相同。

程式實例 ch8_4_1.c：驗證字串比字元陣列多了一個 '\0' 字元。

```
1   /*    ch8_4_1.c               */
2   #include <stdio.h>
3   #include <stdlib.h>
4   int main()
5   {
6       char name1[] = "Hung";
7       char name2[] = {'H','u','n','g'};
8       printf("輸出字串      : %s\n", name1);
9       printf("輸出字元陣列 : %s\n", name2);
10      printf("字   串  佔 %d 個位元組\n", sizeof(name1));
11      printf("字元陣列佔 %d 個位元組\n", sizeof(name2));
12      system("pause");
13      return 0;
14  }
```

執行結果

```
C:\Cbook\ch8\ch8_4_1.exe
輸出字串　　　： Hung
輸出字元陣列　： Hung
字　串　佔 5 個位元組
字元陣列佔 4 個位元組
請按任意鍵繼續 . . .
```

　　從上述我們可以得到字串和字元陣列輸出結果相同，但是字串多了一個位元組，這個多的就是 C 編譯程式自動加的 '\0'。如果讀者現在檢視程式實例 ch8_3.c，可以知道這不是一個好的程式設計，在第 9 列筆者在 for 迴圈內設定如下：

　　　i < 4

　　這是因為筆者已經知道字串內容，所以比較好的設計是使用 sizeof( ) 函數計算字串長度，然後取代上述的 4，因為字串長度會計算結尾字元，所以獲得的字串長度還必須減 1。

程式實例 ch8_4_2.c：改良 ch8_3.c 的程式設計，因為字元長度是 1 個位元組，迴圈次數可以使用 sizeof( ) 函數計算得知。

```
1   /*      ch8_4_2.c                 */
2   #include <stdio.h>
3   #include <stdlib.h>
4   int main()
5   {
6       char name[] = "Hung";    /* 字串宣告 */
7       int  i, len;
8
9       len = sizeof(name) - 1;
10      for ( i = 0; i < len; i++ )
11          printf("%c", name[i]);
12      printf("\n");
13      system("pause");
14      return 0;
15  }
```

執行結果　與 ch8_3.c 相同。

8-3　完整解說字串的輸出與輸入

8-3-1　標準字串的輸出

　　使用 printf( ) 函數，執行字串輸出的規則如下：

1 **%s**

在此格式下，C 語言會預留恰好的格數供字串使用。

實例 1：假設有一字串是 "Hung"，控制格式符號是 %s 則輸出結果如下所示：

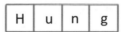

註 字串輸出時，是不包含結尾字元 '\0'。

2 **%ns**

在此格式下，C 語言會預留 n 個格數供字串使用，如果格數不夠，C 語言會自行配置足夠的空間供其使用，如果格數太多，列印結果向右靠齊。

實例 2：假設有一字串是 "Hung"，控制格式符號是 %10s 則輸出結果如下所示：

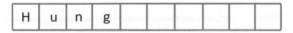

3 **%-ns**

可設定輸出結果向左靠齊。

實例 3：假設有一字串是 "Hung"，控制格式符號是 %-10s，則輸出結果如下所示：

程式實例 ch8_5.c：格式化輸出字串的應用。

```
1   /*   ch8_5.c                    */
2   #include <stdio.h>
3   #include <stdlib.h>
4   int main()
5   {
6       char name[] = "Hung";
7
8       printf("/%s/\n", name);
9       printf("/%2s/\n", name);
10      printf("/%10s/\n", name);
11      printf("/%-10s/\n", name);
12      system("pause");
13      return 0;
14  }
```

執行結果　📺 C:\Cbook\ch8\ch8_5.exe

```
/Hung/
/Hung/
/         Hung/
/Hung     /
請按任意鍵繼續 . . . ■
```

8-3-2　標準字串的輸入

在第三章，我們已經介紹應如何使用 scanf( ) 讀取整數，浮點和字元資料了，3-4-1 節也簡單地講解讀取字串的知識，這一節則是做完整解說。

讀取字串的基本格式和讀取字元、整數及浮點數的基本方式是一樣的。

第 1 個字串格式配合第 1 個字串變數

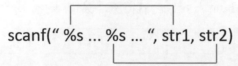

$$scanf(\text{" %s ... %s ... ", str1, str2})$$

第 2 個字串格式配合第 2 個字串變數

值得注意的是，由於字串變數本身就是一個符號位址，所以在 scanf( ) 函數中，沒有必要在字串變數前面加上 '&' 符號。同樣的，在實際輸入字串時，我們也是利用空格，或是不同列的資料輸入，區別那一個字串配合那一個變數。

程式實例 ch8_6.c：基本字串的讀取及輸出。

```
1   /*    ch8_6.c                  */
2   #include <stdio.h>
3   #include <stdlib.h>
4   int main()
5   {
6       char str1[15], str2[15], str3[15];
7
8       printf("請輸入 3 個字串 \n");
9       scanf("%s%s%s",str1,str2,str3);
10      printf("字串 1 是 ===> %s\n",str1);
11      printf("字串 2 是 ===> %s\n",str2);
12      printf("字串 3 是 ===> %s\n",str3);
13      system("pause");
14      return 0;
15  }
```

執行結果

```
C:\Cbook\ch8\ch8_6.exe
請輸入 3 個字串
example
      friend
   computer
字串 1 是 ===> example
字串 2 是 ===> friend
字串 3 是 ===> computer
請按任意鍵繼續 . . .
```

```
C:\Cbook\ch8\ch8_6.exe
請輸入 3 個字串
example  friend      computer
字串 1 是 ===> example
字串 2 是 ===> friend
字串 3 是 ===> computer
請按任意鍵繼續 . . .
```

上述筆者故意在輸入字串時增加空格，或是換列輸入，這不會影響讀取字串的正確性。在宣告字串時，還有一點必須要注意，假設字串宣告方式如下所示：

char name[ ] = "Hung";

在上述字串宣告中，我們沒有指明字串長度，系統會自動預留足夠空間來儲存 "Hung" 字串。但是，如果我們在宣告字串的同時，並不指明字串變數所儲存的內容，則在宣告時，一定要宣告字串長度，如程式範例 ch8_6.c 所示。

char str1[15], str2[15], str3[15];

經過上述宣告之後，C 語言編譯程式，會為字串變數 str1，str2，str3，預留 15 格空間。若在程式中不宣告字串長度，例如：

char str1[ ], str2[ ], str3[ ];

雖然編譯程式，在編譯時，並不指出錯誤，但在執行時，就會產生問題，這點不可不注意。

8-4 gets( ) 和 puts( ) 函數

除了 printf( ) 和 scanf( ) 函數外，系統還提供了兩個非常容易使用的字串輸入 / 輸出函數，這一節討論它們的用法。

8-4-1 gets( )

這是一種從標準輸入裝置（一般是指鍵盤），讀入字串的一種方式，這個函數的使用語法如下：

```
gets( 字串變數 );
```

　　這時所輸入的字串會被存入此字串變數內，使用這種方式讀入字串，會一直讀取字元，直到碰到 ' \r' (這是一個回轉字元，每次你按下 enter 鍵時，鍵盤就會產生這個字元)，字串讀取後，會自動在字串末端加上 ' \0' 符號。另外，字串變數本身就是一個位址，所以不用在變數名稱左邊增加 & 符號。

註　使用 scanf( ) 函數讀取字串時，系統會一直讀字元，直到碰到空白或是 ' \r' 才能停止。

實例 1：假設有一段指令如下所示：

```
char strl[81], str2[81];
    ...
gets(str1);
scanf("%s", str2);
```

假設輸入字串如下所示：

Introduction to C Language　←────　在此按 Enter 鍵

By Jiin-Kwei Hung　←────　在此按 Enter 鍵

則程式執行完後可以得到

　　str1 字串為 Introduction to C language

　　str2 字串為 By

程式實例 ch8_7.c：由讀取字串，了解 gets( ) 和 scanf( ) 的差別。

```
1   /*    ch8_7.c                 */
2   #include <stdio.h>
3   #include <stdlib.h>
4   int main()
5   {
6       char str1[80];
7       char str2[80];
8
9       printf("請輸入 2 個句子 \n");
10      gets(str1);
11      scanf("%s",str2);
12      printf("字串 1 是 ===> %s\n",str1);
13      printf("字串 2 是 ===> %s\n",str2);
14      system("pause");
15      return 0;
16  }
```

執行結果

```
■ C:\Cbook\ch8\ch8_7.exe
請輸入 2 個句子
I am so happy.
This world has many people need our help.
字串 1 是 ===> I am so happy.
字串 2 是 ===> This
請按任意鍵繼續 . . .
```

8-4-2　puts( )

這個函數的主要功能是輸出字串，它的使用格式如下所述：

puts(字串變數)

此外，我們也可以將要輸出的字串，放入 puts( ) 函數的括號內，然後用雙引號 (" ") 括起來。這個輸出字串功能會在輸出字串後，執行自動換列輸出，若是和 scanf( ) 相比較，可以省略 '\n' 字元。未來程式設計時讀者可以依照自行的需要，自行選擇使用哪一種方式做字串輸出。

實例 1：假設有一道指令如下：

puts("testing testing");

則輸出結果如下所示：

testing testing

程式實例 ch8_8.c：puts( ) 函數輸出的應用。

```
1   /*    ch8_8.c                    */
2   #include <stdio.h>
3   #include <stdlib.h>
4   int main()
5   {
6       char str[80] = "Ming-Chi Institute of Technology";
7
8       printf("字串輸出如下 \n");
9       puts(str);
10      puts(str+4);
11      puts(&str[4]);
12      system("pause");
13      return 0;
14  }
```

執行結果

```
C:\Cbook\ch8\ch8_8.exe
字串輸出如下
Ming-Chi Institute of Technology
-Chi Institute of Technology
-Chi Institute of Technology
請按任意鍵繼續 . . .
```

上述第 9 列的輸出比較容易了解，第 10 列的 puts(str+4) 輸出觀念如下：

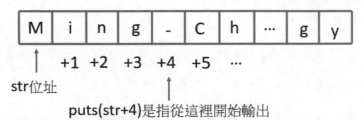

第 10 列的 puts(str+4) 輸出觀念和上述一樣，只是寫法不一樣。

程式實例 ch8_9.c：改寫 ch8_8.c，改為輸出中文字，並觀察執行結果。

```
1  /*   ch8_9.c                */
2  #include <stdio.h>
3  #include <stdlib.h>
4  int main()
5  {
6      char str[80] = "明志科技大學";
7
8      printf("字串輸出如下 \n");
9      puts(str);
10     puts(str+4);
11     puts(&str[4]);
12     system("pause");
13     return 0;
14 }
```

執行結果

```
C:\Cbook\ch8\ch8_9.exe
字串輸出如下
明志科技大學
科技大學
科技大學
請按任意鍵繼續 . . . ■
```

此外，因為一個中文字佔據 2 個位元組，所以可以得到上述結果。

8-5　C 語言的字串處理的函數

本節將對系統所提供的字串處理函數，做一詳細的解說。由於這些函數是儲存於 string.h 標題檔內，所以設計程式時必須在程式前加上下列標頭檔。

　　#include <string.h>

8-5-1　strcat( )

這是一個字串結合的函數。它的使用語法如下：

　　char strcat(str1, str2);

這個函數在執行時，會將字串 str2 接在字串 str1 之後。

程式實例 ch8_10.c：字串的結合 strcat( ) 函數的應用。

```
1   /*   ch8_10.c              */
2   #include <stdio.h>
3   #include <string.h>
4   int main()
5   {
6       char str1[80] = "明志科技大學";
7       char str2[80] = "是台灣頂尖科技大學";
8
9       printf("輸出字串如下 \n");
10      strcat(str1,str2);
11      puts(str1);
12      system("pause");
13      return 0;
14  }
```

執行結果

```
■ C:\Cbook\ch8\ch8_10.exe

輸出字串如下
明志科技大學是台灣頂尖科技大學
請按任意鍵繼續 . . .
```

8-5-2　strcmp( )

這是一個字串比較的函數，它的使用語法如下：

　　int strcmp(str1, str2);

這個函數在執行時，會將 str1 和 str2 做比較，比較結果回傳值如下：

小於 0：字串 str1 的字元值小於字 str2 的字元值。

等於 0：字串 str1 的字元值等於字 str2 的字元值。

大於 0：字串 str1 的字元值大於字 str2 的字元值。

程式實例 ch8_11.c：strcmp( ) 函數的應用。

```
1   /*   ch8_11.c                    */
2   #include <stdio.h>
3   #include <string.h>
4   int main()
5   {
6       char str1[] = "Borland C++ Introduction";
7       char str2[] = "Visual C++ Introduction";
8       int i;
9
10      i = strcmp(str1,str2);
11      if ( i == 0 )
12         printf("字串相同 \n");
13      else if ( i > 0 )
14      {
15         printf("字串不同 \n");
16         puts("str1 字元值大於 str2");
17      }
18      else
19      {
20         printf("字串不同 \n");
21         puts("str2 字元值大於 str1");
22      }
23      system("pause");
24      return 0;
25  }
```

執行結果

```
C:\Cbook\ch8\ch8_11.exe
字串不同
str2 字元值大於 str1
請按任意鍵繼續 . . .
```

在上述實例中，由於 V 的字元值大於 B 的字元值，所以最後程式列出 str2 大於 str1。

8-5-3　strcpy( )

這是一個字串拷貝的函數，它的使用語法如下：

char strcpy(str1, str2);

這個函數在執行時，會將 str2 字串，拷貝到 str1 字串內，相當於 str2 字串內容取代原先 str1 字串內容。

程式實例 ch8_12.c：strcpy( ) 的函數應用。

```
1   /*    ch8_12.c                  */
2   #include <stdio.h>
3   #include <stdlib.h>
4   #include <string.h>
5   int main()
6   {
7       char str1[] = "This is a good book for C";
8       char str2[] = "Introduction to C";
9
10      puts("呼叫 strcpy 前");
11      printf("str1 = %s\n",str1);
12      printf("str2 = %s\n",str2);
13      strcpy(str1,str2);
14      puts("呼叫 strcpy 後");
15      printf("str1 = %s\n",str1);
16      printf("str2 = %s\n",str2);
17      system("pause");
18      return 0;
19  }
```

執行結果

```
C:\Cbook\ch8\ch8_12.exe

呼叫 strcpy 前
str1 = This is a good book for C
str2 = Introduction to C
呼叫 strcpy 後
str1 = Introduction to C
str2 = Introduction to C
請按任意鍵繼續 . . .
```

在尚未介紹指標前，如果想要將字串常數設定給一個字串變數，只能使用 strcpy( ) 函數方法，不過未來第 11 和 12 章會介紹更多這方面的知識。

8-5-4　strlen( )

這是一個傳回字串長度的函數，它的使用語法如下：

　　int strlen(str);

這個函數在執行時，會將 str 字串的長度傳回。注意，所傳回的字串長度是不包含 ' \0' 結尾字元。

程式實例 ch8_13.c：strlen( ) 函數的應用。

```
1   /*    ch8_13.c                  */
2   #include <stdio.h>
3   #include <stdlib.h>
4   #include <string.h>
5   int main()
```

```
 6  {
 7      char str1[] = "Introduction to C";
 8      char str2[] = "Ming Chi Institute of Technology";
 9      int i;
10
11      i = strlen(str1);
12      printf("字串 1 長度 ==> %d\n",i);
13      i = strlen(str2);
14      printf("字串 2 長度 ==> %d\n",i);
15      system("pause");
16      return 0;
17  }
```

執行結果

```
■ C:\Cbook\ch8\ch8_13.exe
字串 1 長度 ==> 17
字串 2 長度 ==> 32
請按任意鍵繼續 . . . ■
```

8-5-5　strncat( )

這是 8-5-1 節函數 strcat( ) 的改良，它的使用語法如下：

　　char strncat(str1, str2, n);

將 n 個 str2 的字元長度連接在 str1 後，如果 n 大於 str2 的長度，則只執行將 str2 字串接在 str1 後面。

程式實例 ch8_14.c：strncat( ) 函數的應用。

```
 1  /*   ch8_14.c                */
 2  #include <stdio.h>
 3  #include <stdlib.h>
 4  #include <string.h>
 5  int main()
 6  {
 7      char str1[] = "Introduction to C";
 8      char str2[] = "Published by Deepmind";
 9
10      puts("第 1 次字串結合");
11      strncat(str1,str2,4);
12      puts(str1);
13      puts("第 2 次字串結合");
14      strncat(str1,str2,50);
15      puts(str1);
16      system("pause");
17      return 0;
18  }
```

執行結果

```
C:\Cbook\ch8\ch8_14.exe
第 1 次字串結合
Introduction to CPubl
第 2 次字串結合
Introduction to CPublPublished by Deepmind
請按任意鍵繼續 . . .
```

8-5-6　strncmp( )

這是 8-5-2 節函數 strcmp( ) 的改良，它的使用語法如下：

　　int strncmp(str1, str2, n);

　　將字串 str2 和 str1 做比較，比較長度是 n。如果 n 大於上述字串，則只要直接比較兩字串就可以了，它比較結果的傳回值和 strcmp 完全一樣。

程式實例 ch8_15.c：strncmp( ) 函數的應用。

```c
1  /*   ch8_15.c                  */
2  #include <stdio.h>
3  #include <stdlib.h>
4  #include <string.h>
5  int main()
6  {
7      char str1[] = "Ming-Chi Institute of Technology";
8      char str2[] = "Ming-Chi University of Technology";
9      int i, cmp;
10     int counter = 1;
11
12     for ( i = 8; i <= 10; i += 2)
13     {
14         printf("第 %d 次比較\n",counter++);
15         printf("比較前 %d 個位元組\n", i);
16         cmp = strncmp(str1,str2,i);
17         if ( cmp == 0 )
18             printf("前 %d 個字元相等\n", i);
19         else if ( cmp > 0 )
20         {
21             printf("前 %d 個字元不同\n", i);
22             puts("str1 字元值大於 str2");
23         }
24         else
25         {
26             printf("前 %d 個字元不同\n", i);
27             puts("str2 字元值大於 str1");
28         }
29         printf("========================\n");
30     }
31     system("pause");
32     return 0;
33 }
```

執行結果

```
■ C:\Cbook\ch8\ch8_15.exe
第 1 次比較
比較前 8 個位元組
前 8 個字元相等
===========================
第 2 次比較
比較前 10 個位元組
前 10 個字元不同
str2 字元值大於 str1
===========================
請按任意鍵繼續 . . .
```

　　讀者可以留意一下第 12 列，過去 for 迴圈在做遞增時，筆者皆使用 i++ 做遞增，上述則是使用 i += 2 做遞增 2。

8-5-7　strncpy( )

　　這是 8-5-1 節函數 strcpy( ) 函數的改良，它的使用語法如下：

　　　char strncpy(str1, str2, n);

　　上述會將字串 str2 拷貝至 str1 字串上，但拷貝是長度 n，所以也只是取代 str1 的前 n 個字元。如果 n 大於字串長度 str2，則只要將 str2 字串拷貝至 str1 內就可以了。

程式實例 ch8_16.c：strncpy( ) 函數的應用。

```
1   /*    ch8_16.c                  */
2   #include <stdio.h>
3   #include <stdlib.h>
4   #include <string.h>
5   int main()
6   {
7       char str1[] = "台灣科技大學";
8       char str2[] = "明志科技大學是台灣頂尖科技大學";
9
10      puts("呼叫 strcpy 前");
11      printf("str1 = %s\n",str1);
12      printf("str2 = %s\n",str2);
13      strncpy(str1,str2,4);
14      puts("呼叫 strcpy 第 1 次後");
15      printf("str1 = %s\n",str1);
16      printf("str2 = %s\n",str2);
17      strncpy(str1,str2,60);
18      puts("呼叫 strcpy 第 2 次後");
19      printf("str1 = %s\n",str1);
20      printf("str2 = %s\n",str2);
21      system("pause");
22      return 0;
23  }
```

執行結果

```
■ C:\Cbook\ch8\ch8_16.exe
呼叫 strcpy 前
str1 = 台灣科技大學
str2 = 明志科技大學是台灣頂尖科技大學
呼叫 strcpy 第 1 次後
str1 = 明志科技大學
str2 = 明志科技大學是台灣頂尖科技大學
呼叫 strcpy 第 2 次後
str1 = 明志科技大學是台灣頂尖科技大學
str2 = 明志科技大學是台灣頂尖科技大學
請按任意鍵繼續 . . .
```

8-5-8　字串大小寫轉換

函數 strupr( ) 可以將字串的字元由小寫轉成大寫，其他字元不變。函數 strlwr( ) 可以將字串的字元由大寫轉成小寫，其他字元不變。

```
char strupr(str);          /* 字串的字元由小寫轉成大寫 */
char strlwr(str);          /* 字串的字元由大寫轉成小寫 */
```

程式實例 ch8_17.c：要進入銀行的網路系統，可以看到要輸入驗證碼，驗證碼通常是由大小寫英文字母與阿拉伯數字組成，設計一個程式可以將驗證碼由小寫轉成大小，然後由大寫轉成小寫。

```
1   /*    ch8_17.c                   */
2   #include <stdio.h>
3   #include <stdlib.h>
4   #include <string.h>
5   int main()
6   {
7       char code[] = "Ming52Chi";
8       printf("原始驗證碼 = %s\n", code);
9       strupr(code);
10      printf("大寫驗證碼 = %s\n", code);
11      strlwr(code);
12      printf("小寫驗證碼 = %s\n", code);
13      system("pause");
14      return 0;
15  }
```

執行結果

```
■ C:\Cbook\ch8\ch8_17.exe
原始驗證碼 = Ming52Chi
大寫驗證碼 = MING52CHI
小寫驗證碼 = ming52chi
請按任意鍵繼續 . . .
```

8-5-9 反向排列字串的內容

函數 strrev( ) 可以將字串的內容反向排列,此排列過程會忽略結尾字元,這個函數的使用語法如下:

```
char strrev(str);
```

程式實例 ch8_18.c:將字串內容反向排列。

```
1  /*  ch8_18.c                */
2  #include <stdio.h>
3  #include <stdlib.h>
4  #include <string.h>
5  int main()
6  {
7      char code[] = "deepmind";
8      printf("原始字串 = %s\n", code);
9      strrev(code);
10     printf("反向字串 = %s\n", code);
11     system("pause");
12     return 0;
13 }
```

執行結果

```
C:\Cbook\ch8\ch8_18.exe
原始字串 = deepmind
反向字串 = dnimpeed
請按任意鍵繼續 . . .
```

8-6 字串陣列

既然我們可以將字元、整數或是浮點數宣告成陣列,自然我們也可以將字串宣告成陣列來使用。

8-6-1 字串陣列的宣告

字串陣列也和整數、浮點數、字元陣列一樣,使用前必須先宣告,宣告的語法如下:

```
char 字串陣列名稱 [ 字串數量 ][ 字串長度 ];
```

上述第 1 個索引是字串的數量,第 2 個索引是字串的長度。讀者需要特別留意的是,宣告玩字串陣列後,字串陣列的內容不一定是空白,可能會有記憶體殘值存在。

程式實例 ch8_19.c：讀取與輸出字串陣列的應用，讀者可以特別留意第 12 列，如何使用字串索引，將輸入字串賦值給字串陣列的變數。

```
1   /*   ch8_19.c                  */
2   #include <stdio.h>
3   #include <stdlib.h>
4   #include <string.h>
5   int main()
6   {
7       char fruit[3][10];
8       int i;
9       for ( i = 0; i < 3; i++ )
10      {
11          printf("請輸入水果 : ");
12          scanf("%s",fruit[i]);
13      }
14      printf("你輸入的水果如下 : \n");
15      for ( i = 0; i < 3; i++ )
16          printf("%s\n",fruit[i]);
17      system("pause");
18      return 0;
19  }
```

執行結果

```
C:\Cbook\ch8\ch8_19.exe
請輸入水果 : Apple
請輸入水果 : Banana
請輸入水果 : Grapes
你輸入的水果如下 :
Apple
Banana
Grapes
請按任意鍵繼續 . . .
```

上述程式當宣告完第 7 列後，記憶體內容如下：

fruit[0]										
fruit[1]										
fruit[2]										

當輸入 3 種水果後，記憶體內容如下：

fruit[0]	A	p	p	l	e	'\0'				
fruit[1]	B	a	n	a	n	a	'\0'			
fruit[2]	G	r	a	p	e	s	'\0'			

8-6-2　字串陣列的初值設定

字串陣列也和整數、浮點數、字元陣列一樣，可以設定初值，語法如下：

```
char 字串陣列名稱 [ 字串數量 ][ 字串長度 ] = {" 字串 1",
                                          " 字串 2",
                                          ...,
                                          字串 n"};
```

實例 1：設定 fruit[3][10] 的初值。

```
char fruit[3][10] = {"Apple", "Banana", "Grapes"};
```

程式實例 ch8_20.c：字串陣列初值設定、輸出字串和字串位址的應用。

```
1  /*   ch8_20.c              */
2  #include <stdio.h>
3  #include <stdlib.h>
4  #include <string.h>>
5  int main()
6  {
7      char fruit[3][10] = {"Apple",
8                           "Banana",
9                           "Grapes"};
10     int i;
11     for ( i = 0; i < 3; i++ )
12     {
13         printf("字串內容 %s\n",fruit[i]);    /* 輸出字串內容 */
14         printf("字串位址 %p\n",fruit[i]);    /* 輸出字串位址 */
15     }
16     system("pause");
17     return 0;
18  }
```

執行結果

```
■ C:\Cbook\ch8\ch8_20.exe
字串內容 Apple
字串位址 000000000062FDF0
字串內容 Banana
字串位址 000000000062FDFA
字串內容 Grapes
字串位址 000000000062FE04
請按任意鍵繼續 . . .
```

從上述執行結果可以看到程式宣告初值成功了，這個程式第 14 列使用了 %p 當作字串的格式符號，這個格式符號可以回傳字串 fruit[i] 的位址，所以我們可以看到上述宣告字串初值後，得到下列記憶體結果。

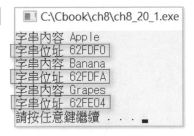

fruit[0]　62FDF0

fruit[1]　62FDFA

fruit[2]　62FE04

上述位址省略了左邊的 0

　　上述因為字串設定長度是 10，所以可以看到每個字串的間距是 10 個位元組，至於上述位址的更多相關知識，將在第 10 章的指標章節解說。另外，第 14 列的 %p 若是改為 %X，標記記憶體時可以省略左邊的 0。

程式實例 ch8_20_1.c：將格式化記憶體位址符號 %p 改為 %X，重新設計 ch8_20.c。

```
14        printf("字串位址 %X\n",fruit[i]);    /* 輸出字串位址 */
```

執行結果

```
■ C:\Cbook\ch8\ch8_20_1.exe
字串內容 Apple
字串位址 62FDF0
字串內容 Banana
字串位址 62FDFA
字串內容 Grapes
字串位址 62FE04
請按任意鍵繼續 . . .
```

註 C 語言的官方手冊建議使用 %p 當作記憶體的格式符號，但是因為使用這種方式格式化記憶體時，會列出完整的位址，位址前方會有許多 0，所以許多程式設計師會用 %X 當作記憶體的格式符號，這個方法可以省略位址前方的 0。

　　此外，使用字串陣列宣告時，也可以省略最左索引，也就是字串數量的宣告，可以參考下列實例。

程式實例 ch8_21.c：重新設計 ch8_20.c，但是省略字串數量的宣告。

```
7     char fruit[][10] = {"Apple",
8                         "Banana",
9                         "Grapes"};
```

執行結果 與 ch8_20.c 相同。

8-7　專題實作 – 字串拷貝 / 模擬帳號輸入 / 建立今天的課表

8-7-1　字串內容的拷貝

程式實例 ch8_22.c：不使用 strcpy( ) 函數，將 str1 字串內容拷貝到 str2，然後輸出 str1 和 str2 字串。

```
1   /*   ch8_22.c              */
2   #include <stdio.h>
3   #include <stdlib.h>
4   int main()
5   {
6       char str1[] = "Deepmind";
7       char str2[10];
8       int  i = 0;
9
10      printf("str1 = %s\n",str1);
11      while (str1[i] != '\0')
12      {
13          str2[i] = str1[i];        /* 將str1串內容放至str2 */
14          i++;
15      }
16      printf("str2 = %s\n",str1);
17      system("pause");
18      return 0;
19  }
```

執行結果

```
 C:\Cbook\ch8\ch8_22.exe
str1 = Deepmind
str2 = Deepmind
請按任意鍵繼續 . . .
```

8-7-2　模擬輸入帳號和密碼

程式實例 ch8_23.c：這個程式會先設定帳號 account 和密碼 password，然後要求你輸入帳號和密碼，然後針對輸入是否正確回應相關訊息。

```
1   /*   ch8_23.c              */
2   #include <stdio.h>
3   #include <stdlib.h>
4   #include <string.h>
5   int main()
6   {
7       char account[] = "hung";
8       char password[] = "kwei";
9       char acc[10];
10      char pass[10];
```

```
11
12      printf("請輸入帳號 : ",acc);
13      gets(acc);
14      printf("請輸入密碼 : ",pass);
15      gets(pass);
16      if (strcmp(account, acc) == 0)
17      {
18          if (strcmp(password, pass) == 0)
19              printf("歡迎進入Deepmind系統\n");
20          else
21              printf("密碼錯誤\n");
22      }
23      else
24          printf("帳號錯誤\n");
25      system("pause");
26      return 0;
27  }
```

執行結果

```
C:\Cbook\ch8\ch8_23.exe
請輸入帳號 : hung
請輸入密碼 : kwei
歡迎進入Deepmind系統
請按任意鍵繼續 . . .
```

```
C:\Cbook\ch8\ch8_23.exe
請輸入帳號 : hung
請輸入密碼 : kkk
密碼錯誤
請按任意鍵繼續 . . .
```

```
C:\Cbook\ch8\ch8_23.exe
請輸入帳號 : kkk
請輸入密碼 : kkk
帳號錯誤
請按任意鍵繼續 . . .
```

8-7-3 模擬建立銀行密碼

程式實例 ch8_24.c：一般銀行帳號會規定密碼長度在 6 – 10 字元，如果太少或是太多會回應建立密碼失敗。

```
1   /*    ch8_24.c              */
2   #include <stdio.h>
3   #include <stdlib.h>
4   #include <string.h>
5   int main()
6   {
7       char password[12];
8       int len;
9
10      printf("請建立密碼 : ");
11      scanf("%s", password);
12      len = strlen(password);
13      if ( len > 10 )
```

```
14        printf("密碼長度超出限制\n");
15    else if ( len < 6 )
16        printf("密碼長度太短\n");
17    else
18        printf("建立密碼 OK\n");
19    system("pause");
20    return 0;
21 }
```

執行結果

```
■ C:\Cbook\ch8\ch8_24.exe
請建立密碼 : 123456789ab
密碼長度超出限制
請按任意鍵繼續 . . .
```

```
■ C:\Cbook\ch8\ch8_24.exe
請建立密碼 : kwei
密碼長度太短
請按任意鍵繼續 . . . ■
```

```
■ C:\Cbook\ch8\ch8_24.exe
請建立密碼 : hungjiin
建立密碼 OK
請按任意鍵繼續 . . .
```

8-7-4　計算字串陣列內字串的數量

　　C 語言沒有適當的函數可以計算字串陣列中字串的數量，但是可以使用 sizeof( ) 函數計算字串的數量，假設字串陣列的變數名稱是 course，公式如下：

　　　　len = sizeof(course) / sizeof(course[0]);　　　　　　　/* len 是字串的數量 */

　　上述相當於是整體字串陣列的大小除以每個字串的大小，就可以得到字串的數量。

程式實例 ch8_25.c：計算字串陣列內字串的數量。

```
1  /*   ch8_25.c                  */
2  #include <stdio.h>
3  #include <stdlib.h>
4  int main()
5  {
6      char course[][50] = {"AI 數學",
7                           "Python",
8                           "現代物理"};
9      int len;
10     len = sizeof(course) / sizeof(course[0]);
11     printf("字串數量 = %d\n", len);
12     system("pause");
13     return 0;
14 }
```

執行結果

```
C:\Cbook\ch8\ch8_25.exe
字串數量 = 3
請按任意鍵繼續 . . .
```

8-7-5　建立今天的課表

程式實例 ch8_26.c：建立 time(時間表) 和 course(課程表) 的字串陣列，然後將這兩個二維陣列的字串結合，最後列出課表。

```
1   /*   ch8_26.c                    */
2   #include <stdio.h>
3   #include <stdlib.h>
4   #include <string.h>>
5   int main()
6   {
7       char time[][50] = {"09:00 - 09:50",
8                           "10:00 - 10:50",
9                           "11:00 - 11:50"};
10      char course[][50] = {"  AI 數學",
11                           "  Python",
12                           "  現代物理"};
13      int i, len;
14      len = sizeof(time) / sizeof(time[0]);   /* 字串數量 */
15      for ( i = 0; i < len; i++ )
16          strcat(time[i],course[i]);
17      printf("我今天的課表\n");
18      for ( i = 0; i < len; i++ )
19          printf("%s\n",time[i]);
20      system("pause");
21      return 0;
22  }
```

執行結果

```
C:\Cbook\ch8\ch8_26.exe
我今天的課表
09:00 - 09:50    AI 數學
10:00 - 10:50    Python
11:00 - 11:50    現代物理
請按任意鍵繼續 . . .
```

8-8　習題

一：是非題

(　　) 1： 下列是字元陣列的合法定義。(8-1 節)

　　　　char mystr = ['t', 'e', 'x', 'b'];

(　　) 2：　相同內容的字元陣列與字串，其長度一定相同。(8-2 節)

(　　) 3：　字串的結尾字元是 '\0'。(8-2 節)

(　　) 4：　使用 printf( ) 函數輸出字串變數時，輸出個格式符號可以是 %-ns。(8-3 節)

(　　) 5：　使用 gets( ) 函數讀取字串時，碰到空白會停止讀取。(8-4 節)

(　　) 6：　strcat( ) 函數可以執行字串的拷貝。(8-5 節)

(　　) 7：　使用 strlen( ) 函數計算字串的長度時，會將字串結尾字元包含進去。(8-5 節)

(　　) 8：　strncmp( ) 函數在做字串比較時，可以只比較特定長度。(8-5 節)

(　　) 9：　宣告字串陣列初值時，字串長度索引可以省略。(8-6 節)

二：選擇題

(　　) 1：　下列哪一項是合法的字元陣列初值宣告。(8-1 節)

　　　　　(A) char data[ ] = {'1','s','t'};

　　　　　(B) char data[3] = ['1','s','t'];

　　　　　(C) char data[ ] = ['1','s','t'];

　　　　　(D) char data[3] = ('1','s','t');

(　　) 2：　字串的結尾字元 (A) '\n' (B) '0' (C) 'r' (D) '\0'。(8-2 節)

(　　) 3：　哪一個格式符號，可以讓預留格數較多時，字串向右靠齊。(A) %s (B) %ns (C) %-ns (D) %p。(8-3 節)

(　　) 4：　有一個字串內容是 str = "Introduction"，puts(str+5) 的輸出是 (A) Intro (B) ction (C) duction (D) Introduction。(8-4 節)

(　　) 5：　下列哪一個函數和輸入與輸出無關。 (A) gets( ) (B) puts( ) (C) scanf( ) (D) strcat( )。(8-5 節)

(　　) 6：　哪一個函數可以將字串由小寫轉換成大寫，其他字元則不變。(A) strupr( ) (B) strlwr( ) (C) strcpy (D) strrev( )。(8-5 節)

(　　) 7：　哪一個函數可以將字串由大寫轉換成小寫，其他字元則不變。(A) strupr( ) (B) strlwr( ) (C) strcpy (D) strrev( )。(8-5 節)

(　　) 8：　字串陣列的第一個索引是 (A) 字串數量 (B) 字串長度 (C) 變數名稱 (D) 以上皆非。(8-6 節)

(　　) 9：　printf( ) 函數的格式符號 (A) %d (B) %c (C) %s (D) %p 可以回傳字串陣列特定索引的位址。(8-6 節)

三：填充題

1： 字串陣列的資料型態是 _____。(8-1 節)

2： 字串的結尾字元是 _____。(8-2 節)

3： 輸出函數 printf( ) 的字串輸出格式有哪 3 種符號 _____、_____、_____。
(8-3 節)

4： 使用 gets( ) 函數讀取字串時，會一直讀到 _____ 才會停止。(8-4 節)

5： 使用 _____ 函數輸出字串後，下一個輸出資料可以自動換列輸出。(8-4 節)。

6： _____ 函數可以執行字串結合。(8-5 節)

7： 執行 strcmp( ) 函數做字串比較時，如果兩個字串內容相同會回傳 _____。
(8-5 節)

8： _____ 函數可以回傳字串的長度。(8-5 節)

9： _____ 函數可以將字串字元由小寫轉成大寫。(8-5 節)

10： _____ 函數可以將字串字元由大寫轉成小寫。(8-5 節)

11： _____ 函數可以反向排列字串。(8-5 節)

12：宣告字串陣列的初值時，_____ 索引可以省略。(8-6 節)

四：實作題

1： 設計一個單字 Sunday 的字元陣列初值，然後分別列印。(8-1 節)

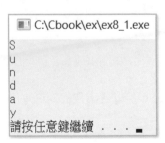

2： 請設計一個 12 生肖字串，然後使用 for 迴圈方式輸出此 12 生肖。(8-2 節)

3 ：　請輸入字串，本程式會輸出字串，同時列出字串的字母數。(8-2 和 8-3 節)

```
C:\Cbook\ex\ex8_3.exe
請輸入測試字串 : Deepmind
你輸入的字串如下 :
D
e
e
p
m
i
n
d
字串長度是 8
請按任意鍵繼續 . . . ■
```

4 ：　請輸入一個句子，這個程式會輸出句子內有多少個單字。(8-4 節)

```
C:\Cbook\ex\ex8_4.exe
請輸入 1 個句子 :
I like Python and C
單字數量 = 5
請按任意鍵繼續 . . . ■
```

5 ：　請輸入會議起始和結束時間，然後輸入會議主題，這個程式會將輸入資料組合起
　　　來，其中時間換會議主題間會有 5 個空格。(8-5 節)

```
C:\Cbook\ex\ex8_5.exe
請輸入會議起始時間 : 09:00
請輸入會議結束時間 : 11:00
請輸入會議    主題 : C語言研討會
今天的會議如下 :
 09:00 - 11:00    C語言研討會
請按任意鍵繼續 . . .
```

6 ：　試寫一個程式讀取鍵盤輸入的字串，最後列出 a、b、c 字母各出現的次數。(8-5 節)

```
C:\Cbook\ex\ex8_6.exe
請輸入英文單字 : banana
字母 a 出現 3 次
字母 b 出現 1 次
字母 a 出現 0 次
請按任意鍵繼續 . . .
```

```
C:\Cbook\ex\ex8_6.exe
請輸入英文單字 : cairo
字母 a 出現 1 次
字母 b 出現 0 次
字母 a 出現 1 次
請按任意鍵繼續 . . .
```

7: 寫一個程式,將輸入句子的大寫字母改成小寫字母。(8-5 節)

```
■ C:\Cbook\ex\ex8_7.exe
請輸入一個句子,這個程式會將大寫字母改成小寫字母
輸入 = I love Python and C
結果 = i love python and c
請按任意鍵繼續 . . . ■
```

8: 寫一個程式,將輸入句子的小寫字母改成大寫字母。(8-5 節)

```
■ C:\Cbook\ex\ex8_8.exe
請輸入一個句子,這個程式會將小寫字母改成大寫字母
輸入 = I love Python and C
結果 = I LOVE PYTHON AND C
請按任意鍵繼續 . . .
```

9: 輸入句子,然後將句子的字母反向輸出。(8-5 節)

```
■ C:\Cbook\ex\ex8_9.exe
請輸入一個句子,然後字母反向輸出
輸入 = Python is good
結果 = doog si nohtyP
請按任意鍵繼續 . . . ■
```

10: 使用字串陣列分別建立牛肉麵、大滷麵、榨菜肉絲麵菜單,同時字串陣列也建立價格 300、200 和 180,最後列出組合菜單。(8-6 節)

註 價格表可以使用字串方式建立。

```
■ C:\Cbook\ex\ex8_10.exe
王者歸來菜單如下
    牛肉麵 : 300
    大滷麵 : 200
  榨菜肉絲麵 : 180
請按任意鍵繼續 . . . ■
```

11： 擴充設計 ch8_23.c，當發生帳號與密碼皆錯誤時，會同時指出帳號與密碼錯誤。
(8-7 節)

```
■ C:\Cbook\ex\ex8_11.exe
請輸入帳號 ： kkk
請輸入密碼 ： kkk
帳號錯誤
密碼錯誤
請按任意鍵繼續 . . .
```

12： 機 NBA 球隊依字串做泡沫排序，這個程式會先用字串陣列建立 5 個球隊，然後執
行排序，最後輸出排序結果。(8-7 節)

```
■ C:\Cbook\ex\ex8_12.exe
NBA球隊原始排序
Golden State Warriors
Cleveland Cavaliers
LA Laker
Chicago Bulls
Houston Rockets
NBA球隊排序結果
Chicago Bulls
Cleveland Cavaliers
Golden State Warriors
Houston Rockets
LA Laker
請按任意鍵繼續 . . .
```

第 9 章

函數的應用

所謂的**函數** (function)，其實就是一系列指令敘述所組合而成，它的目的有兩個。

1： 當我們在設計一個大型程式時，若是能將這個程式依功能，將其分割成較小功能，然後依這些小功能要求撰寫函數，如此，不僅使程式簡單化，同時也使得最後偵錯變得容易。而這些小的函數，就是建構模組化設計大型應用程式的基石。

2： 在一個程式中，也許會發生某些指令，被重覆的書寫在程式各個不同地方，若是我們能將這些重覆的指令撰寫成一個函數，需要時再加以呼叫，如此，不僅減少編輯程式時間，同時更可使程式精簡、清晰、明瞭。

下面是呼叫函數的基本流程圖：

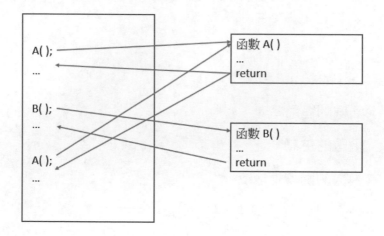

當一個程式在呼叫函數時，C 語言會自動跳到被呼叫的函數上執行工作，執行完後，C 語言會回到原先程式執行位置，然後繼續執行下一道指令。學習函數的重點如下：

1： 認識函數的基本架構。

2： 函數的宣告。

3： 設計函數的主體，包含參數 (有的人稱此為引數) 的使用、回傳值。

註 函數有 2 種，一是 C 語言系統提供的內建函數，例如：每個程式會使用的 system ( ) 函數，或是第 4 章所提的數學函數 … 等。另一種是使用者自行設計的函數，這也將是本章的重點。

9-1 函數的體驗

9-1-1　基礎觀念

這一節將使用簡單的實例，讓讀者體驗使用函數。

程式實例 ch9_1.c：函數的體驗。

```
1   /*   ch9_1.c                    */
2   #include <stdio.h>
3   #include <stdlib.h>
4   void output()
5   {
6       printf("output!\n");
7       return;
8   }
9   int main()
10  {
11      output();
12      printf("ch9_1.c\n");
13      output();
14      system("pause");
15      return 0;
16  }
```

執行結果

```
C:\Cbook\ch9\ch9_1.exe

output!
ch9_1.c
output!
請按任意鍵繼續 . . .
```

程式第 11 列呼叫 output( ) 函數後，會執行第 4 列至 8 列的 output( ) 函數，執行完後，即回到 main( ) 主程式，然後執行第 12 列主程式的 printf( ) 函數，第 13 列則是再呼叫 output( ) 函數一次，整個流程如下：

```
9   int main()                         4  void output()
10  {                    ①              5  {
11      output();    ---- ③             6      printf("output!\n");
12      printf("ch9_1.c\n");  ②         7      return;
13      output();                       8  }
14      system("pause"); ④
15      return 0;
16  }
```

9-1-2　函數的原型宣告

在上述程式中，函數 void output( ) 是放在 int main( ) 的前面，所以可以不用特別宣告，我們也可以將所設計的函數放在 int main( ) 到後面，這時就會需要宣告 void output( ) 函數，這個宣告可以讓 C 語言的編譯程式認知我們將在程式碼內使用這個函數。

對 ch9_1.c 而言，因為沒有傳遞任何參數，函數的宣告如下：

　　void output( );

這個宣告在程式語言中稱**函數原型** (prototype)，函數原型的語法格式如下：

　　回傳值資料型態 函數名稱 (參數類型 , 參數類型 , …);

上述宣告相當於是告訴編譯程式，函數名稱、參數、回傳值資料型態等。對 output( ) 函數而言，因為沒有傳遞參數，沒有回傳值，所以可以用下列方式設計函數原型。

　　void output( );

或

　　void output(void);　　　　　　　　/* 雖然沒有參數，也可以使用 void */

假設你設計的是整數加法運算，回傳值是加法結果，可以使用下列方式設計此函數原型。

　　int add(int, int);

9-1-3　函數的基本架構

認識了函數原型後，現在我們可以說一個函數是由 2 個部分所組成。

1：　函數原型。

2：　函數的主體。

9-1-4　函數原型的位置

函數原型可以放在 int main( ) 內部，這時則只有 main( ) 可以呼叫使用。另外，也可以將函數原型放在 main( ) 之外，這時所有專案檔案的其他程序皆可以呼叫。設計 C 語言程式時，常將函數原型放在 main( ) 上方。

9-1-5 函數名稱

函數名稱的命名規則和一般變數名稱相同，不要使用 C 語言的關鍵字，建議使用有意義的名稱。

9-1-6 函數、函數原型與 main( ) 的位置總整理

基本上可以將函數、函數原型宣告與 main( ) 的位置分成下列幾個圖解做觀念說明。

1 函數在 main( ) 上方

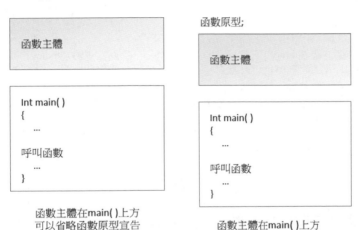

函數主體在main( )上方
可以省略函數原型宣告

函數主體在main( )上方

這時可以省略函數原型宣告，可以參考上方左圖。如果所設計的是大型專案，此函數可能會在其他程式內呼叫，則仍需執行宣告。

2 函數在 main( ) 下方

函數主體在main( )下方
函數原型宣告在main( )上方

函數主體在main( )下方
函數原型宣告在main( )內部

函數在 main( ) 下方，則一定需要宣告函數原型，這時有 2 種可能。

1：　函數原型在 main( ) 上方宣告，這時這個程式可以呼叫此函數，大型專案的其他程式也可以呼叫此程式。

2：　函數原型在 main( ) 內宣告，這時只有此 main( ) 內部可以呼叫此函數。

註　筆者個人比較喜歡採用將函數放在 main( ) 上方，由於程式非專案型的實例，不複雜所以可以省略函數原型宣告。不過為了讓讀者適應所有可能設計方式，筆者未來的程式實例兩種設計方式皆會使用。

程式實例 ch9_2.c：加上函數原型觀念，重新設計 ch9_1.c。

```
1   /*   ch9_2.c                    */
2   #include <stdio.h>
3   #include <stdlib.h>
4   void output();       /* 函數原型宣告 */
5   int main()
6   {
7       output();
8       printf("ch9_1.c\n");
9       output();
10      system("pause");
11      return 0;
12  }
13  void output()
14  {
15      printf("output!\n");
16      return;
17  }
```

執行結果 與 ch9_1.c 相同。

　　對於上述程式，筆者因為在第 4 列做了函數原型宣告，所以可以將 output( ) 函數放在 main( ) 的後面。如果沒有做函數原型宣告，但是將 output( ) 放在 main( ) 後面，使用 Dev C++ 編譯程式時，雖然可以編譯和執行，但是會有警告訊息。

程式實例 ch9_3.c：取消函數原型宣告，重新設計 ch9_2.c，本程式可以執行，但是會有錯誤訊息。

```
1  /*   ch9_3.c                */
2  #include <stdio.h>
3  #include <stdlib.h>
4
5  int main()
6  {
7      output();
8      printf("ch9_1.c\n");
9      output();
10     system("pause");
11     return 0;
12 }
13 void output()
14 {
15     printf("output!\n");
16     return;
17 }
```

執行結果 與 ch9_2.c 相同，會出現下列警告訊息。

[Warning] conflicting types for 'output'

9-2 函數的主體

9-2-1 函數定義

　　函數的基本定義如下所示：

　　函數型態 函數名稱 (資料型態 參數 1, 資料型態 參數 2, …, 資料型態 參數 n)
　　{
　　　　函數主體
　　}

函數型態是指函數的傳回值型態，該值可以是 C 語言中任一個資料型態，如果您沒有設定型態，則 C 語言會自動假設這是一個整數型態。

另外，有時候某個程式在呼叫函數時，並不期待這個函數值傳回任何參數，此時，你可以將這個函數宣告成 void 型態。如果你沒有將它宣告成 void 型態， C 編譯程式也不會有錯誤訊息產生，不過為了使程式清晰易懂，最好要養成宣告函數型態的習慣。

9-2-2　函數有傳遞參數的設計

程式實例 ch9_4.c：比較大小的函數設計。這個程式在執行時，會要求你輸入兩個整數，主程式會將這兩個參數傳入函數 larger( ) 判別大小，然後告訴你較大值，要是兩數相等，則告訴你兩數相等。

```
1   /*   ch9_4.c                    */
2   #include <stdio.h>
3   #include <stdlib.h>
4   void larger(int a, int b)
5   {
6       if ( a < b )
7           printf("較大值是 %d \n",b);
8       else if ( a > b )
9           printf("較大值是 %d \n",a);
10      else
11          printf("兩數值相等 \n");
12  }
13  int main()
14  {
15      int i,j;
16
17      printf("請輸入兩數值 \n ==> ");
18      scanf("%d %d",&i,&j);
19      larger(i,j);
20      system("pause");
21      return 0;
22  }
```

執行結果

```
C:\Cbook\ch9\ch9_4.exe
請輸入兩數值
 ==> 75 22
較大值是 75
請按任意鍵繼續 . . .
```
```
C:\Cbook\ch9\ch9_4.exe
請輸入兩數值
 ==> 22 75
較大值是 75
請按任意鍵繼續 . . .
```
```
C:\Cbook\ch9\ch9_4.exe
請輸入兩數值
 ==> 10 10
兩數值相等
請按任意鍵繼續 . . .
```

上述函數內含參數設計方式如下：

```
void large(int a, int b)
{
 …
```

　　　　}

　　　上述當接收 larger( ) 函數被呼叫後，會將所接收的參數複製一份，存到函數所使用的記憶體內，此例是 a 和 b，當函數 larger( ) 執行結束後，此函數變數 a 和 b 所佔用的記憶體會被釋回給系統。此外，main( ) 函數內的變數 i 和 j，並不會因為呼叫 larger( ) 函數，程式的主控權移交給 larger( ) 函數而影響自己的內容。

❏　**舊的 C 語言函數語法**

　　　早期 C 語言程式設計師在設計函數時，在函數括號內不設定變數型態，採用下面方式宣告變數型態。也就是使用下列方式設計。

```
void large(a, b)
int a, b;                    /* 在此宣告參數的資料型態 */
{
  …
}
```

　　　上述是舊的 C 語言語法，不建議使用，但是需瞭解有這種變數型態宣告方式，語法實例可以參考下列 ch9_5.c。

程式實例 ch9_5.c：函數括號內不設定變數型態，採用下一列宣告變數型態。

```
1   /*   ch9_5.c              */
2   #include <stdio.h>
3   #include <stdlib.h>
4   void larger(a, b)  /* 舊版宣告 */
5   int a, b;
6   {
7       if ( a < b )
8          printf("較大值是 %d \n",b);
9       else if ( a > b )
10         printf("較大值是 %d \n",a);
11      else
12         printf("兩數值相等 \n");
13  }
14  int main()
15  {
16      int i,j;
17
18      printf("請輸入兩數值 \n ==> ");
19      scanf("%d %d",&i,&j);
20      larger(i,j);
21      system("pause");
22      return 0;
23  }
```

執行結果　與 ch9_4.c 相同。

上述也就是將 ch9_4.c 的第 4 列，拆成 2 列 (4 和 5 列) 表達。

對於 ch9_4.c 實例的函數 larger( ) 型態是 void，也就是沒有回傳值，筆者省略在函數末端撰寫 return，程式可以正常運作，不過一般 C 語言程式設計師，即使在沒有回傳值的情況，也喜歡在函數末端增加 return。

程式實例 ch9_6.c：重新設計 ch9_4.c，在函數末端增加 return 敘述。

```
1   /*   ch9_6.c                    */
2   #include <stdio.h>
3   #include <stdlib.h>
4   void larger(int a, int b)
5   {
6       if ( a < b )
7           printf("較大值是 %d \n",b);
8       else if ( a > b )
9           printf("較大值是 %d \n",a);
10      else
11          printf("兩數值相等 \n");
12      return;
13  }
14  int main()
15  {
16      int i,j;
17
18      printf("請輸入兩數值 \n ==> ")
19      scanf("%d %d",&i,&j);
20      larger(i,j);
21      system("pause");
22      return 0;
23  }
```

執行結果　與 ch9_4.c 相同。

9-2-3　函數有不一樣型態的參數設計

C 語言允許函數可以有多個參數，也允許參數有不同資料型態，可以參考下列實例。

程式實例 ch9_7.c：傳遞 2 個不同型態參數的應用，這個程式會讀取的字元，和阿拉伯數字，然後將字元依阿拉伯數字重複輸出。

```
1   /*   ch9_7.c                  */
2   #include <stdio.h>
3   #include <stdlib.h>
4   void print_char(int loop, char ch)
5   {
6       int i;
7       for ( i = 0; i < loop; i++)
8           printf("%c",ch);
9       printf("\n");
10      return;
11  }
12  int main()
13  {
14      int times;
15      char mychar;
16
17      printf("請輸入重複次數 : ");
18      scanf("%d",&times);
19      printf("請輸入輸出字元 : ");
20      scanf(" %c",&mychar);
21      print_char(times, mychar);
22      system("pause");
23      return 0;
24  }
```

執行結果

■ C:\Cbook\ch9\ch9_7.exe	■ C:\Cbook\ch9\ch9_7.exe
請輸入重複次數：5	請輸入重複次數：8
請輸入輸出字元：K	請輸入輸出字元：A
KKKKK	AAAAAAAA
請按任意鍵繼續 . . .	請按任意鍵繼續 . . .

9-3 函數的回傳值 return

9-3-1　回傳值是整數的應用

在前面的所有程式範例，函數都不必回傳任何值給 main( )，因此在函數結束時，我們是用右大括號 " } " 代表函數結束，或是在 " } " 前增加 return 敘述，然後回到 main( ) 內呼叫敘述的下一列。

但畢竟在真實的程式設計中，沒有回傳值的函數仍是少數，一般函數設計，經常都會要求函數能傳回某些值給呼叫敘述，此時我們可用 return 達成這個任務。其實 return 除了可以把函數內的值傳回呼叫程式之外，同時具有讓函數結束，返回呼叫程式的功能。有回傳值的函數設計時，可以在函數右大括號 " } " 的前一列使用 return，如下所示：

　　　　return 回傳值；

程式實例 ch9_8.c：設計加法函數，然後回傳加法結果。

```
1  /*   ch9_8.c                  */
2  #include <stdio.h>
3  #include <stdlib.h>
4  int add(int a, int b)
5  {
6      int sum = 0;
7      sum = a + b;
8      return sum;
9  }
10 int main()
11 {
12     int x, y;
13     int total = 0;
14
15     printf("請輸入兩數值 \n ==> ");
16     scanf("%d %d",&x,&y);
17     total = add(x, y);
18     printf("%d + %d = %d\n", x, y, total);
19     system("pause");
20     return 0;
21 }
```

執行結果

```
■ C:\Cbook\ch9\ch9_8.exe
請輸入兩數值
 ==> 3 6
3 + 6 = 9
請按任意鍵繼續 . . . ■
```

```
■ C:\Cbook\ch9\ch9_8.exe
請輸入兩數值
 ==> 123 256
123 + 256 = 379
請按任意鍵繼續 . . .
```

　　上述函數是比較正規的寫法，許多程式設計師，有時會將簡單的運算式直接當作回傳值。

程式實例 ch9_9.c：簡化設計 ch9_8.c 的 add( ) 函數，將運算式當作回傳值，相當於將第 6 列取代原先的第 6 至 8 列。

```
1   /*   ch9_9.c                  */
2   #include <stdio.h>
3   #include <stdlib.h>
4   int add(int a, int b)
5   {
6       return a + b;
7   }
8   int main()
9   {
10      int x, y;
11      int total = 0;
12
13      printf("請輸入兩數值 \n ==> ");
14      scanf("%d %d",&x,&y);
15      total = add(x, y);
16      printf("%d + %d = %d\n", x, y, total);
17      system("pause");
18      return 0;
19  }
```

執行結果 與 ch9_8.c 相同。

上述程式第 16 列在 printf( ) 函數的輸出資料過程，筆者使用輸出變數 total，這個變數是 add( ) 函數的執行結果，因為函數 add( ) 是整數資料型態的函數，其實在列印變數區，也可以在此直接寫上函數名稱 add(x, y)，也就是將此函數當作整數變數函數，這樣可以簡化設計。

程式實例 ch9_10.c：重新設計 ch9_9.c，將函數名稱 add( ) 當作列印變數區的變數，這樣可以簡化設計。

```
1   /*   ch9_10.c                 */
2   #include <stdio.h>
3   #include <stdlib.h>
4   int add(int a, int b)
5   {
6       return a + b;
7   }
8   int main()
9   {
10      int x, y;
11
12      printf("請輸入兩數值 \n ==> ");
13      scanf("%d %d",&x,&y);
14      printf("%d + %d = %d\n", x, y, add(x,y));
15      system("pause");
16      return 0;
17  }
```

執行結果 與 ch9_9.c 相同。

9-3-2　回傳值是浮點數的應用

4-1 節筆者有說明 C 語言內建函數 pow( ) 的用法，現在我們簡化設計該函數，所簡化的部分是讓次方數限制是整數。

程式實例 ch9_11.c：設計次方的函數 mypow( )，這個函數會要求輸入底數 (浮點數)，然後要求輸入次方數 (整數)，最後回傳結果。

```
1   /*   ch9_11.c                    */
2   #include <stdio.h>
3   #include <stdlib.h>
4   float mypow(float base, int n)
5   {
6       int i;
7       float rtn = 1.0;
8       for ( i = 0; i < n; i++ )
9           rtn *= base;
10      return rtn;
11  }
12  int main()
13  {
14      float x;
15      int y;
16
17      printf("請輸入底數    : ");
18      scanf("%f",&x);
19      printf("請輸入次方數 : ");
20      scanf("%d",&y);
21      printf("%f 的 %d 次方 = %f\n", x, y, mypow(x,y));
22      system("pause");
23      return 0;
24  }
```

執行結果

C:\Cbook\ch9\ch9_11.exe
請輸入底數   : 1.1
請輸入次方數 : 3
1.100000 的 3 次方 = 1.331000
請按任意鍵繼續 . . .

C:\Cbook\ch9\ch9_11.exe
請輸入底數   : 2.0
請輸入次方數 : 5
2.000000 的 5 次方 = 32.000000
請按任意鍵繼續 . . .

9-3-3　回傳值是字元的應用

程式實例 ch9_12.c：請輸入分數，這個程式會回應 A、B、C、D、F 等級，如果輸入 0 則程式結束。

```
1   /*    ch9_12.c                      */
2   #include <stdio.h>
3   #include <stdlib.h>
4   char grade(int sc)
5   {
6       char rtn;
7       if (sc >= 90)
8           rtn = 'A';
9       else if (sc >= 80)
10          rtn = 'B';
11      else if (sc >= 70)
12          rtn = 'C';
13      else if (sc >= 60)
14          rtn = 'D';
15      else
16          rtn = 'F';
17      return rtn;
18  }
19  int main()
20  {
21      int score;
22
23      printf("輸入 0 則程式結束!\n");
24      while ( 1 )
25      {
26          printf("請輸入分數 : ");
27          scanf("%d",&score);
28          printf("最後成績是 = %c\n", grade(score));
29          printf("----------\n");
30          if (score == 0)
31              break;
32      }
33      system("pause");
34      return 0;
35  }
```

執行結果

```
C:\Cbook\ch9\ch9_12.exe
輸入 0 則程式結束!
請輸入分數 : 95
最後成績是 = A
----------
請輸入分數 : 88
最後成績是 = B
----------
請輸入分數 : 58
最後成績是 = F
----------
請輸入分數 : 0
最後成績是 = F
----------
請按任意鍵繼續 . . .
```

9-4 一個程式有多個函數的應用

9-4-1　簡單的呼叫

一個程式可以有多個函數，如果將函數寫在 main( ) 上方，可以不用做這些函數原型的宣告。如果將這些函數寫在 main( ) 下方則要一一宣告，讀者可以參考下列實例。

程式實例 ch9_13.c：加法與乘法函數的設計，如果輸入 1 表示選擇加法，如果輸入 2 表示選擇乘法，如果輸入其他值會輸出計算方式選擇錯誤。選擇好計算方式後，可以輸入兩個數值，然後執行計算。

```
1   /*    ch9_13.c                    */
2   #include <stdio.h>
3   #include <stdlib.h>
4   int add(int, int);   /* 函數原型宣告 */
5   int mul(int, int);   /* 函數原型宣告 */
6   int main()
7   {
8       int index;
9       int x, y;
10
11      printf("請輸入 1 或 2 選擇計算方式\n");
12      printf("1 : 加法運算\n");
13      printf("2 : 乘法運算\n=> ");
14      scanf("%d",&index);
15      printf("請輸入兩數值 : ");
16      scanf("%d %d",&x,&y);
17      if (index == 1)
18          printf("%d + %d = %d\n", x, y, add(x, y));
19      else if (index == 2)
20          printf("%d * %d = %d\n", x, y, mul(x, y));
21      else
22          printf("計算方式選擇錯誤\n");
23      system("pause");
24      return 0;
25  }
26  int add(int a, int b)
27  {
28      return a + b;
29  }
30  int mul(int c, int d)
31  {
32      return c * d;
33  }
```

執行結果

```
■ C:\Cbook\ch9\ch9_13.exe
請輸入 1 或 2 選擇計算方式
1：加法運算
2：乘法運算
=> 1
請輸入兩數值：5 9
5 + 9 = 14
請按任意鍵繼續 . . .
```

```
■ C:\Cbook\ch9\ch9_13.exe
請輸入 1 或 2 選擇計算方式
1：加法運算
2：乘法運算
=> 2
請輸入兩數值：6 9
6 ＊ 9 = 54
請按任意鍵繼續 . . . ■
```

```
■ C:\Cbook\ch9\ch9_13.exe
請輸入 1 或 2 選擇計算方式
1：加法運算
2：乘法運算
=> 0
請輸入兩數值：3 5
計算方式選擇錯誤
請按任意鍵繼續 . . . ■
```

上述程式第 4 和 5 列是 add( ) 和 mul( ) 函數原型的宣告，因為同樣是整數型態，所以在設計時，也可以使用宣告變數方式處理函數原型的宣告，也就是將函數原型宣告在同一列，彼此用逗號 (,) 隔開，然後最右邊加上分號 (;)，可以參考下列實例。

程式實例 ch9_14.c：重新設計 ch9_13.c，將函數原型宣告在同一列。

```
1  /*   ch9_14.c                 */
2  #include <stdio.h>
3  #include <stdlib.h>
4  int add(int, int), mul(int, int);
5
6  int main()
```

執行結果 與 ch9_13.c 相同。

9-4-2 函數間的呼叫

一個函數也可以呼叫另外一個函數，這一節將使用 2-9-2 節和 6-9-4 節所述使用萊布尼茲公式計算圓周率做解說。在 6-9-4 節筆者所列出的萊布尼茲計算圓周率公式如下：

$$4 \sum_{i=1}^{n} \frac{(-1)^{i+1}}{2i-1}$$

如果 i + 1 是奇數, 則分子是 -1
如果 i + 1 是偶數, 則分子是 1

程式實例 ch9_15.c：依萊布尼茲公式計算圓周率，這個程式會計算到 i = 10 萬，其中每當 i 是萬次時，列出圓周率。。

```c
1   /*   ch9_15.c                    */
2   #include <stdio.h>
3   #include <stdlib.h>
4   float mypow(int, int);
5   double PI(int);
6   float mypow(int base, int n)
7   {
8       float val = 1.0;
9       int i;
10      for ( i = 1; i <= n; i++)
11          val *= base;
12      return val;
13  }
14  double PI(int n)
15  {
16      double pi;
17      int i;
18      for ( i = 1; i <= n; i++ )
19          pi += 4*( mypow(-1,(i+1)) / (2*i-1));
20      return pi;
21  }
22  int main()
23  {
24      int loop = 100000;
25      int i;
26
27      for ( i = 1; i <=  loop; i++)
28          if (i % 10000 == 0)
29              printf("當 i = %6d時, PI = %20.19lf\n",i, PI(i));
30      system("pause");
31      return 0;
32  }
```

執行結果

```
C:\Cbook\ch9\ch9_15.exe
當 i =   10000時, PI = 3.1414925947901793000
當 i =   20000時, PI = 3.1415425957238767000
當 i =   30000時, PI = 3.1415592621633550000
當 i =   40000時, PI = 3.1415675956413907000
當 i =   50000時, PI = 3.1415725956430833000
當 i =   60000時, PI = 3.1415759289848211000
當 i =   70000時, PI = 3.1415783099218970000
當 i =   80000時, PI = 3.1415800956565363000
當 i =   90000時, PI = 3.1415814845786372000
當 i =  100000時, PI = 3.1415825956883054000
請按任意鍵繼續 . . .
```

註 　上述程式第 9 列和 17 列皆設定了變數 i，其中第 9 列的變數 i 屬於 mypow( ) 函數，第 17 列的變數 i 屬於 PI( ) 函數，C 語言允許不同函數有相同的變數名稱，這些變數只影響各自的函數區間，彼此沒有干擾，更多細節將在本章 9-6 節解說。

上述程式有 3 個重點，第 1 個是 main( ) 內第 27 至 29 列的 for 迴圈，這個迴圈每當 i 是 1 萬或是 1 萬的倍數，會執行呼叫計算 PI 的函數，然後列印 PI 值。

第 2 個重點是第 14 至 21 列的 PI( ) 函數，這個函數主要是第 19 列使用萊布尼茲公式計算圓周率，但是這個程式需要呼叫 mypow( ) 函數。

第 3 個重點是第 6 至 13 列的 mypow( ) 函數，這個函數會基本上是計算下列值。

$$(-1)^{i+1}$$

如果執行上述程式，因為每次皆要執行第 10 和 11 列的迴圈，會花費許多時間，因此速度變得比較慢，我們也可以簡化設計，直接設定當 i 是奇數時設定回傳 val = 1.0，當 i 是偶數時回傳 val =-1，這樣整個程式會比較數順暢，這將是讀者的習題。

註　這邊說的 i，在 PI( ) 函數呼叫 mypow( ) 時是用 (i+1) 呼叫。

9-4-3　函數是另一個函數的參數

設計比較複雜的程式時，有時候會將一個函數當作另一個函數的參數。

程式實例 ch9_15_1.c：這個程式會呼叫下列函數：

```
comment_weather(weather( ));
```

其中 weather( ) 函數是整數函數，由此可以讀取現在溫度。然後此溫度當作 comment_weather( ) 函數的參數，最後輸出溫度評論。

```
1   /*    ch9_15_1.c                */
2   #include <stdio.h>
3   #include <stdlib.h>
4   int weather();
5   void comment_weather(int);
6   int main()
7   {
8       comment_weather(weather());
9       system("pause");
10      return 0;
11  }
12  int weather()
13  {
14      int temperature;
15      printf("請輸入現在溫度 : ");
16      scanf("%d",&temperature);
17      return temperature;
18  }
19  void comment_weather(int t)
```

```
20  {
21      if (t >= 26)
22          printf("現在天氣很熱\n");
23      else if (t > 15)
24          printf("這是舒適的溫度\n");
25      else if (t > 5)
26          printf("天氣有一點冷\n");
27      else
28          printf("酷寒的天氣\n");
29  }
```

執行結果

```
■ C:\Cbook\ch9\ch9_15_1.exe
請輸入現在溫度：27
現在天氣很熱
請按任意鍵繼續 . . . ■
```

```
■ C:\Cbook\ch9\ch9_15_1.exe
請輸入現在溫度：20
這是舒適的溫度
請按任意鍵繼續 . . .
```

```
■ C:\Cbook\ch9\ch9_15_1.exe
請輸入現在溫度：10
天氣有一點冷
請按任意鍵繼續 . . .
```

```
■ C:\Cbook\ch9\ch9_15_1.exe
請輸入現在溫度：0
酷寒的天氣
請按任意鍵繼續 . . .
```

9-5　遞迴式函數的呼叫

坦白說遞迴觀念很簡單，但是不容易學習，本節將從最簡單說起。一個函數本身，可以呼叫本身的動作，稱遞迴式的呼叫，遞迴函數呼叫有下列特性。

1：　遞迴函數在每次處理時，都會使問題的範圍縮小。

2：　必須有一個終止條件來結束遞迴函數。

遞迴函數可以使本身程式變得很簡潔，但是設計這類程式如果一不小心。很容易便掉入無限遞迴的陷阱中，所以使用這類函數時，一定要特別小心。

9-5-1　從掉入無限遞迴說起

如前所述一個函數可以呼叫自己，這個工作稱遞迴，設計遞迴最容易掉入無限遞迴的陷阱。

程式實例 ch9_16.c：設計一個遞迴函數，因為這個函數沒有終止條件，所以變成一個無限迴圈，這個程式會一直輸出 5, 4, 3, … 。為了讓讀者看到輸出結果，這個程式會每隔 1 秒輸出一次數字。

```
1   /*    ch9_16.c                    */
2   #include <stdio.h>
3   #include <stdlib.h>
4   #include <windows.h>
5   int recur(int i)
6   {
7       printf("%d ",i);
8       sleep(1);
9       return recur(i-1);
10  }
11  int main()
12  {
13      recur(5);
14      system("pause");
15      return 0;
16  }
```

執行結果　讀者可以看到數字遞減在螢幕輸出。

C:\Cbook\ch9\ch9_16.exe

5 4 3 2 1 0 -1

　　上述第 9 列雖然是用 recur(i-1)，讓數字範圍縮小，但是最大的問題是沒有終止條件，所以造成了無限遞迴。為此，我們在設計遞迴時需要使用 if 條件敘述，註明終止條件。

程式實例 ch9_16_1.c：這是最簡單的遞迴函數，列出 5, 4, … 1 的數列結果，這個問題很清楚了，結束條件是 1，所以可以在 recur( ) 函數內撰寫結束條件。

```
1   /*    ch9_16_1.c                  */
2   #include <stdio.h>
3   #include <stdlib.h>
4   #include <windows.h>
5   int recur(int i)
6   {
7       printf("%d\n",i);
8       sleep(1);
9       if (i <= 1)              /* 結束條件 */
10          return 0;
11      else
12          return recur(i-1);   /* 每次呼叫讓自己減 1 */
13  }
14  int main()
15  {
16      recur(5);
17      system("pause");
18      return 0;
19  }
```

執行結果

```
C:\Cbook\ch9\ch9_16_1.exe
5
4
3
2
1
請按任意鍵繼續 . . .
```

上述當第 12 列 recur(i-1)，當參數是 i-1 是 1 時，會執行 return 0，所以遞迴條件就結束了。

程式實例 ch9_16_2.c：設計遞迴函數輸出 1, 2, …, 5 的結果。

```
1  /*    ch9_16_2.c                    */
2  #include <stdio.h>
3  #include <stdlib.h>
4  int recur(int i)
5  {
6      if (i < 1)              /* 結束條件 */
7          return 0;
8      else
9          recur(i-1);         /* 每次呼叫讓自己減 1 */
10     printf("%d\n",i);
11 }
12 int main()
13 {
14     recur(5);
15     system("pause");
16     return 0;
17 }
```

執行結果

```
C:\Cbook\ch9\ch9_16_2.exe
1
2
3
4
5
請按任意鍵繼續 . . .
```

C 語言或是說一般有提供遞迴功能的程式語言，是採用堆疊方式儲存遞迴期間尚未執行的指令，所以上述程式在每一次遞迴期間皆會將第 10 列先儲存在堆疊，一直到遞迴結束，再一一取出堆疊的資料執行。

這個程式第 1 次進入 recur( ) 函數時，因為 i 等於 5，所以會先執行第 9 列 recur(i-1)，這時會將尚未執行的第 10 列 printf( ) 推入 (push) 堆疊。第 2 次進入 recur( ) 函數時，因為 i 等於 4，所以會先執行第 9 列 recur(i-1)，這時會將尚未執行的第 10

列 printf( ) 推入堆疊。其他依此類推,所以可以得到下列圖形。

				printf("xxx", i=1)
			printf("xxx", i=2)	printf("xxx", i=2)
		printf("xxx", i=3)	printf("xxx", i=3)	printf("xxx", i-3)
	printf("xxx", i=4)	printf("xxx", i=4)	printf("xxx", i=4)	printf("xxx", i=4)
printf("xxx", i=5)	printf("xxx", i=5)	printf("xxx", i=5)	printf("xxx", i=5)	printf("xxx", i=5)
第1次遞迴 i = 5	第2次遞迴 i = 4	第3次遞迴 i = 3	第4次遞迴 i = 2	第5次遞迴 i = 1

這個程式第 6 次進入 recur( ) 函數時,i 等於 0,因為 i < 1 這時會執行第 7 列 return 0,這時函數會終止。接著函數會將儲存在堆疊的指令一一取出執行,執行時是採用後進先出,也就是從上往下取出執行,整個圖例說明如下。

printf("xxx", i=1)				
printf("xxx", i=2)	printf("xxx", i=2)			
printf("xxx", i=3)	printf("xxx", i=3)	printf("xxx", i=3)		
printf("xxx", i=4)	printf("xxx", i=4)	printf("xxx", i=4)	printf("xxx", i=4)	
printf("xxx", i=5)	printf("xxx", i=5)	printf("xxx", i=5)	printf("xxx", i=5)	printf("xxx", i=5)
取出最上方 輸出 1	取出最上方 輸出 2	取出最上方 輸出 3	取出最上方 輸出 4	取出最上方 輸出 5

註1 上圖取出英文是 pop。

註2 C 語言編譯程式實際是使用堆疊處理遞迴問題,本書將在第 22 章介紹堆疊觀念,
當讀者瞭解堆疊問題時,第 23 章筆者還會以堆疊圖一步一步繪製呼叫遞迴時,
記憶體儲存堆疊資料原理,嘗試更細緻解說遞迴完整執行方式。

上述由左到右,所以可以得到 1, 2, …, 5 的輸出。下一個實例是計算累加總和,比上述實例稍微複雜,讀者可以逐步推導,累加的基本觀念如下:

$$\text{sum}(n) = \underline{1 + 2 + … + (n-1)} + n = n + \text{sum}(n-1)$$

$$\uparrow$$
$$\text{sum}(n-1)$$

將上述公式轉成遞迴公式觀念如下：

$$sum(n) = \begin{cases} 1 & n = 1 \\ n+sum(n-1) & n >= 1 \end{cases}$$

程式實例 ch9_16_3.c：使用遞迴函數計算 1 + 2 + … + 5 之總和。

```
1   /*    ch9_16_3.c                */
2   #include <stdio.h>
3   #include <stdlib.h>
4   int sum(int n)
5   {
6       if (n <= 1)              /* 結束條件 */
7           return 1;
8       else
9           return n + sum(n-1);
10  }
11  int main()
12  {
13      printf("total = %d\n",sum(5));
14      system("pause");
15      return 0;
16  }
```

執行結果

```
C:\Cbook\ch9\ch9_16_3.exe
total = 15
請按任意鍵繼續 . . .
```

9-5-2　非遞迴式設計階乘數函數

這一節將以階乘數作解說，階乘數觀念是由法國數學家克里斯蒂安‧克蘭普 (Christian Kramp, 1760-1826) 法國數學家所發表，他是學醫但是卻同時對數學感興趣，發表許多數學文章。

在數學中，正整數的階乘 (factorial) 是所有小於及等於該數的正整數的積，假設 n 的階乘，表達式如下：

n!

同時也定義 0 和 1 的階乘是 1。

0! = 1

1! = 1

實例 1：列出 5 的階乘的結果。

5! = 5 * 4 * 3 * 2 * 1 = 120

我們可以使用下列定義階乘公式。

$$factorial(n) = \begin{cases} 1 & n = 0 \\ 1*2*\ldots n & n >= 1 \end{cases}$$

程式實例 ch9_16_4.c：設計非遞迴式的階乘函數，計算當 n = 5 的值。

```
1   /*   ch9_16_4.c                 */
2   #include <stdio.h>
3   #include <stdlib.h>
4   int factorial(int n)
5   {
6       int fact = 1;
7       int i;
8       for ( i = 1; i <= n; i++)
9       {
10          fact *= i;
11          printf("%d! = %d\n", i, fact);
12      }
13      return fact;
14  }
15  int main()
16  {
17      int n = 5;
18      int i;
19
20      printf("factorial(%d) = %d\n",n, factorial(n));
21      system("pause");
22      return 0;
23  }
```

執行結果

```
■ C:\Cbook\ch9\ch9_16_4.exe
1! = 1
2! = 2
3! = 6
4! = 24
5! = 120
factorial(5) = 120
請按任意鍵繼續 . . .
```

9-5-3　從一般函數進化到遞迴函數

如果針對階乘數 n >= 1 的情況，我們可以將階乘數用下列公式表示：

$$\text{factorial(n)} = \underbrace{1*2* \ldots *(n-1)*n}_{\text{factorial(n-1)}} = n*\text{factorial(n-1)}$$

有了上述觀念後，可以將階乘公式改成下列公式。

$$\text{factorial(n)} = \begin{cases} 1 & n = 0 \\ n*\text{factorial(n-1)} & n >= 1 \end{cases}$$

上述每一步驟傳遞 fcatorial(n-1)，會將問題變小，這就是遞迴式的觀念。

程式實例 ch9_17.c：設計遞迴式的階乘函數。

```
1   /*    ch9_17.c                    */
2   #include <stdio.h>
3   #include <stdlib.h>
4   int factriol(int n)
5   {
6       int fact;
7
8       if ( n == 0 )                  /* 終止條件   */
9          fact = 1;
10      else
11         fact = n * factriol(n - 1);   /* 遞迴呼叫   */
12      return fact;
13  }
14  int main()
15  {
16      int x = 3;
17
18      printf("%d!  =  %d \n",x,factriol(x));
19      x = 5;
20      printf("%d!  =  %d \n",x,factriol(x));
21      system("pause");
22      return 0;
23  }
```

執行結果

```
■ C:\Cbook\ch9\ch9_17.exe
3!  =  6
5!  =  120
請按任意鍵繼續 . . . ■
```

上述程式筆者介紹了遞迴式呼叫 (Recursive call) 計算階乘問題，上述程式中雖然沒有很明顯的說明記憶體儲存中間數據，不過實際上是有使用記憶體，筆者將詳細解說，下列是遞迴式呼叫的過程。

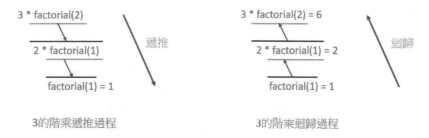

3的階乘遞推過程   3的階乘迴歸過程

在編譯程式是使用堆疊 (stack) 處理上述遞迴式呼叫，這是一種後進先出 (last in first out) 的資料結構，下列是編譯程式實際使用堆疊方式使用記憶體的情形。

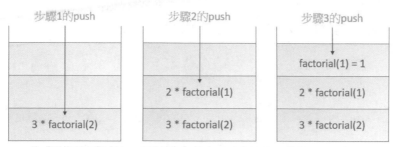

階乘計算使用堆疊(stack)的說明，這是由左到右進入堆疊push操作過程

在計算機術語又將資料放入堆疊稱堆入 (push)。上述 3 的階乘，編譯程式實際迴歸處理過程，其實就是將數據從堆疊中取出，此動作在計算機術語稱取出 (pop)，整個觀念如下：

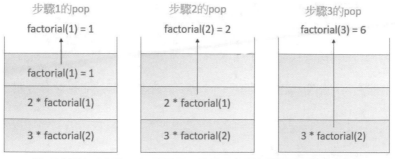

階乘計算使用堆疊(stack)的說明，這是由左到右離開堆疊的pop過程

階乘數的觀念，最常應用的是業務員旅行問題。業務員旅行是演算法裡面一個非常著名的問題，許多人在思考業務員如何從拜訪不同的城市中，找出最短的拜訪路徑，下列將逐步分析。

❏ **2 個城市**

假設有新竹、竹東，2 個城市，拜訪方式有 2 個選擇。

❏ **3 個城市**

假設現在多了一個城市竹北，從竹北出發，從 2 個城市可以知道有 2 條路徑。從新竹或竹東出發也可以有 2 條路徑，所以可以有 6 條拜訪方式。

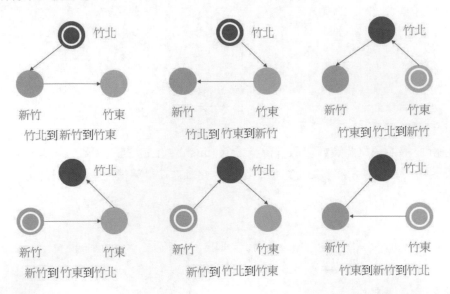

如果再細想，2 個城市的拜訪路徑有 2 種，3 個城市的拜訪路徑有 6 種，其實符合階乘公式：

2! = 1 * 2 = 2
3! = 1 * 2 * 3 = 6

❏ **4 個城市**

比 3 個城市多了一個城市，所以拜訪路徑選擇總數如下：

4! = 1 * 2 * 3 * 4 = 24

總共有 24 條拜訪路徑，如果有 5 個或 6 個城市要拜訪，拜訪路徑選擇總數如下：

    5! = 1 * 2 * 3 * 4 * 5 = 120
    6! = 1 * 2 * 3 * 4 * 5 * 6 = 720

相當於假設拜訪 N 個城市，業務員旅行的演算法時間複雜度是 N!，N 值越大拜訪路徑就越多，而且以階乘方式成長。假設當拜訪城市達到 30 個，假設超級電腦每秒可以處理 10 兆個路徑，若想計算每種可能路徑需要 8411 億年，讀者可能會覺得不可思議，其實筆者也覺得不可思議，

C 語言對整數大小有一定限制，如果改用對整數大小沒有限制的 Python，則可以用簡單的程式驗證 8411 億年的真實性。

9-5-4 使用遞迴建立輸入字串的回文字串

請設計一個函數 Palindrome(n)，這個函數可以讀取輸入字串，然後反向輸出。所謂的回文 (Palindrome) 字串，是指從左邊讀或是從右邊讀，內容皆相同。例如：bb,aba,aabbaa, ... , 皆算是回文字串。

程式實例 ch9_18.c：以遞迴函數呼叫方式，這個程式將輸入設為 5 個字元，以相反順序列印出來。

```
1   /*   ch9_18.c              */
2   #include <stdio.h>
3   #include <stdlib.h>
4   void palindrome(int n);
5   int main()
6   {
7       int i = 5;      /* 設定輸入 5 個字元 */
8
9       printf("請輸入含 5 個字元的字串\n");
10      palindrome(i);
11      printf("\n");
12      system("pause");
13      return 0;
14  }
15  /* 讀取字元和反向輸出字元 */
16  void palindrome(int n)
17  {
18      char next;
19
20      if ( n <= 1 )   /* 讀到最後一個字元此條件會成立   */
21      {
22         next = getche();
23         printf("\n");
24         putchar(next);
25      }
```

```
26      else
27      {
28          next = getche();    /* 讀字元   */
29          palindrome(n-1);    /* 呼叫自己 */
30          putchar(next);
31      }
32  }
```

執行結果

```
■ C:\Cbook\ch9\ch9_18.exe
請輸入含 5 個字元的字串
abced
decba
請按任意鍵繼續 . . . ■
```

程式第 10 列第 1 次呼叫 palindrom( ) 時，參數值是 n 是 5，假設依次輸入是 abcde，則整個流程說明如下：

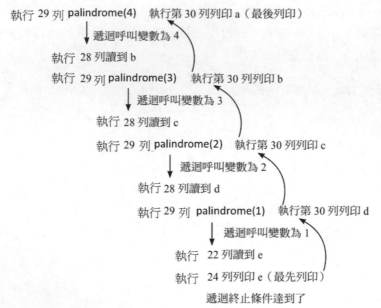

執行 28 列讀到 a

執行 29 列 palindrome(4)　執行第 30 列列印 a（最後列印）

遞迴呼叫變數為 4

執行 28 列讀到 b

執行 29 列 palindrome(3)　執行第 30 列列印 b

遞迴呼叫變數為 3

執行 28 列讀到 c

執行 29 列 palindrome(2)　執行第 30 列列印 c

遞迴呼叫變數為 2

執行 28 列讀到 d

執行 29 列 palindrome(1)　執行第 30 列列印 d

遞迴呼叫變數為 1

執行 22 列讀到 e

執行 24 列列印 e（最先列印）

遞迴終止條件達到了

9-5-5　遞迴後記

坦白說遞迴函數設計對初學者比較不容易懂，但是遞迴觀念在計算機領域是非常重要，且有很廣泛的應用，幾個經典演算法，例如：河內塔 (Tower of Hanoi)、八皇后問題、遍歷二元樹、VLSI 設計皆會使用，所以徹底瞭解遞迴設計是一門很重要的課題。

9-6 變數的等級

C 語言可以將變數依照執行時的生命週期,和影響範圍,將變數分為 3 類。

1: **區域變數** (local variable):生命週期只在此區段內的執行期間,同時只影響此區段。

2: **全域變數** (global variable):生命週期在程式執行期間,同時可影響全部程式。

3: **靜態變數** (static variable):影響宣告的函數,有固定記憶體保留內容,直到程式結束。

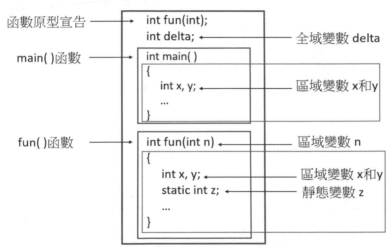

圖 9-1:區域變數與全域變數圖

至今本書所有內容所述的變數皆是區域變數,這一節將分成 3 小節解說**區域變數**、**全域變數**和**靜態變數**。最後筆者也會增加一小節說明 register 變數。

9-6-1 區域變數

在設計函數時,另一個重點是適當的使用變數名稱,某個變數只有在該區段內使用,影響範圍限定在該區段內,這個變數稱**區域變數** (local variable),至今我們所有的變數皆是區域變數。早期 C 語言程式設計師又稱區域變數為 auto 變數,也就是宣告資料型態前需加上 auto 關鍵字,例如:整數 x 的宣告方式如下:

    auto int x;

上述 auto 可以省略，現代大多數的程式設計師設計程式宣告變數時也省略 auto，因此許多年輕的 C 語言設計師許多人是不知道 auto 關鍵字的意義的。

區域變數是用堆疊 (stack) 方式佔用記憶體空間，當執行此區段時，系統會立刻為這個變數配置記憶體空間，而程式執行完後，這個堆疊空間立即被系統收回，因此這個變數就消失了。

註 在上面敘述中，我們所謂的區段，指的就是左大括號 "{"，和右大括號 "}" 內的程式片斷。如果一個函數只有一個左大括號 "{"，和右大括號 "}"，則可以稱區段是函數區段，下面解釋皆採取此觀念。

若是以圖 9-1 解說，在 main( ) 函數內有 x 和 y 宣告，x 和 y 就是 main( ) 函數的區域變數，所以這兩個變數內容只在 main( ) 函數內有效。

若是以圖 9-1 解說，因為 fun( ) 函數的傳遞參數內有變數 n，這是應用在 fun( ) 函數的區域變數，在 fun( ) 函數內有 x 和 y，所以 n、x 和 y 是 fun( ) 函數的區域變數，這些變數內容只在 fun( ) 函數內有效，同時當 fun( ) 函數執行結束，此函數的區域變數 n、x 和 y 所佔用的記憶體也會歸還給系統，所以資料將會消失。

當我們可以看到 main( ) 函數和 fun( ) 函數有相同的變數 x 和 y，在 C 語言這是允許的，因為是使用不同的記憶體空間，彼此內容沒有干擾，其實本章前面許多實例，可以看到相同的變數名稱皆已經重複在不同的函數出現。

區域變數除了只在各自影響區段運作，其他函數的敘述也無法引用該變數，例如：在 fun( ) 函數內有區域變數 n，在 main( ) 函數內的敘述不能引用 fun( ) 函數的區域變數 n。

程式實例 ch9_19.c：更加認識區域變數，在不同函數顯示區域變數內容。

```
 1  /*   ch9_19.c                  */
 2  #include <stdio.h>
 3  #include <stdlib.h>                    區域變數 n, x 的影響區間
 4  void fun(int n)
 5  {
 6      int x = 5;
 7
 8      printf("fun 的區域變數 x = %d\n", x);
 9      printf("fun 的區域變數 n = %d\n", n);
10      return;
11  }
```

```
12   int main()                              區域變數 n, x 的影響區間
13   {
14       int x = 10;
15       int n = 9;
16       printf("執行前 main 的區域變數 x = %d\n", x);
17       printf("執行前 main 的區域變數 n = %d\n", n);
18       fun(20);
19       printf("執行後 main 的區域變數 x = %d\n", x);
20       printf("執行後 main 的區域變數 n = %d\n", n);
21       system("pause");
22       return 0;
23   }
```

執行結果

```
■ C:\Cbook\ch9\ch9_19.exe
執行前 main 的區域變數 x = 10
執行前 main 的區域變數 n = 9
fun 的區域變數 x = 5
fun 的區域變數 n = 20
執行後 main 的區域變數 x = 10
執行後 main 的區域變數 n = 9
請按任意鍵繼續 . . .
```

上述 main( ) 和 fun( ) 函數皆有 n 和 x 區域變數，可以看到彼此內容沒有干擾。

上述程式解說如下：

1：　第 14 和 15 列宣告和設定 main( ) 的區域變數 x 和 n，同時設定初值。

2：　第 16 和 17 列輸出 main( ) 的區域變數 x 和 n。

3：　第 18 列進入 fun( ) 函數。

4：　第 4 列，建立 fun( ) 函數的區域變數 n，儲存 main( ) 所傳來的值。

5：　第 6 列，在 fun( ) 函數內宣告和設定區域變數 x。

6：　第 8 和 9 列輸出 fun( ) 的區域變數 x 和 n。

7：　返回 main( )，返回前，將區域變數 x 和 n 所佔的記憶體返回給系統。

8：　第 19 和 20 列輸出 main( ) 的區域變數 x 和 n。

9：　main( ) 結束後，將 main( ) 的區域變數 x 和 n 所佔的記憶體返回給系統。

此外，在相同的函數內，可以使用左右大括號 " { " 和 " } " 建立區域變數，這時所建立的區域變數只能影響大括號內的區間。

程式實例 ch9_20.c：在 main( ) 函數內建立兩個區域變數 i，區域一是第 10 至 14 列，區域二是第 5 至 18 列（但是不包含第 10 至 14 列）。

```
1   /*   ch9_20.c                    */
2   #include <stdio.h>
3   #include <stdlib.h>
4   int main()
5   {
6       int i;
7
8       i = 5;
9       printf("執行for迴圈前 i = %d\n", i);
10      {
11          int i;
12          for (i = 1; i <= 3; i++)
13              printf("i = %d\n",i);
14      }
15      printf("執行for迴圈後 i = %d\n", i);
16      system("pause");
17      return 0;
18  }
```

執行結果

```
■ C:\Cbook\ch9\ch9_20.exe
執行for迴圈前 i = 5
i = 1
i = 2
i = 3
執行for迴圈後 i = 5
請按任意鍵繼續 . . .
```

　　從上述實例可以看到 main( ) 函數內有 2 個區域變數 i，其中第 11 列的變數 i 所影響範圍只限第 10 至 14 列之間。而第 6 列所宣告的區域變數 i 影響範圍是在第 5 至 18 列之間，但是不包括第 10 至 14 列之間。

程式實例 ch9_20_1.c：驗證區域變數，即使名稱相同也會有不同的位址。

```
1   /*   ch9_20_1.c                  */
2   #include <stdio.h>
3   #include <stdlib.h>
4   int main()
5   {
6       int i;
7
8       i = 5;
9       printf("外層變數 i=%d 的位址 i=%p\n",i,&i);
10      printf("執行for迴圈前 i = %d\n", i);
11      {
12          int i = 1;
13          printf("內層變數 i=%d 的位址 i=%p\n",i,&i);
14          for ( ; i <= 3; i++)
15              printf("i = %d\n",i);
16      }
17      printf("執行for迴圈後 i = %d\n", i);
18      system("pause");
19      return 0;
20  }
```

執行結果

```
C:\Cbook\ch9\ch9_20_1.exe
外層變數 i=5 的位址 i=000000000062FE1C
執行for迴圈前 i = 5
內層變數 i=1 的位址 i=000000000062FE18
i = 1
i = 2
i = 3
執行for迴圈後 i = 5
請按任意鍵繼續 . . .
```

註 讀者需留意第 9 和 13 列，變數位址取得的格式符號是用 %p，變數名稱左邊要加 &，上述程式的記憶體圖形如下：(讀者電腦可能會有不同的記憶體位址)

62FE18	1	內層變數 i
62FE1C	5	外層變數 i

位址　記憶體內容

因為每個整數佔據 4 個位元組，所以其實變數資料是連續放置。

程式實例 ch9_20_2.c：不同函數區間有相同名稱的區域變數，觀察並輸出記憶體。

```c
1   /*    ch9_20_2.c                    */
2   #include <stdio.h>
3   #include <stdlib.h>
4   void fun(int n)
5   {
6       n = 3;
7       printf("fun 的區域變數 n=%d 的位址 n=%p\n",n,&n);
8       return;
9   }
10  int main()
11  {
12      int n = 9;
13
14      printf("main的區域變數 n=%d 的位址 n=%p\n",n,&n);
15      fun(n);
16      system("pause");
17      return 0;
18  }
```

執行結果

```
C:\Cbook\ch9\ch9_20_2.exe
main的區域變數 n=9 的位址 n=000000000062FE1C
fun 的區域變數 n=3 的位址 n=000000000062FDF0
請按任意鍵繼續 . . .
```

上述區域變數位於不同函數，雖有相同名稱 n，記憶體位址則是不同的，記憶體圖形如下。

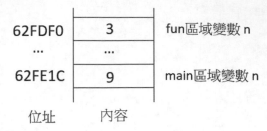

9-6-2　全域變數

如果某個變數的影響範圍是在整個程式，則這個變數稱**全域變數** (global variable)，因為編譯程式是從上往下編譯，變數必須在使用前宣告，所以必須將全域變數宣告在函數前面。由於它具有可同時被其它函數引用的特性，而且在程式執行期間，永不消失，所以我們也常利用它來做函數資料的傳遞。

程式實例 ch9_21.c：全域變數的使用說明，從所輸出的變數位址可以看到全域變數在不同的函數仍有相同的位址。

```
1   /*   ch9_21.c                  */
2   #include <stdio.h>
3   #include <stdlib.h>
4   int x = 10;            /* global variable x */
5   void fun(void)
6   {
7       printf("fun()   x=%d\taddress=%p\n", x,&x);
8       x = 30;
9       return;
10  }
11  int main()
12  {
13      printf("main() x=%d\taddress=%p\n", x,&x);
14      x = 20;
15      printf("main() x=%d\taddress=%p\n", x,&x);
16      fun();
17      printf("main() x=%d\taddress=%p\n", x,&x);
18      system("pause");
19      return 0;
20  }
```

執行結果

```
 C:\Cbook\ch9\ch9_21.exe
main() x=10      address=0000000000403010
main() x=20      address=0000000000403010
fun()  x=20      address=0000000000403010
main() x=30      address=0000000000403010
請按任意鍵繼續 . . .
```

　　上述程式第 4 列宣告全域變數 x，同時設定初值是 10，因為全域變數可以被所有函數引用，讀者可以看到函數 fun( ) 和 main( ) 皆有引用全域變數 x，同時也更改此全域變數內容。下列是 x 的變化與輸出過程。

1：　第 4 列宣告全域變數 x 是 10。

2：　第 13 列輸出 x = 10。

3：　第 14 列設定 x = 20。

4：　第 15 列輸出 x = 20。

5：　第 16 列進入 fun( ) 函數。

6：　第 8 列輸出 x = 20。

7：　第 9 列設定 x = 30。

8：　回到 main( ) 函數。

9：　第 17 列輸出 30。

　　從這個實例讀者可以了解，全域變數可以在所有程式設定和引用。程式設計時，如果設計一個變數想要供所有函數共用，這就是一個很好的使用時機，例如：假設有設計圓面積函數和圓周長的函數，這時皆要使用到圓周率 PI，我們可以將 PI 設為全域變數供所有的函數使用。

程式實例 ch9_22.c：全域變數使用時機的解說，這個程式會將圓周率 PI 設為全域變數，不同函數可以直接呼叫引用。

```
1   /*   ch9_22.c                    */
2   #include <stdio.h>
3   #include <stdlib.h>
4   double PI = 3.1415926;        /* global variable x */
5   double area(float r)
6   {
7       return PI * r * r;
8   }
9   double circumference(float r)
10  {
11      return 2 * PI * r;
12  }
13  int main()
14  {
15      double r;
16      printf("請輸入圓半徑 = ");
17      scanf("%lf", &r);
18      printf("圓面積 = %lf\n", area(r));
19      printf("圓周長 = %lf\n", circumference(r));
20      system("pause");
21      return 0;
22  }
```

執行結果

```
■ C:\Cbook\ch9\ch9_22.exe
請輸入圓半徑 = 10
圓面積 = 314.159260
圓周長 = 62.831852
請按任意鍵繼續 . . .
```

```
■ C:\Cbook\ch9\ch9_22.exe
請輸入圓半徑 = 3.0
圓面積 = 28.274333
圓周長 = 18.849556
請按任意鍵繼續 . . .
```

註　上述程式筆者使用全域變數 PI 變數定義圓周率，因為圓周率是固定不變，其實更好的設計是使用前端處理器 #define 定義 PI，更多細節會在 10-2-1 節解說。

　　使用全域變數時，可能會碰到的另一個問題是，這些全域變數可能會在某區域 (或某函數) 內被重新定義，碰上這種情形時，在這個段落內的變數值以該區域的變數為參考值，而其它區域的值，仍以外在變數為參考值。

程式實例 ch9_23.c：重新設計 ch9_22.c，在 area( ) 函數內也有設定 PI = 3.14，因為有高優先，所以所以讀者可以比較執行結果。

```
1  /*   ch9_23.c                 */
2  #include <stdio.h>
3  #include <stdlib.h>
4  double PI = 3.1415926;       /* global variable x */
5  double area(float r)
6  {
7      double PI = 3.14;        /* local variable x  */
8      return PI * r * r;
9  }
10 double circumference(float r)
11 {
12     return 2 * PI * r;
13 }
14 int main()
15 {
16     double r;
17     printf("請輸入圓半徑 = ");
18     scanf("%lf", &r);
19     printf("圓面積 = %lf\n", area(r));
20     printf("圓周長 = %lf\n", circumference(r));
21     system("pause");
22     return 0;
23 }
```

執行結果

```
■ C:\Cbook\ch9\ch9_22.exe
請輸入圓半徑 = 10
圓面積 = 314.159260
圓周長 = 62.831852
請按任意鍵繼續 . . .
```

```
■ C:\Cbook\ch9\ch9_23.exe
請輸入圓半徑 = 10
圓面積 = 314.000000
圓周長 = 62.831852
請按任意鍵繼續 . . .
```

程式實例 ch9_23_1.c：透過外在變數將函數運算結果，傳回呼叫程式。

```
1   /*    ch9_23_1.c                 */
2   #include <stdio.h>
3   #include <stdlib.h>
4   int val;               /* 宣告全域變數 */
5   void max(int a, int b)
6   {
7       val = ( a > b ) ? a : b;
8   }
9   int main()
10  {
11      int c = 5;
12      int d = 6;
13
14      max( c, d );
15      printf("較大值 = %d \n",val);
16      system("pause");
17      return 0;
18  }
```

執行結果

```
C:\Cbook\ch9\ch9_23_1.exe

較大值 = 6
請按任意鍵繼續 . . .
```

9-6-3　靜態變數

靜態 (static) 變數和區域變數最大的不同在於，C 編譯程式是以固定位址存放這個變數，而不是使用堆疊方式存放這個資料。因此，只要整個程式仍然繼續執行工作，這個變數不會隨著執行區域結束，就消失了。

靜態變數 (static variable) 宣告方式是在資料型態前增加 static 關鍵字，如下所示：

static 資料型態 變數名稱 ;

實例 1：假設要宣告 x 為整數的靜態變數，宣告方式如下：

static int x;

程式實例 ch9_24.c：觀察靜態變數的變化。

```
1   /*    ch9_24.c                   */
2   #include <stdio.h>
3   #include <stdlib.h>
4   void varfunction()
5   {
6       int var = 0;
7       static int static_var = 0;
8
9       printf("var = %d \n",var);
10      printf("靜態 static static_var = %d \n",static_var);
11      var++;
```

```
12        static_var++;
13  }
14  int main()
15  {
16      int  i;
17
18      for ( i = 0; i < 3; i++ )
19          varfunction();
20      system("pause");
21      return 0;
22  }
```

執行結果

```
C:\Cbook\ch9\ch9_24.exe

var = 0
靜態 static static_var = 0
var = 0
靜態 static static_var = 1
var = 0
靜態 static static_var = 2
請按任意鍵繼續 . . .
```

9-6-4　register

使用 register(暫存器) 宣告資料的主要目的，是將所宣告的變數放入暫存器內，如此可以加快程式的執行速度。

但是各位在使用這種方式宣告時，不一定可以得到較快的執行速度的，因為 有時系統的暫存器已經被作業系統所佔據了，碰上這種情形時，系統會自動配置區域變數給你。事實上，這個指令只對設計作業系統的程式設計師有用，對於一般的程式設計師是沒用的。

實例 1：如果你想將 i 宣告為 register 整數變數，可以用下列方式宣告：

register int i;

程式實例 ch9_24_1.c：register 宣告變數的說明。

```
1   /*   ch9_24_1.c                */
2   #include <stdio.h>
3   #include <stdlib.h>
4   int main()
5   {
6       register  int  i;    /* 宣告 register 變數 */
7       int  tmp = 0;
8
9       for ( i = 1; i <= 100; i++ )
10          tmp += i;
11      printf("總和 = %d\n",tmp);
12      system("pause");
13      return 0;
14  }
```

執行結果

```
■ C:\Cbook\ch9\ch9_24_1.exe
總和 = 5050
請按任意鍵繼續 . . .
```

9-7 陣列資料的傳遞

9-7-1 傳遞資料的基礎觀念

一般變數在呼叫函數的傳遞過程是使用傳值的觀念，在傳值的時候，可以很順利將資料傳遞給目標函數，然後可以利用 return，回傳資料，整個觀念如下：

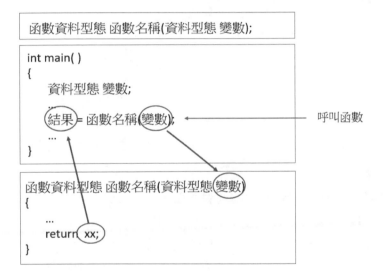

從上圖可以看到呼叫方可以利用參數傳遞資料給目標函數，目標函數則使用 return 回傳資料給原始函數，如下所示：

return xx;

目前流行的 Python 語言，return 可以一次回傳多個值如下：

return xx, yy

如果使用 C 語言想要回傳多個數值，就我們目前所學的確沒有太便利，不過下一小節和下一章筆者會說明 C 語言的處理方式。。

9-7-2　陣列的傳遞

　　第 7 章筆者說明了陣列的觀念，如果想要傳遞多筆變數資料可以將多筆變數以陣列方式表達即可。主程式在呼叫函數時，將整個陣列傳遞給函數的基礎觀念如下：

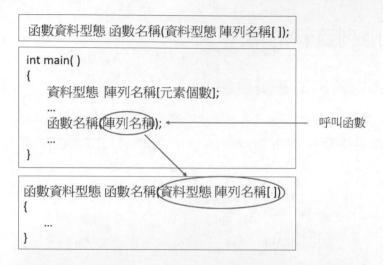

　　C 語言在傳遞陣列時和傳遞一般變數不同。一般變數在呼叫函數的傳遞過程是使用傳值呼叫 (call by value) 的觀念，也就是採用將變數內容複製到函數所屬變數記憶體內，在傳值的時候，可以很順利將資料傳遞給目標函數，但是無法取得回傳結果。

　　在函數呼叫傳遞陣列時是使用傳遞陣列位址呼叫 (call by address)，這種方式的好處是可以有比較好的效率。假設一個陣列很大，例如有 1000 多筆資料，如果採用傳值方式處理，會需要較多的記憶體空間，同時也會耗用 CPU 時間。如果採用拷貝位址，則可以很簡單處理。傳遞陣列到別的函數後，這時可以在函數處理陣列內容，更新此陣列內容後，未來回到呼叫位置，可以從陣列位址獲得新的結果。

程式實例 ch9_25.c：設計 display( ) 函數可以輸出陣列內容，主程式則是將陣列名稱與陣列長度傳給輸出函數 display( )。

```
1   /*    ch9_25.c              */
2   #include <stdio.h>
3   #include <stdlib.h>
4   void display(int num[], int len)
5   {
6       int i;
7       printf("num 陣列位址 = %p\n",num);
8       for ( i = 0; i < len; i++ )
9          printf("%d\n", num[i]);
10  }
```

```
11  int main()
12  {
13      int data[] = {5, 6, 7, 8, 9};
14
15      int len = sizeof(data) / sizeof(data[0]); /* 陣列長度 */
16      printf("data陣列位址 = %p\n",data);
17      printf("輸出陣列內容\n");
18      display(data,len);
19      system("pause");
20      return 0;
21  }
```

執行結果

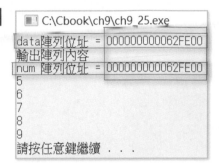

上述程式表面上指引了我們學習將陣列資料傳遞給函數，同時也驗證了將陣列傳遞給函數時，傳送的是位址，所以 main( ) 函數的 data 陣列和 display( ) 函數的 num 陣列有相同的位址。而這相同的位置是指 data[0] 和 num[0] 的位址，下列實例將驗證此觀念。

程式實例 ch9_26.c：擴充 ch9_25.c 程式，同時列出在 main( ) 和 display( ) 函數陣列元素的位址。

```
1   /*   ch9_26.c                    */
2   #include <stdio.h>
3   #include <stdlib.h>
4   void display(int num[], int len)
5   {
6       int i;
7       printf("display函數輸出\n");
8       printf("num 陣列位址 = %p\n",num);
9       for ( i = 0; i < len; i++ )
10          printf("num[%d]=%d \t address=%p\n",i,num[i],&num[i]);
11  }
12  int main()
13  {
14      int data[] = {5, 6, 7, 8, 9};
15      int i;
16
17      int len = sizeof(data) / sizeof(data[0]); /* 陣列長度 */
18      printf("main函數輸出\n");
19      printf("data陣列位址 = %p\n",data);
20      for ( i = 0; i < len; i++ )
```

```
21         printf("data[%d]=%d \t address=%p\n",i,data[i],&data[i]);
22    display(data,len);
23    system("pause");
24    return 0;
25 }
```

執行結果

```
■ C:\Cbook\ch9\ch9_26.exe

main函數輸出
data陣列位址 = 000000000062FE00
data[0]=5        address=000000000062FE00
data[1]=6        address=000000000062FE04
data[2]=7        address=000000000062FE08
data[3]=8        address=000000000062FE0C
data[4]=9        address=000000000062FE10
display函數輸出
num 陣列位址 = 000000000062FE00
num[0]=5         address=000000000062FE00
num[1]=6         address=000000000062FE04
num[2]=7         address=000000000062FE08
num[3]=8         address=000000000062FE0C
num[4]=9         address=000000000062FE10
請按任意鍵繼續 . . .
```

　　從上圖除了獲得 main( ) 和 display( ) 函數每個陣列元素位址皆相同，同時也獲得 data 所代表的位址是 data[0] 的位址，num 所代表的是 num[0] 的位址。整個記憶體圖形如下：

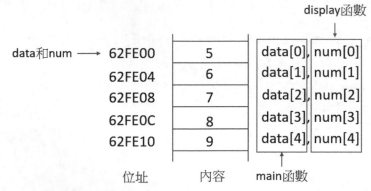

9-7-3　資料交換

　　假設我現在要設計函數將 x 和 y 的資料交換函數 swap( )，在沒有位址觀念前，可能會設計下列程式，而獲得失敗的結果。

程式實例 ch9_27.c：設計資料交換函數 swap( )，而獲得失敗的結果。這一節筆者也列出 main( ) 函數和 swap( ) 函數相同名稱變數 x 和 y 的位址，由執行結果可知，雖然名稱相同但位址不同，可以知道無法執行資料交換。

```
1   /*    ch9_27.c                  */
2   #include <stdio.h>
3   #include <stdlib.h>
4   void swap(int x, int y)
5   {
6       int tmp;
7       printf("swap函數 x 位址 %p\n",&x);
8       printf("swap函數 y 位址 %p\n",&y);
9       tmp = x;
10      x = y;
11      y = tmp;
12  }
13  int main()
14  {
15      int x = 5;
16      int y = 1;
17      printf("main函數 x 位址 %p\n",&x);
18      printf("main函數 y 位址 %p\n",&y);
19      printf("執行對調前\n");
20      printf("x = %d \t y = %d\n",x,y);
21      swap(x, y);
22      printf("執行對調後\n");
23      printf("x = %d \t y = %d\n",x,y);
24      system("pause");
25      return 0;
26  }
```

執行結果

```
C:\Cbook\ch9\ch9_27.exe
main函數 x 位址 000000000062FE1C
main函數 y 位址 000000000062FE18
執行對調前
x = 5    y = 1
swap函數 x 位址 000000000062FDF0
swap函數 y 位址 000000000062FDF8
執行對調後
x = 5    y = 1
請按任意鍵繼續 . . .
```

　　上述因為第 21 列 main( ) 內呼叫函數 swap( ) 時，是使用傳值呼叫 (call by value)，所以產生交換失敗的結果。而 return 的回傳值也只能回傳一個值，以目前我們所學的 C 語言，對於上述簡單的資料交換程式，使用 C 語言設計似乎變得很困難，當我們學會陣列知識後，其實可以使用陣列儲存兩個要交換的值，雖然不是很完美，但是終究可以完成資料交換。

註　第 10 章筆者會介紹使用 #define 設計巨集解決這方面的應用，另外在第 11 章會說明指標，資料交換將變的很容易。

程式實例 ch9_28.c：使用陣列執行資料交換。

```
1   /*   ch9_28.c                    */
2   #include <stdio.h>
3   #include <stdlib.h>
4   void swap(int data[])
5   {
6       int tmp;
7       tmp = data[0];
8       data[0] = data[1];
9       data[1] = tmp;
10  }
11  int main()
12  {
13      int num[2];
14      int x = 5;
15      int y = 1;
16      num[0] = x;
17      num[1] = y;
18      printf("執行對調前\n");
19      printf("x = %d \t y = %d\n",x,y);
20      swap(num);
21      x = num[0];
22      y = num[1];
23      printf("執行對調後\n");
24      printf("x = %d \t y = %d\n",x,y);
25      system("pause");
26      return 0;
27  }
```

執行結果

```
C:\Cbook\ch9\ch9_28.exe
執行對調前
x = 5      y = 1
執行對調後
x = 1      y = 5
請按任意鍵繼續 . . . ■
```

上述我們完成了資料交換的目的，坦白說有一點笨拙，不過未來章節會提出更好的設計。

9-7-4 傳遞字元陣列或是字串的應用

在執行函數呼叫時，也可以傳遞字元陣列。在 C 語言的賦值 (=) 觀念中，我們可以很容易執行下列整數設定工作。

int x = 10;

int y;

y = x;

上述我們獲得了 y = 10 的結果。讀者可能會思考可不可以執行下列字元陣列的賦值設定。

```
char x[ ] = {'a', 'b', 'c'};
char y[3];
y = x;
```

上述會有錯誤產生，但是我們可以使用下列實例，完成字元陣列的賦值，或是稱為內容拷貝吧！

程式實例 ch9_29.c：設計字元陣列拷貝函數，將所接收的字元陣列，另外複製一份。

```
 1  /*   ch9_29.c              */
 2  #include <stdio.h>
 3  #include <stdlib.h>
 4  void strcopy(char src[], char dst[], int n)
 5  {
 6      int i;
 7      for ( i = 0; i < n; i++ )
 8          dst[i] = src[i];   /* 將 src 陣列內容放至 dst */
 9  }
10  int main()
11  {
12      char str1[] = {'D','e','e','p','M','i','n','d','\0'};
13      char str2[10];
14      int  len;
15
16      len = sizeof(str1);    /* 因為是字元陣列所以直接就是元素數量 */
17      strcopy(str1,str2,len);
18      printf("來源字元陣列 : %s\n",str1);
19      printf("目的字元陣列 : %s\n",str2);
20      system("pause");
21      return 0;
22  }
```

執行結果

```
C:\Cbook\ch9\ch9_29.exe
來源字元陣列 : DeepMind
目的字元陣列 : DeepMind
請按任意鍵繼續 . . .
```

上述觀念也可以應用在傳遞字串，另外，上述程式其實是有很大的改良空間，例如：呼叫 strcopy( ) 函數時其實可以不用傳遞字元陣列長度，下列是介紹字串拷貝，就改良了此概念。

程式實例 ch9_30.c：將 ch9_29.c 的觀念應用在字串拷貝，同時改良在 strcopy( ) 函數處理字串長度，所以整個 main( ) 變得很簡潔。

```
1   /*   ch9_30.c                   */
2   #include <stdio.h>
3   #include <stdlib.h>
4   void strcopy(char src[], char dst[])
5   {
6       int i, len;
7       len = sizeof(src);
8       for ( i = 0; i < len; i++ )
9           dst[i] = src[i];   /* 將 src 字串內容放至 dst */
10  }
11  int main()
12  {
13      char str1[] = "DeepMind";
14      char str2[10];
15
16      strcopy(str1,str2);
17      printf("來源字串 : %s\n",str1);
18      printf("目的字串 : %s\n",str2);
19      system("pause");
20      return 0;
21  }
```

執行結果

```
C:\Cbook\ch9\ch9_30.exe
來源字串 : DeepMind
目的字串 : DeepMind
請按任意鍵繼續 . . .
```

上述需要留意的是，傳遞 str1 字串到 strcopy( ) 函數時，src[ ] 接收了 str1 字串，其實 src[ ] 是字元陣列，所以第 7 列計算字串長度時不用減 1，讀者應該可以發現上述程式又更簡潔清楚了。

9-7-5　使用函數計算輸入字串的長度

這個程式基本上是模擬 C 語言的內建函數 strlen( )，傳遞字串給函數，然後使用字串末端字元是 '\0' 特性，回應字串長度。

程式實例 ch9_30_1.c：輸入字串，這個程式會回應所輸入字串的長度。

```
1   /*   ch9_30_1.c                 */
2   #include <stdio.h>
3   #include <stdlib.h>
4   int str_len(char s[]);   /* 函數原型宣告 */
5   int str_len(char s[])
6   {
7       int i = 0;               /* 設定字串長度變數 */
8
9       while ( s[i] != '\0' )
10          i++;
```

```
11      return i;
12  }
13  int main()
14  {
15      char str[80];
16      int  len;
17
18      printf("請輸入字串 : ");
19      scanf("%s", &str);
20      len = str_len(str);
21      printf("字串 長度 : %d\n",len);
22      system("pause");
23      return 0;
24  }
```

執行結果

```
■ C:\Cbook\ch9\ch9_30_1.exe
請輸入字串 : abc
字串 長度 : 3
請按任意鍵繼續 . . .
```

```
■ C:\Cbook\ch9\ch9_30_1.exe
請輸入字串 : Python
字串 長度 : 6
請按任意鍵繼續 . . .
```

9-7-6 泡沫排序法

程式實例 ch9_31.c：程式實例 ch7_20.c 是一個泡沫排序法，這一節將依該實例觀念，使用函數方式設計泡沫排序函數。

```
1   /*   ch9_31.c                  */
2   #include <stdio.h>
3   #include <stdlib.h>
4   int len;                           /* 全域變數   */
5   void sort(int []), display(int []); /* 函數原型告 */
6   int main()
7   {
8       int  data[] = {3, 6, 7, 5, 9};  /* 欲排序數字 */
9
10      len = sizeof(data) / sizeof(data[0]);
11      printf("排序前 : ");
12      display(data);
13      sort(data);                     /* 執行排序    */
14      printf("排序後 : ");
15      display(data);
16      system("pause");
17      return 0;
18  }
19  void sort(int num[])
20  {
21      int i, j, flag, tmp;
22
23      for ( i = 1; i < len; i++ )
24      {
25         flag = 1;
26         for ( j = 0; j < (len-1); j++ )
27            if ( num[j] > num[j+1] )
28            {
29                tmp = num[j];
30                num[j] = num[j+1];
```

```
31              num[j+1] = tmp;
32              flag = 0;
33          }
34      if ( flag )
35          break;
36      }
37  }
38  void display(int arr[])
39  {
40      int i;
41
42      for (i = 0; i < len; i++)
43          printf("%d\t",arr[i]);
44      printf("\n");
45  }
```

執行結果

```
■ C:\Cbook\ch9\ch9_31.exe

排序前 : 3      6      7      5      9
排序後 : 3      5      6      7      9
請按任意鍵繼續 . . .
```

9-7-7　傳遞二維陣列資料

主程式在呼叫函數時，將整個陣列傳遞給函數的基礎觀念如下：

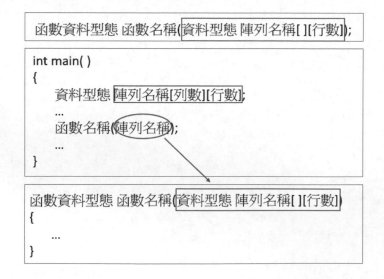

程式實例 ch9_31_1.c：基本二維陣列資料傳送的應用。本程式的函數會將二維陣列各列 (row) 的前三個元素的平均值，平均分數取整數，放在最後一個元素位置。

```
1  /*   ch9_31_1.c              */
2  #include <stdio.h>
3  #include <stdlib.h>
4  void average(int [][4],int);
5  int main()
6  {
7      int num[3][4] = {
8                       { 88, 79, 91, 0 },
9                       { 86, 84, 90, 0 },
10                      { 77, 65, 70, 0 } };
11     int i, j, rows;
12
13     rows = sizeof(num) / sizeof(num[0]);
14     average(num,rows);
15     for ( i = 0; i < 3; i++ )   /* 列印新的陣列 */
16     {
17         for ( j = 0; j < 4; j++ )
18             printf("%5d",num[i][j]);
19         printf("\n");
20     }
21     system("pause");
22     return 0;
23 }
24 void average(int sc[][4],int rows)
25 {
26     int sum,i,j;
27
28     for ( i = 0; i < rows; i++ )
29     {
30         sum = 0;
31         for ( j = 0; j < 4; j++ )
32             sum += sc[i][j];
33         sc[i][3] = sum /  3;   /* 平均值放入各列最右 */
34     }
35 }
```

執行結果

```
C:\Cbook\ch9\ch9_31_1.exe
   88    79    91    86
   86    84    90    86
   77    65    70    70
請按任意鍵繼續 . . .
```

對上述程式邏輯而言不會複雜，讀者所需了解的是第 4 列函數原型宣告方式。第 14 列呼叫 average( ) 函數，可以使用二維陣列名稱 num 傳遞二維陣列資料。第 24 列 average( ) 函數的參數設計，此例使用 sc[ ][4] 接收參數。

9-8 專題實作－抽獎程式 / 遞迴 / 陣列與遞迴 / 歐幾里德演算法

9-8-1　計算加總值的函數

程式實例 ch9_32.c：設計加總函數，請輸入 n，這個程式會輸出 1 + 2 + … n 之加總結果。

```
1   /*   ch9_32.c                */
2   #include <stdio.h>
3   #include <stdlib.h>
4   int sum(int n)
5   {
6       int i, sum;
7
8       sum = 0;
9       for ( i = 1; i <= n; i++ )
10          sum += i;
11      return sum;
12  }
13  int main()
14  {
15      int n;
16
17      printf("請輸入系列加總值 : ");
18      scanf("%d",&n);
19      printf("從 1 加到 %d = %d\n",n,sum(n));
20      system("pause");
21      return 0;
22  }
```

執行結果

```
■ C:\Cbook\ch9\ch9_32.exe
請輸入系列加總值 : 5
從 1 加到 5 = 15
請按任意鍵繼續 . . .
```

```
■ C:\Cbook\ch9\ch9_32.exe
請輸入系列加總值 : 10
從 1 加到 10 = 55
請按任意鍵繼續 . . .
```

9-8-2　設計質數測試函數

在習題 ex6_3.c 筆者已經敘述質數測試的邏輯，基本觀念如下：

2 是質數。

n 不可以被 2 至 n-1 的數字整除。

程式實例 ch9_33.c：輸入大於 1 的整數，本程式會輸出此數是否質數。

```
1   /*   ch9_33.c                */
2   #include <stdio.h>
3   #include <stdlib.h>
4   int isPrime(int n)
5   {
6       int i;
```

```
7      for (i = 2; i < n; i++)
8          if (n % i == 0)
9              return 0;
10     return 1;
11 }
12 int main()
13 {
14     int num;
15
16     printf("請輸入大於 1 的整數做測試 = ");
17     scanf("%d",&num);
18     if (isPrime(num))
19         printf("%d 是質數\n", num);
20     else
21         printf("%d 不是質數\n", num);
22     system("pause");
23     return 0;
24 }
```

執行結果

```
■ C:\Cbook\ch9\ch9_33.exe
請輸入大於 1 的整數做測試 = 2
2 是質數
請按任意鍵繼續 . . .
```

```
■ C:\Cbook\ch9\ch9_33.exe
請輸入大於 1 的整數做測試 = 12
12 不是質數
請按任意鍵繼續 . . .
```

```
■ C:\Cbook\ch9\ch9_33.exe
請輸入大於 1 的整數做測試 = 23
23 是質數
請按任意鍵繼續 . . .
```

```
■ C:\Cbook\ch9\ch9_33.exe
請輸入大於 1 的整數做測試 = 49
49 不是質數
請按任意鍵繼續 . . .
```

9-8-3　抽獎程式設計

程式實例 ch9_34.c：設計抽獎程式，這個程式的獎號與獎品可以參考程式第 20 到 36 列，如果抽中 6 至 10 號獎項則回應謝謝光臨。

```
1  /*   ch9_34.c                      */
2  #include <stdio.h>
3  #include <stdlib.h>
4  #include <time.h>
5  int lottery( )
6  {
7      int n;
8      srand(time(NULL));
9      n = rand() % 10;
10     return n + 1;
11 }
12 int main()
13 {
14     int n;
15
16     n = lottery();
17     printf("您抽中獎號是 %d\n", n);
18     switch (n)
19     {
```

```
20            case 1:
21                printf("汽車一輛\n");
22                break;
23            case 2:
24                printf("60吋液晶電視一台\n");
25                break;
26            case 3:
27                printf("iPhone 14 一台\n");
28                break;
29            case 4:
30                printf("現金三萬元\n");
31                break;
32            case 5:
33                printf("現金一萬元\n");
34                break;
35            default:
36                printf("謝謝光臨\n");
37        }
38        system("pause");
39        return 0;
40  }
```

執行結果

■ C:\Cbook\ch9\ch9_34.exe	■ C:\Cbook\ch9\ch9_34.exe
您抽中獎號是 1 汽車一輛 請按任意鍵繼續 . . . ■	您抽中獎號是 2 60吋液晶電視一台 請按任意鍵繼續 . . .
■ C:\Cbook\ch9\ch9_34.exe	■ C:\Cbook\ch9\ch9_34.exe
您抽中獎號是 4 現金三萬元 請按任意鍵繼續 . . . ■	您抽中獎號是 9 謝謝光臨 請按任意鍵繼續 . . .

9-8-4　使用遞迴方式設計 Fibonacci 數列

7-5-1 節筆者已經說明了費式數列，我們可以將該數列改寫成下列適合遞迴函數觀念的公式。

$$fib(n)= \begin{cases} 1 & n = 1或2 \\ fib(n-1)+fib(n-2) & n >= 3 \end{cases}$$

再複習一次 7-5-1 節，費式數列上述相當於下列公式：

fib[0] = 0　　　　　/* 使用遞迴設計時，為了簡化設計可以忽略此 */

fib[1] = 1

fib[2] = 1

fib[n] = fib[n-1] + fib[n-2]，for n> = 2

程式實例 ch9_35.c：使用遞迴函數計算 1 – 5 的費式數列值。

```
1   /*   ch9_35.c                    */
2   #include <stdio.h>
3   #include <stdlib.h>
4   int fib(int n)
5   {
6       if (n == 1 || n == 2)
7           return 1;
8       else
9           return (fib(n-1)+fib(n-2));
10  }
11  int main()
12  {
13      int i;
14      int max = 10;         /* 計算前10個費氏數列 */
15      printf("費氏數列 1 - 10 如下 :\n");
16      for (i = 1; i <= max; i++)
17          printf("fib[%d] = %d\n", i, fib(i));
18      system("pause");
19      return 0;
20  }
```

執行結果

```
C:\Cbook\ch9\ch9_35.exe
費氏數列 1 - 10 如下 :
fib[1] = 1
fib[2] = 1
fib[3] = 2
fib[4] = 3
fib[5] = 5
fib[6] = 8
fib[7] = 13
fib[8] = 21
fib[9] = 34
fib[10] = 55
請按任意鍵繼續 . . .
```

上述程式執行結果的遞迴流程說明圖可以參考下圖。

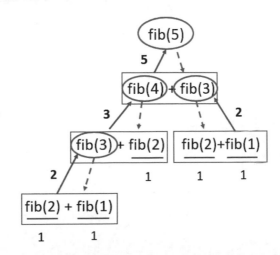

9-8-5　陣列與遞迴

這一節講解了許多遞迴的知識，主要是遞迴是 C 語言非常重要的觀念，也是邁向演算法非常重要的基石，最後筆者將陣列與遞迴結合，用簡單的實例解說，讀者應該可以很容易理解。

程式實例 ch9_35_1.c：使用遞迴方式，由大的索引值到小的索引值，輸出陣列資料。

```
1   /*   ch9_35_1.c                    */
2   #include <stdio.h>
3   #include <stdlib.h>
4   int display(int n[], int len)
5   {
6       printf("%d\n", n[len]);
7       if (len <= 0)
8           return;
9       else
10          display(n, len-1);
11  }
12  int main()
13  {
14      int x[] = {3, 4, 2, 5, 7};
15      int len;
16      len = sizeof(x) / sizeof(x[0]);
17      display(x, len-1);
18      system("pause");
19      return 0;
20  }
```

執行結果

```
C:\Cbook\ch9\ch9_35_1.exe
7
5
2
4
3
請按任意鍵繼續 . . .
```

9-8-6　歐幾里德演算法

歐幾里德是古希臘的數學家，在數學中歐幾里德演算法主要是求最大公因數的方法，這個方法就是我們在國中時期所學的輾轉相除法，這個演算法最早是出現在歐幾里德的幾何原本。這一節筆者除了解釋此演算法也將使用 Python 完成此演算法。

9-8-6-1：土地區塊劃分

假設有一塊土地長是 40 公尺寬是 16 公尺，如果我們想要將此土地劃分成許多正方形土地，同時不要浪費土地，則最大的正方形土地邊長是多少？

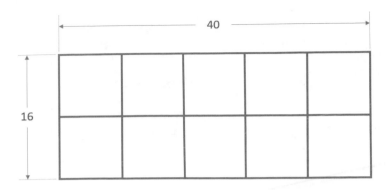

其實這類問題在數學中就是最大公約數的問題，土地的邊長就是任意 2 個要計算最大公約數的數值，最大邊長的正方形邊長 8 就是 16 和 40 的最大公約數。

9-8-6-2：最大公約數 (Greatest Common Divisor)

在 6-9-3 節已經有描述最大公約數的觀念了，有 2 個數字分別是 n1 和 n2，所謂的公約數是可以被 n1 和 n2 整除的數字，1 是它們的公約數，但不是最大公約數。假設最大公約數是 gcd，找尋最大公約數可以從 n=2, 3, … 開始，每次找到比較大的公約數時將此 n 設給 gcd，直到 n 大於 n1 或 n2，最後的 gcd 值就是最大公約數。

程式實例 ch9_36.c：設計最大公約數 gcd 函數，然後輸入 2 筆數字做測試。

```
1   /*    ch9_36.c                */
2   #include <stdio.h>
3   #include <stdlib.h>
4   int gcd(int, int);
5   int main()
6   {
7       int x, y;
8       int gc;
9
10      printf("請輸入 2 個正整數 \n==> ");
11      scanf("%d %d",&x,&y);
12      gc = gcd(x,y);
13      printf("最大公約數是 %d \n",gc);
14      system("pause");
15      return 0;
16  }
17  int gcd(int x, int y)
18  {
19      int tmp;
20      while (y != 0)
21      {
22          tmp = x % y;
23          x = y;
24          y = tmp;
25      }
26      return x;
27  }
```

執行結果

```
■ C:\Cbook\ch9\ch9_36.exe
請輸入 2 個正整數
==> 16 40
最大公約數是 8
請按任意鍵繼續 . . . ■
```

```
■ C:\Cbook\ch9\ch9_36.exe
請輸入 2 個正整數
==> 99 33
最大公約數是 33
請按任意鍵繼續 . . .
```

9-8-6-3：遞迴式函數設計處理歐幾里德算法

其實如果讀者更熟練 C 和遞迴觀念，可以使用遞迴式函數設計，函數只要一列。

程式實例 ch9_37.c：使用遞迴式函數設計歐幾里德演算法。

```
1  /*   ch9_37.c                  */
2  #include <stdio.h>
3  #include <stdlib.h>
4  int gcd(int, int);
5  int main()
6  {
7      int x, y;
8      int gc;
9
10     printf("請輸入 2 個正整數 \n==> ");
11     scanf("%d %d",&x,&y);
12     gc = gcd(x,y);
13     printf("最大公約數是 %d \n",gc);
14     system("pause");
15     return 0;
16 }
17 int gcd(int x, int y)
18 {
19     return (y == 0) ? x : gcd(y, x % y);
20 }
```

執行結果　與 ch9_36.c 相同。

9-9 習題

一：是非題

(　) 1： 函數必須放在主程式 main( ) 的前方，否則編譯時會有錯誤訊息產生。(9-1 節)

(　) 2： 函數原型 (prototype) 宣告時必須宣告變數名稱，否則會有編譯錯誤。(9-1 節)

(　) 3： 函數若有傳回值時，可以使用 return 回傳。(9-3 節)

(　) 4： 函數 return 最多可以回傳 3 個值。(9-3 節)

(　) 5： 非 main( ) 的函數間不可以互相呼叫。(9-4 節)

(　) 6： 遞迴函數在設計時必須要使問題變的範圍縮小。(9-5 節)

(　) 7： 區域變數宣告是使用佇列方式佔用記憶空間。(9-6 節)

(　) 8： C 編譯程式是以固定位址存放 static 的變數宣告。(9-6 節)

(　) 9： 區域變數最大特色是不會隨著程式區域結束，變數隨即消失。(9-6 節)

(　) 10： 使用 register(整存器) 宣告資料的主要目的是加快程式的執行速度。(9-6 節)

(　) 11： C 語言在函數呼叫傳遞陣列時是使用傳遞陣列位址呼叫 (call by address)。(9-7 節)

二：選擇題

(　) 1： C 語言對所建立的非 main( ) 函數進行宣告，此函數宣告稱 (A) 函數原型 (B) 區域函數 (C) 外部函數 (D) 子函數。(9-1 節)

(　) 2： 一個函數如果沒有回傳值可以使用哪一種宣告 (A) int (B) float (C) void (D) double。(9-2 節)

(　) 3： 函數的 return 最多可以回傳幾個值 (A) 0 (B) 1 (C) 2 (D) 3。(9-3 節)

(　) 4： 一個函數呼叫本身的動作稱 (A) ANSI 標準呼叫 (B) 遞迴式呼叫 (C) 階乘呼叫 (D) 自動呼叫。(9-5 節)

(　) 5： 下列那一個型態的變數，若程式區段結束後，此變數仍然存在 (A) auto (B) static (C) 全域變數 (D) register。(9-6 節)

(　　) 6： 下列那一個變數可供所有其它函數或是程式區域引用 (A) auto (B) static (C) 全域變數 (D) register。(9-6 節)

(　　) 7： 下列那一個型態的變數可加快程式的執行速度 (A) auto (B) 全域變數 (C) external (D) register(9-6 節)

(　　) 8： 區域變數的區間標記是 (A) 大括號 (B) 中括號 (C) 小括號 (D) 函數名稱。(9-6 節)

三：填充題

1： 函數是由 ＿＿＿＿＿＿ 和 ＿＿＿＿＿＿ 所組成。(9-1 節)

2： 設計某一個函數，若有傳回值，可用 ＿＿＿＿＿＿ 回傳。(9-3 節)

3： 遞迴函數設計時必須具備兩個特色，分別是 ＿＿＿＿＿＿ 和 ＿＿＿＿＿＿。(9-5 節)

4： 區域變數宣告是使用 ＿＿＿＿＿＿ 方式佔用記憶體空間。(9-6 節)

5： C 編譯程式是以固定位址存放 ＿＿＿＿＿＿ 變數，只要程式仍然繼續執行工作，這個變數將持續存在。(9-6 節)

6： ＿＿＿＿＿＿ 變數可加快程式的執行速度。(9-6 節)

四：實作題

1： 重新設計 ch9_4.c，然後告訴你較小值，要是兩數相等，則告訴你兩數相等。(9-2 節)

2： 改良 ch9_4.c，將函數改為 max(int x, int y)，回傳較大值。(9-3 節)

3: 設計 min(int x, int y) 函數，回傳較小值。(9-3 節)

```
C:\Cbook\ex\ex9_3.exe
請輸入兩數值 : 46 25
較小值 = 25
請按任意鍵繼續 . . .
```

```
C:\Cbook\ex\ex9_3.exe
請輸入兩數值 : 25 25
較小值 = 25
請按任意鍵繼續 . . .
```

4: 設計絕對值函數，回傳絕對值。(9-3 節)

```
C:\Cbook\ex\ex9_4.exe
請輸入一個數值 : -50
絕對值 = 50
請按任意鍵繼續 . . .
```

```
C:\Cbook\ex\ex9_4.exe
請輸入一個數值 : 35
絕對值 = 35
請按任意鍵繼續 . . .
```

5: 重新設計 ch9_15.c 的 mypow( ) 函數，重點是讓傳入值是偶數則回傳 1，如果傳入值是奇數則回傳-1，這樣整個程式就會很順暢。(9-4 節)

```
C:\Cbook\ex\ex9_5.exe
當 i =  10000時, PI = 3.1414925947901793000
當 i =  20000時, PI = 3.1415425957238767000
當 i =  30000時, PI = 3.1415592621633550000
當 i =  40000時, PI = 3.1415675956413907000
當 i =  50000時, PI = 3.1415725956430833000
當 i =  60000時, PI = 3.1415759289848211000
當 i =  70000時, PI = 3.1415783099218970000
當 i =  80000時, PI = 3.1415800956565363000
當 i =  90000時, PI = 3.1415814845786372000
當 i = 100000時, PI = 3.1415825956883054000
請按任意鍵繼續 . . .
```

6: 使用遞迴設計，計算次方的函數，次方公式的函數非遞迴觀念如下：(9-5 節)

$$b^n = \begin{cases} 1 & n = 0 \\ \underbrace{b*b* \dots b}_{\text{乘法執行 n 次}} & n >= 1 \end{cases}$$

次方公式的遞迴觀念如下：

$$b^n = \begin{cases} 1 & n = 0 \\ b*(b^{n-1}) & n >= 1 \end{cases}$$

套上 power( ) 函數，整個遞迴公式觀念如下：

$$\text{power(b,n)} = \begin{cases} 1 & n = 0 \\ b*\text{power(b,n-1)} & n >= 1 \end{cases}$$

```
C:\Cbook\ex\ex9_6.exe
2 的 5 次方 = 32
請按任意鍵繼續 . . .
```

7 : 請設計遞迴式函數計算下列數列的和。(9-5 節)

$$f(i) = 1 + 1/2 + 1/3 + \cdots + 1/n$$

請輸入 n，然後列出 n = 1 … n 的結果。

```
C:\Cbook\ex\ex9_7.exe
請輸入整數 ：5
f(1) = 1.00000
f(2) = 1.50000
f(3) = 1.83333
f(4) = 2.08333
f(5) = 2.28333
請按任意鍵繼續 . . .
```

8 : 請設計遞迴式函數計算下列數列的和。(9-5 節)

$$f(i) = 1/2 + 2/3 + \cdots + n/(n+1)$$

請輸入 n，然後列出 n = 1 … n 的結果。

```
■ C:\Cbook\ex\ex9_8.exe
請輸入整數：5
f(1) = 0.50000
f(2) = 1.16667
f(3) = 1.91667
f(4) = 2.71667
f(5) = 3.55000
請按任意鍵繼續 . . .
```

9： 請設計 main( ) 函數內有外大括號，和內大括號，兩個區域有 num 敘述，基本設計觀念如下：(9-6 節)

```
int main( )
{
    int i, num;
        xxx;
    for ( … )
    {
        int num;
        xxx;
    }
}
```

可以得到下列結果。

```
■ C:\Cbook\ex\ex9_9.exe
外圈 num = 2
內圈 num = 1
外圈 num = 3
內圈 num = 1
外圈 num = 4
內圈 num = 1
請按任意鍵繼續 . . .
```

10：輸入 n，本程式會輸出 1 + 2 + … + n 之值，請設計加總的函數。(9-7 節)

```
■ C:\Cbook\ex\ex9_10.exe
請輸入系列加總值：5
從 1 加到 5 = 15
請按任意鍵繼續 . . .
```

```
■ C:\Cbook\ex\ex9_10.exe
請輸入系列加總值：10
從 1 加到 10 = 55
請按任意鍵繼續 . . .
```

11：計算陣列的平均值函數設計。這個程式會要求你輸入陣列元素，然後將這些元素傳給函數，經函數運算後，會將平均值傳回呼叫程式。(9-7 節)

```
■ C:\Cbook\ex\ex9_11.exe
請輸入數值 1 ==> 5
請輸入數值 2 ==> 6
請輸入數值 3 ==> 70
請輸入數值 4 ==> 55
請輸入數值 5 ==> 21
平均值是　31.40
請按任意鍵繼續 . . .
```

```
■ C:\Cbook\ex\ex9_11.exe
請輸入數值 1 ==> 22
請輸入數值 2 ==> 33
請輸入數值 3 ==> 44
請輸入數值 4 ==> 55
請輸入數值 5 ==> 66
平均值是　44.00
請按任意鍵繼續 . . .
```

12：求陣列最小值的程式設計。這個程式會要求你輸入陣列元素，然後將這些元素傳給函數，經函數運算後，會將最小值傳回呼叫程式。(9-7 節)

```
■ C:\Cbook\ex\ex9_12.exe
請輸入數值 1 ==> 88
請輸入數值 2 ==> 72
請輸入數值 3 ==> 49
請輸入數值 4 ==> 25
請輸入數值 5 ==> 101
最小值是 25
請按任意鍵繼續 . . .
```

```
■ C:\Cbook\ex\ex9_12.exe
請輸入數值 1 ==> 71
請輸入數值 2 ==> 10
請輸入數值 3 ==> 22
請輸入數值 4 ==> 33
請輸入數值 5 ==> 99
最小值是 10
請按任意鍵繼續 . . .
```

13：模擬字串結合程式，這個程式會要求輸入 2 個字串，然後將字串結合。(9-7 節)

```
■ C:\Cbook\ex\ex9_13.exe
請輸入 str1：abc
請輸入 str2：defg
最後字串：abcdefg
請按任意鍵繼續 . . .
```

```
■ C:\Cbook\ex\ex9_13.exe
請輸入 str1：John
請輸入 str2：Lou
最後字串：JohnLou
請按任意鍵繼續 . . .
```

14：最小公倍數 (Least Common Multiple) 計算，其實就是兩數相乘除以最大公約數 (GCD)，公式如下：

　　x * y / gcd;

請設計程式要求輸入兩個數值，然後輸出最小公倍數。(9-8 節)

```
■ C:\Cbook\ex\ex9_14.exe
請輸入 2 個正整數
==> 8 12
最大公約數是 4
最小公倍數是 24
請按任意鍵繼續 . . .
```

```
■ C:\Cbook\ex\ex9_14.exe
請輸入 2 個正整數
==> 16 40
最大公約數是 8
最小公倍數是 80
請按任意鍵繼續 . . .
```

15：請設計程式輸出 1 至 100 間所有的質數。(9-8 節)

```
■ C:\Cbook\ex\ex9_15.exe
列出所有2 至 100 之間的所有質數
2       3       5       7       11
13      17      19      23      29
31      37      41      43      47
53      59      61      67      71
73      79      83      89      97
2 至 100 之間共有 25 個質數
請按任意鍵繼續 . . .
```

16：重新設計 ch9_35_1.c，將陣列由小索引到大索引順序輸出。(9-8 節)

```
■ C:\Cbook\ex\ex9_16.exe
3
4
2
5
7
請按任意鍵繼續 . . . ■
```

17：使用 ch9_35_1.c 的陣列，用遞迴方式加總陣列資料。(9-8 節)

```
■ C:\Cbook\ex\ex9_17.exe
total = 21
請按任意鍵繼續 . . . ■
```

18： 使用遞迴函數重新設計 pow( ) 函數，也就是可以回傳特定數的某次方值，請分別
　　 輸入底數和指數做測試。(9-8 節)

```
■ C:\Cbook\ex\ex9_18.exe

請輸入底數：2
請輸入指數：5
2 的 5 次方 = 32
請按任意鍵繼續 . . .
```

```
■ C:\Cbook\ex\ex9_18.exe

請輸入底數：3
請輸入指數：4
3 的 4 次方 = 81
請按任意鍵繼續 . . . ■
```

第 10 章

C 語言前端處理器

　　C 語言的另一個特色是前端處理器 (preprocessor)，這個功能將可使撰寫 C 語言時，更感覺得心應手，這也是為什麼 C 語言，在 1990 年代取代 Pascal 成為電腦界最重要的程式語言之一。

　　前端處理器主要有三項：

1： 包含檔案 #include 指令

2： 巨集 #define 指令

3： 條件式編譯

　　在本章，我們將一一探討上列功能。

10-1 　認識 "#" 符號和前端處理器

　　在 C 語言中，以 "#" 符號開頭的指令會在編譯程式前先進行處理，再將處理結果和後面的程式碼交給編譯程式編譯，所以我們稱以 "#" 開頭的指令為前端處理器。

　　在 1-3 節筆者有介紹 #include 指令，同時在 C 語言程式前面我們會加上下列指令。

```
#include <stdio.h>
#include <stdlib.h>
```

　　上述前端處理程式主要是將 stdio.h 和 stdlib.h 標頭檔案讀入，然後 C 語言編譯程式再一起編譯，可以參考下圖，所以我們將 #include 稱前端處理器。

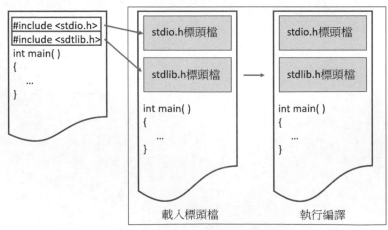

C 語言編譯過程

所以編譯程式其實分兩階段工作：

1：　載入標頭檔。

2：　程式編譯。

10-2 #define 前端處理器

10-2-1　基礎觀念

一般 #define 前端處理器，又稱作巨集，常用的功能有下列 3 項：

1：　常數的代換

2：　字串的代換

3：　定義簡易的函數

它的語法格式如下：

　　#define　識別字　代換物件

代換物件可以是常數、字串或是函數。請注意，代換物件末端不加分號 ";"。當使用 #define 定義識別字後，未來凡是程式中所使用的識別字，皆會被所指定的常數、字串或是函數取代。

註1　經過 #define 定義後的識別字，未來是不可在函數內重新定義使用。

註2　識別字也可以稱**巨集名稱**。

識別字（巨集名稱）的命名規則和變數相同，為了和一般變數有區隔，程式設計師習慣用大寫字母定義識別字（巨集名稱）。

10-2-2　#define 定義巨集常數

在 C 語言的程式設計中，我們會定義一個數值，這個數值可能會被許多函數調用，同時此數值是固定不會更改，這就是使用 #define 定義此常數的好時機。例如：在執行數學運算時，常需要定義圓周率 PI 值，我們可以先使用 #define 前端處理器定義 PI，未來就可以在所有函數使用，這可以增進程式設計效率。

在程式實例 ch9_22.c，筆者使用了全域變數定義 PI 值，其實更好的設計是使用 #define 前端處理器定義 PI 值。

程式實例 ch10_1.c：重新設計 ch9_22.c，計算圓面積和圓周長，但是將第 4 列的 PI 由全域變數改為使用 #define 定義值。

```
1  /*   ch10_1.c                    */
2  #include <stdio.h>
3  #include <stdlib.h>
4  #define PI 3.1415926
5  double area(float r)
6  {
7      return PI * r * r;
8  }
9  double circumference(float r)
10 {
11     return 2 * PI * r;
12 }
13 int main()
14 {
15     double r;
16     printf("請輸入圓半徑 = ");
17     scanf("%lf", &r);
18     printf("圓面積 = %lf\n", area(r));
19     printf("圓周長 = %lf\n", circumference(r));
20     system("pause");
21     return 0;
22 }
```

執行結果

```
C:\Cbook\ch10\ch10_1.exe

請輸入圓半徑 = 10
圓面積 = 314.159260
圓周長 = 62.831852
請按任意鍵繼續 . . .
```

使用 #define 的巨集方式定義常數最大的好處是，如果要更改常數內容，可以只要更改一個地方，不用每個函數皆要更改。例如：若是以 ch10_1.c 為例，如果在 area( ) 和 circumference( ) 函數內分別定義 PI，假設我們想要更精確的定義 PI 值，則要改兩個地方，當將 PI 定義為巨集之後，只要修改一個地方即可。

10-2-3　巨集常數相關的關鍵字 const

上一節我們了解可以使用 #define 的巨集方式定義常數，C 語言提供另一種定義常數的關鍵字 const，經過此關鍵字定義後，未來此值將不可更改，此關鍵字的語法如下：

　　const 資料型態 變數名稱 = xxx;

註 上述右邊需有分號 ";"。

實例 1：定義圓周率。

> const double PI = 3.1415926;

程式實例 ch10_2.c：使用 const 關鍵字，重新設計 ch10_1.c。

```
1  /*   ch10_2.c                    */
2  #include <stdio.h>
3  #include <stdlib.h>
4  const double PI=3.1415926;
5  double area(float r)
6  {
7      return PI * r * r;
8  }
9  double circumference(float r)
10 {
11     return 2 * PI * r;
12 }
13 int main()
14 {
15     double r;
16     printf("請輸入圓半徑 = ");
17     scanf("%lf", &r);
18     printf("圓面積 = %lf\n", area(r));
19     printf("圓周長 = %lf\n", circumference(r));
20     system("pause");
21     return 0;
22 }
```

執行結果　與 ch10_1.c 相同。

　　現在我們了解了兩種定義常數的方法，其實使用 #define 和 const，使用目的相同，但是仍有下列區別。

1： 編譯程式處理時期不同，#define 定義的是編譯程式的前端預處理將巨集名稱替換掉。const 則是需要宣告資料型態，同時編譯過程時要進行資料型態檢查。

2： #define 定義的巨集常數是儲存在程式碼中，沒有記憶體空間。const 常數則是需要配置記憶體空間。

3： 雖然程式實例 ch10_1.c，筆者將 #define 寫在所有函數的前面，但是也可以寫在特定函數內，例如：可以寫在 area( ) 函數內，只要在使用前宣告即可，讀者可以參考 ch10_3.c。const 定義的常數如果需要被所有函數調用，則必須定義在所有函數前面。

4： 使用 #define 定義的巨集可以使用 #undef 取消定義，經過 const 定義的常數無法更改。

　　至於未來使用哪一種方式讀者可以依個人喜好，筆者則比較喜歡 #define 定義。

程式實例 ch10_3.c：在 area( ) 函數內定義 PI，此程式仍可以正常執行。

```
1    /*   ch10_3.c                      */
2    #include <stdio.h>
3    #include <stdlib.h>
4    double area(float r)
5    {
6        #define PI 3.1415926
7        return PI * r * r;
8    }
9    double circumference(float r)
10   {
11       return 2 * PI * r;
12   }
13   int main()
14   {
15       double r;
16       printf("請輸入圓半徑 = ");
17       scanf("%lf", &r);
18       printf("圓面積 = %lf\n", area(r));
19       printf("圓周長 = %lf\n", circumference(r));
20       system("pause");
21       return 0;
22   }
```

執行結果 與 ch10_1.c 相同。

　　讀者需留意，編譯程式在處理 ch10_3.c 時，會由上往下編譯，如果讀者將 #define 定義在第一次使用 PI 的後面，也就是第 7 列的後面，會造成編譯程式編譯到第 7 列時，無法識別 PI，產生編譯的錯誤。所以即使不將 #define 定義在所有函數之前，也必須定義在第一次使用前。

10-2-4　#define 定義字串

　　#define 也可以用於定義字串，可以參考下列實例。

實例 1：假設有一段指令如下：

```
#define FMT "x = %d\n"
  …
printf(FMT, x);
```

　　則在執行時，FMT 會自動被 #define 中的字串取代，所以實際 printf(FMT, x) 指令會被下列指令取代。

```
printf("x = %d\n", x);
```

程式實例 ch10_4.c：使用 #define 定義字串的應用。

```
1   /*    ch10_4.c                  */
2   #include <stdio.h>
3   #include <stdlib.h>
4   #define FMT "x = %d\n"
5   void add(int x, int y)
6   {
7       printf(FMT,x+y);
8       return;
9   }
10  void sub(int x, int y)
11  {
12      printf(FMT,x-y);
13      return;
14  }
15  int main()
16  {
17      add(1,2);
18      sub(1,2);
19      system("pause");
20      return 0;
21  }
```

執行結果

```
■ C:\Cbook\ch10\ch10_4.exe
x = 3
x = -1
請按任意鍵繼續 . . .
```

在 1980 - 2000 年之間，程式語言 Pascal 也曾經紅極一時，這是一個結構化的程式語言，這個語言是使用 BEGIN 取代 C 的左大括號 "{"，使用 END 取代 C 的右大括號 "}"，下列將使用 C 模擬 Pascal 程式語言。

程式實例 ch10_5.c：模擬 Pascal 的 BEGIN 和 END 的程式應用。

```
1   /*    ch10_5.c                  */
2   #include <stdio.h>
3   #include <stdlib.h>
4   #define    BEGIN    {
5   #define    END      }
6   int main()
7   BEGIN
8       int i;
9
10      for ( i = 0; i < 3; i++ )
11      BEGIN
12          printf("模擬 Pascal begin 和 end.\n");
13          printf("BEGIN 是 { \n");
14          printf("END   是 } \n");
15      END
16      system("pause");
17      return 0;
18  END
```

執行結果

```
C:\Cbook\ch10\ch10_5.exe
模擬 Pascal begin 和 end.
BEGIN 是 {
END   是 }
模擬 Pascal begin 和 end.
BEGIN 是 {
END   是 }
模擬 Pascal begin 和 end.
BEGIN 是 {
END   是 }
請按任意鍵繼續 . . .
```

10-2-5　#define 定義函數

#define 也可以用於定義函數，在許多程式語言稱此為巨集，筆者將從不帶參數的函數說起，可以參考下列實例。

實例 1：使用 #define 定義函數 SQUARE，計算平方值的應用。

```
#define SQUARE x*x
    ...
x = 3;
y = SQUARE;
```

則運算後 y 值等於 9，因為這個巨集定義 SQUARE，因為 SQUARE 定義是 x*x，所以先設定 x 值後，呼叫 SQUARE 就可以得到 x*x 平方的結果，然後將結果傳回呼叫指令。

程式實例 ch10_6.c：利用 #define 擴充 TRUE 和 FALSE 功能的應用，這個程式會利用 #define SQ 功能，計算輸入數值的平方值，然後將它列出來，若要結束此程式只要輸入小於 50 的值就可以了。

```
1  /*    ch10_6.c                    */
2  #include <stdio.h>
3  #include <stdlib.h>
4  #define   TRUE    1
5  #define   FALSE   0
6  #define   SQUARE  n*n
7  int main()
8  {
9      int n;
10     int again = TRUE;
11
12     printf("如果輸入大於 50 程式將自動結束 \n");
13     while ( again )   /* 如果小於或等於 50 程式繼續 */
14     {
15         printf("請輸入數值 ==> ");
16         scanf("%d",&n);
```

```
17          if ( n <= 50 )
18              printf("平方值是 = %d\n", SQUARE );
19          else
20          {
21              again = FALSE ;   /* 輸入大於 50 則設定 */
22              printf("程式結束\n");
23          }
24      }
25      system("pause");
26      return 0,
27  }
```

執行結果

```
■ C:\Cbook\ch10\ch10_6.exe
如果輸入大於 50 程式將自動結束
請輸入數值 ==> 30
平方值是 = 900
請輸入數值 ==> 50
平方值是 = 2500
請輸入數值 ==> 51
程式結束
請按任意鍵繼續 . . . ■
```

上述定義雖然可以使用，但是限制是呼叫 SQUARE 前要先設定 n 的值，比較不方便，C 語言提供設計巨集函數時可以傳遞參數，這可以讓程式設計師更加活用巨集函數。

程式實例 ch10_7.c：改寫 ch10_6.c，設計傳遞參數方式，處理平方值的巨集。

```
1   /*   ch10_7.c                    */
2   #include <stdio.h>
3   #include <stdlib.h>
4   #define   TRUE    1
5   #define   FALSE   0
6   #define   SQUARE(x)   x*x
7   int main()
8   {
9       int n;
10      int again = TRUE;
11
12      printf("如果輸入大於 50 程式將自動結束 \n");
13      while ( again )   /* 如果小於或等於 50 程式繼續 */
14      {
15          printf("請輸入數值 ==> ");
16          scanf("%d",&n);
17          if ( n <= 50 )
18              printf("平方值是 = %d\n", SQUARE(n) );
19          else
20          {
21              again = FALSE;   /* 輸入大於 50 則設定 */
22              printf("程式結束\n");
23          }
24      }
25      system("pause");
26      return 0;
27  }
```

執行結果 與 ch10_6.c 相同。

上述使用參數呼叫巨集，可以不用要求變數與巨集變數要有相同的名稱。有了上述觀念，就可以設計更有用的巨集了。

程式實例 ch10_8.c：使用巨集定義配合 e1？e2：e3 語法，設計求較大值。

```
1   /*    ch10_8.c                   */
2   #include <stdio.h>
3   #include <stdlib.h>
4   #define   MAX(a,b) ( a > b ) ? a : b
5   int main()
6   {
7       int x, y;
8
9       printf("請輸入 2 個值 : ");
10      scanf("%d %d",&x, &y);
11      printf("較大值 = %d\n",MAX(x,y));
12      system("pause");
13      return 0;
14  }
```

執行結果

```
C:\Cbook\ch10\ch10_8.exe
請輸入 2 個值 : 5 10
較大值 = 10
請按任意鍵繼續 . . .
```

```
C:\Cbook\ch10\ch10_8.exe
請輸入 2 個值 : 20 9
較大值 = 20
請按任意鍵繼續 . . .
```

10-2-6　#define 定義巨集常發生的錯誤

使用 C 語言首先讀者需瞭解巨集只是字串的替代，不會對巨集內的參數進行運算，因此無法像處理函數一樣，將運算式當作參數傳遞，一般人沒有特別留意會常常發生錯誤。

程式實例 ch10_9.c：設計一個平方巨集，結果因為參數變數問題結果有錯誤。

```
1   /*    ch10_9.c                 */
2   #include <stdio.h>
3   #include <stdlib.h>
4   #define  SQ(n) n*n
5   int main()
6   {
7       int x = 9;
8
9       printf("x * x = %d\n", SQ(x+1));
10      system("pause");
11      return 0;
12  }
```

執行結果

```
C:\Cbook\ch10\ch10_9.exe
x * x = 19
請按任意鍵繼續 . . .
```

在一般理解的程式設計觀念裡，x = 9，SQ(x+1) 相當於是將 10(9+1) 代入第 4 列的 SQ( ) 巨集，所以可以得到 100。但是上述結果是 19，原因是使用 SQ(x+1) 時，x+1 會被視為巨集的 n，所以巨集收到的訊息如下：

x + 1 * x + 1

因為 x = 9，所以整個巨集處理方式如下：

9 + 1 * 9 + 1

所以得到輸出是 19。如果要改良這個現象，設計巨集時，需要為參數變數加上小括號。

程式實例ch10_10.c：改良ch10_9.c，為巨集的參數變數加上括號，最後獲得正確的結果。

```
1   /*   ch10_10.c                  */
2   #include <stdio.h>
3   #include <stdlib.h>
4   #define  SQ(n) (n)*(n)
5   int main()
6   {
7       int x = 9;
8
9       printf("x * x = %d\n", SQ(x+1));
10      system("pause");
11      return 0;
12  }
```

執行結果

```
■ C:\Cbook\ch10\ch10_10.exe
x * x = 100
請按任意鍵繼續 . . .
```

10-2-7　#define 巨集定義程式碼太長的處理

在 2-6-4 節筆者有介紹，設計 C 語言時，單一程式碼指令太長，可以在該列尾端增加 "\" 符號，編譯程式會由此符號判別下一列與此列是相同的程式碼指令。這個觀念可以同時應用在 #define 所定義的巨集中，#define 也允許有包含兩道以上指令的情形，此時你必須要在每一列的最右邊加上 "\" 符號，此符號表示下一列的指令是屬於此巨集定義。至於巨集的最後一列則可省略此 "\" 符號。

在 9-7-3 節筆者敘述資料交換，結果失敗的實例，同時也講解使用陣列成功執行資料交換。

程式實例 ch10_11.c：設計一個巨集 swap，此巨集可執行資料對調。

```
1   /*   ch10_11.c                    */
2   #include <stdio.h>
3   #include <stdlib.h>
4   #define exchange(a,b) {             \
5                           int t;\
6                           t = a;\
7                           a = b;\
8                           b = t;\
9                         }
10  int main()
11  {
12     int x = 10;
13     int y = 20;
14
15     printf("執行對調前\n");
16     printf("x = %d \t y = %d\n",x,y);
17     exchange(x,y);
18     printf("執行對調後\n");
19     printf("x = %d \t y = %d\n",x,y);
20     system("pause");
21     return 0;
22  }
```

執行結果

```
C:\Cbook\ch10\ch10_11.exe

執行對調前
x = 10     y = 20
執行對調後
x = 20     y = 10
請按任意鍵繼續 . . .
```

10-2-8　#undef

這個指令和 #define 指令完全相反，也就是說，這個指令會將已經定義的常數、字串或是函數，改成沒有定義，也就是取消定義。

10-2-9　函數或是巨集

現在讀者已經瞭解了函數與巨集的觀念了，彼此的主要優缺點如下：

	優點	缺點
函數	節省記憶體空間	執行速度比較慢
巨集	執行速度比較快	佔用比較多的記憶體空間

首先讀者須要了解巨集是在編譯程式前即執行字串的替換，然後才執行編譯程式。而函數是程式執行時，有呼叫產生才去執行，因此，巨集比較佔用編譯的時間，函數則是比較佔用執行的時間。

如果一個程式呼叫多次巨集時，這些呼叫巨集部分會變成程式碼的一部份，如果呼叫 5 次則會有 5 份程式碼出現，因此會佔據比較多的記憶體空間，但是因為巨集已經成為程式碼的一部份，所以程式可以順序往下執行，所以巨集可以比較節省執行時間。

對於函數而言，當有函數呼叫時，程式會傳遞參數，然後轉至指定函數進行資料處理，執行完成再返回原先呼叫的下一道指令，因此執行時會花費比較多時間。但是編譯函數時，只需一份程式碼，假設呼叫函數 5 次，程式控制只需轉至程式碼位址執行，執行後再回到原先呼叫的下一道指令即可。因此，函數比較節省記憶體，但是需要比較多的執行時間。

對於讀者而言，未來程式設計是使用哪一種方式，其實沒有一定規則，簡單的說就是在記憶體空間和 CPU 時間之間的取捨。

10-3　#include 前端處理器

#include 指令主要目的是將標頭檔包含在目前的檔案內工作，標頭檔案的副檔名是 ".h"。#include 指令有兩個指令格式：

1： #include < 標頭檔案路徑 >

2： #include " 標頭檔案路徑 "

第一個指令格式 < 標頭檔案路徑 >，告訴系統去指定的 include 資料夾內找尋這個檔案，然後將這個檔案包含在目前程式檔案內。

第二個指令格式 " 標頭檔案路徑 "，告訴系統在目前的工作資料夾下找尋這個檔案，如果找不到，則去系統指定的 include 資料夾找尋這個檔案，然後將這個檔案包含在目前程式檔案內。

註　自己設計的標頭檔案可以放在任意資料夾位置，如果不是放在目前檔案所在的資料夾或是 include 資料夾，則在使用 #include 時，需要加上資料夾路徑。

10-3-1　認識標頭檔的資料夾

以 Dev C++ 編譯程式而言，不同版本的標頭檔可能會在不同位置，假設 Dev C++ 軟體是安裝在 C 磁碟，在 Dev C++ 4.x 版時代，讀者可以在 C:\Dev-Cpp 資料夾內找到 include 資料夾，標頭檔就在此資料夾內。

在 Dev C++ 5.x 版則比較複雜，筆者是進入下列資料夾找到 include 資料夾。

點選進入後，可以看到有 200 多個標頭檔，細看可以看到我們熟知的 math.h、stdio.h 和 stdlib.h 標頭檔，如下所示。

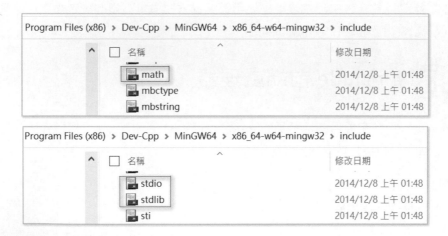

10-3-2　認識標頭檔

我們可以使用 Dev C++ 的編輯視窗開啟標頭檔，假設要開啟 math.h 標頭檔，將滑鼠游標一致此檔案，按滑鼠右鍵，然後執行開啟 /Dev C++ IDE，就可以開啟所選的 math.h 標頭檔。

下列是適度捲動看到 #define 的視窗畫面。

```
39   #if !defined( _STRICT_ANSI_ ) || defined(_XOPEN_SOURCE)
40   #define M_E        2.7182818284590452354              ← 定義 e
41   #define M_LOG2E    1.4426950408889634074
42   #define M_LOG10E   0.43429448190325182765
43   #define M_LN2      0.69314718055994530942
44   #define M_LN10     2.30258509299404568402
45   #define M_PI       3.14159265358979323846             ← 定義 π
46   #define M_PI_2     1.57079632679489661923
47   #define M_PI_4     0.78539816339744830962
48   #define M_1_PI     0.31830988618379067154
49   #define M_2_PI     0.63661977236758134308
50   #define M_2_SQRTPI 1.12837916709551257390
51   #define M_SQRT2    1.41421356237309504880            ← 定義 √2
52   #define M_SQRT1_2  0.70710678118654752440
53   #endif
```

從上述可以看到原來 C 語言使用 M_PI 定義圓周率，同時定義到小數點第 20 位，這一章程式 ch10_1.c，筆者使用 #define 定義了 PI 是 3.1415926，現在可以使用 math.h 標頭檔重新處理圓周率，同時觀察執行結果。

程式實例 ch10_12.c：使用 math.h 內建的 M_PI，重新設計 ch10_1.c，同時也嘗試用格式 2 導入標頭檔。

```
1   /*   ch10_12.c                 */
2   #include <stdio.h>
3   #include <stdlib.h>
4   #include "math.h"
5   double area(float r)
6   {
7       return M_PI * r * r;
8   }
9   double circumference(float r)
10  {
11      return 2 * M_PI * r;
12  }
13  int main()
14  {
15      double r;
16      printf("請輸入圓半徑 = ");
17      scanf("%lf", &r);
18      printf("圓面積 = %15.10lf\n", area(r));
19      printf("圓周長 = %15.10lf\n", circumference(r));
20      system("pause");
21      return 0;
22  }
```

執行結果

```
C:\Cbook\ch10\ch10_12.exe

請輸入圓半徑 = 10
圓面積 =   314.1592653590
圓周長 =    62.8318530718
請按任意鍵繼續 . . .
```

若是和 ch10_1.c 比較，因為 M_PI 值更精確，我們獲得了更精確的結果。如果將 math.h 標頭檔案往下移動可以看到數學函數原型宣告，如下所示：

```
138    double __cdecl sin(double _X);
139    double __cdecl cos(double _X);
140    double __cdecl tan(double _X);
141    double __cdecl sinh(double _X);
142    double __cdecl cosh(double _X);
143    double __cdecl tanh(double _X);
144    double __cdecl asin(double _X);
145    double __cdecl acos(double _X);
146    double __cdecl atan(double _X);
147    double __cdecl atan2(double _Y,double _X);
148    double __cdecl exp(double _X);
149    double __cdecl log(double _X);
150    double __cdecl log10(double _X);
151    double __cdecl pow(double _X,double _Y);
152    double __cdecl sqrt(double _X);
153    double __cdecl ceil(double _X);
154    double __cdecl floor(double _X);
```

上述是 C 語言標準數學函數庫的原型宣告，在 4-1-1 節筆者說明 pow( ) 函數宣告，讀者可以在上方看到該函數。在 4-2 節筆者介紹了 pow10( ) 函數，讀者應該發現上述找不到 pow10( )，這也是為何筆者說 pow10( ) 不是標準函數。另外上述宣告可以看到 __cdecl 字串，這是 C Declaration 的縮寫，這是註明所有參數從右到左依次進入堆疊。

第 4 章介紹的標準數學函數皆是包含在 match.h 內，所以該章節的程式實例前面，皆加了下列指令。

#include <math.h>

10-3-3　設計自己的標頭檔

C 語言系統，也允許我們設計自己的標頭檔，此檔案的副檔名是 .h。最簡單方式是放在目前程式所在資料夾，如果要放在其他資料夾則需加上資料夾路徑。

程式實例 ch10_13.c：自行設計 include 檔案的程式應用。本程式是由兩個檔案組成。

1：　test.h 這個檔案包含了一些常用 C 語言運算符號的定義，請將本程式放在與本程式相同目錄內。

```
1    /* 測試 #include 檔案 */
2    #define BEGIN      {
3    #define END        }
4    #define LAG        >
5    #define SMA        <
6    #define EQ         ==
```

2: ch10_13.c 這是程式核心，由於很多常用的運算符號皆已被字串重新定義了，所以和原來 C 語言比較，它有一點不同。

```
1    /*       ch10_13.c                   */
2    #include <stdio.h>
3    #include <stdlib.h>
4    #include "test.h"
5
6    int main()
7    BEGIN
8        int i = 10;
9        int j = 20;
10
11       if ( i LAG j )
12          printf("%d 大於 %d \n",i,j);
13       else if ( i EQ j )
14          printf("%d 等於 %d \n",i,j);
15       else if ( i SMA j )
16          printf("%d 小於 %d \n",i,j);
17       system("pause");
18       return 0;
19   END
```

執行結果

```
■ C:\Cbook\ch10\ch10_13.exe
10 小於 20
請按任意鍵繼續 . . . ■
```

10-4 條件式的編譯

條件式的編譯程式，通常是使用於較大的程式區塊中，下列是這些指令的基本定義：

10-4-1 #if

假設語態的條件運算式，它類似於一般指令 if，兩者之間最大的不同在於，if 只能用於程式區段；而 #if 不僅可用在程式區塊，同時，也能將它們使用在前端處理程式上，不過一般人們都習慣將它們用在前端處理程式上。

10-4-2　#endif

這個指令代表條件運算的結束，一般都和 #if 配合使用。例如：

```
#if ( 條件判斷 )
    …
#endif
```

如果 #if 的條件判斷是真 (True)，則執行 #if 和 #endif 之間的指令。

10-4-3　#else

這個指令類似於 else，一般均和 #if 和 #endif 指令配合使用。例如：

```
#if ( 條件判斷 )
    區段指令 1
#else
    區段指令 2
#endif
```

如果 #if 的條件判斷是真 (True)，則執行區段指令 1，否則執行區段指令 2。

10-4-4　#ifdef

它的意義為 " 如果有定義 "（if define）。它的使用語法如下：

```
#ifdef 識別字
    區段指令
#endif
```

如果上述識別字有定義，則執行區段指令，同樣上述指令也可以配合 #else 使用。

10-4-5　#ifndef

它的意義為 " 如果沒有定義 "(if not define)，它的使用語法如下：

```
#ifndef 識別字
    區段指令 1
#else
```

區段指令 2
#endif

在上述指令中，如果識別字沒有定義，則執行區段指令 1，否則執行區段指令 2。

程式實例 ch10_14.c：#if、#ifdef 和 #ifndef 的綜合應用，在這個範例中，我們幾乎列出所有可能發生條件編譯的使用情形，讀者應該徹底了解本程式。

```
1   /*   ch10_14.c              */
2   #include <stdio.h>
3   #include <stdlib.h>
4   #define   MAX
5   #define   MAXIMUM(x,y)      ( x > y ) ? x : y
6   #define   MINIMUM(x,y)      ( x > y ) ? y : x
7   int main()
8   {
9       int a = 10;
10      int b = 20;
11
12  #ifdef MAX
13      printf("較大值是 = %d\n",MAXIMUM(a,b));       ← 因為有定義MAX所以執行此巨集
14  #else
15      printf("較小值是 = %d\n",MINIMUM(a,b));
16  #endif
17  #ifndef MIN
18      printf("較小值是 = %d\n",MINIMUM(a,b));       ← 因為沒有定義MIN所以執行此巨集
19  #else
20      printf("較大值是 = %d\n",MAXIMUM(a,b));
21  #endif
22  #undef MAX    ←                                  取消定義MAX
23  #ifdef MAX
24      printf("較大值是 = %d\n",MAXIMUM(a,b));
25  #else
26      printf("較小值是 = %d\n",MINIMUM(a,b));       ← 因為沒有定義MAX所以執行此巨集
27  #endif
28  #define MIN   ←                                  定義MIN
29  #ifndef MIN
30      printf("較小值是 = %d\n",MINIMUM(a,b));       ← 因為有定義MIN所以執行此巨集
31  #else
32      printf("較大值是 = %d\n",MAXIMUM(a,b));
33  #endif
34      system("pause");
35      return 0;
36  }
```

執行結果

```
C:\Cbook\ch10\ch10_14.exe
較大值是 = 20
較小值是 = 10
較小值是 = 10
較大值是 = 20
請按任意鍵繼續 . . .
```

10-5 習題

一：是非題

(　　) 1： 凡是前端處理器，前面一定要加上 "#"。(10-1 節)

(　　) 2： 前端處理器的末端與一般指令一樣要加上 ";"。(10-2 節)

(　　) 3： #define 巨集定義最多只能定義一列。(10-2 節)

(　　) 4： 執行 #define 定義的巨集是將成為程式碼的一部份。(10-2 節)

(　　) 5： #undefine 可以取消巨集定義。(10-2 節)

(　　) 6： 使用 #define 定義常數緯來可以取消定義，使用 const 定義常數則不可取消
定義。(10-2 節)

(　　) 7： 巨集是在程式編譯前處理。(10-2 節)

(　　) 8： #include 主要是將標頭檔案包含在目前的檔案內工作。(10-3 節)

(　　) 9： if 和 #if 最大的不同在於，#if 不僅可以用在程式區塊，同時也可以使用在前
端處理程式上。(10-4 節)

二：選擇題

(　　) 1： 凡是前端處理器，前面一定要加上 (A) # (B) $ (C) @ (D) $ 符號。(10-1 節)

(　　) 2： 以下那一項不屬於前端處理程式的功能 (A) #include (B) #define (C) 建立巨集
(D) 迴圈。(10-2 節)

(　　) 3： 適用於設定求某數值 3 次方的巨集？ (A) #include (B) #define (C) 條件式編程
(D) 以上皆可。(10-2 節)

(　　) 4： 哪一個符號可以讓 #define 定義多列的巨集。(A) ! (B) \ (C) / (D) &。(10-2 節)

(　　) 5： 主要是將標頭檔案包含在目前的檔案內工作？ (A) #include (B) #define (C)
#macro (D) #if。(10-3 節)

(　　) 6： 標頭檔的副檔名是 (A) .c (B) .py (C) .h (D) .cpp。(10-3 節)

(　　) 7： 可以用於取消 #define 所定義的巨集名稱 (A) #undefine (B) #undef (C) #unif
(D) #cancel。(10-4 節)

三：填充題

1： 請列出三種常用的標頭檔案 ＿＿＿＿＿＿＿ 、 ＿＿＿＿＿＿＿ 、 ＿＿＿＿＿＿＿ 。(10-1 節)

2： 請列出三種 #define 前端處理器的功能 ＿＿＿＿＿＿＿ 、 ＿＿＿＿＿＿＿ 、 ＿＿＿＿＿＿＿ 。(10-2 節)

3： 凡是前端處理器前面一定有 ＿＿＿＿＿＿＿ 符號，如果一列寫不下要出現另一列時，前一列末端要加上 ＿＿＿＿＿＿＿ 符號。(10-2 節)

4： ＿＿＿＿＿＿＿ 可以用於取消 #define 所定義的巨集名稱。(10-2 節)

5： 假設所設計的標頭檔案 test.h 放在 C:\Cbook 資料夾，應該使用 ＿＿＿＿＿＿＿ 導入此標頭檔。(10-3 節)

6． 前端處理器沒有定義的語法是 ＿＿＿＿＿＿＿ 。(10-4 節)

四：實作題

1： 使用 #define 定義 PI 為 3.14，和圓型 CIRCLE 巨集，然後用 5 和 10 測試。(10-2 節)

```
C:\Cbook\ex\ex10_1.exe
半徑 r = 5      圓面積 = 78.500000
半徑 r = 10     圓面積 = 314.000000
請按任意鍵繼續 . . .
```

2： 使用 #define 定義計算矩形面積，此程式需要輸入整數的矩形寬 (width) 和高 (height)。(10-2 節)

```
C:\Cbook\ex\ex10_2.exe
請輸入矩形寬度 : 10
請輸入矩形高度 : 6
矩形面積 = 60
請按任意鍵繼續 . . .
```

3： 更改 ch10_8.c 的設計，改為輸出較小值。(10-2 節)

```
C:\Cbook\ex\ex10_3.exe
請輸入 2 個值 : 8 6
較小值 = 6
請按任意鍵繼續 . . . ■
```

4：　擴充設計 ex10_1.c 和 ex10_2.c，將所有的 #define 定義在標頭檔 test.h 內，然後
　　分別輸入圓半徑、矩形寬和高，最後輸出圓面積和矩形面積。(10-3 節)

```
 C:\Cbook\ex\ex10_4.exe
請輸入圓半徑 : 10
半圓面積 = 314.000000
請輸入矩形寬度 : 10
請輸入矩形高度 : 6
矩形面積 = 60
請按任意鍵繼續 . . .
```

第 11 章

指標

對於初學 C 語言的人而言，我想最困難的部份就是指標 (pointer) 了，然而指標卻是 C 語言的靈魂，指標也是 C 語言和其他語言最大差異的地方，所以本章將使用變數、指標記憶體，以極深入且詳細方式說明。

11-1　認識位址

在講解指標前，最基礎的工作是認識位址 (address)，電腦的記憶體是用位址做編號區隔，每一個位址有 1 個位元組空間 (byte)，一個位元組空間有 8 個位元 (bit)，同時每個位址編號均是唯一的，有唯一的編號資料儲存才不會錯亂。讀者也可以將位址想成是地址，因為每個地址皆是唯一的，郵差才可以將信件送達指定地點。讀者可以使用下列圖說想像位址，同時因為每一個位址是唯一的，我們才可以知道哪一個位址是儲存什麼資料。

從上圖可以知道 1000H 位址儲存資料 "A"，1001H 位址儲存資料 "C"。

第 2 章有說明，每一種資料類型所佔據的記憶體空間不一樣，例如：字元佔據一個位元組，整數佔據 4 個位元組，浮點數佔據 4 個位元組。

程式實例 ch11_1.c：認識不同資料類型所佔據的記憶體空間與數量。

```
1  /*    ch11_1.c              */
2  #include <stdio.h>
3  #include <stdlib.h>
4  int main()
5  {
6      int a;
7      float b;
8      char c;
9      printf(" a 的 address = %p\n", &a);
10     printf("sizeof(a) = %d\n",sizeof(a));
11     printf(" b 的 address = %p\n", &b);
12     printf("sizeof(b) = %d\n",sizeof(b));
13     printf(" c 的 address = %p\n", &c);
14     printf("sizeof(c) = %d\n",sizeof(c));
15     system("pause");
16     return 0;
17 }
```

執行結果

```
■ C:\Cbook\ch11\ch11_1.exe
 a 的 address = 000000000062FE1C
sizeof(a) = 4
 b 的 address = 000000000062FE18
sizeof(b) = 4
 c 的 address = 000000000062FE17
sizeof(c) = 1
請按任意鍵繼續 . . .
```

我們可以用下列記憶體圖形描述上述結果。

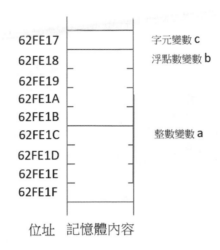

位址　記憶體內容

在上述執行結果中，我們可以看到浮點數變數 b 所佔的記憶體空間是 62FE18 至
62FE1B，但是輸出標記變數 b 的位址是 62FE18，在 C 語言程式中，是用記憶體空間的
起始位址，當作此變數 b 的位址，這個觀念對於未來使用指標很重要。

程式實例 ch11_2.c：現在繼續擴充上述程式，設定 a、b 和 c 的值，然後觀察執行結果。

```c
1  /*    ch11_2.c                    */
2  #include <stdio.h>
3  #include <stdlib.h>
4  int main()
5  {
6      int a = 6;
7      float b = 3.14;
8      char c = 'K';
9      printf(" a = %d 的 address = %p\n",a, &a);
10     printf("sizeof(a) = %d\n",sizeof(a));
11     printf(" b = %f 的 address = %p\n",b, &b);
12     printf("sizeof(b) = %d\n",sizeof(b));
13     printf(" c = %c 的 address = %p\n",c, &c);
14     printf("sizeof(c) = %d\n",sizeof(c));
15     system("pause");
16     return 0;
17 }
```

執行結果

```
■ C:\Cbook\ch11\ch11_2.exe
 a = 6 的 address = 000000000062FE1C
sizeof(a) = 4
 b = 3.140000 的 address = 000000000062FE18
sizeof(b) = 4
 c = K 的 address = 000000000062FE17
sizeof(c) = 1
請按任意鍵繼續 . . . ▪
```

我們可以用下列記憶體圖形描述上述結果。

位址　記憶體內容

C 語言讀取數據有 2 種方式：

1：　**直接存取**：也就是依據變數的值直接存取，這也是前 10 章內容的方式。

2：　**間接存取**：這時需要另一個變數，這個新的變數的內容是一個位址，其內容是一個指向，也就是指向一個變數的記憶體位址。假設我們要取得浮點數 b 的內容，假設有一個變數是 ptr，則需要設定 ptr 的內容是 62FE18，這樣就可以存取變數 b 的內容，可以參考下圖。

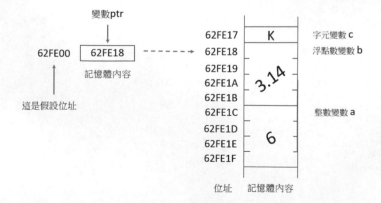

位址　記憶體內容

11-2　認識指標

指標可以想成是一個特殊的變數,我們可以稱指標變數,它的內容是一個普通變數的記憶體位址,這個位址含有指向的意味,透過此位址可以存取普通變數的內容。假設指標變數 ptr 內容儲存的是變數 b 的位址,我們可以使用下圖更明確的表達指標變數 ptr。

透過指標 ptr,程式可以存取變數 b 的內容,這個觀念可以應用在存取 C 語言所有資料型態。也就是只要是 C 語言的資料型態,皆可以使用指標變數指向它。

11-3　使用指標變數

11-3-1　宣告指標變數

使用指標變數和使用其他變數一樣,必須要先宣告,除了指標變數前面要加上 "*" 外,宣告方法也和宣告其他類型的變數相同,指標宣告的語法如下:

　　資料型態　*指標變數;

上述資料型態就是指標所指變數的資料類型。

實例 1:宣告 ptr 為指標變數,所指變數的資料型態是整數。

　　int *ptr;

宣告指標變數後,假設想要將指標指向變數,有兩種方法,一是賦值語句的方法,另一是指標變數初始化方法。可以參考下列實例。

實例 2：賦值語句的方法，宣告 x 值是整數 6，和 ptr 為指標變數，然後將 x 位址給指標變數 ptr。

```
int x = 6;
int *ptr;
ptr = &x;                    /* 設定ptr是整數變數 x 的位址，相當於將ptr指向x */
```

C 語言也允許宣告指標變數時，直接初始化。

實例 3：指標變數初始化方法，宣告 x 值是整數 6，和將 ptr 直接指向變數 x。

```
int x = 6;
int *ptr = &x;               /* 宣告指標變數時直接指向變數x */
```

有關指標有一個需要了解的符號是 &，& 是一個特殊單元運算子 (Unary Operator)，主要目的是傳回右邊變數的位址。在先前第三章基本的輸入與輸出時，我們已經用過 & 符號許多次了。在當時我們規定凡是 scanf( ) 內的整數、浮點數及字元變數一定要在左邊加上 & 符號，因為 C 語言在執行 scanf( ) 引數傳送時，並沒有辦法直接將某一數值設定給某一變數，只好藉著將某個數值存入某個指定的位址了。這也是為什麼 scanf( ) 的引數是位址的原因。

程式實例 ch11_3.c：賦值語句的方法實例，宣告 x 值是整數 6，和 ptr 為指標變數，然後將指標變數 ptr 的位址內容設為 x 位址，這樣子就可以完成將 ptr 指標指向 x 變數位址的內容。

```
1    /*    ch11_3.c                    */
2    #include <stdio.h>
3    #include <stdlib.h>
4    int main()
5    {
6        int x = 6;
7        int *ptr;
8
9        ptr = &x;
10       printf("%d\n", x);
11       printf("%d\n", *ptr);
12       system("pause");
13       return 0;
14   }
```

執行結果

```
C:\Cbook\ch11\ch11_3.exe
6
6
請按任意鍵繼續 . . .
```

在上述程式中，我們必須了解指標變數左邊的 "*" 符號，這不是乘法符號，當指標變數有這個符號後，例如："*ptr"，所代表意義是取得指標 ptr 所指位址的內容，上述因為 ptr 所指位址是 x 的位址，所以第 11 列 *ptr 的輸出也是 6。

註 "*" 是單元運算子 (Unary Operator)，右邊接著必須是指標變數。

程式實例 ch11_4.c：指標變數初始化方法，重新設計 ch11_3.c，在宣告指標變數 ptr 時就直接賦值。

```
1  /*   ch11_4.c              */
2  #include <stdio.h>
3  #include <stdlib.h>
4  int main()
5  {
6      int x = 6;
7      int *ptr = &x;
8
9      printf("%d\n", x);
10     printf("%d\n", *ptr);
11     system("pause");
12     return 0;
13 }
```

執行結果 與 ch11_3.c 相同。

11-3-2 從認識到精通 "&" 和 "*" 運算子

其實從前一小節，讀者應該可以理解 "&" 和 "*" 的基本觀念了，有時候我們可以看到上述運算子結合使用，例如："&*" 或是 "*&"，"&*" 結合的是指標變數，"*&" 結合的是一般變數。

"&" 和 "*" 執行的優先順序相同，在應用時是從右到左解析。

實例 1：假設 ptr 是指標變數，有一系列指令如下：

    int x;
    int *ptr;
    ptr = &x;

有了上述片段指令後，請解釋下列運算式的意義。

    &*ptr

上述我們需要先解析 *ptr ，這相當於是變數 x 的內容，然後再進行 "&" 解析，所以可以得到變數 x 的位址。

實例 2：參考實例 1 的指令片段，然後解釋下列運算式的意義。

　　*&x

上述我們需要先解析 &x ，這相當於是變數 x 的位址，然後再進行 "*" 解析，實際這就是變數 x 的內容。

程式實例 ch11_5.c："&*" 運算式的實例解說，這相當於可以得到變數的位址，讀者可以比較第 14 列和 15 列，以及第 17 列和 18 列。

```
1   /*    ch11_5.c                    */
2   #include <stdio.h>
3   #include <stdlib.h>
4   int main()
5   {
6       int a, b;
7       int *i, *j;
8
9       printf("請輸入 a, b 的值 : ");
10      scanf("%d %d",&a, &b);
11      i = &a;
12      j = &b;
13      printf("變數 a 的值 = %d\n", a);
14      printf("變數 a 的位址 = %d\n", &*i);
15      printf("變數 a 的位址 = %d\n", &a);
16      printf("變數 b 的值 = %d\n", b);
17      printf("變數 b 的位址 = %d\n", &*j);
18      printf("變數 b 的位址 = %d\n", &b);
19      system("pause");
20      return 0;
21  }
```

執行結果

```
 C:\Cbook\ch11\ch11_5.exe
請輸入 a, b 的值 : 5 8
變數 a 的值 = 5
變數 a 的位址 = 6487564
變數 a 的位址 = 6487564
變數 b 的值 = 8
變數 b 的位址 = 6487560
變數 b 的位址 = 6487560
請按任意鍵繼續 . . .
```

註　上述實例的記憶體位址輸出的格式符號是 %d，如果改成 %X，就可以用 16 進位方式輸出。上述實例是告訴讀者 "&*" 的混合用法，當然程式設計時可以用第 15 和 18 列即可。

程式實例 ch11_6.c："*&" 運算式的實例解說，這相當於可以得到變數的值。

```
1   /*    ch11_6.c                    */
2   #include <stdio.h>
3   #include <stdlib.h>
4   int main()
5   {
6       int x;
7       int *ptr;
8
9       x = 10;
10      ptr = &x;
11      printf("變數 x 的值 = %d\n", x);
12      printf("變數 x 的值 = %d\n", *&x);
13      system("pause");
14      return 0;
15  }
```

執行結果

```
C:\Cbook\ch11\ch11_6.exe
變數 x 的值 = 10
變數 x 的值 = 10
請按任意鍵繼續 . . .
```

上述實例是告訴讀者 "*&" 的混合用法，當然程式設計時讀者只要使用第 11 列即可。

11-3-3 指標變數的位址

指標變數也可以有自己的位址，假設指標變數是 ptr，可以使用 &ptr 獲得指標變數的位址。

程式實例 ch11_7.c：變數值、變數位址與指標位址的實例解說。

```
1   /*    ch11_7.c                    */
2   #include <stdio.h>
3   #include <stdlib.h>
4   int main()
5   {
6       int x;
7       int *ptr;
8
9       x = 10;
10      ptr = &x;
11      printf("內容 x=%-10d \t *ptr=%-10d\n", x, *ptr);      /* 變數 x 值    */
12      printf("位址 &x=%-10X \t ptr=%-10X\n", &x, ptr);      /* 變數 x 位址 */
13      printf("位址 ptr=%X\n", &ptr);                         /* ptr 位址     */
14      system("pause");
15      return 0;
16  }
```

執行結果

```
■ C:\Cbook\ch11\ch11_7.exe
內容 x=10                    *ptr=10
位址 &x=62FE1C              ptr=62FE1C
位址 ptr=62FE10
請按任意鍵繼續 . . .
```

下列是上述程式的記憶體圖形解說。

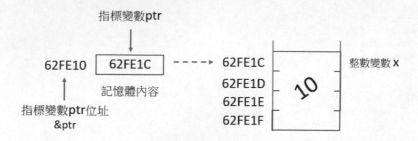

　　上述右邊整數變數的記憶體圖形其實可以簡化用一個位址代表，然後將整個記憶體組合，可以得到下列結果。

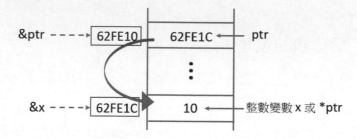

註　上述筆者是用記憶體空間的起始位址，當作此變數 x 的位址。

　　所以學到這裡，我們可以將指標做一個總整理，當設定指標變數 *ptr 後，指標變數可以有 3 種呈現方式。

ptr：指標變數位址的內容，這個內容會引導指標指向。

&ptr：指標變數所在位址。

*ptr：指標變數指向位址的內容。

下列是適度調整上述記憶體圖形的指標結果圖。

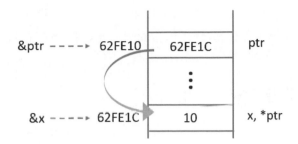

從上述可以得到下列結果。

ptr = 62FE1C

&ptr = 62FE10

*ptr = 10

11-3-4 指標變數的長度

指標變數的內容是記憶體位址，不論指標變數所指的資料型態，它的長度皆是固定的，這個長度會隨個人電腦系統而有差異，早期的個人電腦在 C 語言環境皆是用 4 個位元組儲存指標變數，現在 64 位元電腦則以 8 個位元組儲存指標變數。

程式實例 ch11_8.c：列出自己系統指標變數的長度。

```
1  /*    ch11_8.c                */
2  #include <stdio.h>
3  #include <stdlib.h>
4  int main()
5  {
6      int x = 6;
7      int *ptrint = &x;
8      char ch = 'K';
9      char *ptrchar = &ch;
10
11     printf("整數指標長度 %d\n", sizeof(ptrint));
12     printf("字元指標長度 %d\n", sizeof(ptrchar));
13     system("pause");
14     return 0;
15 }
```

執行結果

```
■ C:\Cbook\ch11\ch11_8.exe
整數指標長度 8
字元指標長度 8
請按任意鍵繼續 . . .
```

上述指標變數 ptrint 所存的是整數變數 x 的位址，可以看到是使用 8 個位元組儲存此指標變數內容。指標變數 ptrchar 所存的是字元變數 ch 的位址，可以看到也是使用 8 個位元組儲存此指標變數內容。

11-3-5 簡單指標實例

現在讀者應該已經了解指標的基本操作了，接下來筆者設計一個簡單的資料交換程式，讀者需徹底了解記憶體的變化，這是奠定精通指標的基石。不過本小節會先從簡單的資料設定，使用指標說起。

程式實例 ch11_9.c：基本指標的運算，這個程式的基本步驟如下：

1： 將 i，val 設定成整數，將 ptr 設定成指標。

2： 將 i 值設定成 20。

3： 設定指標 ptr 所指的位址等於 i 的位址。

4： 讀取 ptr 所指位址的內含 20，且將它設定給 val。

5： 輸出 *ptr 和 val 值。

6： 輸出 i, val 和 ptr 位址。

```
1   /*   ch11_9.c                  */
2   #include <stdio.h>
3   #include <stdlib.h>
4   int main()
5   {
6      int val, i;
7      int *ptr;
8
9      i = 20;
10     ptr = &i;
11     val = *ptr;
12     printf("*ptr=%d\t val=%d\n", *ptr, val);
13     printf("&i=%X\t &val=%X\t &ptr=%X\n",&i, &val, &ptr);
14     system("pause");
15     return 0;
16  }
```

執行結果

```
■ C:\Cbook\ch11\ch11_9.exe

*ptr=20   val=20
&i=62FE18          &val=62FE1C        &ptr=62FE10
請按任意鍵繼續 . . .
```

上述程式執行完第 7 列之後，記憶體內容，可以參考下方左圖。執行完第 9 列後，記憶體內容可以參考下方右圖。

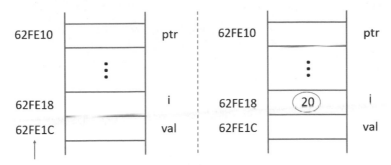

記憶體位址是第13列得知, 只是先填上

執行完第 10 列後，記憶體內容可以參考下方左圖。執行完第 11 列後，記憶體內容可以參考下方右圖，所以第 12 列輸出的結果是 20．

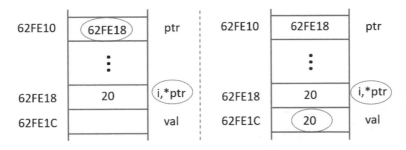

執行完第 13 列後，則是輸出 &i、&val 和 &ptr 的位址資訊

程式實例 ch11_10.c：基本指標運算，這個程式會輸出指標所指位址的內容，指標內容，也將指標位址列印出來，同時本程式使用 2 種變數內容設定給指標的方法。

註　讀者需特別留意第 15 列，這是很容易犯錯的觀念，這是更改指標所指位址的內容為 k，許多初學者會誤認這個指定是將指標指向變數 k 位址的內容，筆者年輕時也曾經犯了此錯誤。

```
1   /*    ch11_10.c                  */
2   #include <stdio.h>
3   #include <stdlib.h>
4   int main()
5   {
6       int i, k;
7       int *ptr;
8
```

```
 9      printf("&i=%X \t &k=%X \t &ptr=%X\n",&i,&k,&ptr);
10      i = 5;
11      printf("執行前 i=%d\n",i);
12      ptr = &i;
13      printf("*ptr=%d\t ptr=%X\t &ptr=%X\n", *ptr, ptr, &ptr);
14      k = 10;
15      *ptr = k;              /* 這是更改指標所指位址的內容 */
16      printf("*ptr=%d\t ptr=%X\t &ptr=%X\n", *ptr, ptr, &ptr);
17      printf("執行後 i=%d\n",i);
18      system("pause");
19      return 0;
20  }
```

執行結果

```
■ C:\Cbook\ch11\ch11_10.exe

&i=62FE1C          &k=62FE18          &ptr=62FE10
執行前 i=5
*ptr=5   ptr=62FE1C          &ptr=62FE10
*ptr=10  ptr=62FE1C          &ptr=62FE10
執行後 i=10
請按任意鍵繼續 . . .
```

上述執行完第 9 列後，可以得到下方左圖的記憶體圖形，執行完第 10 列後，可以得到下方右圖的記憶體圖形。

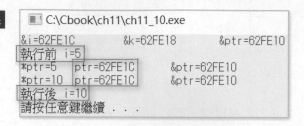

所以執行第 11 列可以輸出 5。執行第 12 列後，可以得到下方左圖的記憶體圖形。執行第 13 列，可以輸出指標變數位址所指內容、指標變數的內容，和指標變數的位址。執行完第 14 列可以到下方右圖的記憶體圖形。

62FE10	62FE1C	ptr		62FE10	62FE1C	ptr
	⋮				⋮	
62FE18		k		62FE18	10	k
62FE1C	5	i,*ptr		62FE1C	5	i,*ptr

執行第 15 列後，其實是更改 *ptr 所指的內容，也就是變數 i 的內容被更改，這時可以得到下列結果。

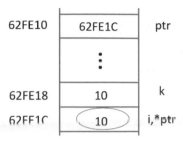

第 16 列則是驗證指標變數位址所指內容、指標變數的內容，和指標變數的位址。第 17 列則是驗證變數 i 的內容被更改了。

程式實例 ch11_11.c：資料交換的實例，這個程式會將 x 和 y 值對調。

```
1   /*   ch11_11.c                */
2   #include <stdio.h>
3   #include <stdlib.h>
4   int main()
5   {
6       int x = 10;
7       int y = 20;
8       int tmp;
9       int *ptrx;
10      int *ptry;
11
12      printf("&x=%X\t &y=%X\t &tmp=%X\t &ptrx=%X\t &ptry=%X\n" \
13             ,&x,&y,&tmp,&ptrx,&ptry);
14      printf("資料交換前\n");
15      printf("x = %d,\t y = %d\n",x, y);
16      ptrx = &x;
17      ptry = &y;
18      tmp = *ptrx;        /* 暫時儲存 *ptrx      */
19      *ptrx = *ptry;      /* 設定 *ptry 給 *ptrx */
20      *ptry = tmp;        /* 設定 tmp 給 *ptry   */
21      printf("資料交換後\n");
22      printf("x = %d,\t y = %d\n",x, y);
23      system("pause");
24      return 0;
25  }
```

執行結果

```
C:\Cbook\ch11\ch11_11.exe
&x=62FE1C        &y=62FE18        &tmp=62FE14        &ptrx=62FE08        &ptry=62FE00
資料交換前
x = 10,  y = 20
資料交換後
x = 20,  y = 10
請按任意鍵繼續 . . . _
```

註 筆者在 11-3-4 節有說明指標變數的長度是 8，所以可以看到 &ptrx 和 &ptry 之間相隔是 8 個位元組。

上述執行完第 10 列後，相當於變數設定完成。第 12 至 13 列則是輸出正確的變數記憶體位址，這時可以看到下方左圖的記憶體圖形。第 14 至 15 列是告知交換前的 x 和 y 的資料輸出。第 16 列是設定指標變數 ptrx 的內容，可以參考下方右圖。

62FE00		ptry		62FE00		ptry
62FE08		ptrx		62FE08	62FE1C	ptrx
	⋮				⋮	
62FE14		tmp		62FE14		tmp
62FE18	20	y		62FE18	20	y
62FE1C	10	x		62FE1C	10	x,*ptr

第 17 列是設定指標變數 ptry 的內容，可以參考下方左圖。第 18 列是設定變數 tmp 的內容，可以參考下方右圖。

62FE00	62FE18	ptry		62FE00	62FE18	ptry
62FE08	62FE1C	ptrx		62FE08	62FE1C	ptrx
	⋮				⋮	
62FE14		tmp		62FE14	10	tmp
62FE18	20	y,*ptry		62FE18	20	y,*ptry
62FE1C	10	x,*ptrx		62FE1C	10	x,*ptrx

第 19 列是設定 *ptrx 的內容，可以參考下方左圖。第 20 列是設定 *ptry 的內容，可以參考下方右圖。

62FE00	62FE18	ptry
62FE08	62FE1C	ptrx
	⋮	
62FE14	10	tmp
62FE18	20	y,*ptry
62FE1C	20	x,*ptrx

62FE00	62FE18	ptry
62FE08	62FE1C	ptrx
	⋮	
62FE14	10	tmp
62FE18	10	y,*ptry
62FE1C	20	x,*ptrx

第 21 至 22 列是輸出交換後的 x 和 y。

11-3-6 指標常發生的錯誤 – 指標沒有指向位址

初學者使用指標最常發生的錯誤是，宣告完指標，沒有給指標指向位址直接賦值，可以參考下列實例。

常見指標錯誤 1

程式實例 ch11_12.c：常見指標錯誤 1，宣告完指標直接賦值。

```
1  /*   ch11_12.c                    */
2  #include <stdio.h>
3  #include <stdlib.h>
4  int main()
5  {
6      int *ptr;
7
8      *ptr = 10;
9      system("pause");
10     return 0;
11 }
```

執行結果

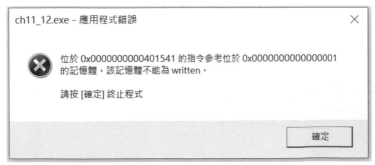

11-17

上述錯誤發生在第 8 列，原因是當宣告完指標變數 ptr 後，記憶體圖形如下。

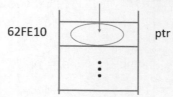

因為 ptr 位址內容是空的，這時無法賦值。

常見指標錯誤 2

程式實例 ch11_13.c：常見的指標錯誤 2，宣告完指標變數和一般變數，然後賦值一般變數給指標變數。

```
1    /*   ch11_13.c                    */
2    #include <stdio.h>
3    #include <stdlib.h>
4    int main()
5    {
6        int x;
7        int *ptr;
8
9        *ptr = x;
10       system("pause");
11       return 0;
12   }
```

執行結果　與 ch11_12.c 相同。

上述錯誤發生在第 9 列，原因是當宣告完一般變數 x 和指標變數 ptr 後，記憶體圖形如下。

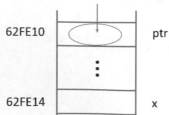

常見指標錯誤 3

程式實例 ch11_14.c：常見的指標錯誤 3，宣告完指標變數和一般變數，一般變數賦值後，然後賦值一般變數給指標變數。

```
1   /*   ch11_14.c                    */
2   #include <stdio.h>
3   #include <stdlib.h>
4   int main()
5   {
6       int x = 10;
7       int *ptr;
8
9       *ptr = x;
10      system("pause");
11      return 0;
12  }
```

執行結果　與 ch11_12.c 相同。

　　上述錯誤發生在第 9 列，原因是當宣告完一般變數 x 和指標變數 ptr 後，即使一般變數已經賦值，但是指標變數尚未指定位址，故內容為空值，無法賦值。記憶體圖形如下。

常見指標錯誤 4

　　在 11-3-1 節的程式實例 ch11_4.c，的第 6 和 7 列內容如下：

```
6       int x = 6;
7       int *ptr = &x;
```

　　上述在宣告時直接將指標變數指向變數 x，上述是可以的，可是如果是將上述第 7 列，改完先宣告指標變數，再設定指標變數位址就會有錯誤，可以參考下列實例第 7 和第 9 列。

程式實例 ch11_15.c：常見指標錯誤 4，宣告指標變數後，採用 *ptr=&x。

```
1   /*   ch11_15.c                    */
2   #include <stdio.h>
3   #include <stdlib.h>
4   int main()
5   {
6       int x = 10;
7       int *ptr;
8
9       *ptr = &x;
10      system("pause");
11      return 0;
12  }
```

執行結果　與 ch11_12.c 相同。

上述第 6 和第 7 列宣告變數完成後，記憶體內容如下：

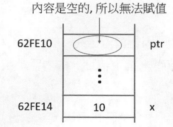

至於上述錯誤的修正將是讀者的習題，其實如果讀者已經徹底了解至今的內容，也是很容易修訂上述錯誤。

11-3-7　用指標讀取輸入資料

相信讀者一定已經熟練使用一般變數讀取螢幕輸入，接下來我們要講解使用指標讀取螢幕輸入。

程式實例 ch11_15_1.c：用指標觀念讀取輸入資料

```
1   /*   ch11_15_1.c                  */
2   #include <stdio.h>
3   #include <stdlib.h>
4   int main()
5   {
6       int x;
7       int *ptr;
8
9       ptr = &x;
10      printf("請輸入資料 : ");
11      scanf("%d", ptr);
12      printf("你的輸入是 : %d\n", *ptr);
13      system("pause");
14      return 0;
15  }
```

執行結果

```
■ C:\Cbook\ch11\ch11_15_1.exe
請輸入資料：8
你的輸入是：8
請按任意鍵繼續 . . .
```

11-3-8 指標的運算

指標也可以類似一般變數進行加 1 或減 1 的運算，但是和普通變數不一樣的是，指標加 1 或減 1 與指標變數所指資料類型所佔位元組數有關，例如：如果是整數的指標變數，因為整數長度是 4 個位元組，加 1 可以獲得指標內容加 4，減 1 可以獲得指標內容減 4。

程式實例 ch11_16.c：整數指標變數加 1 與減 1 的操作，觀察指標內容的變化。

```c
1   /*    ch11_16.c                    */
2   #include <stdio.h>
3   #include <stdlib.h>
4   int main()
5   {
6       int x = 10;
7       int *ptr;
8
9       ptr = &x;
10      printf("現在指標位址    = %X\n",ptr);
11      ptr++;
12      printf("加 1 後指標位址 = %X\n",ptr);
13      ptr--;
14      printf("減 1 後指標位址 = %X\n",ptr);
15      system("pause");
16      return 0;
17  }
```

執行結果

```
■ C:\Cbook\ch11\ch11_16.exe
現在指標位址    = 62FE14
加 1 後指標位址 = 62FE18
減 1 後指標位址 = 62FE14
請按任意鍵繼續 . . . ■
```

從執行結果可以看到對於整數指標變數，指標加 1 可以讓指標增加 4，減 1 可以讓指標減 4。下列是其他常見資料類型指標加 1 或減 1 的影響。

字元 (char)：1

短整數 (short)：2

浮點數 (float)：4

雙倍精度浮點數 (double)：8

程式實例 ch11_17.c：了解 double 指標變數，對加 1 和減 1 的影響，可以看到差距是 8。

```
6      double x = 10.0;
7      double *ptr;
```

執行結果

```
 C:\Cbook\ch11\ch11_17.exe
現在指標位址      = 62FE10
加 1 後指標位址 = 62FE18
減 1 後指標位址 = 62FE10
請按任意鍵繼續 . . .
```

現在讀者應該已經了解指標變數加 1 或減 1 的運算了，假設我現在執行指標變數加 3，可能影響為何？假設目前指標位址是 1000，其影響如下：

字元 (char)：1000 + 3 * 字元長度 (1) = 1003

短整數 (short)：1000 + 3 * 短整數長度 (2) = 1006

整數 (int)：1000 + 3 * 整數長度 (4) = 1012

浮點數 (float)：1000 + 3 * 浮點數長度 (4) = 1012

雙倍精度浮點數 (double)：1000 + 3 * 雙倍精度浮點數長度 (8) = 1024

程式實例 ch11_18.c：計算整數指標變數加 3 與減 3 的影響。

```
1   /*   ch11_18.c                    */
2   #include <stdio.h>
3   #include <stdlib.h>
4   int main()
5   {
6       int x = 10;
7       int *ptr;
8
9       ptr = &x;
10      printf("現在指標位址      = %X\n",ptr);
11      ptr += 3;
12      printf("加 3 後指標位址 = %X\n",ptr);
13      ptr -= 3;
14      printf("減 3 後指標位址 = %X\n",ptr);
15      system("pause");
16      return 0;
17  }
```

執行結果

```
 C:\Cbook\ch11\ch11_18.exe
現在指標位址      = 62FE14
加 3 後指標位址 = 62FE20
減 3 後指標位址 = 62FE14
請按任意鍵繼續 . . .
```

需留意上述執行結果是 16 進位顯示,所以 14 加 12 等於 20。

其實指標的加減可以視為移動指標,在處理指標移動時,常常會碰到兩種情況:

1: **指標相減**:如果兩個指標指向同一組陣列,指標相減的結果,再除以陣列元素長度,就是兩個指標在陣列的距離。

2: **指標比較**:如果兩個指標指向同一組陣列,由指標比較可以判斷兩個指標的對應順序。

11-3-9　指標資料型態不可變更

在宣告指標變數的資料型態後,這個指標所指向內容的資料型態就被固定了,是不可更改的,如果更改會造成不可預期的錯誤。

例如:讀者可以思考,整數指標變數所指記憶體會取 4 個位元組內容,如果改為改為指向字元、浮點數、或雙倍精度浮點數,在編譯程式時會有警告訊息,最後會造成資料錯亂。

程式實例 ch11_19.c:將整數指標變數指向字元、浮點數造成資料錯亂的實例,本程式編譯時會有警告訊息。

```
[Warning] assignment from incompatible pointer type
[Warning] assignment from incompatible pointer type
```

```
1  /*   ch11_19.c              */
2  #include <stdio.h>
3  #include <stdlib.h>
4  int main()
5  {
6      int x = 10;
7      int *ptr;
8      char ch = 'K';
9      float y = 10.0;
10
11     ptr = &x;
12     printf("整數   = %d\n",*ptr);
13     ptr = &ch;
14     printf("字元   = %c\n",*ptr);
15     ptr = &y;
16     printf("浮點數 = %f\n",ptr);
17     system("pause");
18     return 0;
19 }
```

執行結果

```
■ C:\Cbook\ch11\ch11_19.exe
整數　　= 10
字元　　= K
浮點數　= 0.000000
請按任意鍵繼續 . . .
```

11-3-10　再談指標宣告方式

本章前面的內容在宣告指標時所採用的方法如下：

int *ptr;　　　　　　　　　　/* 第一種方法 */

在 11-3-1 節內文有說過 "*" 是單元運算子，右邊接著是指標變數，我們可以將上述解釋為，因為左邊是 "*"，所以 ptr 是指標變數，由於資料型態是 int，所以可以知道這是指向整數的指標 ptr。

另外，也可以採用下列方式宣告指標變數：

int* ptr;　　　　　　　　　　/* 第二種方法 */

或是將 "*" 單元運算子置中。

int * ptr;　　　　　　　　　　/* 第三種方法 */

上述三種方法皆可以，其中第二種方法，可以將 int* 稱為指向指數的指標型態，ptr 就是這類資料的變數。本書則是採用第一種宣告方式，這種宣告方式還有一個好處，可以直接宣告多個指標變數，如下所示：

int *p1, *p2;

如果採用第 2 種宣告方式則會有錯誤。

int* p1, p2;　　　　　　　　　/* 會有錯誤 */

程式實例 11_20.c：採用第二種和第三種方法宣告指標變數。

```
1  /*   ch11_20.c                    */
2  #include <stdio.h>
3  #include <stdlib.h>
4  int main()
5  {
6      int x;
7      int* ptr1;
8      int * ptr2;
```

```
9
10      x = 10;
11      ptr1 = &x;
12      printf("變數 x 的值  = %d\n", x);
13      printf("*ptr1 的值  = %d\n", *ptr1);
14      ptr2 = &x;
15      printf("*ptr2 的值  = %d\n", *ptr2);
16      system("pause");
17      return 0;
18 }
```

執行結果

```
■ C:\Cbook\ch11\ch11_20.exe
變數 x 的值  = 10
*ptr1 的值  = 10
*ptr2 的值  = 10
請按任意鍵繼續 . . .
```

11-3-11 空指標 NULL

在宣告指標變數時，如果還沒有特定空間，可以先設定為 NULL，如下：

  int *ptr = NULL;

NULL 是零值，表面上看空指標可以指向任何資料，不過有些 C 語言的函數庫看到空指標會沒有任何作用或是給提示，避免錯誤，這可以提醒程式設計師。

程式實例 ch11_21.c：空指標 NULL 的應用。

```
1  /*   ch11_21.c                */
2  #include <stdio.h>
3  #include <stdlib.h>
4  int main()
5  {
6      int *ptr=NULL;
7
8      gets(ptr);
9      printf("@%s@\n",ptr);
10     system("pause");
11     return 0;
12 }
```

執行結果

```
■ C:\Cbook\ch11\ch11_21.exe
@(null)@
請按任意鍵繼續 . . .
```

從上述執行結果可以看到 gets( ) 函數對空指標不會有任何讀取，printf( ) 函數對空指標會輸出 (null)。如果上述程式省略空指標 NULL，gets( ) 函數在讀取時就會產生錯誤。

11-4　指標與一維陣列

相同型態資料組織起來可以形成陣列 (array)，在學會使用指標前我們是用索引來存取陣列內容，其實陣列的索引就是起始位置的偏移量。因為陣列是由相同型態的資料組成，從 11-3-7 節指標的運算可知，指標加 1 或減 1 可以有相同元素類似位移的效果，因此這也相當符合使用指標來存取陣列內容，這一節將從更進一步認識陣列說起。

11-4-1　認識陣列名稱和陣列的位址

其實指標與陣列是有關的，甚至我們可將陣列名稱想成是一個指標常數，也就是說陣列名稱在 C 編譯程式內是一個符號表的值，此值不可更改，而內容是一個位址，此位址就是存放陣列元素內容，假設有一個陣列宣告如下：

　　int num[5] = {3,6,7,5,9};

可以用下列記憶體圖形表達。

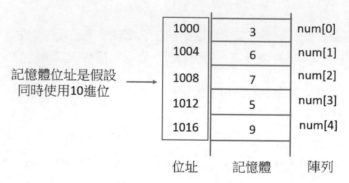

事實上，C 的編譯程式在編譯期間是將陣列名稱設成一個指標常數，以上述為例 num 本身是一個指標常數，這個指標常數所含的是一個記憶體位址，因為是指標常數所以此值不可更改，此例是 1000，如下圖所示：

```
num ──→  1000        3        num[0]
         1004        6        num[1]
         1008        7        num[2]
         1012        5        num[3]
         1016        9        num[4]
```

程式實例 ch11_22.c：認識陣列名稱的值 (指標常數)，和陣列元素位址。

```
1   /*   ch11_22.c                    */
2   #include <stdio.h>
3   #include <stdlib.h>
4   int main()
5   {
6       int num[] = {3, 6, 7, 5, 9};
7       int i;
8
9       printf("num內容 = %X\n",num);
10      for (i = 0; i < 5; i++)
11          printf("num[%d]  = %X\n",i, &num[i]);
12      system("pause");
13      return 0;
14  }
```

執行結果

```
C:\Cbook\ch11\ch11_22.exe

num內容 = 62FE00
num[0]   = 62FE00
num[1]   = 62FE04
num[2]   = 62FE08
num[3]   = 62FE0C
num[4]   = 62FE10
請按任意鍵繼續 . . .
```

有了上述執行結果，我們可以用下列圖形表達 num 陣列。

num ⟶ 62FE00	3	num[0]
62FE04	6	num[1]
62FE08	7	num[2]
62FE0C	5	num[3]
62FE10	9	num[4]

11-4-2　陣列名稱不是指標常數的場合

前一小節我們說了陣列名稱是指標常數，但是在 C 語言編譯程式中，陣列名稱其實是一個指標，但是以下場合陣列名稱不是指標常數，下列假設 num 是陣列變數。

場合 1

```
sizeof(num);                          /* num延續前一小節實例，代表陣列名稱 */
```

如果 num 是指標常數，則回傳的是指標常數的長度。因為這個場合 num 不是指標常數，事實上，上述會回傳陣列的長度。

場合 2

```
&num;
```

如果 num 是指標常數，則回傳的是**指標常數**的位址。因為這個場合 num 不是指標常數，&num 會回傳指向**陣列**的指標。雖然 num 和 &num 的位址是一樣，但是資料型別是不一樣，程式實例 ch11_24.c 會說明。**註**：如果 num 是一般變數，則回傳的是變數位址。

程式實例 ch11_23.c：陣列名稱不是指標常數的場合實例驗證。

```
1   /*   ch11_23.c                    */
2   #include <stdio.h>
3   #include <stdlib.h>
4   int main()
5   {
6       int num[] = {3, 6, 7, 5, 9};
7       int len;          /* 陣列長度 */
8
9       printf("陣列長度 = %d\n",sizeof(num));
10      len = sizeof(num) / sizeof(num[0]);
11      printf("陣列元素個數 = %d\n",len);
12      printf("陣列的位址    = %X\n",num);
13      system("pause");
14      return 0;
15  }
```

執行結果

```
■ C:\Cbook\ch11\ch11_23.exe

陣列長度 = 20
陣列元素個數 = 5
陣列的位址    = 62FE00
請按任意鍵繼續 . . .
```

下列是說明 num 和 &num 的位址相同，但是在資料型別上是不一樣的。num 內容是指向第一個元素的指標，當有指標加或減時，是以元素大小為單位。&num 則是指向整個陣列的指標，當有指標加或減時，是以陣列大小為單位。

程式實例 ch11_24.c：驗證加或減時 num 指標以陣列元素大小為單位執行，&num 指標是以陣列大小為單位執行。

```
1   /*   ch11_24.c                    */
2   #include <stdio.h>
3   #include <stdlib.h>
4   int main()
5   {
```

```
6      int num[] = {3, 6, 7, 5, 9};
7
8      printf("num       = %X\n",num);
9      printf("num + 1   = %X\n",num+1);
10     printf("&num      = %X\n",&num);
11     printf("&num + 1 = %X\n",&num+1);
12     system("pause");
13     return 0;
14  }
```

執行結果

```
■ C:\Cbook\ch11\ch11_24.exe
num       = 62FE00
num + 1   = 62FE04
&num      = 62FE00
&num + 1 = 62FE14
請按任意鍵繼續 . . . ■
```

因為 num 是指標常數，整數是 4 個位元組大小，所以當 num 是 62FE00 時，num+1 可以得到 62FE04。

因為陣列元素是整數，同時有 5 個元素，所以陣列大小是 20 個位元組，因此當 &num 是 62FE10 時， &num + 1 的結果會是 62FE14。

11-4-3 陣列索引與陣列名稱

第 7 章學習陣列時知道可以使用陣列索引存取陣列內容，現在我們知道陣列名稱就是指標常數，內容是陣列位址，所以我們可以得到下列等價關係。

&num[0] 相當於 num
&num[1] 相當於 num+1
…
&num[n] 相當於 num+n

程式實例 ch11_24_1.c：驗證上述等價關係。

```
1   /*   ch11_24_1.c              */
2   #include <stdio.h>
3   #include <stdlib.h>
4   int main()
5   {
6       int num[3];
7
8       printf("%X \t %X \t %X\n",&num[0],&num[1],&num[2]);
9       printf("%X \t %X \t %X\n",num,num+1,num+2);
10      system("pause");
11      return 0;
12  }
```

執行結果

```
■ C:\Cbook\ch11\ch11_24_1.exe
62FE10    62FE14          62FE18
62FE10    62FE14          62FE18
請按任意鍵繼續 . . .
```

　　了解上述等價關係後，下列實例是更進一步使用上述觀念讀取和輸出陣列內容，以便驗證上述解說。

程式實例 ch11_24_2.c：讀取與輸出陣列元素。

```
1   /*   ch11_24_2.c                    */
2   #include <stdio.h>
3   #include <stdlib.h>
4   int main()
5   {
6       int num[3];
7       int i;
8
9       printf("請輸入 3 個整數\n");
10      for (i = 0; i < 3; i++)
11      {
12          printf("輸入數字 %d = ", i);
13          scanf("%d", num+i);
14      }
15      for (i = 0; i < 3; i++)
16      {
17          printf("輸出數字 %d = %d\n", i, num[i]);
18      }
19      system("pause");
20      return 0;
21  }
```

執行結果

```
■ C:\Cbook\ch11\ch11_24_2.exe
請輸入 3 個整數
輸入數字 0 = 10
輸入數字 1 = 20
輸入數字 2 = 30
輸出數字 0 = 10
輸出數字 1 = 20
輸出數字 2 = 30
請按任意鍵繼續 . . .
```

　　程式實例 ch7_8.c 第 15 列，我們曾經使用索引方式 &score[i] 讀取輸入。上述第 13 列我們使用 num+i 當作位址，將資料讀入此位址。

11-4-4　陣列名稱就是一個指標

先前我們已經說明陣列名稱就是一個指標，指向陣列第一個元素位址，如果我們要用指標獲得陣列內容，可以使用下列方式：

```
*(num)              /* 第1個元素內容，相當於索引的 num[0] */
*(num+1)            /* 第2個元素內容，相當於索引的 num[1] */
    …
```

程式實例 ch11_25.c：擴充 ch11_22.c，用指標列出陣列內容。

```
1   /*   ch11_25.c                    */
2   #include <stdio.h>
3   #include <stdlib.h>
4   int main()
5   {
6       int num[] = {3, 6, 7, 5, 9};
7       int len;
8       int i;
9
10      len = sizeof(num) / sizeof(num[0]);
11      for (i = 0; i < len; i++)
12          printf("num[%d]=%d \t*(num+%d)=%d\n",i,num[i],i,*(num+i));
13      system("pause");
14      return 0;
15  }
```

執行結果

```
C:\Cbook\ch11\ch11_25.exe

num[0]=3        *(num+0)=3
num[1]=6        *(num+1)=6
num[2]=7        *(num+2)=7
num[3]=5        *(num+3)=5
num[4]=9        *(num+4)=9
請按任意鍵繼續 . . .
```

整個陣列使用索引或指標存取對照方式，可以用下列記憶體表示：

索引		指標
num	3	*(num)
num[1]	6	*(num+1)
num[2]	7	*(num+2)
num[3]	5	*(num+3)
num[4]	9	*(num+4)

讀者可能會想是否第 12 列將 *(num+i) 改為 *num++，其實是不可以的，因為 num 是指標常數，其值不可更改。

11-4-5　定義和使用陣列指標變數

定義陣列指標變數觀念和定義變數觀念相同，例如：下列是定義整數陣列指標變數方法。

```
int x[5];
int *ptr;
ptr = x;              /* 或是使用 ptr = &x[0]; */
```

或是

```
int x[5];
int *ptr=x;
```

當定義陣列指標完成後，就可以使用 *ptr 取得陣列元素，取得所有陣列元素，可以使用 for 迴圈，這時陣列指標的應用有兩種方法。

方法 1：陣列指標隨著 for 迴圈的索引值移動，如下所示：

```
*ptr++;
```

方法 2：陣列指標不動，假設索引值是 i，如下所示：

```
*(ptr+i);
```

細節可以參考下列實例。

程式實例 ch11_26.c：使用陣列指標執行陣列數據加總。

```
1   /*    ch11_26.c                  */
2   #include <stdio.h>
3   #include <stdlib.h>
4   int main()
5   {
6       int num[] = {3, 6, 7, 5, 9};
7       int *ptr;
8       int i, len;
9       int sum = 0;
10
11      ptr = num;
12      printf("num位址 = %X\n", num);
13      printf("ptr位址 = %X\n", ptr);
14      len = sizeof(num) / sizeof(num[0]);
15      for (i = 0; i < len; i++)
```

```
16          sum += *ptr++;          /* 方法 1 加總 */
17      printf("方法 1 陣列總和 = %d\n",sum);
18      printf("num位址 = %X\n", num);
19      printf("ptr位址 = %X\n", ptr);
20      ptr = num;
21      for (i = 0; i < len; i++)
22          sum += *(ptr + i);      /* 方法 2 加總 */
23      printf("方法 2 陣列總和 = %d\n",sum);
24      printf("num位址 = %X\n", num);
25      printf("ptr位址 = %X\n", ptr);
26      system("pause");
27      return 0;
28  }
```

執行結果

```
■ C:\Cbook\ch11\ch11_26.exe
num位址 = 62FDF0
ptr位址 = 62FDF0
方法 1 陣列總和 = 30
num位址 = 62FDF0
ptr位址 = 62FE04
方法 2 陣列總和 = 60
num位址 = 62FDF0
ptr位址 = 62FDF0
請按任意鍵繼續 . . .
```

上述宣告陣列後記憶體內容如下：

位址	值
62FDF0	3
62FDF4	6
62FDF8	7
62FDFC	5
62FE00	9
62FE04	

經過第 11 列的陣列指標設定後，所以第 12 列和第 13 列會輸出 62FDF0 位址。第 15 和 16 列的 for 迴圈內的第 16 列是使用方法 1 移動陣列指標的方式取得每個陣列元素，因為採用 "*ptr++" 方法，所以每次執行第 16 列加總後，可以將指標移至下一個位址，元素有 5 個，相當於移動 5 次，當陣列加總完成，可以得到陣列指標移至 62FE04，這也是為何第 18 和 19 列輸出位址可以得到指標位址如下：

num位址 = 62FDF0
ptr 位址 = 62FE04

　　程式第 20 列調整 ptr 位址至 num 位址，第 21 和 22 列的 for 迴圈內的第 22 列是使用方法 2 陣列取得每個陣列元素，採用指標位置不變的方式，*(ptr+i)，所以加總完成後 num 和 ptr 的位址相同。同時，因為 num 因為設有沒先歸 0，所以會有累加的效果，因此第 23 列可以 60，印出的總合是 60。

11-4-6　移動指標讀取輸入陣列資料

　　請參考前一個程式實例方式設定陣列指標 ptr，在迴圈中如果使用 scanf( ) 函數讀取輸入時，可以使用下列指令。

```
     ptr++;              /* 讀完移到下一個位址 */
```

程式實例 ch11_27.c：使用移動指標讀取書入陣列元素，這個實例會要求輸入陣列元素個數，然後要求輸入元素，經過 scanf( ) 讀取後，最後輸出陣列。

```
1   /*   ch11_27.c                    */
2   #include <stdio.h>
3   #include <stdlib.h>
4   int main()
5   {
6       int num[10];
7       int *ptr;
8       int i, count;
9
10      ptr = num;
11      printf("請輸入陣列元素個數 : ");
12      scanf("%d", &count);
13      for (i = 0; i < count; i++)
14      {
15          printf("請輸入陣列元素內容 : ");
16          scanf("%d", ptr++);
17      }
18      ptr = num;       /* 將指標移回陣列起始位置 */
19      for (i = 0; i < count; i++)
20          printf("輸出[%d] : %d\n", i, *(ptr+i));
21      system("pause");
22      return 0;
23  }
```

執行結果

```
C:\Cbook\ch11\ch11_27.exe
請輸入陣列元素個數 : 3
請輸入陣列元素內容 : 10
請輸入陣列元素內容 : 20
請輸入陣列元素內容 : 30
輸出[0] : 10
輸出[1] : 20
輸出[2] : 30
請按任意鍵繼續 . . .
```

上述程式第 16 列使用 ptr++ 讀取陣列元素時，指標會移動，所以輸出陣列前在第 18 列需要將指標移回陣列起始位址。

11-4-7 使用指標讀取和加總陣列元素

程式實例 ch11_28.c：讀取陣列輸入，然後輸出加總結果，這一實例採用簡化陣列指標宣告方式。

```
1   /*    ch11_28.c                */
2   #include <stdio.h>
3   #include <stdlib.h>
4   int main()
5   {
6       int num[10];
7       int *ptr = num;
8       int i, count;
9       int sum = 0;
10
11      printf("請輸入陣列元素個數 : ");
12      scanf("%d", &count);
13      for (i = 0; i < count; i++)
14      {
15          printf("請輸入陣列元素內容 : ");
16          scanf("%d", ptr++);
17      }
18      ptr = num;        /* 將指標移回陣列啟始位置 */
19      for (i = 0; i < count; i++)
20          sum += *ptr++;
21      printf("總和 = %d\n", sum);
22      system("pause");
23      return 0;
24  }
```

執行結果

```
C:\Cbook\ch11\ch11_28.exe
請輸入陣列元素個數 : 3
請輸入陣列元素內容 : 10
請輸入陣列元素內容 : 20
請輸入陣列元素內容 : 30
總和 = 60
請按任意鍵繼續 . . .
```

讀者可以留意第 7 列使用簡化方式宣告陣列指標變數，書籍的撰寫重點是讓讀者了解有哪些方式可以完成工作需要，讀者熟悉後，未來可以選擇自己喜歡的方式完成工作。

11-5　指標與二維陣列

11-5-1　認識二維陣列的元素位址

與一維陣列觀念一樣，我們可以將二維陣列名稱想成是一個指標常數。7-2 節筆者介紹了二維陣列，在正式介紹指標與二維陣列的關聯之前，我們可以先用圖形表示此二維陣列的位址觀念，假設有一個二維陣列宣告如下：

```
int n[ ][3] = {{1, 2, 3},
               {4, 5, 6}};
```

可以用下列記憶體相關圖形。是表達此 2 x 3 陣列。

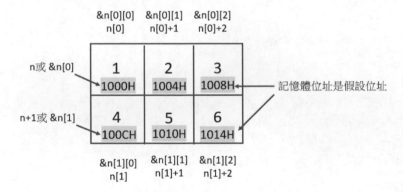

為了容易了解，上述記憶體位址使用 1000H 當作二維陣列安置元素的起始位址，因為是整數陣列，每隔 4 個位元組儲存新的元素，可以得到上述結果，下列程式是驗證上述圖形。

程式實例 ch11_28_1.c：驗證上述圖表的記憶體位址關係。

```c
1  /*   ch11_28_1.c                */
2  #include <stdio.h>
3  #include <stdlib.h>
4  int main()
5  {
6      int n[][3] = {{1,2,3},
7                    {4,5,6}};
8      int rows, cols;
9      int i, j;
10
11     rows = sizeof(n) / sizeof(n[0]);        /* 計算 rows 數 */
12     cols = sizeof(n[0]) / sizeof(n[0][0]);  /* 計算 cols 數 */
13     printf("rows=%d \t cols=%d\n", rows, cols);
14     printf("n[i][j]格式的記憶體位址\n");
15     for (i = 0; i < rows; i++)
16     {
```

```
17            for (j = 0; j < cols; j++)
18                printf("n[i][j]=%X\t",&n[i][j]);      /* 輸出記憶體位址 */
19            printf("\n");
20        }
21        printf("n[i]+j 格式的記憶體位址\n");
22        for (i = 0; i < rows; i++)
23        {
24            for (j = 0; j < cols; j++)
25                printf("n[i]+j-%X\t",n[i]+j);          /* 輸出記憶體位址 */
26            printf("\n");
27        }
28        system("pause");
29        return 0;
30    }
```

執行結果

```
■ C:\Cbook\ch11\ch11_28_1.exe
rows=2    cols=3
n[i][j]格式的記憶體位址
n[i][j]=62FDF0   n[i][j]=62FDF4   n[i][j]=62FDF8
n[i][j]=62FDFC   n[i][j]=62FE00   n[i][j]=62FE04
n[i]+j 格式的記憶體位址
n[i]+j=62FDF0    n[i]+j=62FDF4    n[i]+j=62FDF8
n[i]+j=62FDFC    n[i]+j=62FE00    n[i]+j=62FE04
請按任意鍵繼續 . . .
```

我們可以使用下列圖表解釋上述實例的執行結果。

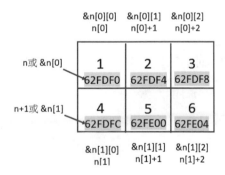

有了上述執行結果，我們可以用下列圖形表達 n 陣列。

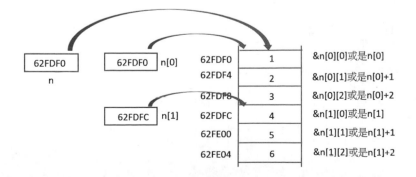

11-37

在上述實例，當將 n 宣告為二維陣列時，可以使用下列得到二維陣列的總長度。

    sizeof(n)   /* 二維陣列的總長度   */

下列可以得到二維陣列中第 0 列的陣列長度。

    sizeof(n[0])   /* 二維陣列第0列的長度 */

有了上述觀念，所以程式第 11 列可以得到此二維陣列的列數 rows。

    rows = sizeof(n) / sizeof(n[0]);

在二維陣列中可以使用下列方式獲得二維陣列元素的長度。

    sizeof(n[0][0])   /* 二為陣列元素的長度   */

所以可以使用下列方式獲得二維陣列的行數 cols。

    cols = sizeof(n[0]) / sizeof(n[0][0]);

11-5-2　二維陣列名稱是一個指標

對於一個二維陣列 n，其實 n 代表二維陣列的的起始位址，n[0] 代表二維陣列第 0 列起始位址，n[1] 代表二維陣列第 1 列的起始位址。使用指標時可以使用下列方式獲得第 0 列和第 1 列的起始位址的元素內容。

*(n[0]+0)：第 0 列起始位址的元素內容。

*(n[1]+0)：第 1 列的起始位址的元素內容。

如果要用指標獲得每一列不同行位址的元素內容，觀念如下：

*(n[0]+j)：第 0 列第 j 行的元素內容。

*(n[i]+j)：第 i 列第 j 行的元素內容。

更多細節可以參考下圖。

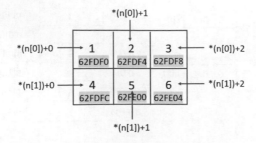

程式實例 ch11_28_2.c：輸出二維陣列的內容。

```
1   /*    ch11_28_2.c                  */
2   #include <stdio.h>
3   #include <stdlib.h>
4   int main()
5   {
6       int n[][3] = {{1,2,3},
7                     {4,5,6}};
8       int rows, cols;
9       int i, j;
10
11      rows = sizeof(n) / sizeof(n[0]);          /* 計算 rows 數 */
12      cols = sizeof(n[0]) / sizeof(n[0][0]);     /* 計算 cols 數 */
13      for (i = 0; i < rows; i++)
14      {
15          for (j = 0; j < cols; j++)
16              printf("n[i][j]=%d\t", *(n[i]+j));
17          printf("\n");
18      }
19      system("pause");
20      return 0;
21  }
```

執行結果

```
C:\Cbook\ch11\ch11_28_2.exe

n[i][j]=1          n[i][j]=2          n[i][j]=3
n[i][j]=4          n[i][j]=5          n[i][j]=6
請按任意鍵繼續 . . .
```

11-5-3 建立指標遍歷二維陣列

在 n[2][3] 的二維陣列中，n[0] 代表第 0 列起始位址，所回傳的是 n[0][0] 的位址，所以可以建立指標位址是指向 n[0]，然後用 ++ 方式就可以遍歷此二維陣列。

程式實例 ch11_28_3.c：使用指標遍歷二維陣列，然後列出陣列內容。

```
1   /*    ch11_28_3.c                  */
2   #include <stdio.h>
3   #include <stdlib.h>
4   int main()
5   {
6       int n[][3] = {{1,2,3},
7                     {4,5,6}};
8       int rows, cols;
9       int i, j;
10      int *ptr;
11
12      ptr = n[0];
13      rows = sizeof(n) / sizeof(n[0]);          /* 計算 rows 數 */
14      cols = sizeof(n[0]) / sizeof(n[0][0]);     /* 計算 cols 數 */
15      for (i = 0; i < rows; i++)
16      {
17          for (j = 0; j < cols; j++)
18              printf("n[i][j]=%X \t n[i][j]=%d\n", ptr, *ptr++);
19          printf("\n"),
```

```
20      }
21      system("pause");
22      return 0;
23  }
```

執行結果

```
■ C:\Cbook\ch11\ch11_28_3.exe

n[i][j]=62FDF4    n[i][j]=1
n[i][j]=62FDF8    n[i][j]=2
n[i][j]=62FDFC    n[i][j]=3

n[i][j]=62FE00    n[i][j]=4
n[i][j]=62FE04    n[i][j]=5
n[i][j]=62FE08    n[i][j]=6

請按任意鍵繼續 . . .
```

註 上述第 18 列，ptr 沒有 ++，*ptr++，這是因為要輸出完二維陣列元素後才要將指標移至下一個元素。

11-5-4 雙重指標 - 指標指向另一個指標

從前面的敘述讀者應該了解，指標本身的內容是一個記憶體位址，由於這個記憶體內容所指的位址的是一個變數的內容，因此我們可以由指標取得該變數的內容。在 C 語言，指標也可以指向另一個指標，然後再取得變數的內容，這種將指標指向另一個指標稱**雙重指標**。

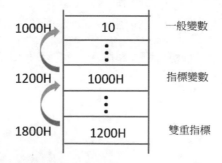

註 上述記憶體位址是假設位址。從上圖可以得到雙重指標變數的內容是一個指標變數的位址，雙重指標就是使用這個透過另一個指標變數方式獲得想要的變數內容。假設雙重指標是 ptr，則此雙重指標變數的宣告語法如下：

資料類型 **ptr;

也就是說兩個 "*" 符號，就是一個雙重指標變數，例如：假設要宣告指向整數的雙重指標，宣告方式如下：

int **ptr;

宣告時也可以在兩個 "*" 星號間加上小括號，如下所示：

int *(*ptr);

程式實例 ch11_28_4.c： 簡單雙重指標的應用。

```
1   /*   ch11_28_4.c                  */
2   #include <stdio.h>
3   #include <stdlib.h>
4   int main()
5   {
6       int x = 10;
7       int *p, **ptr;
8
9       p = &x;
10      ptr = &p;
11      printf("x=%d \t\t &x=%X\n", x, &x);
12      printf("p=%X \t &p=%X \t *p=%d\n", p, &p, *p);
13      printf("ptr=%X \t &ptr=%X \t *ptr=%X \t **ptr=%d\n", \
14              ptr, &ptr, *ptr, **ptr);
15      system("pause");
16      return 0;
17  }
```

執行結果

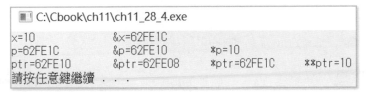

```
■ C:\Cbook\ch11\ch11_28_4.exe
x=10              &x=62FE1C
p=62FE1C          &p=62FE10        *p=10
ptr=62FE10        &ptr=62FE08      *ptr=62FE1C       **ptr=10
請按任意鍵繼續 . . .
```

下列是這個程式的記憶體說明。

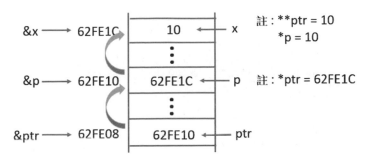

註　上述讀者可以忽略記憶體是由上往下遞增，或是由下往上遞增。經過上述實例與圖說，我們可以獲得下列雙重指標的 4 種呈現方式。

ptr：雙重指標變數位址的內容，這個內容會引導指標指向。

&ptr：雙重指標變數所在位址。

*ptr：雙重指標的內部指標變數指向位址的內容。

**ptr：雙重指標變數所指向的內容，對上述實例而言相當於變數 x 的內容。

11-5-5　雙重指標與二維陣列

現在回到的二維陣列的宣告，如下：

```
int n[ ][3] = {{1, 2, 3},
               {4, 5, 6}};
```

對上述 2x3 的二維陣列而言，陣列名稱 n 是 C 語言在編譯時，為二維陣列建立的指標常數，原先 11-5-2 節的二維陣列每個元素位址公式如下：

　(n[i]+j)　　　　　　　　/ 11-5-2節第 i 列 j 行的位址 */

這時可以改寫如下：

　(n+i) + j　　　　　　　　/ 第 i 列 j 行的位址 */

可以參考下圖。

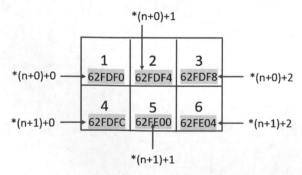

所以可以使用下列雙重指標取得每一列與每一行的元素值。

　((n+i) + j)　　　　　　　/* 第 i 列 j 行的元素內容 */

可以參考下圖。

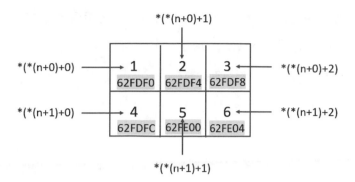

程式實例 ch11_28_5.c：使用雙重指標輸出二維陣列所有內容，同時列出每個元素的位址。

```
1   /*    ch11_28_5.c                   */
2   #include <stdio.h>
3   #include <stdlib.h>
4   int main()
5   {
6       int n[][3] = {{1,2,3},
7                     {4,5,6}};
8       int rows, cols;
9       int i, j;
10
11      rows = sizeof(n) / sizeof(n[0]);
12      cols = sizeof(n[0]) / sizeof(n[0][0]);
13      for (i = 0; i < rows; i++)
14          for (j = 0; j < cols; j++)
15              printf("n[%d][%d]=%d\t 位址=%X\n",i,j, \
16                      *(*(n+i)+j), *(n+i)+j);
17      system("pause");
18      return 0;
19  }
```

執行結果

```
 C:\Cbook\ch11\ch11_28_5.exe
n[0][0]=1        位址=62FDF0
n[0][1]=2        位址=62FDF4
n[0][2]=3        位址=62FDF8
n[1][0]=4        位址=62FDFC
n[1][1]=5        位址=62FE00
n[1][2]=6        位址=62FE04
請按任意鍵繼續 . . .
```

上述讀者瞭解了使用雙重指標存取二維陣列元素的方式，我們已經了解建立二維陣列 n 之後，可以使用下列方式獲得元素位址與內容。

```
*(n+i) + j              /* 第 i 列 j 行的位址 */
*(*(n+i) + j)           /* 第 i 列 j 行的元素值 */
```

如果我們想獲得第 0 列第 0 行的位址與內容，可以使用下列方式。

*n：因為 *(n+i) + j，其中 i 和 j 皆為 0。

**n：因為 *(*(n+i) + j)，其中 i 和 j 皆為 0。

程式實例 ch11_28_6.c：列出二維陣列 n 的起始位址和內容。

```
1  /*    ch11_28_6.c              */
2  #include <stdio.h>
3  #include <stdlib.h>
4  int main()
5  {
6      int n[][3] = {{1,2,3},
7                    {4,5,6}};
8
9      printf("*n  = %X\n", *n);
10     printf("**n = %X\n", **n);
11     system("pause");
12     return 0;
13 }
```

執行結果

```
C:\Cbook\ch11\ch11_28_6.exe
*n  = 62FE00
**n = 1
請按任意鍵繼續 . . .
```

11-6 將指標應用在字串

11-6-1 認識與建立字元指標

從第 8 章的字串內容可知，我們可以使用下列方式定義字串。

char name[ ] = "Hung";

經過上述定義後，記憶體圖形如下：

name →	62FE00	h	name[0]
	62FE01	u	name[1]
	62FE02	n	name[2]
	62FE03	g	name[3]
	62FE04	'\0'	name[4]

建立字元指標方法如下：

　　char *ptr;

當建立字元指標後，我們可以使用遍歷陣列方式，遍歷字串的字元然後輸出字串。

程式實例 ch11_29.c：建立字元指標，遍歷字串，最後輸出字串。

```
1   /*    ch11_29.c                 */
2   #include <stdio.h>
3   #include <stdlib.h>
4   int main()
5   {
6       char name[] = "Hung";
7       char *ptr = name;
8
9       while ( *ptr != '\0' )
10          printf("%c", *ptr++);
11      printf("\n");
12      system("pause");
13      return 0;
14  }
```

執行結果

```
C:\Cbook\ch11\ch11_29.exe

Hung
請按任意鍵繼續 . . .
```

上述第 7 列 ptr 是指向字串常數 name 的起始位址，所以可以使用遍歷字串的字元方式輸出字串。建立字元指標除了有上述優點，此外，我們可以直接使用賦值運算子將一個字串指定給字元指標。

程式實例 ch11_29_1.c：更改與擴充 ch11_29.c，用賦值觀念將字元指標指向新的字串。

```
1   /*    ch11_29_1.c               */
2   #include <stdio.h>
3   #include <stdlib.h>
4   int main()
5   {
6       char name[] = "Hung";
7       char *ptr = name;
8
9       puts(ptr);
10      printf("執行前的位址: %X\n",ptr);
11      ptr = "Jiin-Kwei";
12      puts(ptr);
13      printf("執行後的位址: %X\n",ptr);
14      system("pause");
15      return 0;
16  }
```

執行結果

```
C:\Cbook\ch11\ch11_29_1.exe
Hung
執行前的位址  62FE10
Jiin-Kwei
執行後的位址  404011
請按任意鍵繼續 . . .
```

從上述可以得到 ptr 指標已經移至新的內容所在位址了。

註　上述程式不可使用下列更改 name 的內容。

　　name = "Jiin-Kwei";

如果要將新字串設定 name，需使用 strcpy( ) 函數。

11-6-2　字元指標

操作字串比較方便方式當然是使用字元指標，建立字元指標的語法如下：

　　char *ptr = "Ming Chi";

經過上述定義後，記憶體圖形如下：

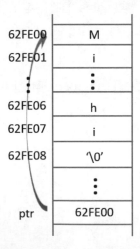

上述使用指標 ptr 建立字串，與前一小節最大差異是， ptr 是指標變數，因此 ptr 是可以更改位址，此外可以使用下列方式輸出字串。

```
puts(ptr);                  /* 輸出完整的字串 */
printf("%s",ptr);           /* 輸出完整的字串 */
puts(ptr+5);                /* 從字串的索引5開始輸出字串 */
printf("%s",ptr+5);         /* 從字串的索引5開始輸出字串 */
```

此外，也可以更改指標 ptr 然後輸出字串，可以參考下列實例。

```
ptr += 5;
puts(ptr);                  /* 從字串的索引5開始輸出字串 */
printf("%s",ptr);           /* 從字串的索引5開始輸出字串 */
```

程式實例 ch11_30.c：設定字元指標、移動字元指標、輸出字串。

```
1   /*   ch11_30.c                    */
2   #include <stdio.h>
3   #include <stdlib.h>
4   int main()
5   {
6       char *ptr = "Ming Chi";
7
8       puts(ptr);
9       puts(ptr+5);
10      printf("%s\n",ptr);
11      printf("%s\n",ptr+5);
12      printf("移動 ptr 後\n");
13      ptr += 5;
14      puts(ptr);
15      printf("%s\n",ptr);
16      system("pause");
17      return 0;
18  }
```

執行結果

```
C:\Cbook\ch11\ch11_30.exe
Ming Chi
Chi
Ming Chi
Chi
移動 ptr 後
Chi
Chi
請按任意鍵繼續 . . .
```

11-6-3 將指標指向字串

當我們設計程式時，有些字串不是一開始就已經設定，這時可以使用先宣告字串名稱，然後再設定指標指向字串。例如：下列是先宣告字串變數與字串指標。

```
        char name[15];
        char *ptr=name;
```

或是

```
        char name[15];
        char *ptr;
            …
        ptr = name;
```

有了上述設定，未來有輸入 name 字串時，就可以用指標輸出。

程式實例 ch11_31.c：讀取輸入字串，然後輸出。

```
1   /*    ch11_31.c                    */
2   #include <stdio.h>
3   #include <stdlib.h>
4   int main()
5   {
6       char name[15];
7       char *ptr1=name;
8
9       printf("請輸入帳號 : ");
10      gets(name);
11      printf("Hi %s 歡迎進入系統\n",ptr1);
12      system("pause");
13      return 0;
14  }
```

執行結果

```
C:\Cbook\ch11\ch11_31.exe
請輸入帳號 : Hung
Hi Hung 歡迎進入系統
請按任意鍵繼續 . . .
```

11-7　指標與字串陣列

11-7-1　字串陣列

8-6 節筆者介紹過字串陣列，這一節則是講解將指標應用在字串陣列，將指標應用在字串陣列宣告如下：

```
        char *字串陣列名稱[系列字串內容];
```

　　參考程式實例 ch8_20.c 的字串陣列宣告，下列是改為指標字串陣列宣告：

```
char *fruit[3]= {"Apple",
                 "Banana",
                 "Grapes"};
```

註 上述宣告中括號的索引 3，可以省略，改為 *fruit[ ]。

　　使用二維字串陣列宣告與使用指標字串陣列宣告，最大的差異是，二維字串陣列宣告會為每個元素預留指定長度的記憶體空間，假設宣告字串長度是 10，所以編譯程式會預留 10 個字元的記憶體空間。

fruit[0]	A	p	p	l	e	'\0'		
fruit[1]	B	a	n	a	n	a	'\0'	
fruit[2]	G	r	a	p	e	s	'\0'	

　　當改為指標字串陣列宣告時，編譯程式會依據字串長度自動預留剛好的空間，可以參考下圖。

fruit[0]	A	p	p	l	e	'\0'	
fruit[1]	B	a	n	a	n	a	'\0'
fruit[2]	G	r	a	p	e	s	'\0'

程式實例 ch11_32.c：使用字串陣列列出字串和每個字串所在的起始位址。

```
1   /*    ch11_32.c                */
2   #include <stdio.h>
3   #include <stdlib.h>
4   #include <string.h>
5   int main()
6   {
7       char *fruit[] = {"Apple",
8                        "Banana",
9                        "Grapes"};
10      int i;
11
12      for ( i = 0; i < 3; i++ )
13      {
14          printf("字串內容 %s\n",fruit[i]);    /* 輸出字串內容 */
15          printf("字串位址 %X\n",fruit[i]);    /* 輸出字串位址 */
16      }
17      system("pause");
18      return 0;
19  }
```

執行結果

```
■ C:\Cbook\ch11\ch11_32.exe
字串內容 Apple
字串位址 404000
字串內容 Banana
字串位址 404006
字串內容 Grapes
字串位址 40400D
請按任意鍵繼續 . . .
```

下列是上述執行結果的記憶體圖形。

fruit[0] 404000	A	p	p	l	e	'\0'

fruit[1] 404006	B	a	n	a	n	a	'\0'

fruit[2] 40400D	G	r	a	p	e	s	'\0'

下列實例是使用指標方式改寫原第 14 和 15 列，讀者可以自己體會。

程式實例 ch11_32_1.c：使用雙層指標取得字串陣列內容方式，重新設計 ch11_32.c。

```
1   /*   ch11_32_1.c                */
2   #include <stdio.h>
3   #include <stdlib.h>
4   #include <string.h>
5   int main()
6   {
7       char *fruit[] = {"Apple",
8                        "Banana",
9                        "Grapes"};
10      int i;
11      char **ptr;
12
13      ptr = fruit;
14      for ( i = 0; i < 3; i++ )
15      {
16          printf("字串內容 %s\n",*ptr);    /* 輸出字串內容 */
17          printf("字串位址 %X\n",ptr++);   /* 輸出字串位址 */
18      }
19      system("pause");
20      return 0;
21  }
```

執行結果　字串內容與 ch11_32.c 相同 (記憶體位址可能不相同)。

11-7-2　二維的字串陣列

當宣告二維的字串陣列後，每個元素皆是指標可以指向字串常數。

程式實例 ch11_32_2.c：二維字串陣列資料的設定與輸出。

```
1   /*    ch11_32_2.c                */
2   #include <stdio.h>
3   #include <stdlib.h>
4   int main()
5   {
6       char *str[][2] = {"China", "Beijing",
7                          "Japan", "Tokyo",
8                          "France", "Paris"};
9       int i;
10
11      for (i = 0; i < 3; i++)
12          printf("%s : %s\n", str[i][0], str[i][1]);
13      system("pause");
14      return 0;
15  }
```

執行結果

```
■ C:\Cbook\ch11\ch11_32_2.exe
China : Beijing
Japan : Tokyo
France : Paris
請按任意鍵繼續 . . .
```

11-7-3　字串內容的更改與指標內容的更改

我們可能會常看到下列敘述。

```
char *str1[ ] = {"China", "Japan", "France"};
char str2[3][10] = {"Beijing", "Tokyo", "Paris"};
```

上述 str1 是使用指標陣列，每個指標陣列元素指向一個字串常數，如果指定新的字串常數給該指標，則該指標的記憶體位址就會不一樣，可以參考程式實例 ch11_32_3.c。

上述 str2 是宣告和配置 3 x 10 的字元陣列記憶體，字串是存在這個記憶體內，每個字串的位置是固定的，同時使用的空間也是固定。

程式實例 ch11_32_3.c：先設定字串陣列內容，然後更改索引 1 的內容，可以得到字串指標指向新的內容，但是不是原先內容被更改，其實所更改的是指標陣列的位址。

```
1   /*    ch11_32_3.c                */
2   #include <stdio.h>
3   #include <stdlib.h>
4   int main()
5   {
6       char *str[] = {"China",
```

```
7    |    |    |             "Japan",
8    |    |    |             "France"};
9        int i;
10
11       for (i = 0; i < 3; i++)
12           printf("%X : %s\n", str[i], str[i]);
13       str[1] = "Germany";
14       for (i = 0; i < 3; i++)
15           printf("%X : %s\n", str[i], str[i]);
16       system("pause");
17       return 0;
18   }
```

執行結果

賦予新內容後
更改的是指標
陣列的位址

```
C:\Cbook\ch11\ch11_32_3.exe
404000 : China
404006 : Japan
40400C : France
404000 : China
40401C : Germany
40400C : France
請按任意鍵繼續 . . . ▄
```

11-7-4 宣告空字串

在程式設計期間,如果我們還不知道字串陣列的內容,可以先建立指向空字串的指標陣列,這時指標陣列會指向空字串,語法如下:

    char *str[LEN] = { };   /* LEN是代表字串的數量 */

上述宣告後,未來我們就可以隨時讀取字串內容,然後指標就會指向所讀取的字串常數。

程式實例 ch11_32_4.c:觀察指標陣列指向空字串。

```
1   /*   ch11_32_4.c                */
2   #include <stdio.h>
3   #include <stdlib.h>
4   #define LEN 5
5   int main()
6   {
7       char *str[LEN] = {};
8       int i;
9
10      for (i = 0; i < LEN; i++)
11          printf("%X : %s\n", str[i], str[i]);
12      system("pause");
13      return 0;
14  }
```

執行結果

```
■ C:\Cbook\ch11\ch11_32_4.exe
0 : (null)
0 : (null)
0 : (null)
0 : (null)
0 : (null)
請按任意鍵繼續 . . . ■
```

註 許多常犯的錯誤是漏了宣告為空字串，就想直接使用。

```
char *str[LEN];={ }
```

程式實例 ch11_32_5.c：宣告字串指標指向空字串，設定字串指標指向字串，然後輸出字串指標所指字串。

```
1   /*   ch11_32_5.c              */
2   #include <stdio.h>
3   #include <stdlib.h>
4   #define LEN 3
5   int main()
6   {
7       char *str[LEN] = {};
8       char s[80];
9       int i;
10
11      for (i = 0; i < LEN; i++)
12          printf("%X : %s\n", str[i], str[i]);
13      str[0] = "China";
14      str[1] = "Japan";
15      str[2] = "France";
16      for (i = 0; i < LEN; i++)
17          printf("%X : %s\n", str[i], str[i]);
18      system("pause");
19      return 0;
20  }
```

執行結果

```
■ C:\Cbook\ch11\ch11_32_5.exe
0 : (null)
0 : (null)
0 : (null)
404009 : China
40400F : Japan
404015 : France
請按任意鍵繼續 . . .
```

從上述可以看到將指標指向字串後，指標陣列就好像復活了。

11-8　專題實作 – 4x4 魔術方塊 / 奇數魔術方塊

11-8-1　使用指標執行陣列元素相加

這個程式與 ch11_28.c 類似，但是使用指標的方法有差異。

程式實例 ch11_33.c：利用指標將陣列元素相加。本程式會要求你輸入一陣列，然後將它們相加，最後將結果列印出來。

```
1   /*   ch11_33.c                */
2   #include <stdio.h>
3   #include <stdlib.h>
4   int main()
5   {
6      int array[5];
7      int *ptr, sum, i;
8
9      printf("請輸入 5 個整數 \n : ");
10     for ( i = 0; i <= 4; i++ )
11        scanf("%d",&array[i]);
12     sum = 0;
13     for ( ptr = array; ptr <= &array[4]; ptr++ )
14        sum += *ptr;
15     printf("陣列整數和是 %d\n",sum);
16     system("pause");
17     return 0;
18  }
```

執行結果

```
C:\Cbook\ch11\ch11_33.exe
請輸入 5 個整數
 : 5 6 88 10 2
陣列整數和是 111
請按任意鍵繼續 . . .
```

上述程式最重要是第 13 和 14 列，只要指標在陣列 &array[4](含)，就繼續執行累加動作，所以最後會得到加總結果。

11-8-2　使用雙重指標輸出二維陣列 " 洪 "

程式實例 ch11_34.c：用雙重指標觀念繪製圖案 " 洪 "。

```
1   /*    程式名稱 : ch11_34.c              */
2   #include <stdio.h>
3   #include <stdlib.h>
4   int main()
5   {
6      int num[9][16] = {
7         { 1,1,0,0,0,0,0,1,1,0,0,0,1,1,0,0 },
8         { 0,1,1,0,0,0,0,0,1,1,0,0,0,1,1,0,0 },
```

```
9          { 0,0,1,1,0,1,1,1,1,1,1,1,1,1,1,1 },
10         { 0,0,0,0,0,0,0,1,1,0,0,0,1,1,0,0 },
11         { 1,1,1,1,0,0,0,1,1,0,0,0,1,1,0,0 },
12         { 0,0,0,0,0,1,1,1,1,1,1,1,1,1,1,1 },
13         { 0,0,1,1,0,0,0,0,1,1,0,0,1,1,0,0 },
14         { 0,1,1,0,0,0,0,1,1,0,0,0,0,1,1,0 },
15         { 1,1,0,0,0,0,1,1,0,0,0,0,0,0,1,1 } };
16
17     int i,j;
18
19     for ( i = 0; i < 9; i++ )
20     {
21         for ( j = 0; j < 16; j++ )
22             if ( *(*(num+i)+j) == 1 )
23                 printf("#");
24             else
25                 printf(" ");
26         printf("\n");
27     }
28     system("pause");
29     return 0;
30 }
```

執行結果

```
■ C:\Cbook\ch11\ch11_34.exe
##     ##   ##
 ##     ##   ##
  ## ###########
         ##   ##
####     ##   ##
    ###########
  ##     ## ##
 ##     ##  ##
##     ##    ##
請按任意鍵繼續 . . . ■
```

11-8-3　使用指標設計 4 x 4 魔術方塊

程式實例 ch11_35.c：有關 4 x 4 魔術方塊的原理讀者可以參考 ch7_23.c，下列是將該程式改為使用指標觀念重新設計。

```
1  /*   ch11_35.c              */
2  #include <stdio.h>
3  #include <stdlib.h>
4  int main()
5  {
6      int magic[4][4] = {{4, 6, 8, 10},
7                         {12,14,16,18},
8                         {20,22,24,26},
9                         {28,30,32,34}};
10     int sum;          /* 最小值與最大值之和    */
11     int i,j;
12
13     sum = **magic + *(*(magic+3)+3);
```

```
14      for ( i = 0, j = 0; i < 4; i++, j++ )
15         *(*(magic+i)+j) = sum - *(*(magic+i)+j);
16      for ( i = 0, j = 3; i < 4; i++, j-- )
17         *(*(magic+i)+j) = sum - *(*(magic+i)+j);
18      printf("最後的魔術方塊如下 \n");
19      for ( i = 0; i < 4; i++ )
20      {
21         for ( j = 0; j < 4; j++ )
22            printf("%5d",*(*(magic+i)+j));
23         printf("\n");
24      }
25      system("pause");
26      return 0;
27   }
```

執行結果

```
■ C:\Cbook\ch11\ch11_35.exe
最後的魔術方塊如下
   34    6    8   28
   12   24   22   18
   20   16   14   26
   10   30   32    4
請按任意鍵繼續 . . .
```

11-9　習題

一：是非題

(　) 1：　指標是間接存取變數內容的方法。(11-1 節)

(　) 2：　若某個變數所含的是一個記憶體位址，則這個變數我們稱之指標變數。(11-2 節)

(　) 3：　有一個指標變數 *ptr，有一個一般變數 n，若想將 n 的位址給指標變數，可以使用「 ptr = n 」。(11-3 節)

(　) 4：　有一個指標變數 *ptr，有一個一般變數 n，若想將 n 值設定給指標變數，可以使用 *ptr = n。(11-3 節)

(　) 5：　指標變數的長度與所指的變數內容有關。(11-3 節)

(　) 6：　指標變數的長度和所指的變數有關。(11-3 節)

(　) 7：　事實上，C 的編譯程式在編譯期間是將陣列名稱設成一個指標變數。(11-4 節)

(　) 8：　指標常數的值不可更改。(11-4 節)

(　) 9 ： 陣列名稱使用時一定是指標常數。(11-4 節)

(　) 10 ： 假設 n 是陣列名稱，sizeof(n) 可以回傳陣列長度。(11-4 節)

(　) 11 ： 假設 n 是陣列名稱，i 是整數，*(num+i) 和 *num++ 意義是相同的。(11-4 節)

(　) 12 ： 在二維陣列指標的使用中，&n[i][j] 和 n[i]+j 意義相同。(11-5 節)

(　) 13 ： 假設 n 是一個 2 x 3 的整數陣列，假設 n[0] 是 1000H，則 n[1] 是 1004H。(11-5 節)

(　) 14 ： 一個指標可以指向另一個指標稱雙重指標。(11-5 節)

(　) 15 ： 指標字串陣列優點是執行速度快，缺點是比較佔用記憶體空間。(11-7 節)

二：選擇題

(　) 1 ： 下列哪一種資料型態鎮佔據最小記憶體空間 (A) 字元 (B) 整數 (C) 浮點數 (D) 雙倍精度浮點數。(11-1 節)

(　) 2 ： 有一個整數佔據 62FE18 ~ 62FE1B，我們通常稱此變數的位址是 (A) 62FE18 (B) 62FE19 (C) 62FE1A (D) 62FE1B。(11-2 節)

(　) 3 ： 下咧哪一個不是單元運算子 (A) & (B) * (C) + (D) ++。(11-3 節)

(　) 4 ： 指標變數左邊必須加上什麼運算子，就可以取得指標所指位址的內容 (A) & (B) * (C) + (D) ++。(11-3 節)

(　) 5 ： 假設 x 是指標變數，下列哪一個指令可以取得 x 的內容 (A) &x (B) x (C)&*x (D) *&x。(11-3 節)

(　) 6 ： 假設 ptr 是指標，下列哪一項可以獲得指標 ptr 的內容 (A) ptr (B) &ptr (C) *ptr (D) **ptr。(11-3 節)

(　) 7 ： 假設 ptr 是整數指標，則 ptr++，可以讓指標位址增加多少 (A) 1 (B) 2 (C) 3 (D) 4。(11-3 節)

(　) 8 ： 有一個 2 x 3 的整數陣列 n，sizeof(n[0]) 的回傳值 (A) 4 (B) 8 (C) 12 (D) 16。(11-5 節)

(　) 9 ： 有一個二維陣列如下：(11-5 節)

        int num[][3] ={{5, 6,7},{8,9,10}};
        *(*num + 1) + 1 值是 (A) 7 (B) 8 (C) 9 (D) 10

(　　) 10：*(*(num + i) + j) 代表 (A) 第 i 列第 j 行的位址 (B) 第 i 列第 j 行的內容 (C) 第 j 列第 i 行的位址 (D) 第 j 列第 i 行的內容。(11-5 節)

(　　) 11：有一個字串宣告如下：(11-6 節)

       char *ptr = "DeepMind";

則 "puts(ptr+4);" 可以輸出 (A) DeepMind (B) Deep (C) Mind (D) 語法錯誤。

(　　) 12：下列哪一項目對於宣告指標陣列指向字串陣列是多餘的 (A) char (B) 字串的字元數 (C) 字串變數名稱 (D) 系列字串內容。(11-7 節)

三：填充題

1：字元所佔的記憶體空間是 _____ 位元組，整數所佔的記憶體空間是 _____ 位元組，浮點數所佔的記憶體空間是 _____ 位元組。(11-1 節)

2：若某個變數所含的是一個記憶體位址，透過此位址可以存取普通變數的內容，則這個變數我們稱 _____。(11-2 節)

3：當設定指標變數 *ptr 後，指標變數可以有 3 種呈現方式。(11-3 節)

_____：指標變數位址的內容，這個內容會引導指標指向。

_____：指標變數所在位址。

_____：指標變數指向位址的內容。

4：下列語法的錯誤原因是 _____。(11-3 節)

```
int *ptr;
*ptr = 10;
```

5：設定空指標的符號是 _____。(11-3 節)

6：假設 num 是一維陣列，*(num+1) 相當於索引的 _____。(11-4 節)

7：雙重指標的 4 種呈現方式。(11-5 節)

_____：雙重指標變數位址的內容，這個內容會引導指標指向。

_____：雙重指標變數所在位址。

_____：雙重指標的內部指標變數指向位址的內容。

_____：雙重指標變數所指向的內容，對上述實例而言相當於變數 x 的內容。

8：　雙重指標可以獲得第 i 列第 j 行的位址通式 _____。(11-5 節)

9：　雙重指標可以獲得第 i 列第 j 行的內容通式 _____。(11-5 節)

10：假設 char *ptr="Japan"，puts(ptr+2) 可以輸出 _____。(11-6 節)

四：實作題

1：　擴充 ch11_2.c，增加列出雙倍精度浮點數的長度，和相關記憶體位址資訊。(11-1 節)

```
■ C:\Cbook\ex\ex11_1.exe
 a = 6 的 address = 000000000062FE1C
sizeof(a) = 4
 b = 3.140000 的 address = 000000000062FE18
sizeof(b) = 4
 c = K 的 address = 000000000062FE17
sizeof(c) = 1
 d = 3.140000 的 address = 000000000062FE08
sizeof(d) = 8
請按任意鍵繼續 . . .
```

2：　修訂 ch11_12.c 的錯誤和列出結果。(11-3 節)

```
■ C:\Cbook\ex\ex11_2.exe
*ptr = 10
請按任意鍵繼續 . . . ■
```

3：　修訂 ch11_13.c 的錯誤和列出結果。(11-3 節)

```
■ C:\Cbook\ex\ex11_3.exe
*ptr = 10
請按任意鍵繼續 . . .
```

4：　建立 num 陣列，內容是 1 … 6，然後輸出此陣列內容和陣列位址。(11-4 節)

```
■ C:\Cbook\ex\ex11_4.exe
num[0]=1          num[0]位址=62FE04
num[1]=2          num[1]位址=62FE08
num[2]=3          num[2]位址=62FE0C
num[3]=4          num[3]位址=62FE10
num[4]=5          num[4]位址=62FE14
num[5]=6          num[5]位址=62FE18
請按任意鍵繼續 . . .
```

5： 建立 3 x 5 的 num 陣列，內容是 1 … 15，然後輸出此陣列內容和陣列位址。(11-5 節)

```
■ C:\Cbook\ex\ex11_5.exe
num[0][0]= 1      num[0][0]位址=62FDD0
num[0][1]= 2      num[0][1]位址=62FDD4
num[0][2]= 3      num[0][2]位址=62FDD8
num[0][3]= 4      num[0][3]位址=62FDDC
num[0][4]= 5      num[0][4]位址=62FDE0
num[1][0]= 6      num[1][0]位址=62FDE4
num[1][1]= 7      num[1][1]位址=62FDE8
num[1][2]= 8      num[1][2]位址=62FDEC
num[1][3]= 9      num[1][3]位址=62FDF0
num[1][4]= 10     num[1][4]位址=62FDF4
num[2][0]= 11     num[2][0]位址=62FDF8
num[2][1]= 12     num[2][1]位址=62FDFC
num[2][2]= 13     num[2][2]位址=62FE00
num[2][3]= 14     num[2][3]位址=62FE04
num[2][4]= 15     num[2][4]位址=62FE08
請按任意鍵繼續 . . . ■
```

6： 宣告 3 x 4 的整數陣列 num，請輸入 12 筆數字，每個數字之間用空格隔開，然後輸出此 num 陣列。**註：**請不要宣告 *ptr 指標變數，完成此程式實例。(11-5 節)

```
■ C:\Cbook\ex\ex11_6.exe
請輸入 12 筆數字
 : 11 22 33 44 55 66 77 88 99 15 25 36
二維陣列輸出結果
    11      22      33      44
    55      66      77      88
    99      15      25      36
請按任意鍵繼續 . . .
```

7： 請宣告 *ptr 指標變數，在 scanf( ) 讀入時使用 ptr++，在 printf( ) 輸出時使用 *ptr++，重新設計 ex11_6.c。(11-5 節)

```
■ C:\Cbook\ex\ex11_7.exe
請輸入 12 筆數字
 : 11 22 33 44 55 66 77 88 99 15 18 20
二維陣列輸出結果
    11      22      33      44
    55      66      77      88
    99      15      18      20
請按任意鍵繼續 . . . ■
```

8： 請參考 11-5-5 節雙重指標觀念，然後將此觀念應用在 ex11_7.c。(11-5 節)

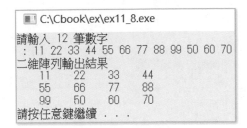

9： 請宣告 src[80] 和 dst[80] 字串變數，同時宣告 *ptr1 指向 src，*ptr2 指向 dst，請
輸入 src 字串內容，然後使用 *ptr1 和 *ptr2 將字元逐步拷貝至 dst 字串。(11-6 節)

```
C:\Cbook\ex\ex11_9.exe
請輸入來源字串內容 : I love C Language.

拷貝結果 : I love C Language.
請按任意鍵繼續 . . . ■
```

10： 使用指標字串陣列輸出四季的英文 (11-7 節)

```
C:\Cbook\ex\ex11_10.exe
Spring
Autumn
Fall
Winter
請按任意鍵繼續 . . . ■
```

11： 使用指標字串陣列輸出英文的 12 個月份，同時會要求輸入阿拉伯數字的月份，然
後輸出該月份的英文，如果輸入 1－12 範圍外，則輸出 " 輸入錯誤 "。 (11-7 節)

12：用指標方式重新設計 ex7_14.c，4 x 4 魔術方塊。或是可以說讀者擴充設計
　　ch11_35.c，增加輸入起始值和差值。(11-8 節)

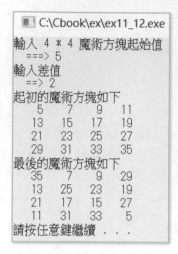 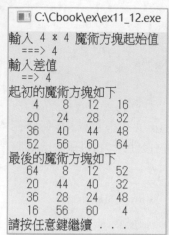

13：使用指標方式重新設計 ex7_15.c，奇數魔術方塊邊的元素數量從螢幕輸入。(11-8
　　節)

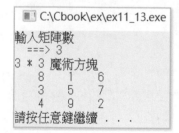 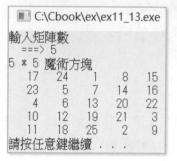

第 12 章

指標與函數

第 9 章介紹了函數的觀念，第 11 章介紹了指標，這一章主要是介紹將指標當作函數的參數傳送，優點是可以簡化程式設計，同時可以透過位址傳遞和接收資料，這一章所述透過記憶體傳遞資料稱**傳址呼叫** call by address。

12-1　函數參數是指標變數

第 9 章介紹函數章節，我們可以將變數資料傳遞給函數，但是回傳值只能有一個，使用上不是太便利，這一節開始將講解 C 語言將變數位址傳遞給函數的方法。一個函數若是想接收指標變數當作參數，此函數語法如下：

```
函數型態 函數名稱(資料型態 *指標變數 1, …, 資料型態 *指標變數 n)
{
    函數主體;
}
```

呼叫上述函數，可以傳遞指標或是位址即可，上述函數接收到所傳來的位址後，可以依據需要取得此變數的位址與內容，細節可以參考下列實例。

程式實例 ch12_1.c：函數傳遞指標的應用。

```
1   /*   ch12_1.c                */
2   #include <stdio.h>
3   #include <stdlib.h>
4   void info(int *);
5   int main()
6   {
7       int x = 10;
8       int *ptr = &x;
9
10      printf("x    address = %X\n", &x);
11      printf("ptr address = %X\n", ptr);
12      printf("呼叫 address\n");
13      info(ptr);             /* 傳遞指標 */
14      info(&x);              /* 傳遞位址 */
15      system("pause");
16      return 0;
17  }
18  void info(int *p)
19  {
20      printf("address=%X \t val=%d\n", p, *p);
21  }
```

執行結果

```
C:\Cbook\ch12\ch12_1.exe
x   address = 62FE14
ptr address = 62FE14
呼叫 address
address=62FE14   val=10
address=62FE14   val=10
請按任意鍵繼續 . . .
```

上述第 18 – 21 列是 info( ) 函數，因為沒有回傳值，所以可以設為 void 資料型態，第 4 列是函數原型宣告，對於 *ptr 參數，因為可以省略指標名稱，所以宣告如下：

void info(int *);

對於呼叫 info( ) 函數，傳遞的參數是位址資料，所以可以使用下列方式呼叫。

info(ptr);
Info(&x);

整個呼叫 info( ) 前和呼叫 info( ) 後的記憶體圖形如下：

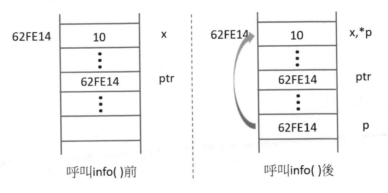

從上述我們也可以獲得結論，應用傳遞指標變數時，在 main( ) 呼叫函數時是傳遞變數的位址，但是在 info( ) 函數，卻可以使用變數的位址和內容資訊，這也是 C 語言指標最大的特色。

12-1-2 加法運算

程式實例 ch12_2.c：設計加法函數 add( )，函數參數是使用 *p1 和 *p2，加法函數的函數型態是 int。

```
1   /*    ch12_2.c                    */
2   #include <stdio.h>
3   #include <stdlib.h>
4   int add(int *, int *);
5   int main()
6   {
7       int x = 10;
8       int y = 5;
9       int sum;
10
11      sum = add(&x, &y);
12      printf("sum = x + y = %d\n", sum);
13      system("pause");
14      return 0;
15  }
16  int add(int *p1, int *p2)
17  {
18      return *p1 + *p2;
19  }
```

執行結果

```
■ C:\Cbook\ch12\ch12_2.exe
sum = x + y = 15
請按任意鍵繼續 . . . ■
```

12-1-3　使用位址回傳數值的平方

程式實例 ch12_3.c：設計平方的函數，同時所計算的平方值是使用位址回傳。

```
1   /*    ch12_3.c                    */
2   #include <stdio.h>
3   #include <stdlib.h>
4   void square(int *);
5   int main()
6   {
7       int x = 10;
8
9       printf("執行 square 前 = %d\n", x);
10      square(&x);
11      printf("執行 square 後 = %d\n", x);
12      system("pause");
13      return 0;
14  }
15  void square(int *ptr)
16  {
17      *ptr *= *ptr;
18      return;
19  }
```

執行結果

```
■ C:\Cbook\ch12\ch12_3.exe
執行 square 前 = 10
執行 square 後 = 100
請按任意鍵繼續 . . .
```

整個呼叫 square( ) 前和呼叫 square( ) 後的記憶體圖形如下：

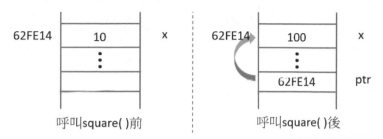

因為 square( ) 函數會將平方的結果存入原位址，所以第 11 列輸出可以得到 x 值是 100。

12-1-4 資料交換函數

C 語言書籍講到指標與函數最經典的實例就是設計資料交換函數 swap( )，9-7-3 節筆者有介紹設計 swap( ) 函數但是失敗的實例，主要是當時是使用傳值 (call by value) 方式呼叫函數，所以資料雖然在 swap( ) 函數交換成功，但是回到 main( ) 函數，因為原變數記憶體位址的資料沒有改變，所以整個資料交換是失敗的。

程式實例 ch12_4.c：設計 swap( ) 函數執行資料交換，這個實例的資料交換採用傳址呼叫 (call by address)。

```
1  /*   ch12_4.c                */
2  #include <stdio.h>
3  #include <stdlib.h>
4  void swap(int *, int *);
5  int main()
6  {
7      int j, i;
8
9      i = 5;
10     j = 6;
11     printf("i address=%X\n",&i);
12     printf("j address=%X\n",&j);
13     printf("呼叫 swap 前\n");
14     printf("i = %d,    j = %d \n",i,j);
15     swap(&i,&j);
16     printf("呼叫 swap 後\n");
17     printf("i = %d,    j = %d \n",i,j);
18     system("pause");
19     return 0;
20  }
21  void swap(int *x, int *y)
22  {
23      int tmp;
24
```

```
25      tmp = *x;
26      *x = *y;
27      *y = tmp;
28  }
```

執行結果

```
C:\Cbook\ch12\ch12_4.exe

i address=62FE18
j address=62FE1C
呼叫 swap 前
i = 5,     j = 6
呼叫 swap 後
i = 6,     j = 5
請按任意鍵繼續 . . .
```

上述程式執行完第 10 列後，記憶體圖形可以參考下方左圖。

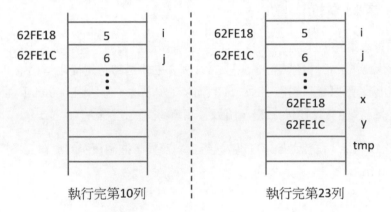

執行完第10列　　　　執行完第23列

執行第 15 列呼叫 swap( ) 函數，執行完第 23 列後記憶體圖形可以參考上方右圖。執行完第 25 列後的記憶體圖形可以參考下方左圖。

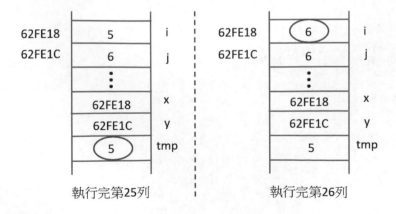

執行完第25列　　　　執行完第26列

執行完第 26 列後的記憶體圖形可以參考上方右圖，執行完第 27 列可以得到下圖，從下圖可以得到變數 i 和 j 的資料已經交換成功了。

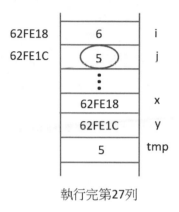

執行完第27列

12-2 傳遞混合參數

設計函數時，也可以部分參數是傳遞值 (call by value)，部分參數是傳遞位址 (call by address)，程式設計觀念則類似。

程式實例 ch12_5.c：計算圓面積和圓周長，其中需傳遞半徑，因為半徑資料不需回傳所以可以使用傳遞值方式當作參數。然後需要得到面積和圓周長所以用傳遞位址方式當作參數。

```
1   /*   ch12_5.c                  */
2   #include <stdio.h>
3   #include <stdlib.h>
4   #define PI 3.1415926
5   void circle(int, float *, float *);
6   int main()
7   {
8       int r = 5;
9       float area, circumference;
10
11      circle(r, &area, &circumference);
12      printf("r=%d 圓面積是 %f\n", r, area);
13      printf("r=%d 圓周長是 %f\n", r, circumference);
14      system("pause");
15      return 0;
16  }
17  void circle(int r, float *area, float *circum)
18  {
19      *area = PI * r * r;
20      *circum = 2 * PI * r;
21  }
```

執行結果
```
C:\Cbook\ch12\ch12_5.exe
r=5 圓面積是 78.539818
r=5 圓周長是 31.415926
請按任意鍵繼續 . . .
```

　　上述程式執行完第 9 列後，記憶體圖形可以參考下方左圖。執行完第 11 列呼叫 circle( ) 函數，執行完第 17 列後，記憶體圖形可以參考下方右圖。

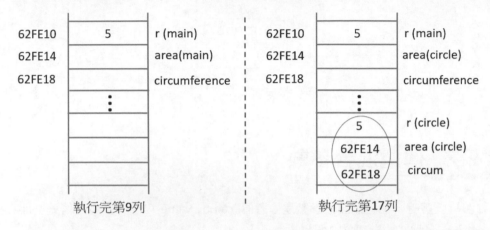

執行完第9列　　　　　　　　　執行完第17列

　　執行完第 19 列後，記憶體圖形可以參考下方左圖。執行完第 20 列後，記憶體圖形可以參考下方右圖。

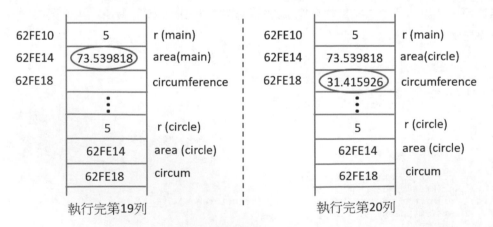

執行完第19列　　　　　　　　　執行完第20列

　　所以第 12 和 13 列可以輸出圓面積與圓周長的結果。

12-3 用指標當作函數參數接收一維陣列資料

　　我們先複習一下前一章的內容，C 的編譯程式在編譯期間是將陣列名稱設成一個指標常數，因為陣列名稱就是指標常數，代表一個位址，所以可以將陣列名稱傳遞給函數。

程式實例 ch12_6.c：找出陣列的最大值，。

```
1   /*   ch12_6.c                  */
2   #include <stdio.h>
3   #include <stdlib.h>
4   int getmax(int *, int);
5   int main()
6   {
7       int n[] = {5, 8, 4, 10, 2};
8       int len;
9       int max;
10
11      len = sizeof(n) / sizeof(n[0]);
12      max = getmax(n, len);
13      printf("max = %d\n", max);
14      system("pause");
15      return 0;
16  }
17  int getmax(int *ptr, int length)
18  {
19      int i, max;
20      max = *ptr;
21      for (i = 0; i < length; i++)
22      {
23          if (max < *ptr)
24              max = *ptr;
25          *ptr++;
26      }
27      return max;
28  }
```

執行結果

```
C:\Cbook\ch12\ch12_6.exe
max = 10
請按任意鍵繼續 . . .
```

　　上述程式的程式邏輯其實很容易，更重要的是讀者要學習函數原型宣告 (第 4 列)，讀者可以留意可以用 int * 宣告陣列參數。陣列宣告 (第 7 列)，這個觀念和以前宣告方式相同。呼叫函數 (第 12 列)，可以只要傳遞陣列名稱。函數參數設計 (第 17 列)，可以設定指標即可存取此陣列內容。

　　也就是 getmax( ) 函數只是取得陣列的位址，然後配合第 2 個參數的陣列長度，就可以遍歷陣列，最後獲得最大值。

其實我們也可以使用第 9 章傳遞陣列方式，傳遞資料，然後在 getmax( ) 函數應用索引或是指標取得陣列的最大值。

程式實例 ch12_7.c：取得陣列的最大值，。

```
1    /*    ch12_7.c                 */
2    #include <stdio.h>
3    #include <stdlib.h>
4    int getmax(int [], int);
5    int main()
6    {
7        int n[] = {5, 8, 4, 10, 2};
8        int len;
9        int max;
10
11       len = sizeof(n) / sizeof(n[0]);
12       max = getmax(n, len);
13       printf("max = %d\n", max);
14       system("pause");
15       return 0;
16   }
17   int getmax(int p[], int length)
18   {
19       int i, max;
20       max = *p;
21       for (i = 0; i < length; i++)
22           if (max < *(p+i))
23               max = *(p+i);
24       return max;
25   }
```

執行結果　與 ch12_6.c 相同。

12-4　用指標當作函數參數接收二維陣列資料

用指標當作函數參數接收二維陣列資料，最關鍵是所設計的函數要如何接收二維陣列資料，若是以下列實例的 n x 5 的陣列而言，參數設計方式如下：

函數名稱(int (*p)[5], int length)

或是

函數名稱(int p[ ][5], int length)

上述 p 就是未來可以使用的二維陣列指標，至於函數原型宣告方式與 9-7-6 節的觀念相同。

程式實例 ch12_8.c：計算二維陣列每一列的最大值，然後將這些最大值加總。

```
1    /*    ch12_8.c                    */
2    #include <stdio.h>
3    #include <stdlib.h>
4    int max_sum(int [][5], int);
5    int main()
6    {
7        int n[][5] = {{5, 8, 4, 10, 2},
8                      {11, 18, 17, 16, 19},
9                      {26, 23, 29, 27, 20}};
10       int rows;
11       int total;
12
13       rows = sizeof(n) / sizeof(n[0]);
14       total = max_sum(n, rows);
15       printf("最大值加總  = %d\n", total);
16       system("pause");
17       return 0;
18   }
19   int max_sum(int (*p)[5], int length)
20   {
21       int i, j, max;
22       int sum = 0;
23       for (i = 0; i < length; i++)
24       {
25           max = *(*(p+i));
26           for (j = 0; j < 5; j++)
27           {
28               if (max < *(*(p+i)+j))
29                   max = *(*(p+i)+j);
30           }
31           printf("row%d 最大值 : %d\n", i, max);
32           sum += max;
33       }
34       return sum;
35   }
```

執行結果

```
■ C:\Cbook\ch12\ch12_8.exe
row0 最大值 : 10
row1 最大值 : 19
row2 最大值 : 29
最大值加總  = 58
請按任意鍵繼續 . . . ■
```

上述第 19 列也可以改寫成下列比較容易懂的陣列宣告。

```
19   int max_sum(int p[][5], int length)
```

讀者可以參考 ch12 資料夾的 ch12_8_1.c 程式實例。

12-5　字串指標當作函數參數

字串指標也可以幫做函數的參數，假設函數名稱是 sort( )，沒有回傳值，則此函數原型宣告如下：

```
void sort(char *[ ]);
```

字串陣列的宣告方式可以參考 11-7 節指標與字串陣列，呼叫方式可以用字串陣列的名稱傳遞字串陣列的位址，如下：

```
sort(season);        /* 可參考第 15列 */
```

所設計的函數可以用下列方式接收此字串陣列。

```
void sort(char *[ ])
{
    char *tmp;
    …
}
```

上述 sort( ) 函數內當宣告 *tmp 指標時，未來可以用此指標指向字串，這樣在做字串對調時，可以暫存字串位址。

程式實例 ch12_9.c：將字串陣列的字串依字母排序。

```
1  /*   ch12_9.c                */
2  #include <stdio.h>
3  #include <stdlib.h>
4  #include <string.h>
5  #define LEN 4
6  void sort(char *[]);
7  int main()
8  {
9      char *season[] = {"Spring",
10                        "Summer",
11                        "Autumn",
12                        "Winter"};
13      int i;
14
15      sort(season);
16      for (i = 0; i < LEN; i++ )
17          printf("%s\n",season[i]);    /* 輸出字串內容 */
18      system("pause");
19      return 0;
20  }
21  void sort(char *str[])
22  {
```

```
23      char *tmp;
24      int i, j;
25
26      for (i = 1; i < LEN; i++)
27      {
28          for (j = 0; j < (LEN - 1); j++)
29          {
30              if (strcmp(str[j], str[j+1]) > 0)
31              {
32                  tmp = str[j];
33                  str[j] = str[j+1];
34                  str[j+1] = tmp;
35              }
36          }
37      }
38  }
```

執行結果

```
■ C:\Cbook\ch12\ch12_9.exe

Autumn
Spring
Summer
Winter
請按任意鍵繼續 . . . ■
```

上述程式呼叫了 strcmp( ) 函數，這個函數可以比較字串的字元值，此函數使用細節可以參考 8-5-2 節。上述資料型態是字串陣列，我們也可以用雙層指標方式完成工作。

程式實例 ch12_10.c：使用雙層指標方式重新處理 main( ) 函數，重新設計 ch12_9.c，下列只列出 main( ) 部分，同時標註雙重指標部分。

```
7   int main()
8   {
9       char *season[] = {"Spring",
10                         "Summer",
11                         "Autumn",
12                         "Winter"};
13      char **ptr;
14      int i;
15
16      ptr = season;
17      sort(ptr);
18      for (i = 0; i < LEN; i++ )
19          printf("%s\n", *ptr++);   /* 輸出字串內容 */
20      system("pause");
21      return 0;
22  }
```

執行結果 與 ch12_9.c 相同。

12-6　回傳函數指標

一個函數可以有整數、浮點數、字元、… 等回傳值，也可以回傳不同資料類型的指標，簡稱回傳函數指標，這時整個函數語法如下：

函數類型　*函數名稱(參數)

{

　　函數主體 ;

}

因為函數是回傳指標，所以在 main( ) 內呼叫此函數前，必須先宣告指標變數，細節可以參考下列實例。

程式實例 ch12_11.c：回傳函數指標的實例，這個程式會回傳較小值。

```
1   /*   ch12_11.c                   */
2   #include <stdio.h>
3   #include <stdlib.h>
4   int *min(int *, int *);
5   int main()
6   {
7       int x = 10;
8       int y = 5;
9       int *minval;
10
11      minval = min(&x, &y);
12      printf("min = %d\n", *minval);
13      system("pause");
14      return 0;
15  }
16  int *min(int *px, int *py)
17  {
18      if (*px > *py)
19          return py;
20      else
21          return px;
22  }
```

執行結果

```
C:\Cbook\ch12\ch12_11.exe
min = 5
請按任意鍵繼續 . . .
```

上述由於是 min( ) 是回傳整數的函數指標，所以第 4 列函數原型宣告如下：

int *min(int *, int *);

　　上述程式在呼叫 min( ) 函數時，所傳遞的參數是位址資料，因為指標是透過位址回傳，可以參考第 11 列。

　　　　minval = min(&x, &y);

　　當然上述 minval 是指標變數，在第 9 列宣告。有關上述程式的執行記憶體圖形可以參考下列說明，當執行第 11 列後，記憶體圖形可以參考下方左圖。

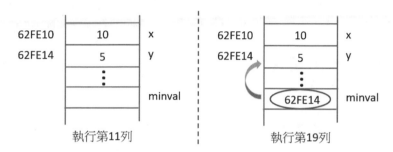

　　在第 16 列進入 min( ) 函數後，因為 *px 大於 *py，所以會執行第 19 列回傳 py 位址，所以最後可以得到上方右圖的執行結果。此外，第 4 列也可以採用下列方式宣告函數原型。

　　　　int* min(int*, int*);

　　上述可以稱作指向整數的函數指標，程式設計細節可以參考下列實例。

程式實例 ch12_11_1.c：更改指標設定方式，讀者可以細看框起來的程式碼。

```
1   /*    ch12_11_1.c                 */
2   #include <stdio.h>
3   #include <stdlib.h>
4   int* min(int*, int*);
5   int main()
6   {
7       int x = 10;
8       int y = 5;
9       int *minval;
10
11      minval = min(&x, &y);
12      printf("min = %d\n", *minval);
13      system("pause");
14      return 0;
15  }
16  int* min(int* px, int* py)
17  {
18      if (*px > *py)
19          return py;
20      else
21          return px;
22  }
```

執行結果　與 ch12_11.c 相同。

12-7　main( ) 函數的命令列的參數

所謂的命令列，指的是當執行某個程式時所敲入的一系列命令。

在先前所有的程式範例中，我們一律透過 C 的標準輸入函數讀取鍵盤輸入的參數。其實也可以在叫用這個程式時，直接將所要輸入的參數放在命令列中。

此時必須把 main( ) 函數改寫如下：

　int main(int argc, char *argv[ ])

其中 argc 代表下達命令時，在命令列中參數的個數。argv 則是命令列中字串所構成的字串陣列。

假設在 DOS 環境的命令列的輸入下列訊息：

　ch12_12 echo hello! world

則在真正執行程式時，argc 和 argv 的值如下：

　argc = 4
　argv[0] = "ch12_12"
　argv[1] = "echo"
　argv[2] = "hello!"
　argv[3] = "world"

程式實例 ch12_12.c：main( ) 函數命令列參數的應用。

```
1   /*    ch12_12.c                */
2   #include <stdio.h>
3   #include <stdlib.h>
4   #include <string.h>
5   int main(int argc, char *argv[])
6   {
7       int i;
8
9       puts("輸出如下");
10      printf("argc = %d\n", argc);
11      for ( i = 0; i < argc; i++ )
12          puts(argv[i]);
13      system("pause");
14      return 0;
15  }
```

執行結果

```
C:\Cbook\ch12\ch12_12.exe

輸出如下
argc = 1
C:\Cbook\ch12\ch12_12.exe
請按任意鍵繼續 . . .
```

```
PS C:\cbook\ch12>.\ch12_12 echo hello! world
輸出如下
argc = 4
C:\cbook\ch12\ch12_12.exe
echo
hello!
world
請按任意鍵繼續 . . .
```

上述左邊是在 Dec C++ 編輯環境的執行結果，上述右邊是在 DOS 環境執行的結果。

12-8 回顧字串處理函數

在 8-5-1 節筆者介紹了 8 個字串處理函數，當時尚未介紹指標的知識，所以筆者省略了函數原型宣告有關指標部分的觀念，下列右側是完整字串指標的語法說明。

第 8 章字串宣告方式	完整字串宣告方式
char strcat(str1, str2);	char *strcat(char *str1, char *str2);
int strcmp(str1, str2);	int *strcmp(char *str1, char *str2);
char strcpy(str1, str2);	char *strcpy(char *str1, char *str2);
int strlen(str);	int *strlen(char *str);
char strncat(str1, str2, n);	char *strncat(char *str1, char *str2,int n);
int strncmp(str1, str2, n);	int *strncmp(char *str1, char *str2, int n);
char strncpy(str1, str2, n);	char *strncpy(char *str1, char *str2, int n);
char strupr(str);	char *strupr(char *str);
char strlwr(str);	char *strlwr(char *str);
char strrev(str);	char *strrev(char *str);

至於函數呼叫方式，可以使用 8-5-1 節的字串，也可以使用指標方式。此外，從上述函數宣告我們也可以了解上述每個函數皆有回傳值，未來 ch12_15.c 會用實例解說，下列將說明用指標方式呼叫函數的方式。

程式實例 ch12_13.c：使用指標方式重新設計 ch8_17.c，將驗證碼由小寫轉成大小，然後由大寫轉成小寫。

```
1   /*    ch12_13.c                */
2   #include <stdio.h>
3   #include <stdlib.h>
4   #include <string.h>
5   int main()
6   {
7       char code[] = "Ming52Chi";
```

```
8       char *ptr = code;
9
10      printf("原始驗證碼 = %s\n", ptr);
11      strupr(ptr);
12      printf("大寫驗證碼 = %s\n", ptr);
13      strlwr(ptr);
14      printf("小寫驗證碼 = %s\n", ptr);
15      system("pause");
16      return 0;
17  }
```

執行結果

```
■ C:\Cbook\ch12\ch12_13.exe

原始驗證碼 = Ming52Chi
大寫驗證碼 = MING52CHI
小寫驗證碼 = ming52chi
請按任意鍵繼續 . . .
```

12-9　專題實作－排序 / 字串拷貝

12-9-1　輸入 3 個數字從小到大輸出

程式實例 ch12_14.c：輸入 3 個數字，在不使用泡沫排序法的情況，這個程式會從小到大輸出。

```
1   /*   ch12_14.c                    */
2   #include <stdio.h>
3   #include <stdlib.h>
4   void swap(int *, int *);
5   void exchange(int *, int *, int *);
6   int main()
7   {
8       int x, y, z;
9       int *px, *py, *pz;
10
11      px = &x;
12      py = &y;
13      pz = &z;
14      printf("請輸入 3 個數字 : ");
15      scanf("%d %d %d", &x, &y, &z);
16      exchange(px, py, pz);
17      printf("%d \t %d \t %d \n", x, y, z);
18      system("pause");
19      return 0;
20  }
21  void exchange(int *p1, int *p2, int *p3)
22  {
23      if (*p1 > *p2)
24          swap(p1, p2);
25      if (*p1 > *p3)
26          swap(p1, p3);
27      if (*p2 > *p3)
28          swap(p2, p3);
```

```
29  }
30  void swap(int *x, int *y)
31  {
32      int tmp;
33
34      tmp = *x;
35      *x = *y;
36      *y - tmp;
37  }
```

執行結果

```
C:\Cbook\ch12\ch12_14.exe

請輸入 3 個數字 : 9 6 8
6        8        9
請按任意鍵繼續 . . .
```

```
C:\Cbook\ch12\ch12_14.exe

請輸入 3 個數字 : 18 15 12
12       15       18
請按任意鍵繼續 . . .
```

12-9-2 字串的拷貝

函數 strcpy( ) 執行字串拷貝時是有回傳字串指標,下列實例將作解說。

程式實例 ch12_15.c:使用指標觀念配合 strcpy( ) 函數執行字串拷貝,同時列出拷貝回傳結果。

```
1   /*   ch12_15.c              */
2   #include <stdio.h>
3   #include <stdlib.h>
4   #include <string.h>
5   int main()
6   {
7       char str1[80] = "Introduction to C";
8       char *str2 = "This is a good book for C";
9       char *s;
10
11      puts("呼叫 strcpy 前");
12      printf("str1 = %s\n",str1);
13      printf("str2 = %s\n",str2);
14      s = strcpy(str1,str2);
15      puts("呼叫 strcpy 後");
16      printf("str1 = %s\n",str1);
17      printf("str2 = %s\n",str2);
18      printf("s    = %s\n",s);
19      system("pause");
20      return 0;
21  }
```

執行結果

```
C:\Cbook\ch12\ch12_15.exe

呼叫 strcpy 前
str1 = Introduction to C
str2 = This is a good book for C
呼叫 strcpy 後
str1 = This is a good book for C
str2 = This is a good book for C
s    = This is a good book for C
請按任意鍵繼續 . . .
```

12-9-3　泡沫排序法

程式實例 ch12_16.c：泡沫排序法，這個程式會先要求輸入陣列元素個數，然後要求輸入元素，最後將所輸入的元素依小到大排序。

```
1   /*   ch12_16.c                */
2   #include <stdio.h>
3   #include <stdlib.h>
4   void sort(int *, int);
5   int main()
6   {
7       int n[10];
8       int i, num;
9
10      printf("請輸入陣列元素個數 : ");
11      scanf("%d", &num);
12      printf("請輸入元素 : ");
13      for (i = 0; i < num; i++)
14          scanf("%d", n+i);           /* 用陣列位址讀取數字 */
15      sort(n, num);
16      printf("排序結果如下 : \n");
17      for (i = 0; i < num; i++)
18          printf("%d\t", n[i]);
19      printf("\n");
20      system("pause");
21      return 0;
22  }
23  void sort(int *ptr, int len)
24  {
25      int i, j, tmp;
26      for (i = 0; i < len - 1; i++)
27          for (j = 0; j < len -1; j++)
28              if (*(ptr + j) > *(ptr + j + 1))
29              {
30                  tmp = *(ptr + j);
31                  *(ptr + j) = *(ptr + j + 1);
32                  *(ptr + j + 1) = tmp;
33              }
34  }
```

執行結果

```
C:\Cbook\ch12\ch12_16.exe

請輸入陣列元素個數 : 5
請輸入元素 : 9 7 2 5 1
排序結果如下 :
1       2       5       7       9
請按任意鍵繼續 . . .
```

這一個實例第 14 列，讀取陣列元素時，是用陣列位址方式讀取。

12-10 習題

一：是非題

( ) 1： 函數參數是指標時，呼叫此函數需使用變數值傳遞資料。(12-1 節)

( ) 2： 設計資料交換函數 swap( ) 時，需使用傳遞位址資料 (call by address) 方式設計與呼叫函數。(12-1 節)

( ) 3： 設計函數參數可以接收陣列資料，其實所接收的是陣列指標。(12-3 節)

( ) 4： 函數指標沒有資料類型。(12-6 節)

( ) 5： main( ) 函數無法傳遞任何參數。(12-7 節)

( ) 6： 有一個函數如下，可以判斷此函數不會有回傳值。(12-8 節)

char *strcpy(char *str1, char *str2);

二：選擇題

( ) 1： 有一個整數變數 x，如果要使用傳位址方式 (call by address)，將變數 x 訊息傳遞給函數，則呼叫時的傳遞方法是 (A) x (B) *x (C) &x (D) 以上皆可。(12-1 節)

( ) 2： 函數參數 "(*p)[5]" 可以用哪一個字串取代 (A) *p[5] (B) p[5] (C) *(p)[5] (D) p[ ][5]。(12-4 節)

( ) 3： 下列哪一項不是回傳函數指標的應用 (A) 常數 (B) 整數 (C) 浮點數 (D) 字串。(12-6 節)

( ) 4： main( ) 函數第一個參數 argc 代表 (A) 命令字串個數 (B) 命令列的第一個指令 (C) 命令列最後一道指令 (D) 這是 DOS 指令。(12-7 節)

( ) 5： 有一個函數如下，可以判斷此函數的傳回值資料類型是 (A) 整數 (B) 浮點數 (C) 雙倍精度浮點數 (D) 字串。(12-8 節)

char *strcpy(char *str1, char *str2);

三：填充題

1： 一個函數參數是指標變數時，呼叫此函數所傳遞的是 _____。(12-1 節)

2： call by address 或 call by value 哪一項適合應用在資料交換函數設計 _____。
(12-1 節)

3： 函數參數 "(*p)[5]" 可以用 _____ 取代。(12-4 節)

4： 假設要設計可以接收一個字串指標的函數，此函數原型宣告內容是 _____。
(12-5 節)

5： 在 DOS 環境執行 C 語言程式時，所輸入的指令是被儲存在 main( ) 函數的 _____
內。(12-7 節)

四：實作題

1： 設計乘以 10 的函數 mul10(int *ptr)，此函數的資料型態是 void，使用 x = 66 做測
試。(12-1 節)

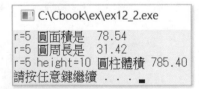

2： 擴充設計 ch12_5.c，增加輸入高度 10，可以同時輸出體積，取到小數點第 2 位。
(12-2 節)

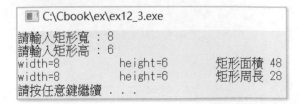

3： 輸入矩形的寬 (width) 和高 (height)，這個程式可以傳址方式回傳矩形面積和周長。
(12-2 節)

```
 C:\Cbook\ex\ex12_3.exe
請輸入矩形寬 : 8
請輸入矩形高 : 6
width=8          height=6          矩形面積 48
width=8          height=6          矩形周長 28
請按任意鍵繼續 . . .
```

4：　設計輸出最小值函數，陣列個數與數字由螢幕輸入。(12-3 節)

```
C:\Cbook\ex\ex12_4.exe
請輸入數字個數 : 5
請輸入數字 : 8
請輸入數字 : 10
請輸入數字 : 7
請輸入數字 : 12
請輸入數字 : 19
min = 7
請按任意鍵繼續 . . .
```

```
C:\Cbook\ex\ex12_4.exe
請輸入數字個數 : 5
請輸入數字 : 9
請輸入數字 : 10
請輸入數字 : 8
請輸入數字 : 12
請輸入數字 : 5
min = 5
請按任意鍵繼續 . . .
```

5：　重新設計 ch12_8.c，將最小值加總。(12-4 節)

```
C:\Cbook\ex\ex12_5.exe
row0 最小值 : 2
row1 最小值 : 11
row2 最小值 : 20
最小值加總   = 33
請按任意鍵繼續 . . .
```

6：　修訂 ch12_8.c 的陣列，將 3 x 5 陣列改為 3 x 6 陣列，其中每一列最右邊元素補 0，然後計算每一列的平均 (取整數)，將平均值填入每一列最右邊元素。(12-4 節)

```
C:\Cbook\ex\ex12_6.exe
5       8       4       10      2       5
11      18      17      16      19      16
26      23      29      27      20      25
請按任意鍵繼續 . . .
```

7：　修訂 ch12_9.c，建立 12 個月的英文字串，然後依字元順序由大排到小。(12-5 節)

```
C:\Cbook\ex\ex12_7.exe
Setember
Octerber
November
May
March
June
July
January
February
December
August
April
請按任意鍵繼續 . . .
```

8：　請設計計算矩形面積的函數，函數參數是指標，回傳結果使用指標方式回傳，**註**：
　　其實這一題可以不用指標方式就可以完成工作，只是筆者要讀者熟悉這方面的設
　　計。(12-6 節)

```
C:\Cbook\ex\ex12_8.exe
請輸入矩形寬和高 : 10 20
area = 200
請按任意鍵繼續 . . .
```

9：　這個程式會先要求輸入陣列元素個數，然後要求輸入元素，最後將所輸入的元素
　　回傳平均值。(12-9 節)

```
C:\Cbook\ex\ex12_9.exe
請輸入陣列元素個數 : 5
請輸入元素 : 8 10 12 20 5
average = 11.000000
請按任意鍵繼續 . . .
```

10：　設計函數可以找出陣列最大值與最小值。(12-9 節)

```
C:\Cbook\ex\ex12_10.exe
請輸入陣列元素個數 : 5
請輸入元素 : 33 55 95 48 12
max = 95
min = 12
請按任意鍵繼續 . . .
```

第 13 章

結構 struct 資料型態

C 語言除了提供使用者基本資料型態之外，使用者還可透過一些功能，例如：結構 (struct)，建立屬於自己的資料型態。C 語言編譯程式會將這個自建的結構資料型態，視為是一般資料型態，也可以為此資料建立變數、陣列、指標或是當作參數傳遞給函數，這將是本章的重點。

13-1 結構資料型態

C 語言提供一個 struct 關鍵字，可以將相關的資料組織起來，成為一組新的複合資料型態，這些相關的資料可以是不同類型。因為所使用的關鍵字是 struct，因此我們依據其中文譯名稱其為結構 (struct) 資料型態。宣告 struct 的語法如下：

```
struct  結構名稱
{
    資料型態   資料名稱 1;
    ...                        } 結構成員
    資料型態   資料名稱 n;
};
```

例如：我們可以將學生的名字、性別、成績組成一個結構的資料型態。下面是宣告結構 student，此結構內有 3 筆資料，分別是姓名 name、性別 gender、分數 score 等 3 個資料成員，它的宣告方式與記憶體圖形說明。

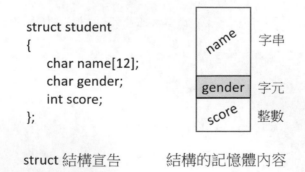

```
struct student
{
    char name[12];
    char gender;
    int score;
};
```

struct 結構宣告　　　結構的記憶體內容

在上面的結構宣告中的使用 struct，這是系統關鍵字，告訴 C 語言編譯程式，程式定義了一個結構的資料，結構資料名稱是 student，結構的內容有字串 name[12]，字元 gender(性別) 和整數 score。

註 雖然結構資料名稱是 student，但是宣告結構變數時需用 struct student。

13-2 宣告結構變數

13-2-1 宣告結構變數方法 1

建立好結構後，下一步是宣告結構變數，宣告方式如下：

struct 結構名稱 結構變數 1, 結構變數 2, …, 結構變數 n;

若是以 13-1 節所建立的結構 struct student 為例，假設想要宣告 stu1 和 stu2 變數，宣告方式如下：

struct student stu1, stu2;

這時的程式碼應該如下：

```
struct student
{
    char name[12];
    char gender;
    int score;
};
struct student stu1, stu2;
```

13-2-2 宣告結構變數方法 2

這個宣告結構變數的方法是在宣告結構時，同時在右大括號右邊增加變數宣告。

```
struct student
{
    char name[12];
    char gender;
    int score;
} stu1, stu2;
```

13-2-3 使用結構成員

從前面實例可以看到結構 struct 變數，如果想要存取結構成員的內容，其語法如下：

結構變數.成員名稱;

結構變數和成員名稱之間是 "."。

13-3　了解結構所佔的記憶體空間

經過前面的宣告，可以得到姓名 name[12] 有 12 個位元組，性別 gender 有 1 個位元組。分數 score 有 4 個位元組，所以此結構大小總共是 17 個位元組，是否整個結構大小是 17 個位元組，可以用下列的實例驗證。

程式實例 ch13_1.c：列出結構各成員所佔的記憶體空間，和整個結構所佔的記憶體空間。

```
1   /*   ch13_1.c                  */
2   #include <stdio.h>
3   #include <stdlib.h>
4   int main()
5   {
6       struct student
7       {
8           char name[12];
9           char gender;
10          int score;
11      };
12      struct student stu1;
13      printf("成員 name    大小  = %d\n",sizeof(stu1.name));
14      printf("成員 gender  大小  = %d\n",sizeof(stu1.gender));
15      printf("成員 score   大小  = %d\n",sizeof(stu1.score));
16      printf("結構 student 大小  = %d\n",sizeof(stu1));
17      system("pause");
18      return 0;
19  }
```

執行結果

```
C:\Cbook\ch13\ch13_1.exe
成員 name    大小  = 12
成員 gender  大小  = 1
成員 score   大小  = 4
結構 student 大小  = 20
請按任意鍵繼續 . . .
```

從上述可以得到結構每個成員所佔的記憶體空間是 17 個位元組，但是整體 struct 所佔的空間是 20 個位元組，這是因為 C 的編譯程式為了最佳化，會為 struct 多增加記憶體空間。

最佳化採用方式是扣除字串外，找出需要佔據最大記憶體空間的變數，然後用此變數長度的倍數當作結構記憶體空間的大小。因為 gender 需要 1 個位元組， score 需要 4 個位元組，所以整個結構用 4 的倍數處理，因此得到的結果是 20。

13-4 建立結構資料

自建結構資料可以分成用程式讀取鍵盤輸入，或是初始化資料，本節將分成兩小節說明。

13-4-1 讀取資料

程式實例 ch13_2.c：從鍵盤輸入結構資料。

```
1   /*    ch13_2.c                      */
2   #include <stdio.h>
3   #include <stdlib.h>
4   int main()
5   {
6       struct student
7       {
8           char name[12];
9           char phone[10];
10          int math;
11      };
12      struct student stu;
13      printf("請輸入姓名 : ");
14      gets(stu.name);
15      printf("請輸入手機號碼 : ");
16      gets(stu.phone);
17      printf("請輸入數學成績 : ");
18      scanf("%d", &stu.math);
19      printf("Hi %s 歡迎你\n", stu.name);
20      printf("手機號碼 : %s\n", stu.phone);
21      printf("數學成績 : %d\n", stu.math);
22      system("pause");
23      return 0;
24  }
```

執行結果

```
■ C:\Cbook\ch13\ch13_2.exe
請輸入姓名 : 洪錦魁
請輸入手機號碼 : 0952111222
請輸入數學成績 : 90
Hi 洪錦魁 歡迎你
手機號碼 : 0952111222
數學成績 : 90
請按任意鍵繼續 . . .
```

註 使用 gets( ) 讀取輸入的字串時不用 & 符號，但是使用 scanf( ) 讀取整數輸入時要加上 & 符號。上述 name 字串長度預留 10 個字元空間，phone 字串長度預留 10 個字元空間，輸入時不可輸入多於預設的記憶體空間，否則會有不可預期的錯誤。

13-4-2　初始化結構資料

　　初始化結構資料可以使用大括號，{ 和 } 包夾，大括號中間依據成員函數宣告的順序填入資料即可。初始化時字串資料需用雙引號，字元資料可以用單引號，數值資料可以直接輸入數值。

程式實例 ch13_3.c：初始化結構資料，然後輸出。

```
1  /*    ch13_3.c                    */
2  #include <stdio.h>
3  #include <stdlib.h>
4  int main()
5  {
6      struct student
7      {
8          char name[12];
9          char gender;
10         int math;
11     };
12     struct student stu = {"洪錦魁", 'M', 90};
13     printf("Hi %s 歡迎你\n", stu.name);
14     printf("性別 : %c\n", stu.gender);
15     printf("數學成績 : %d\n", stu.math);
16     system("pause");
17     return 0;
18 }
```

執行結果

```
■ C:\Cbook\ch13\ch13_3.exe

Hi 洪錦魁 歡迎你
性別 : M
數學成績 : 90
請按任意鍵繼續 . . .
```

　　在 ch13 資料夾有程式實例 ch13_3_1.c，這是另一種宣告方式，執行結果一樣，下列只列出結構的宣告方式。

```
6      struct student
7      {
8          char name[12];
9          char gender;
10         int math;
11     } stu = {"洪錦魁", 'M', 90};
12
```

13-4-3　初始化資料碰上結構改變

　　前一小節介紹了初始化資料的方法，從實例可以看到是依據結構位置初始化資料，雖然方便，可是碰上未來程式擴充，結構內成員位置更動或是有增加，則原先初始化的資料就會錯亂。例如：若是 struct student 結構在 name 成員下方增加 ID，則初始化的資料就會造成錯誤。

程式實例 ch13_3_2.c：更改 ch13_3.c 的結構，結果程式發生錯亂。

```
1  /*   ch13_3_2.c                   */
2  #include <stdio.h>
3  #include <stdlib.h>
4  int main()
5  {
6      struct student
7      {
8          char name[12];
9          char ID[10];
10         char gender;
11         int math;
12     };
13     struct student stu = {"洪錦魁", 'M', 90};
14     printf("Hi %s 歡迎你\n", stu.name);
15     printf("性別 : %c\n", stu.gender);
16     printf("數學成績 : %d\n", stu.math);
17     system("pause");
18     return 0;
19 }
```

執行結果

```
■ C:\Cbook\ch13\ch13_3_2.exe
Hi 洪錦魁 歡迎你
性別 :
數學成績 : 0
請按任意鍵繼續 . . .
```

上述因為在 name 成員下方插入 ID 欄位造成資料錯亂。更嚴謹的初始化資料方法是，建立初始化資料時同時標註資料的欄位，標註方式是欄位名稱左邊增加小數點，如下：

.欄位名稱 = 資料;

程式實例 ch13_3_3.c：初始化資料時同時標註資料欄位，因此可以適應所有結構的改變。註：欄位名稱必須存在。

```
1  /*   ch13_3_3.c                   */
2  #include <stdio.h>
3  #include <stdlib.h>
4  int main()
5  {
6      struct student
7      {
8          char name[12];
9          char ID[10];
10         char gender;
11         int math;
```

```
12        };
13        struct student stu = {.name="洪錦魁", .gender='M', .math=90};
14        printf("Hi %s 歡迎你\n", stu.name);
15        printf("性別 : %c\n", stu.gender);
16        printf("數學成績 : %d\n", stu.math);
17        system("pause");
18        return 0;
19    }
```

執行結果 與 ch13_3.c 相同。

　　上述第 13 列的初始化因為增加欄位設定，所以建議每一列一筆資料，比較容易閱讀。讀者可以參考 ch13 資料夾的 ch13_3_4.c，下列只列出容易閱讀初始化的方法。

```
13        struct student stu = {.name="洪錦魁",
14                               .gender='M',
15                               .math=90};
```

13-5　設定結構物件的內容給另一個結構物件

　　如果有兩個相同結構的物件，假設分別是 family 和 seven，可以使用賦值 = 號，將一個物件的內容設定給另一個物件。

程式實例 ch13_4.c：建立一個 fruit 結構，這個結構有 family 和 seven 兩個物件，其中先設定 family 的物件內容，然後將 family 物件內容設定給 seven 物件。

```
1    /*   ch13_4.c                    */
2    #include <stdio.h>
3    #include <stdlib.h>
4    int main()
5    {
6        struct fruit
7        {
8            char name[10];
9            int price;
10           char origin[12];
11       } family = {"香蕉", 35, "高雄"};
12       struct fruit seven;
13       printf("family 超商品項表");
14       printf("品名 : %s\n", family.name);
15       printf("價格 : %d\n", family.price);
16       printf("產地 : %s\n", family.origin);
17       seven = family;
18       printf("seven  超商品項表");
19       printf("品名 : %s\n", seven.name);
20       printf("價格 : %d\n", seven.price);
21       printf("產地 : %s\n", seven.origin);
22       system("pause");
23       return 0;
24   }
```

執行結果

```
C:\Cbook\ch13\ch13_4.exe
family 超商品項表品名 ： 香蕉
價格 ： 35
產地 ： 高雄
seven 超商品項表品名 ： 香蕉
價格 ： 35
產地 ： 高雄
請按任意鍵繼續 . . .
```

上述程式最關鍵的是第 17 列，藉由 "=" 號，就可以將已經設定的 family 物件內容全部轉給 seven 物件。

13-6 巢狀的結構

13-6-1 設定巢狀結構資料

所謂的**巢狀結構**(nested struct)就是結構內某個資料型態是一個結構，如下圖所示：

```
struct 結構 A
{
    ...
};
struct 結構 B
{
    資料型態　資料名稱 1;
    ...
    struct 結構 A　變數名稱;
};
```

程式實例 ch13_5.c：使用結構資料建立數學成績表，這個程式的 student 結構內有 score 結構。

```
1   /*    ch13_5.c                */
2   #include <stdio.h>
3   #include <stdlib.h>
4   #include <string.h>
5   int main()
6   {
7       struct score            /* 內層結構 */
8       {
9           int   sc;           /* 分數     */
10          char  grade;        /* 成績     */
11      };
12      struct student          /* 外層結構 */
13      {
14          char name[12];      /* 名字     */
15          struct score math;  /* 數學成績 */
16      } stu;
17      strcpy(stu.name,"洪錦魁");
18      stu.math.sc = 92;
19      stu.math.grade = 'A';
20      printf("姓名     ==> %s\n",stu.name);
21      printf("數學分數 ==> %d\n",stu.math.sc);
22      printf("數學成績 ==> %c\n",stu.math.grade);
23      system("pause");
24      return 0;
25  }
```

執行結果

```
■ C:\Cbook\ch13\ch13_5.exe
姓名     ==> 洪錦魁
數學分數 ==> 92
數學成績 ==> A
請按任意鍵繼續 . . .
```

上述程式有 3 個重點：

1：　設定結構內有結構的宣告方式，讀者可以參考第 15 列。

2：　設定字串方式必須使用 strcpy( )，讀者可以參考第 17 列。

3：　設定結構內有結構的資料方式，讀者可以參考第 18 – 19 列。

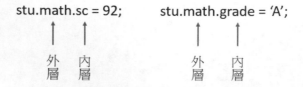

$$\text{stu.math.sc = 92;} \qquad \text{stu.math.grade = 'A';}$$

外　內　　　　外　內
層　層　　　　層　層

13-6-2　初始化巢狀結構資料

初始化巢狀結構資料一樣是使用大括號，{ 和 } 包夾，可以參考下列實例。

程式實例 ch13_6.c：使用初始化巢狀結構資料，重新設計 ch13_5.c。

```c
1   /*   ch13_6.c                   */
2   #include <stdio.h>
3   #include <stdlib.h>
4   int main()
5   {
6       struct score            /* 內層結構 */
7       {
8           int   sc;           /* 分數     */
9           char  grade;        /* 成績     */
10      };
11      struct student          /* 外層結構 */
12      {
13          char name[12];        /* 名字     */
14          struct score math;    /* 數學成績 */
15      } stu = {"洪錦魁",{92, 'A'}};
16
17      printf("姓名     ==> %s\n",stu.name);
18      printf("數學分數 ==> %d\n",stu.math.sc);
19      printf("數學成績 ==> %c\n",stu.math.grade);
20      system("pause");
21      return 0;
22  }
```

執行結果 與 ch13_5.c 相同。

上述程式的重點是第 15 列，我們使用內層的大括號處理內層的結構資料初始化。

13-7 結構資料與陣列

13-7-1 基礎觀念

一個超商的商品有許多，如果有 100 件商品，使用先前的方法建立 100 個變數，這是不切實際的方法。幸好 C 語言提供我們一個解決之道，那就是將結構資料型態和陣列相結合。假設我們想將 100 件商品的資料宣告成結構資料型態，可採用下列方法：

```
struct family                    struct family
{                                {
    char title[12];                  char title[12];
    int  price;                      int  price;
    char supplier[12];               char supplier[12];
};                               } items[100];
struct  family items[100];
```

如果我們想存取結構某一個欄位的資料時，可用陣列索引值來指明。例如：

items[n].price=80;

就是指將商品編號 n 的價格，設定成 80 。註：陣列資料元素是從 0 開始使用，在此假設從 n 號開始。

程式實例 ch13_7.c：輸入超商的商品名稱、價格和供應商，然後輸出商品內容。

```
2   #include <stdio.h>
3   #include <stdlib.h>
4   int main()
5   {
6       int i;
7       struct family
8       {
9           char title[12];      /* 商品名稱     */
10          int price;           /* 價格         */
11          char supplier[12];   /* 供應商       */
12      } items[100];
13      for (i = 0; i < 2; i++)
14      {
15          printf("商品名稱 : ");
16          gets(items[i].title);
17          printf("商品價格 : ");
18          scanf("%d",&items[i].price);
19          fflush(stdin);
20          printf("供應商   : ");
21          gets(items[i].supplier);
22      }
23      for (i = 0; i < 2; i++)
24          printf("%s 的賣格是 %d, 供應商是 %s\n", \
25                 items[i].title, items[i].price, items[i].supplier);
26      system("pause");
27      return 0;
28  }
```

執行結果

```
■ C:\Cbook\ch13\ch13_7.exe
商品名稱 : Coke
商品價格 : 25
供應商   : 太古
商品名稱 : 泡麵
商品價格 : 17
供應商   : 統一
Coke 的賣格是 25, 供應商是 太古
泡麵 的賣格是 17, 供應商是 統一
請按任意鍵繼續 . . .
```

這個程式雖然宣告了含 100 品項的陣列，因為篇幅限制，所以迴圈建立了 2 筆商品，然後也使用迴圈輸出所建立的商品內容。上述程式比較特別的是第 19 列的 fflush(stdin) 函數，因為第 18 列使用 scanf( ) 函數讀取資料後，記憶體的緩衝區會有按 Enter 產生的殘留訊息，這時需要使用 fflush(stdin) 函數將緩衝區清空，否則會造成 gets( ) 函數讀到 Enter 訊息產生錯誤。

註　讀者也可複習 3-2-2 節，該節也介紹過此 fflush(stdin) 函數。

13-7-2　最初化結構陣列資料

這一節主要是展示如何最初話結構陣列資料，其觀念和初始化二維陣列資料類似。

程式實例 ch13_8.c：使用初始化結構資料方式重新設計 ch13_7.c。

```
1   /*   ch13_8.c                    */
2   #include <stdio.h>
3   #include <stdlib.h>
4   int main()
5   {
6       int i;
7       struct family
8       {
9           char title[12];      /* 商品名稱      */
10          int price;           /* 價格          */
11          char supplier[12];   /* 供應商        */
12      } items[100] = {{"Coke",25,"太古"},{"泡麵",17,"統一"}};
13      for (i = 0; i < 2; i++)
14          printf("%s 的價格是 %d, 供應商是 %s\n", \
15                  items[i].title, items[i].price, items[i].supplier);
16      system("pause");
17      return 0;
18  }
```

執行結果

```
C:\Cbook\ch13\ch13_8.exe
Coke 的價格是 25, 供應商是 太古
泡麵 的價格是 17, 供應商是 統一
請按任意鍵繼續 . . .
```

上述重點是第 12 列的初始化陣列資料方式。

13-8　結構的指標

13-8-1　將指標應用在結構資料

當我們建立了結構資料後，C 語言的編譯程式就會將此結構視為一種資料類型，所以我們也可以建立指標指向結構資料，宣告結構指標的語法如下：

　　struct 結構資料型態 *結構指標;

假設我們建立一個結構如下：

```
struct company
{
    char name[12];
    int  book;
    int software;
} sales;
```

經過上述宣告後，可以使用下列語法宣告指標變數。

```
struct company *ptr;
```

然後將指標指向結構變數的位址。

```
ptr = &sales;
```

經過上述宣告後，就可以使用 ptr 指向結構變數 sales。使用指標存去成員資料時是使用 "->" 符號，例如：若是想設定成員 book 業績，可以參考下列格式。

```
ptr->book = 50000;
```

程式實例 ch13_9.c：使用結構存取成員資料的應用，這個程式會要求輸入業務員的名字、book 和 software 業績，然後輸出業績總計。

```
1   /*   ch13_9.c                    */
2   #include <stdio.h>
3   #include <stdlib.h>
4   int main()
5   {
6       struct company
7       {
8           char name[12];        /* 業務姓名      */
9           int book;             /* 書籍業績      */
10          int software;         /* 軟體業績      */
11      } sales;
12      struct company *ptr;
13      ptr = &sales;
14      printf("業務姓名        : ");
15      gets(ptr->name);
16      printf("book業績        : ");
17      scanf("%d", &ptr->book);
18      printf("software業績  : ");
19      scanf("%d", &ptr->software);
20  /* 輸出 */
21      printf("%s 業績說明\n",ptr->name);
22      printf("book業績       = %d\n",ptr->book);
23      printf("software業績  = %d\n",ptr->software);
24      printf("總業績         = %d\n",ptr->book+ptr->software);
25      system("pause");
26      return 0;
27  }
```

執行結果

```
C:\Cbook\ch13\ch13_9.exe
業務姓名     ：洪錦魁
book業績     ：50000
software業績 ：68000
洪錦魁 業績說明
book業績      = 50000
software業績  = 68000
總業績        = 118000
請按任意鍵繼續 . . .
```

對上述實例而言，讀者需要留意的是輸出時个需要指標前面加上 "*" 符號，讀者可以參考第 22 至 24 列。此外，本書 ch13 資料夾有 ch13_9_1.c 檔案，這個檔案是另一種指標宣告的方式，讀者可以自己開啟練習，下列是列出這種宣告方式供讀者參考。

```
6     struct company
7     {
8         char name[12];        /* 業務姓名     */
9         int book;             /* 書籍業績     */
10        int software;         /* 軟體業績     */
11    } sales, *ptr;
12
13    ptr = &sales;
```

13-8-2　將指標應用在結構陣列

在 C 編譯程式中，結構陣列名稱其實就是一個位址，假設結構變數名稱是 items，要存取的成員是 sold，我們可以使用下列方式存取結構陣列內容。

    (items+i)->sold;

程式實例 ch13_10.c：列出最暢銷的商品。

```
1  /*   ch13_10.c                */
2  #include <stdio.h>
3  #include <stdlib.h>
4  int main()
5  {
6      int i, index, max;
7      struct family
8      {
9          char title[12];      /* 商品名稱     */
10         int revenue;         /* 銷售總金額   */
11     } items[3] = {{"Coke",2000},{"泡麵",1800},{"文具",3200}};
12     index = 0;               /* 假設索引 0 最暢銷 */
13     max = items->revenue;    /* 假設索引 0 最暢銷 */
14     for (i = 1; i < 3; i++)
15     {
16         if (max < (items+i)->revenue)
17         {
```

```
18              max = (items+i)->revenue;
19              index = i;        /* 更新最暢銷索引    */
20          }
21      }
22      printf("最暢銷商品 : %s\n",(items+index)->title);
23      printf("業績總金額 : %d\n", (items+index)->revenue);
24      system("pause");
25      return 0;
26  }
```

執行結果

```
■ C:\Cbook\ch13\ch13_10.exe
最暢銷商品 : 文具
業績總金額 : 3200
請按任意鍵繼續 . . .
```

上述要留意的是第 13 列，雖然 items 是陣列變數，但是 items->revenue 語法是可以，這是指索引 0 的商品，有時候為了區隔，也可以寫成 (items)->revenue。

13-9 結構變數是函數的參數

程式設計時可以將結構當作函數的參數傳遞，這時也有傳遞結構變數值和傳遞結構位址方式。

13-9-1 傳遞結構變數值

函數傳遞結構變數值的語法如下：

函數型態　函數名稱(struct 結構名稱　變數名稱)
{
　　…
}

程式實例 ch13_11.c：main( ) 函數內建立結構，然後傳遞結構變數值給 show( ) 函數，此 show( ) 函數會輸出結果。

```
1   /*    ch13_11.c                    */
2   #include <stdio.h>
3   #include <stdlib.h>
4   #include <string.h>
5   struct Books
6   {
7       char title[20];
8       char author[20];        結構原型宣告
9       int price;
```

```
10   };
11   void show(struct Books);
12   int main()
13   {
14       struct Books book;
15
16       strcpy(book.title, "C 語言王者歸來");
17       strcpy(book.author, "洪錦魁");
18       book.price = 620;
19       show(book);
20       system("pause");
21       return 0;
22   }
23   void show(struct Books bk)
24   {
25       printf("書籍名稱 : %s\n", bk.title);
26       printf("作者     : %s\n", bk.author);
27       printf("定價     : %d\n", bk.price);
28   }
```

執行結果

```
C:\Cbook\ch13\ch13_11.exe

書籍名稱 : C 語言王者歸來
作者     : 洪錦魁
定價     : 620
請按任意鍵繼續 . . .
```

　　上述程式為了要讓結構 struct Books 可以供所有的函數引用，所以在 main( ) 和函數原型宣告上方先做宣告，如果在函數原型宣告下方或是 main( ) 函數內宣告，此程式會有錯誤。此外，上述 show( ) 函數是用變數 bk 接收此 struct Books 結構，所以第 25 至 27 列可以輸出結果。

13-9-2　傳遞結構位址

　　傳遞結構位址其實就是傳遞結構變數指標，函數傳遞結構變數指標的語法如下，需留意變數名稱前面要有 "*" :

　　函數型態　函數名稱(struct 結構名稱　*變數名稱)
　　{
　　　　…
　　}

如果採用與 ch13_11.c 相同的結構 struct Books，此時函數原型宣告如下：

　　void show(struct Books *bk);

在 main( ) 函數呼叫 show( ) 函數時，需使用下列程式碼。

```
show(&book);
```

未來使用指標存取成員內容需使用-> 運算子。

程式實例 ch13_12.c：使用傳遞結構變數指標方式重新設計 ch13_11.c。

```
1   /*   ch13_12.c                    */
2   #include <stdio.h>
3   #include <stdlib.h>
4   #include <string.h>
5   struct Books
6   {
7       char title[20];
8       char author[20];
9       int price;
10  };
11  void show(struct Books *bk);
12  int main()
13  {
14      struct Books book;
15
16      strcpy(book.title, "C 語言王者歸來");
17      strcpy(book.author, "洪錦魁");
18      book.price = 620;
19      show(&book);
20      system("pause");
21      return 0;
22  }
23  void show(struct Books *bk)
24  {
25      printf("書籍名稱 : %s\n", bk->title);
26      printf("作者     : %s\n", bk->author);
27      printf("定價     : %d\n", bk->price);
28  }
```

執行結果 與 ch13_11.c 相同。

13-9-3　傳遞結構陣列

傳遞結構陣列其實就是傳遞結構陣列名稱，其他細節可以參考下列實例。

程式實例 ch13_13.c：傳遞學生的分數陣列，然後輸出結果。

```
1   /*   ch13_13.c                 */
2   #include <stdio.h>
3   #include <stdlib.h>
4   struct data
5   {
6       char name[20];
7       int score;
8   };
```

```
 9  void show(struct data s[]);
10  int main()
11  {
12      int top;
13      int index;
14      struct data stu[5] = {{"洪錦魁", 90},
15                            {"洪冰儒", 95},
16                            {"洪雨星", 88},
17                            {"洪冰雨", 85},
18                            {"洪星宇", 92}};
19      show(stu);
20      system("pause");
21      return 0;
22  }
23  void show(struct data s[])
24  {
25      int i;
26      for (i = 0; i < 5; i++)
27          printf("%s %d\n", (s+i)->name, (s+i)->score);
28  }
```

執行結果

```
C:\Cbook\ch13\ch13_13.exe
洪錦魁 90
洪冰儒 95
洪雨星 88
洪冰雨 85
洪星宇 92
請按任意鍵繼續 . . .
```

上述程式讀者需學習的是第 9 列的函數原型宣告方式，第 19 列呼叫 show( ) 函數的方式，和第 23 列 show( ) 參數設計方式，最後要了解存取成員是使用 "->" 符號。

13-10 專題實作 – 找出最高分姓名和分數 / 輸出學生資料

13-10-1 找出最高分姓名和分數

程式實例 ch13_14.c：修訂 ch13_13.c，列出最高分的學生和分數。

```
 1  /*   ch13_14.c                */
 2  #include <stdio.h>
 3  #include <stdlib.h>
 4  struct data
 5  {
 6      char name[20];
 7      int score;
 8  };
 9  int max(struct data sc[]);
10  int main()
11  {
```

```
12      int index;
13
14      struct data stu[5] = {{"洪錦魁", 90},
15                            {"洪冰儒", 95},
16                            {"洪雨星", 88},
17                            {"洪冰雨", 85},
18                            {"洪星宇", 92}};
19      index = max(stu);
20      printf("最高分姓名 : %s\n", stu[index].name);
21      printf("最高　分數 : %d\n", stu[index].score);
22      system("pause");
23      return 0;
24  }
25  int max(struct data sc[])
26  {
27      int i, index;
28      int tmpmax = sc->score;
29      for (i = 1; i < 5; i++)
30          if (tmpmax < (sc+i)->score)
31          {
32              tmpmax = (sc+i)->score;
33              index = i;
34          }
35      return index;
36  }
```

執行結果

```
■ C:\Cbook\ch13\ch13_14.exe
最高分姓名 : 洪冰儒
最高　分數 : 95
請按任意鍵繼續 . . .
```

　　上述第 28 列相當於索引 0 是暫時最高分，第 30 列是判斷其他索引分數有沒有比暫時最高分的分數高，如果有則執行第 32 列設定暫時最高分，第 33 列紀錄最高分的索引，最後將這個最高分的索引回傳。

13-10-2　列出完整學生資料

　　這是巢狀結構與陣列的結合。

程式實例 ch13_15.c：建立 student 結構資料，此結構資料內有 date 結構，這個 date 結構有出生年、月和日資料。然後陣列方式建立 3 筆資料，最後輸出此資料。

```
1  /*    ch13_15.c                    */
2  #include <stdio.h>
3  #include <stdlib.h>
4  int main()
5  {
6      struct date            /* 內層結構 */
7      {
8          int year;          /* 出生年    */
9          int month;         /* 出生月    */
```

```
10              int day;          /* 出生日    */
11          };
12      struct student          /* 外層結構 */
13      {
14          char name[12];      /* 名字      */
15          int id;             /* 學號      */
16          char gender;        /* 性別      */
17          struct date birth;  /* 出生日其結構    */
18      };
19      struct student stu[3] = {{"John",20220501,'M',{2001,8,20}},
20                               {"Kevin",20220502,'M',{2001,3,19}},
21                               {"Christy",20220503,'F',{2001,5,6}}};
22      int i;
23
24      for (i = 0; i < 3; i++)
25      {
26          printf("姓名 : %s\n",stu[i].name);
27          printf("學號 : %d\n",stu[i].id);
28          printf("性別 : %c\n",stu[i].gender);
29          printf("出生日期 : %d\\%d\\%d\n",stu[i].birth.year,\
30                                          stu[i].birth.month,\
31                                          stu[i].birth.day);
32          printf("=====\n");
33      }
34      system("pause");
35      return 0;
36  }
```

執行結果

```
■ C:\Cbook\ch13\ch13_15.exe
姓名 : John
學號 : 20220501
性別 : M
出生日期 : 2001\8\20
=====
姓名 : Kevin
學號 : 20220502
性別 : M
出生日期 : 2001\3\19
=====
姓名 : Christy
學號 : 20220503
性別 : F
出生日期 : 2001\5\6
=====
請按任意鍵繼續 . . .
```

　　上述程式有 2 個重點，一是第 19 至 21 列，初始化巢狀結構的陣列資料。另一是第 29 至 31 列輸出學生的出生日期。

13-10-3 平面座標系統

結構 struct 的應用範圍有許多，例如：也可以建立座標系統的 struct 結構，觀念可以參考下列實例。

程式實例 ch13_16.c：計算兩點的距離。

```
1  /*   ch13_16.c                    */
2  #include <stdio.h>
3  #include <stdlib.h>
4  #include <math.h>
5  struct POINT
6  {
7    double x;
8    double y;
9  };
10 double distance(struct POINT, struct POINT);
11 int main()
12 {
13     double dist;
14     struct POINT a = {1, 1};
15     struct POINT b = {3, 5};
16     dist = distance(a, b);
17     printf("distance = %lf\n",dist);
18     system("pause");
19     return 0;
20 }
21
22 double distance(struct POINT p1, struct POINT p2)
23 {
24     double dist;
25     dist = pow(pow(p1.x-p2.x,2)+pow(p1.y-p2.y,2),0.5);
26     return dist;
27 }
```

執行結果

```
■ C:\Cbook\ch13\ch13_16.exe
distance = 4.472136
請按任意鍵繼續 . . .
```

13-10-4 計算兩個時間差

程式實例 ch13_17.c：建立時間系統的 struct 結構，這個程式會要求輸入起始時間和結束時間，然後輸出時間差。

```
1  /*   ch13_17.c                    */
2  #include <stdio.h>
3  #include <stdlib.h>
4  struct TIME
5  {
6      int hours;       /* 時 */
7      int mins;        /* 分 */
```

```
8        int secs;        /* 秒 */
9    };
10   void timeperiod(struct TIME t1, struct TIME t2, struct TIME *diff);
11   int main()
12   {
13       struct TIME t_start, t_stop, diff;
14
15       printf("輸入起始時間 (時 分 秒) : ");
16       scanf("%d %d %d", &t_start.hours, &t_start.mins, &t_start.secs);
17       printf("輸入結束時間 (時 分 秒) : ");
18       scanf("%d %d %d", &t_stop.hours, &t_stop.mins, &t_stop.secs);
19       timeperiod(t_start, t_stop, &diff);     /* 呼叫時間差函數 */
20       printf("時間差值 : %d:%d:%d\n", diff.hours, diff.mins, diff.secs);
21       system("pause");
22       return 0;
23   }
24   /* 計算時間差 */
25   void timeperiod(struct TIME start, struct TIME stop, struct TIME *diff)
26   {
27       if(start.secs > stop.secs)
28       {
29           stop.secs += 60;
30           --stop.mins;
31       }
32       diff->secs = stop.secs - start.secs;        /* 計算秒差 */
33       if(start.mins > stop.mins)
34       {
35           stop.mins += 60;
36           --stop.hours;
37       }
38       diff->mins = stop.mins - start.mins;        /* 計算分差 */
39       diff->hours = stop.hours - start.hours;     /* 計算時差 */
40   }
```

執行結果

```
■ C:\Cbook\ch13\ch13_17.exe
輸入起始時間 (時 分 秒) : 8 10 20
輸入結束時間 (時 分 秒) : 9 20 10
時間差值 : 1:9:50
請按任意鍵繼續 . . .
```

　　這個程式比較需要留意的是第 27 至 31 列，當起始秒大於結束秒，必須將結束秒加 60(第 29 列)，結束分減 1(第 30 列)。第 33 至 37 列，當起始分大於結束分，必須將結束分加 60(第 35 列)，結束時減 1(第 36) 列。

13-11 習題

一：是非題

( ) 1： 建立結構資料型態所使用的關鍵字是 struct。(13-1 節)

( ) 2： 假設結構名稱是 student，可以用下列語法宣告結構 student 的變數 stu。(13-2 節)

　　　　student stu;

( ) 3： 要存取結構成員，在結構變數和成員名稱間須使用 "," 符號。(13-2 節)

( ) 4： 假設結構內有一個整數成員，一個字元成員，則此結構所佔的記憶體空間一定是 5 個位元組。(13-3 節)

( ) 5： 初始化結構資料所使用的符號是中括號。(13-4 節)

( ) 6： 結構內某個資料型態是一個結構，我們稱巢狀結構。(13-6 節)

( ) 7： 有一個結構陣列的變數名稱是 data，要存取索引 n 的 price 成員資料，可以使用下列語法。(13-7 節)

　　　　data.price[n]

( ) 8： 假設結構變數是 data，&data 是結構變數的位址。(12-8 節)

二：選擇題

( ) 1： 宣告結構資料的關鍵字是 (A) struct (B) union (C) Record (D) while (13-1 節)

( ) 2： 存取結構成員資料，在結構變數與成員之間是用什麼符號連接 (A) = (B) . (C) -> (D) &。(13-2 節)

( ) 3： 初始化結構資料所使用的符號是 (A) 大括號 (B) 中括號 (C) 小括號 (D) 雙引號。(13-4 節)

( ) 4： 設定結構變數內容給另一個結構變數，可以使用的符號是 (A) = (B) EQ (C) != (D) &。(13-5 節)

( ) 5： 使用指標存取成員資料，可以使用的符號是 (A) = (B) . (C) -> (D) &。(13-5 節)

三：填充題

1： _____ 可將一些相關但不同的資料型態，組織成一個新的資料型態。(13-1 節)

2： 存取結構成員時，結構變數和成員名稱之間是 _____ 連接。(13-2 節)

3： 初始化結構資料是用 _____ 包夾。(13-4 節)

4： 一個結構內的資料是另一個結構，此稱 _____。(13-6 節)

5： 有一個結構陣列的變數名稱是 data，要存取索引 n 的 price 成員資料，可以使用 _____ 語法。(13-7 節)

6： 指標存取成員函數所使用的符號是 _____。(13-8 節)

四：實作題

1： 有一個 struct Score 定義如下。(13-4 節)

```
struct Score
{
    char name[10];
    int math;
    int english;
    int computer;
};
```

請建立一筆資料然後輸出。

```
C:\Cbook\ex\ex13_1.exe
成績表姓名：Hung
數學 ：80
英文 ：85
電算 ：90
平均 ：85.00
請按任意鍵繼續 . . .
```

2： 有一個 struct Score 定義和預設初始化值如下。(13-7 節)

```
struct score           /* 定義結構資料名稱 */
{
   int    math;        /* 數學 */
   int    english;     /* 英文 */
   int    computer;    /* 電腦 */
};
struct score test[5] = {  /* 直接設定結構陣列內容 */
      { 74, 80, 66 },
      { 72, 90, 77 },
      { 77, 65, 60 },
      { 65, 58, 74 },
      { 81, 79, 68 } };
```

請計算各科平均值然後輸出。

```
C:\Cbook\ex\ex13_2.exe
數學平均 ==> 73.80
英文平均 ==> 74.40
電腦平均 ==> 69.00
請按任意鍵繼續 . . .
```

3： 擴充設計 ch13_10.c，增加輸出商品銷售總金額。(13-8 節)

```
C:\Cbook\ex\ex13_3.exe
最暢銷商品 ： 文具　　　　銷售金額=3200
全部商品銷售總金額 ： 7000
請按任意鍵繼續 . . .
```

4： 請用指標重新處理 ch13_14.c 的第 20 和 21 列，同時本習題是列出最低分。(13-10
節)

```
C:\Cbook\ex\ex13_4.exe
最低分姓名 ： 洪冰雨
最低　分數 ： 85
請按任意鍵繼續 . . .
```

5： 請修改 ch13_15.c，將程式改為設計一個輸出函數，傳遞結構到此陣列然後輸出。
(13-10 節)

```
C:\Cbook\ex\ex13_5.exe
姓名 ： John
學號 ： 20220501
性別 ： M
出生日期 ： 2001\8\20
=====
姓名 ： Kevin
學號 ： 20220502
性別 ： M
出生日期 ： 2001\3\19
=====
姓名 ： Christy
學號 ： 20220503
性別 ： F
出生日期 ： 2001\5\6
=====
請按任意鍵繼續 . . . .
```

第 14 章

union、enum 和 typedef

這一章其實是前一章結構 struct 的延伸，筆者將繼續介紹使用者自訂的資料型態。

14-1　union

關鍵字 union 可以翻譯為**共用體**，主要功能是可以讓不同類型的資料使用相同的記憶體空間。union 和 struct 最大差異是，結構 struct 內每個成員會佔據不同的記憶體空間，而 union 是讓每個成員佔據相同的記憶體空間。

早期開發 C 語言時，因為記憶體可能不足，所以設計了 union 功能，讓不同的變數可以佔據相同的記憶體空間，可以節省記憶體。坦白說，目前程式設計使用 union 的實例不會有很多，也許嵌入式單晶片設計，記憶體比較少，所以用到的機會比較多。

14-1-1　定義 union 和宣告變數

共用體 union 語法和結構 struct 非常類似。

```
union　共用體名稱
{
    資料型態　資料名稱 1;
    ...
    資料型態　資料名稱 n;
};
```

共用體成員

例如：下列是定義一個短整數 i 和一個字元 ch 的共用體 union，列舉名稱是 utype。

```
union　utype
{
    short i;
    char ch;
};
```

然後在使用時，可用下面方式宣告共用體 union utype 的變數 test。

```
union utype test;
```

當然，我們也可以直接使用下面方式宣告 union utype 的 變數 test。

```
union　utype
{
    short i;
    char ch;
} test;
```

經過上述宣告之後，變數 test 可以使用兩種資料型態的變數運算，一是短整數型態的變數 i，另一是字元型態的變數 ch，C 語言編譯程式在編譯時，會使用佔用最大記憶體空間的資料型態，配置該共用體 union 記憶體空間，字元所佔據的記憶體空間是 1個位元組，短整數所佔據的空間是 2 個位元組，所以這個共用體 union test 所佔的記憶體空間是 2 個位元，下列是宣告 test 變數時的記憶體圖形。

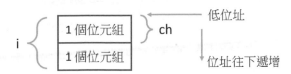

註 變數儲存在記憶體空間時，是從低位址往高位址存放。

程式實例 ch14_1.c：列出短整數、字元和共用體所佔的記憶體空間。

```
1   /*   ch14_1.c                    */
2   #include <stdio.h>
3   #include <stdlib.h>
4   int main()
5   {
6       union utype
7       {
8           short i;
9           char ch;
10      } data;
11
12      printf("記憶體空間 short = %d\n",sizeof(short));
13      printf("記憶體空間 char  = %d\n",sizeof(char));
14      printf("記憶體空間 data  = %d\n",sizeof(data));
15      system("pause");
16      return 0;
17  }
```

執行結果

```
C:\Cbook\ch14\ch14_1.exe
記憶體空間 short = 2
記憶體空間 char  = 1
記憶體空間 data  = 2
請按任意鍵繼續 . . .
```

14-1-2   使用共用體成員

從前面實例可以看到共用變數，如果想要存取共用體成員的內容，其語法如下：

共用體變數.成員名稱;

共用體變數和成員名稱之間是 "."。

程式實例 ch14_2.c：使用共用體成員觀念，列出成員 i 和 ch 所佔據的記憶體空間。

```
12     printf("記憶體空間 short = %d\n",sizeof(data.i));
13     printf("記憶體空間 char  = %d\n",sizeof(data.ch));
```

執行結果　與 ch14_1.c 相同。

14-1-3　認識共用體成員佔據相同的記憶體

因為共用體 union 基本精神就是不同的成員會佔據相同的記憶體空間，所以在使用時一次只有一個成員的內容是正確的。

程式實例 ch14_3.c：了解共用體 union 內，不同成員佔據相同記憶體產生的影響。

```
1   /*    ch14_3.c              */
2   #include <stdio.h>
3   #include <stdlib.h>
4   int main()
5   {
6       union utype
7       {
8           short i;
9           char ch;
10      } data;
11
12      data.i = 0x5EC6;
13      printf("data.i  = %X\n",data.i);
14      data.ch = 'A';
15      printf("data.ch = %c\n",data.ch);
16      printf("data.i  = %X\n",data.i);
17      system("pause");
18      return 0;
19  }
```

執行結果

```
C:\Cbook\ch14\ch14_3.exe
data.i  = 5EC6
data.ch = A
data.i  = 5E41
請按任意鍵繼續 . . .
```

在上面程式中，程式執行完 12 列時，記憶體內容如下所示：

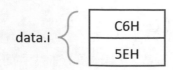

所以第 13 列可以列出 5EC6 的結果。程式執行完 14 列時，記憶體內容如下所示：

由於 A 的 ASCII 碼值是 41H，所以 data.ch 內實際的碼值是 41H，所以程式 15 列的輸出結果是 A。程式 16 列的輸出結果是 5E41，這是因為低位址部分已經存放 A，造成成員變數 data.i 的內容遭到破壞。

14-1-4　更多成員的共用體 union 實例

這一節將舉更多成員的共用體實例，此外，宣告共用 union 時也可以和結構 struct 一樣，在 main( ) 上方宣告，未來可以供其他函數呼叫。

程式實例 ch14_4.c：共用體 union 有 3 個成員的應用。

```
1   /*   ch14_4.c              */
2   #include <stdio.h>
3   #include <stdlib.h>
4   #include <string.h>
5   union utype
6   {
7       int i;
8       float f;
9       char str[15];
10  } data;
11  int main()
12  {
13      union utype data;
14      data.i = 10000;
15      data.f = 8888.666;
16      strcpy(data.str, "Programming C");
17      printf("data.i   = %d\n",data.i);
18      printf("data.f   = %f\n",data.f);
19      printf("data.str = %s\n",data.str);
20      system("pause");
21      return 0;
22  }
```

執行結果

```
C:\Cbook\ch14\ch14_4.exe
data.i   = 1735357008
data.f   = 11307542828377711100000000.000000
data.str = Programming C
請按任意鍵繼續 . . .
```

從上述可以看到第 15 列設定完 data.str 後，第 17 和 18 列再做輸出時，原先 data.i 和 data.f 的成員資料已經被破壞了。

程式實例 ch14_5.c：擴充上述程式更完整追蹤各成員資料內容。

```
1   /*    ch14_5.c                  */
2   #include <stdio.h>
3   #include <stdlib.h>
4   #include <string.h>
5   union utype
6   {
7       int i;
8       float f;
9       char str[15];
10  } data;
11  int main()
12  {
13      union utype data;
14      data.i = 10000;
15      printf("data.i   = %d\n",data.i);
16      printf("=====\n");
17      data.f = 8888.666;
18      printf("data.i   = %d\n",data.i);
19      printf("data.f   = %f\n",data.f);
20      printf("=====\n");
21      strcpy(data.str, "Programming C");
22      printf("data.i   = %d\n",data.i);
23      printf("data.f   = %f\n",data.f);
24      printf("data.str = %s\n",data.str);
25      system("pause");
26      return 0;
27  }
```

執行結果

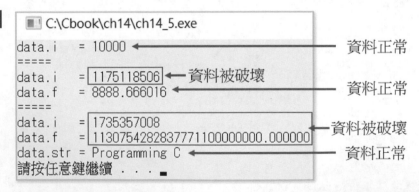

其實上述程式碼，框起來的部分就是可以正常輸出的內容，上述執行結果也列出哪些成員是資料正常輸出，哪些是資料被破壞了。

14-2 enum

關鍵字 enum，可以翻譯為列舉，其實是英文 enumeration 的縮寫，許多程式語言皆有這個功能，例如：Python、VBA … 等。它的功能主要是使用有意義的名稱來取代一組數字，這樣可以讓程式比較簡潔，同時更容易閱讀。

14-2-1　定義列舉 enum 的資料型態宣告變數

列舉 enum 的定義和結構 struct 或是共用體 union 類似，如下所示：

```
enum  列舉名稱
{
    列舉元素 1,
    …
    列舉元素 n
};
```

這是有意義的名稱取代一組數字

需留意的是列舉 enum 元素間是用 "," (逗號) 隔開，最後一筆不需要逗號。此外，也可以將上述定義用一列表示，如下：

```
enum  列舉名稱 { 列舉元素 1 , …, 列舉元素 n };
```

或是用下列表示：

```
enum  列舉名稱
{
    列舉元素 1 , …, 列舉元素 n
};
```

例如：如果我們不懂列舉 enum 觀念，想要定義星期幾資訊時，可能使用下列方法。

```
#define SUN   0
#define MON   1
#define TUE   2
#define WED   3
#define THU   4
#define FRI   5
#dcfine SAT   6
```

上述使用英文字串代表每個整數，缺點是程式碼比較多，如果要定義代表星期資訊的列舉名稱 WEEK，可以用下列方式。

```
enum WEEK
{
    SUN, MON, TUE, WED, THU, FRI, SAT
};
```

上述使用了簡單的列舉 enum WEEK，方便易懂，就代替了需要個別定義星期字串。宣告列舉變數方式與結構 struct 或是共用體 union 類似，下列是宣告 enum WEEK 列舉 day 變數的實例。

```
enum  WEEK
{
    SUN, MON, TUE, WED, THU, FRI, SAT
} day;
```

```
enum  WEEK
{
    SUN, MON, TUE, WED, THU, FRI, SAT
};
enum WEEK day;
```

如果要宣告多個變數，只要各變數間加上逗號 "," 即可，下列是宣告 3 個變數的實例。

```
enum  WEEK
{
    SUN, MON, TUE, WED, THU, FRI, SAT
} day1, day2, day3;
```

```
enum  WEEK
{
    SUN, MON, TUE, WED, THU, FRI, SAT
};
enum WEEK day1, day2, day3;
```

14-2-2　認識列舉的預設數值

在 14-2 節有說明，列舉 enum 元素所代表的是一組數字，預設情況下，元素第 1 個字串代表 0，第 2 個字串代表 1，其它以此類推。如果列舉 enum WEEK 的內容如下：

```
enum  WEEK
{
    SUN, MON, TUE, WED, THU, FRI, SAT
} day;
```

上述可以知道 SUN 代表 0，MON 代表 1，其它以此類推。另外，我們需要注意下列 2 點：

1：上述定義了 SUN … SAT 等列舉 enum 元素，這些就變成了常數，不可以對它們賦值，但是可以將它們的值賦給其它變數。

2：不可以定義與列舉 enum 元素相同名稱的變數。

程式實例 ch14_6.c：輸出列舉的預設數值，同時驗證筆者所述列舉元素第 1 個字串代表 0，第 2 個字串代表 1，其它以此類推。

```
1   /*    ch14_6.c                */
2   #include <stdio.h>
3   #include <stdlib.h>
4   int main()
5   {
6       enum WEEK
7       {
8           SUN, MON, TUE, WED, THU, FRI, SAT
9       } day;
10      printf("SUN = %d\n",SUN);
11      printf("MON = %d\n",MON);
12      printf("TUE = %d\n",TUE);
13      printf("WED = %d\n",WED);
14      printf("THU = %d\n",THU);
15      printf("FRI = %d\n",FRI);
16      printf("SAT = %d\n",SAT);
17      system("pause");
18      return 0;
19  }
```

執行結果

```
C:\Cbook\ch14\ch14_6.exe
SUN = 0
MON = 1
TUE = 2
WED = 3
THU = 4
FRI = 5
SAT = 6
請按任意鍵繼續 . . .
```

由於列舉 enum 元素是連續的整數，所以也可以使用 for 迴圈列出列舉 enum 元素的預設值。

程式實例 ch14_7.c：使用 for 迴圈，列出列舉 enum 元素的預設值。

```
1   /*    ch14_7.c                */
2   #include <stdio.h>
3   #include <stdlib.h>
4   int main()
5   {
6       enum WEEK
7       {
8           SUN, MON, TUE, WED, THU, FRI, SAT
9       } day;
10      for (day = SUN; day <= SAT; day++)
11          printf("列舉元素 = %d\n",day);
12      system("pause");
13      return 0;
14  }
```

執行結果

```
■ C:\Cbook\ch14\ch14_7.exe
列舉元素 = 0
列舉元素 = 1
列舉元素 = 2
列舉元素 = 3
列舉元素 = 4
列舉元素 = 5
列舉元素 = 6
請按任意鍵繼續 . . .
```

14-2-3　定義列舉 enum 元素的整數值

使用列舉 enum 元素時，不需要一定從 0 開始，可以從 1 開始。此外也不需要一定是連續的，使用時可以重新定義列舉 enum 元素的值。

實例 1：下列是定義列舉 enum 元素從 1 開始編號。

```
enum  WEEK
{
    MON=1, TUE, WED, THU, FRI, SAT, SUN
};
```

上述定義 MON 代表 1，TUE 代表 2，其它以此類推，SUN 代表 7。上述實例 1 列舉 enum WEEK 也可以使用下列方式定義列舉 enum 元素的值。

```
enum  WEEK
{
    MON=1, TUE=2, WED=3, THU=4, FRI=5, SAT=6, SUN=7
};
```

實例 2：定義列舉 enum 元素數值不連續。

```
enum  SEASON
{
    Spring=10, Summer=20, Fall=30, Winter=40
};
```

註　不連續的列舉 enum 元素是無法使用 for 迴圈遍歷元素。

實例 3：不規則定義列舉 enum 元素值。

```
enum  COLOR
{
    Red, Green, Blue=30, Yellow
};
```

上述 Red 代表 0，Green 代表 1，Blue 代表 30，Yellow 代表 31。

14-2-4 列舉 enum 的使用目的

我們在程式設計時，假設要選擇喜歡的顏色，如果要記住 1 代表紅色 (Red)，2 代表綠色 (Green)，3 代表藍色 (Blue)，坦白說時間一久一定會忘記當初的數字設定，但是如果用 enum 處理，未來可以由 Red、Green 和 Blue 辨識顏色，這樣時間再久也一定記得。

程式實例 ch14_8.c：請輸入你喜歡的顏色。

```
1   /*   ch14_8.c                  */
2   #include <stdio.h>
3   #include <stdlib.h>
4   int main()
5   {
6       enum COLOR
7       {
8           Red = 1, Green, Blue
9       } mycolor;
10      printf("請選擇喜歡的顏色 1:Red, 2:Green, 3:Blue = ");
11      scanf("%d",&mycolor);
12      switch (mycolor)
13      {
14          case Red:
15              printf("你喜歡紅色\n");
16              break;
17          case Green:
18              printf("你喜歡綠色\n");
19              break;
20          case Blue:
21              printf("你喜歡藍色\n");
22              break;
23          default:
24              printf("輸入錯誤\n");
25      }
26      system("pause");
27      return 0;
28  }
```

執行結果

```
C:\Cbook\ch14\ch14_8.exe
請選擇喜歡的顏色 1:Red, 2:Green, 3:Blue = 3
你喜歡藍色
請按任意鍵繼續 . . .
```

上述使用了簡單的數字輸入，就可以判別所喜歡的顏色。

在百貨公司結帳時，常會因為所使用的卡別給予不同的折扣，這些折扣可能會在不同促銷季節而調整，如果要讓結帳小姐記註折扣，可能會有困難，這時可以使用列舉 enum 元素，記錄卡別，然後後台設定各卡別的折扣，就可以讓規則簡化許多。

程式實例 ch14_9.c：百貨公司常針對消費者的卡別做折扣，假設折扣規則如下：

　　白金卡 (Platinum)：7 折

　　金卡 (Gold)：8 折

　　銀卡 (Silver)：9 折

　　這個程式會要求輸入消費金額和卡別，然後輸出結帳金額。

```
1   /*    ch14_9.c                      */
2   #include <stdio.h>
3   #include <stdlib.h>
4   int main()
5   {
6       float money;
7       enum CARD
8       {
9           Platinum = 1, Gold, Silver
10      } mycard;
11      printf("請輸入卡別 1:Platinum, 2:Gold, 3:Silver = ");
12      scanf("%d",&mycard);
13      printf("請輸入消費金額 = ");
14      scanf("%f",&money);
15      switch (mycard)
16      {
17          case Platinum:
18              printf("結帳金額 = %-9.2f\n",money*0.7);
19              break;
20          case Gold:
21              printf("結帳金額 = %-9.2f\n",money*0.8);
22              break;
23          case Silver:
24              printf("結帳金額 = %-9.2f\n",money*0.9);
25              break;
26          default:
27              printf("結帳金額 = %-9.2f\n",money);
28      }
29      system("pause");
30      return 0;
31  }
```

執行結果

```
■ C:\Cbook\ch14\ch14_9.exe
請輸入卡別 1:Platinum, 2:Gold, 3:Silver = 1
請輸入消費金額 = 50000
結帳金額 = 35000.00
請按任意鍵繼續 . . .
```

　　這個程式第 7 至 10 列使用 enum CARD 定義了卡別的等級，第 12 列可以讀取卡別，第 14 列讀取消費金額，然後第 15 至 28 列會依據卡別和消費金額計算結帳金額。

14-3　typedef

關鍵字 typedef 的英文全名是 type definition，從字面上就可以看出這是重新定義資料型態。主要功能是可以將某一個識別字定義成一種資料型態，然後將這個識別字，當做該項型態使用。

這個指令 typedef 的使用語法如下所示：

　　typedef　　資料型態　識別字;

上述資料型態是 C 語言原先的資料型態，此外，也可以是前一章介紹的結構 struct 或是 enum 等。而識別字就變成了新的資料型態，我們也可以稱這是使用者自訂的資料型態。

實例 1：有一指令如下：

　　type int rect;

經上述定義後，rect 就可被視為是整數 (int) 資料型態。假設另有一道指令如下：

　　rect width, height;

由於 rect 已經被定義成整數，所以上述宣告，表示 width 和 height 被宣告成整數變數。

實例 2：有一指令如下：

　　typedef float temperature;

經上述定義後，temperature 就可被視為是浮點數 (float) 資料型態。假設另有一道指令如下：

　　temperautre fahrenheit, celsius;

由於 temperature 已經被定義成浮點數，所以上述宣告，表示 fahrenheit 和 celsius 被宣告成整數浮點數。

這個用法的優點如下：

1：　可以讓程式可讀性更高。

2：　同時程式具有可攜性，若是我們想修改某一資料型態，以便從某一機器移至另一機器時，只要修改 typedef 這一列便可以了。

　　至於 typedef 位置所在位置可以放在 main( ) 或是其它函數內部，這時影響的範圍就是該函數。也可以放在程式最前面，例如：main( ) 函數前面，這時就會影響全域。

程式實例 ch14_10.c：簡易 typedef 指令運用。本程式會要求輸入 fahrenheit(華氏溫度)，然後將它轉換成 celsius(攝氏溫度) 輸出。

```c
1   /*    ch14_10.c              */
2   #include <stdio.h>
3   #include <stdlib.h>
4   typedef  float  temperature;
5   int main()
6   {
7       temperature  fahrenheit,celsius;
8
9       printf("輸入華氏溫度 \n==> ");
10      scanf("%f",&fahrenheit);
11      celsius = ( 5.0 / 9.0 ) * ( fahrenheit - 32.0 );
12      printf("輸出攝氏溫度 %6.2f \n",celsius);
13      system("pause");
14      return 0;
15  }
```

執行結果

```
 C:\Cbook\ch14\ch14_10.exe

輸入華氏溫度
==> 103
輸出攝氏溫度　39.44
請按任意鍵繼續 . . .
```

程式實例 ch14_11.c：將 typedef 應用在 struct，主要是將 struct Books 重新定義識別字 BOOK。

```c
1   /*    ch14_11.c                  */
2   #include <stdio.h>
3   #include <stdlib.h>
4   typedef struct Books
5   {
6       char title[20];
7       char author[20];
8       int price;
9   } BOOK;
10  void show(BOOK);
11  int main()
12  {
13      BOOK book={"C 語言王者歸來","洪錦魁",620};
14      show(book);
15      system("pause");
16      return 0;
17  }
18  void show(BOOK bk)
19  {
```

```
20      printf("書籍名稱 : %s\n", bk.title);
21      printf("作者     : %s\n", bk.author);
22      printf("定價     : %d\n", bk.price);
23  }
```

執行結果

```
■ C:\Cbook\ch14\ch14_11.exe
書籍名稱 : C 語言王者歸來
作者     : 洪錦魁
定價     : 620
請按任意鍵繼續 . . .
```

　　此外，上述實例第 4 至 9 列是重新定義 struct Books 為識別字 BOOK。也可以定義結構 struct Books 完成後，再使用 typedef 重新定義 struct Books 為識別字 BOOK，本書 ch14 資料夾的 ch14_11_1.c，有實例解說，這兩個實例的重點對於重新定義的區別內容如下：

```
4  typedef struct Books        4  struct Books
5  {                           5  {
6      char title[20];         6      char title[20];
7      char author[20];        7      char author[20];
8      int price;              8      int price;
9  } BOOK;                     9  };
                              10  typedef struct Books BOOK;
```

　　　　ch14_11.c　　　　　　　　　ch14_11_1.c

　　其實基本上就是 typedef 可以讓整個程式比較容易閱讀，同時提高程式的可攜性，當然這需要讀者長期使用 C 語言設計相關工作，逐步體會。

14-4　專題實作 – 打工薪資計算 / 回應機器運作狀態

14-4-1　打工薪資計算

程式實例 ch14_12.c：假設星期一至星期五每天工作一小時可領取 160 元薪資，星期六每工作一小時可領取 180 元薪水，星期日每工作一小時可領 200 元薪水。請輸入一週工作時數，本程式會列出你的週薪。

```
1  /*   ch14_12.c                */
2  #include <stdio.h>
3  #include <stdlib.h>
4  int main()
5  {
```

```
6       enum week { SUN, MON, TUE, WED, THR, FRI, SAT };
7       enum week day;
8       int  total, pay, hour;
9
10      total = 0;
11      printf("請輸入週日至週六的工作時數 \n");
12      for ( day = SUN; day <= SAT; day++ )
13      {
14          scanf("%d",&hour);
15          switch ( day )
16          {
17            case SUN : pay = hour * 200; /* 週日 */
18                       break;
19            case SAT : pay = hour * 180; /* 週六 */
20                       break;
21            default  : pay = hour * 160;  /* 週一至週五 */
22                       break;
23          }
24          total += pay;
25      }
26      printf("週薪是 : %d\n",total);
27      system("pause");
28      return 0;
29  }
```

執行結果

```
■ C:\Cbook\ch14\ch14_12.exe

請輸入週日至週六的工作時數
6 6 10 8 6 4 6
週薪是 : 7720
請按任意鍵繼續 . . . ■
```

　　上述程式的重點是第 12 至 25 列，依次讀入從週日到週六的工作時數，分別計算當天的薪資，第 24 列是加總週薪，第 26 列是輸出週薪。

14-4-2　回應機器運作狀態

程式實例 ch14_13.c：這個程式會依據輸入，回應機器運作狀態。

```
1   /*  ch14_13.c                 */
2   #include <stdio.h>
3   #include <stdlib.h>
4   int main()
5   {
6       enum Machine
7       {
8           running=1, maintenance, failed
9       } state;
10
11      printf("請輸入機器生產狀態 \n");
12      printf("1. 生產中\n");
13      printf("2. 維修中\n");
14      printf("3. 損壞\n= ");
15      scanf("%d",&state);
16      switch (state)
```

```
17      {
18          case running:
19              printf("機器正常生產中\n");
20              break;
21          case maintenance :
22              printf("機器正常維修中\n");
23              break;
24          case failed :
25              printf("機器損壞\n");
26              break;
27          default:
28              printf("輸入錯誤\n");
29              break;
30      }
31      system("pause");
32      return 0;
33  }
```

執行結果

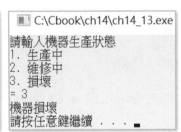

14-5 習題

一：是非題

(　) 1： C 語言一個很重要的功能是，它除了提供基本資料型態外，使用者還可透過一些功能，建立屬於自己的資料型態。(14-1 節)

(　) 2： 假設共用體 union 有 3 個成員，分別是整數、字元和短整數，此共用體所需空間是 7 個位元組。

(　) 3： C 語言中的 enum，可讓不同的資料型態佔用相同的記憶體位置。(14-2 節)

(　) 4： typedef 可以用一個識別字代表一種資料型態。(14-3 節)

(　) 5： typedef 只適用於 C 語言原有的資料型態，不可應用在使用者自訂定資料型態。(14-3 節)

二：選擇題

(　　) 1： 可以讓不同資料型態的資料佔據相同的記憶體 (A) struct (B) union (C) enum (D) typedef。(14-1 節)

(　　) 2： 可以讓有意義的字串取代一組數字 (A) struct (B) union (C) enum (D) 以上皆是。 (14-2 節)

(　　) 3： 宣告列舉 enum 時，最後一個元素需用什麼符號做結束 (A) ";" (B) "." (C) "&" (D) ""。(14-2 節)

(　　) 4： 宣告列舉 enum 時，各元素需用什麼符號做區隔 (A) ";" (B) "." (C) "," (D) ""。(14-2 節)

(　　) 5： 有一個宣告如下，可以知道 Green 是代表 (A) 1 (B) 2 (C) 29 (D) 0。(14-2 節)

```
enum  COLOR
{
    Red, Green, Blue=30, Yellow
};
```

三：填充題

1： _____ 可將一些相關但不同的資料型態，組織成一個新的資料型態，這些相關的資料會佔據相同的記憶體空間。(14-1 節)

2： 請參考下列列舉 enum 的宣告，從此宣告可以知道 basic、assembly、cobol 和 ada 各代表多少 _____ 、_____ 、_____ 和 _____ 。

```
enum computer
{
    basic, assembly, cobol=50, ada
} language;
```

3： _____ 可將某一個識別字定義成一種資料型態。(14-3 節)

四：實作題

1： 水果銷售實例，假設香蕉 Banana 一斤 50 元，蘋果 Apple 一斤 60 元，草莓 Strawberry 一斤 80 元，請設計系統要求選擇水果，然後要求輸入重量，最後輸出結帳金額。(14-2 節)

```
C:\Cbook\ex\ex14_1.exe
請輸入水果 1:Banana, 2:Apple, 3:Strawberry = 2
請輸入重量 = 5
結帳金額 = 300.00
請按任意鍵繼續 . . .
```

```
C:\Cbook\ex\ex14_1.exe
請輸入水果 1:Banana, 2:Apple, 3:Strawberry = 3
請輸入重量 = 3
結帳金額 = 240.00
請按任意鍵繼續 . . .
```

2： 電影售票系統設計，單張票售價是 300 元，這個程式會要求輸入身份選項，不同身份售價不同，規則如下：(14-2 節)

1： Child：打 2 折。

2： Police：打 5 折。

3： Adult：不打折。

4： Elder：打 2 折。

5： Exit：程式結束，列出結帳金額。

6： 其他輸入會列出選項錯誤。

一個人可能會買多種票，所以這是一個迴圈設計，必須選 5，程式才會結束。

```
C:\Cbook\ex\ex14_2.exe
請輸入身份 1:Child, 2:Police, 3:Adult, 4:Elder, 5:Exit = 2
請輸入張數 = 2
請輸入身份 1:Child, 2:Police, 3:Adult, 4:Elder, 5:Exit = 3
請輸入張數 = 2
請輸入身份 1:Child, 2:Police, 3:Adult, 4:Elder, 5:Exit = 1
請輸入張數 = 1
請輸入身份 1:Child, 2:Police, 3:Adult, 4:Elder, 5:Exit = 4
請輸入張數 = 4
請輸入身份 1:Child, 2:Police, 3:Adult, 4:Elder, 5:Exit = 5
結帳金額 = 1200
請按任意鍵繼續 . . .
```

3：　有一個學生的結構資料如下：(14-3 節)

```
struct STUDENT
{
    char name[20];
    int age;
}
```

請使用 typedef 重新定義上述結構為 student，分別讀取學生姓名和年齡，然後輸出。

```
■ C:\Cbook\ex\ex14_3.exe
請輸入學生資料
輸入名字 ： John
輸入年齡 ： 22
學生資料如下
學生名字 ： John
學生年齡 ： 22
請按任意鍵繼續 . . .
```

4：　請使用 typedef 觀念重新設計 ch13_13.c。(14-3 節)

```
■ C:\Cbook\ex\ex14_4.exe
洪錦魁 90
洪冰儒 95
洪雨星 88
洪冰雨 85
洪星宇 92
請按任意鍵繼續 . . .
```

第 15 章

測試符號與符號轉換函數

C 語言提供了許多字元函數，可讓我們在使用字元時，更具有彈性，由於這些字元函數的定義是包含在 ctype.h 內，所以在使用這些函數時，我們必須在程式前端，加上下列 #include 指令。

```
#include <ctype.h>
```

15-1　isalnum( )

測試函數內的參數是否是英文字母或是阿拉伯數字，如果參數是英文字母或是阿拉伯數字，則回傳非零數值。如果參數，不是英文字母，也不是阿拉伯數，則回傳零。

程式實例 ch15_1.c：isalnum( ) 函數的基本應用，本程式會要求你輸入任意字元，然後告訴你這是否屬於英文字母或阿拉伯數字。

```
1   /*   ch15_1.c                  */
2   #include <ctype.h>
3   #include <stdio.h>
4   #include <stdlib.h>
5   int main()
6   {
7       char ch;
8       printf("請輸入任意字元 : ");
9       scanf("%c", &ch);
10      if ( isalnum(ch) )
11          printf("%c 是屬於英文字母或阿拉伯數字\n", ch);
12      else
13          printf("%c 不屬於英文字母或阿拉伯數字\n", ch);
14      system("pause");
15      return 0;
16  }
```

執行結果

```
C:\Cbook\ch15\ch15_1.exe
請輸入任意字元 : k
k 是屬於英文字母或阿拉伯數字
請按任意鍵繼續 . . .
```

```
C:\Cbook\ch15\ch15_1.exe
請輸入任意字元 : #
# 不屬於英文字母或阿拉伯數字
請按任意鍵繼續 . . .
```

15-2　isalpha( )

測試函數內的參數是否是英文字母，如果是英文字母 (a – z 或 A – Z)，則回傳非零數值，否則回傳零。

程式實例 ch15_2.c：isalpha( ) 基本應用，本程式會要求你輸入任意字元，然後告訴你是不是英文字母，如果不是則程式結束。

```
1   /*    ch15_2.c                    */
2   #include <ctype.h>
3   #include <stdio.h>
4   #include <stdlib.h>
5   int main()
6   {
7       char ch;
8
9       while ( 1 )
10      {
11          printf("請輸入任意字元 : ");
12          scanf(" %c", &ch);
13          if ( isalpha(ch) )
14              printf("'%c' 是屬於英文字母\n", ch);
15          else
16          {
17              printf("'%c' 不是屬於英文字母\n", ch);
18              break;
19          }
20      }
21      system("pause");
22      return 0;
23  }
```

執行結果

```
C:\Cbook\ch15\ch15_2.exe
請輸入任意字元 : i
'i' 是屬於英文字母
請輸入任意字元 : K
'K' 是屬於英文字母
請輸入任意字元 : 0
'0' 不是屬於英文字母
請按任意鍵繼續 . . .
```

15-3　isascii( )

測試函數內的參數，是否是 ASCII 字元 (以 8 進制而言是 0 到 0177 間的值，以 10 進制而言是 0 到 127 間的值)。如果是，則回傳非零數值。如果不是，則傳回值是零。

程式實例 ch15_3.c：isascii( ) 函數的應用，本程式測試 0 至 129 間那些值不是 ascii 字元值。

```
1   /*    ch15_3.c                    */
2   #include <ctype.h>
3   #include <stdio.h>
4   #include <stdlib.h>
5   int main()
6   {
7       int i;
```

執行結果

```
■ C:\Cbook\ch15\ch15_3.exe
i = 128 不是 ascii 碼值
i = 129 不是 ascii 碼值
請按任意鍵繼續 . . .
```

15-4　iscntrl( )

　　測試函數內的參數，是否是控制字元，以 10 進制而言，指的是 0 至 31 和 127。如果是則回傳非零數值，如果不是則傳回值是零。

程式實例 ch15_4.c：iscntrl( ) 函數的應用，本程式會要求你輸入任意字元。如果輸入是控制字元，則可繼續輸入。如果輸入不是控制字元，則程式結束。如果你的輸入是一般字母字元，則程式會將此字元列印在螢幕上，然後程式結束。

```
1   /*   ch15_4.c                  */
2   #include <stdio.h>
3   #include <stdlib.h>
4   #include <ctype.h>
5   int main()
6   {
7       char ch;
8
9       do
10      {
11          ch = getche();
12          if ( isalpha(ch) )  /* 輸入是一般字元 */
13          {
14              putchar(ch);       /* 列印 */
15              printf("\n");
16          }
17      } while ( iscntrl(ch) );
18      system("pause");
19      return 0;
20  }
```

執行結果

```
■ C:\Cbook\ch15\ch15_4.exe
ww
請按任意鍵繼續 . . . ■
```

15-5 isdigit( )

測試函數內的參數,是否是數字字元,0 – 9 間的阿拉伯數字,如果是則回傳非零數值,如果不是則傳回值是零。

程式實例 ch15_5.c:isdigit( ) 函數的應用。請輸入一個字元,如果這個字元是數字字元,則輸出此字元,然後程式結束。如果輸入字元不是數字字元,則程式自動結束。

```
1   /*   ch15_5.c                 */
2   #include <stdio.h>
3   #include <stdlib.h>
4   #include <ctype.h>
5   int main()
6   {
7       char ch;
8
9       ch = getche();
10      if ( isdigit(ch) )
11      {
12          putchar(ch);        /* 列印數字 */
13          printf("\n");
14      }
15      else
16          printf("\n");
17      system("pause");
18      return 0;
19  }
```

執行結果

上方左邊是輸入 6 之後,同時輸出 6 的情形。上方右邊是輸入 k 之後,程式立刻結束的情形。

15-6 isxdigit( )

本功能主要用於測試函數內的參數是否是 16 進位數字元 (0 – 9 或 A- F),如果是則回傳非零數值,否則傳回值是零。

程式實例 ch15_6.c:isxdigit( ) 函數的應用。請輸入字元,如果是 16 進位字元則將它列印出來,否則程式結束。

```
1   /*    ch15_6.c                */
2   #include <stdio.h>
3   #include <stdlib.h>
4   #include <ctype.h>
5   int main()
6   {
7       char ch;
8
9       while ( ch = getche() )
10      {
11          if ( isxdigit(ch) == 0 )
12              break;
13          putchar(ch);
14          printf("\n");
15      }
16      system("pause");
17      return 0;
18  }
```

執行結果

```
C:\Cbook\ch15\ch15_6.exe
44
55
aa
bb
p請按任意鍵繼續 . . .
```

15-7 isgraph( )

此函數主要用於測試函數內的參數，是否是圖形字元 (ASCII 碼中從 33 至 126 間的字元)。如果是則回傳非零數值，如果不是則傳回值是零。對於電腦而言，在顯示器可以看到的字元，其實都是圖形字元，而空格、換行、Tab 等字元只會佔用輸出位置，所以不是圖形字元。

程式實例 ch15_7.c：測試 0 至 255 間的值，如果是屬可顯示字元，則將它輸出。

```
1   /*    ch15_7.c                */
2   #include <ctype.h>
3   #include <stdio.h>
4   #include <stdlib.h>
5   int main()
6   {
7       int i;
8
9       for ( i = 0; i < 256; i++ )
10          if ( isgraph(i) != 0 )          /* 是否可顯示字元 */
11              printf("%4d %c\t",i,i);      /* 予以顯示 */
12      system("pause");
13      return 0;
14  }
```

```
■ C:\Cbook\ch15\ch15_7.exe                                                            —   □
33 !    34 ~    35 #    36 $    37 %    38 &    39 '    40 (    41 )    42 *    43 +    44 ,    45 -    46 .    47 /
48 0    49 1    50 2    51 3    52 4    53 5    54 6    55 7    56 8    57 9    58 :    59 ;    60 <    61 =    62 >
63 ?    64 @    65 A    66 B    67 C    68 D    69 E    70 F    71 G    72 H    73 I    74 J    75 K    76 L    77 M
78 N    79 O    80 P    81 Q    82 R    83 S    84 T    85 U    86 V    87 W    88 X    89 Y    90 Z    91 [    92 \
93 ]    94 ^    95 _    96 `    97 a    98 b    99 c    100 d   101 e   102 f   103 g   104 h   105 i   106 j   107 k
108 l   109 m   110 n   111 o   112 p   113 q   114 r   115 s   116 t   117 u   118 v   119 w   120 x   121 y   122 z
123 {   124 |   125 }   126 ~   請按任意鍵繼續 . . .
```

15-8　isprint( )

測試函數內的參數，是否是可列印字元 (ASCII 碼中從 32 至 126 間的字元)，如果是則回傳非零數值，否則傳回值是零。上一節所述的圖形字元皆是可列印字元，另外，ASCII 碼的 32，雖然是空格，也是算可列印字元。

程式實例 ch15_8.c：isprint( ) 函數的應用。請輸入一系列字元，如果輸入是可列印字元，則輸出此系列字元。如果輸入是不可列印字元，則本程式將不予輸出。按 Enter 健可以結束本程式。

```
1  /*   ch15_8.c                  */
2  #include <stdio.h>
3  #include <stdlib.h>
4  #include <ctype.h>
5  int main()
6  {
7      int ch;
8
9      while ( ( ch = getche() ) != '\r' )
10         if ( isprint(ch) )  /* 是否可列印 */
11         {
12             putchar(ch);     /* 列印 */
13             printf("\n");
14         }
15     system("pause");
16     return 0;
17 }
```

按空白(space)鍵

按 Enter 鍵

15-9　ispunct( )

本功能主要是測試函數內的參數，是否是特別符號 (除了字母、數字和 space 以外的可列印字元)，如果是則回傳非零數值，否則傳回值是零。

程式實例 ch15_9.c：ispunct( ) 函數的應用。請輸入一系列字元，如果是特別符號則將它列印，如果不是則程式結束。

```
1   /*   ch15_9.c                */
2   #include <stdio.h>
3   #include <stdlib.h>
4   #include <ctype.h>
5   int main()
6   {
7       int ch;
8
9       for ( ;  ; )
10      {
11          ch = getche();
12          if ( ispunct(ch) )
13          {
14              putchar(ch);
15              printf("\n");
16          }
17          else
18              break;      /* 跳出 for 迴圈 */
19      }
20      system("pause");
21      return 0;
22  }
```

執行結果

```
C:\Cbook\ch15\ch15_9.exe
!!
@@
##
$$
%%
&&
請按任意鍵繼續 . . .
```

15-10　isspace( )

測試函數內的參數，是否是 blank，newline，horizontal or vertical tab 或是 form-feed（0x09~0D，0x20）。如果是則回傳非零數值，否則傳回值是零。

程式實例 ch15_10.c：isspace( ) 函數的應用。請輸入字元，如果字元是上述特殊字元，則程式結束，否則字元會被列印出來。

```
1   /*    ch15_10.c                */
2   #include <stdio.h>
3   #include <stdlib.h>
4   #include <ctype.h>
5   int main()
6   {
7       char ch;
8
9       while ( ch = getche() )
10      {
11          if ( isspace(ch) )
12              break;
13          putchar(ch);
14          printf("\n");
15      }
16      system("pause");
17      return 0;
18  }
```

執行結果

```
■ C:\Cbook\ch15\ch15_10.exe

rr
tt
yy
請按任意鍵繼續 . . . ■
```

15-11　islower( )

測試函數內的參數，是否是英文字母小寫字元，如果是則回傳非零數值，否則傳回值是零。

程式實例 ch15_11.c：islower( ) 函數的應用。請輸入一段英文句子，欲結束本程式請按 Enter 鍵。本程式會統計輸入英文句子，有幾個是小寫字母字元

```
1   /*    ch15_11.c                */
2   #include <ctype.h>
3   #include <stdio.h>
4   #include <stdlib.h>
5   int main()
6   {
7       int count = 0;
8       int ch;
9
10      while ( ( ch = getche() ) != '\r' )
11          if ( islower(ch) )     /* 如果是小寫字元 */
12              count++;           /* 累計次數 */
```

```
13      printf("\n小寫字元個數 = %d\n",count);
14      system("pause");
15      return 0;
16  }
```

執行結果

```
C:\Cbook\ch15\ch15_11.exe
Deepmind Co.
小寫字元個數 = 8
請按任意鍵繼續 . . .
```

```
C:\Cbook\ch15\ch15_11.exe
Silicon Stone Education
小寫字元個數 = 18
請按任意鍵繼續 . . .
```

15-12　isupper( )

本功能主要用於測試函數內的參數是否是大寫字元 (A - Z)，如果是則回傳非零數值，否則傳回值是零。

程式實例 ch15_12.c：isupper( ) 函數的應用。請輸入字元，如果是大寫字元則輸出此字元，否則程式結束。

```
1   /*   ch15_12.c              */
2   #include <stdio.h>
3   #include <stdlib.h>
4   #include <ctype.h>
5   int main()
6   {
7       char ch;
8
9       while ( ch = getche() )
10      {
11          if ( isupper(ch) == 0 )
12          {
13              printf("\n");
14              break;
15          }
16          putchar(ch);
17          printf("\n");
18      }
19      system("pause");
20      return 0;
21  }
```

執行結果

```
C:\Cbook\ch15\ch15_12.exe
TT
YY
d
請按任意鍵繼續 . . .
```

15-13 tolower( )

測試函數內的參數，如果是大寫字元，則將它改成小寫字元。如果是其它字元，則不改變其值。

15-14 toupper( )

測試函數的參數，如果是小寫字元，則將它改成大寫字元。如果是其它字元，則不改變其值。

程式實例 ch15_13.c：tolower( ) 和 toupper( ) 函數的應用。本程式會將你所輸入的大寫字元改成小寫字元，且將小寫字元改成大寫字元，其它字元不予理會。要結束本程式，請按 Enter 鍵。

```
1  /*   ch15_13.c                */
2  #include <stdio.h>
3  #include <stdlib.h>
4  #include <ctype.h>
5  int main()
6  {
7      char ch;
8
9      while ( (ch = getche()) != '\r' )
10     {
11        if ( islower(ch) != 0 )
12           putchar(toupper(ch));
13        else
14           if ( isupper(ch) != 0 )
15              putchar(tolower(ch));
16        printf("\n");
17     }
18     system("pause");
19     return 0;
20 }
```

執行結果

```
C:\Cbook\ch15\ch15_13.exe
rR
tT
kK
@
請按任意鍵繼續 . . .
```

15-15　專題實作 – 計算英文字母的數量

15-15-1　判斷字元陣列內的每個字元

程式實例 ch15_14.c：判斷字元陣列內的每個字元是否屬於英文字母或阿拉伯數字。

```
1   /*    ch15_14.c                  */
2   #include <stdio.h>
3   #include <stdlib.h>
4   #include <ctype.h>
5   int main()
6   {
7       char ch[] = {'!','7','@','A','&','p'};
8       int bool[7];
9       int i, size;
10
11      size = sizeof(ch) / sizeof(ch[0]);
12      for (i = 0; i < size; i++)
13          bool[i] = isalnum(ch[i]);
14      for (i = 0; i < size; i++)
15      {
16          if (bool[i] != 0)
17              printf("'%c' 屬於英文字母或阿拉伯數字\n", ch[i]);
18          else
19              printf("'%c' 不屬於英文字母或阿拉伯數字\n", ch[i]);
20
21      }
22      system("pause");
23      return 0;
24  }
```

執行結果

```
C:\Cbook\ch15\ch15_14.exe
'!' 不屬於英文字母或阿拉伯數字
'7' 屬於英文字母或阿拉伯數字
'@' 不屬於英文字母或阿拉伯數字
'A' 屬於英文字母或阿拉伯數字
'&' 不屬於英文字母或阿拉伯數字
'p' 屬於英文字母或阿拉伯數字
請按任意鍵繼續 . . .
```

15-15-2　計算句子內的英文字母數量

程式實例 ch15_15.c：這個程式會要求輸入英文句子，然後告訴你英文字母的數量。

```
1   /*    ch15_15.c                  */
2   #include <ctype.h>
3   #include <stdio.h>
4   #include <stdlib.h>
5   int main()
6   {
```

```
 7        int c_alpha = 0;
 8        int c_digit = 0;
 9        char ch;
10
11        printf("請輸入任意英文句子 : ");
12        while ( ( ch = getche() ) != '\r' )
13        {
14            isalpha(ch) ? (c_alpha++) : ( c_alpha=c_alpha );
15            isdigit(ch) ? (c_digit++) : ( c_digit=c_digit );
16        }
17        printf("\n英文字母個數   = %d\n",c_alpha);
18        printf("\n阿拉伯數字個數 = %d\n",c_digit);
19        system("pause");
20        return 0;
21    }
```

執行結果

```
■ C:\Cbook\ch15\ch15_15.exe

請輸入任意英文句子 : I like iPhone 18
英文字母個數   = 11

阿拉伯數字個數 = 2
請按任意鍵繼續 . . .
```

15-16 習題

一：是非題

(　　) 1： isalpha( ) 函數功能是測試函數內的參數是不是阿拉伯數字。(15-2 節)

(　　) 2： ASCII 碼是指編號範圍 0 – 255 間的字元。(15-3 節)

(　　) 3： isdigit( ) 函數可以測試函數內的引數是不是數字字元。(15-5 節)

(　　) 4： isgraph( ) 函數功能是測試函數內的參數是不是英文字母或是阿拉伯數字。
(15-7 節)

(　　) 5： 所有的圖形字元皆是可列印字元。(15-8)

(　　) 6： 空白字元是可列印字元。(15-8 節)

二：選擇題

(　) 1： 可以測試函數內的參數是否是英文字母或是阿拉伯數字 (A) isalnum( ) (B) isalpha( ) (C) isascii( ) (D) isdigit( )。(15-1 節)

(　) 2： 可以測試函數內的參數是不是圖形字元 (A) isalnum( ) (B) isalpha( ) (C) isgraph( ) (D) isdigit( )。(15-7 節)

(　) 3： 可以測試函數內的參數是不是特別符號 (除了字母、數字和 space 以外的可列印字元) (A) isalnum( ) (B) isalpha( ) (C) isgraph( ) (D) ispunct( )。(15-9 節)

(　) 4： 可以測試函數內的參數是不是大寫字元 (A) islower( ) (B) isupper( ) (C) tolower( ) (D) toupper( )。(15-13 節)

(　) 5： 如果函數參數是小寫字元可以轉換成大寫字元 (A) islower( ) (B) isupper( ) (C) tolower( ) (D) toupper( )。(15-13 節)

三：填充題

1： 字元 "&" 經過 isalnum( ) 測試會回傳 _____。(15-1 節)

2： 字元 "\n" 經過 iscntrl( ) 測試會回傳 _____。(15-4 節)

3： 字元 "E" 經過 isdigit( ) 測試會回傳 _____。(15-5 節)

4： 字元 "E" 經過 isxdigit( ) 測試會回傳 _____。(15-6 節)

5： 函數 _____ 可以測試函數內的參數是不是 16 進位數字。(15-6 節)

6： 字元 "A" 經過 ispunct( ) 函數測試，會回傳 _____。(15-9 節)

7： 函數 _____ 可以測試函數內的參數是不是小寫英文字母。(15-11 節)

8： 函數 _____，如果函數參數是大寫字元可以轉換成小寫字元。(15-13 節)

四：實作題

1： isalnum( ) 函數的基本應用，本程式會要求你輸入任意英文句子，輸入完成後請按 Enter 建，然後會列出多少是屬於英文字母或是阿拉伯數字。(15-1 節)

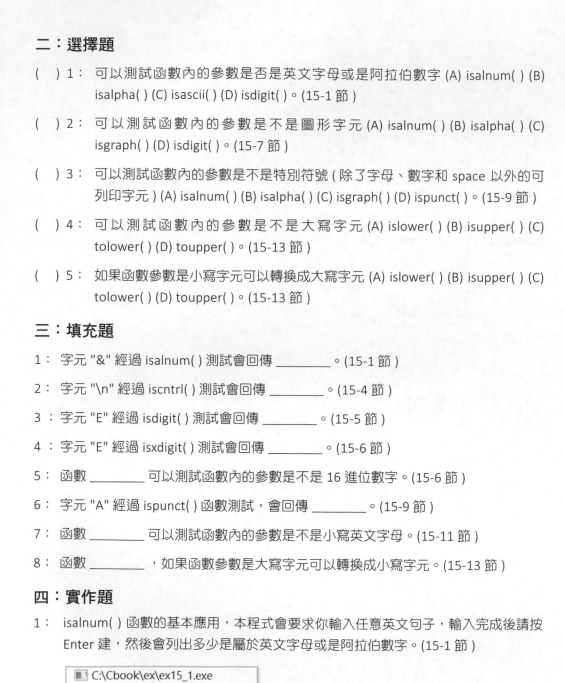

2：　請使用 ch15_14.c 的 ch[ ] 字元陣列資料，然後使用 isalpha( ) 判斷是不是屬於英文字母。(15-2 節)

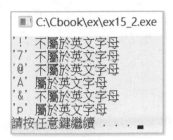

3：　請使用 ch15_14.c 的 ch[ ] 字元陣列資料，然後使用 isdigit( ) 判斷是不是屬於阿拉伯數字。(15-5 節)

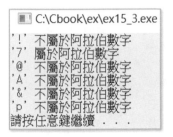

4：重新設計 ch15_6.c，每一列輸出 10 個可顯示字元。(15-6 節)

```
C:\Cbook\ex\ex15_4.exe
 33 !    34 ˝    35 #    36 $    37 %    38 &    39 '    40 (    41 )    42 *
 43 +    44 ,    45 -    46 .    47 /    48 0    49 1    50 2    51 3    52 4
 53 5    54 6    55 7    56 8    57 9    58 :    59 ;    60 <    61 =    62 >
 63 ?    64 @    65 A    66 B    67 C    68 D    69 E    70 F    71 G    72 H
 73 I    74 J    75 K    76 L    77 M    78 N    79 O    80 P    81 Q    82 R
 83 S    84 T    85 U    86 V    87 W    88 X    89 Y    90 Z    91 [    92 \
 93 ]    94 ^    95 _    96 `    97 a    98 b    99 c   100 d   101 e   102 f
103 g   104 h   105 i   106 j   107 k   108 l   109 m   110 n   111 o   112 p
113 q   114 r   115 s   116 t   117 u   118 v   119 w   120 x   121 y   122 z
123 {   124 |   125 }   126 ~
請按任意鍵繼續 . . .
```

5： 統計 0 – 255 間的 ASCII 有多少個可列印字元，同時輸出這些字元，每一列最多輸出 10 個字元。(15-8 節)

```
C:\Cbook\ex\ex15_5.exe
32       33 !    34 "    35 #    36 $    37 %    38 &    39 '    40 (    41 )
42 *     43 +    44 ,    45 -    46 .    47 /    48 0    49 1    50 2    51 3
52 4     53 5    54 6    55 7    56 8    57 9    58 :    59 ;    60 <    61 =
62 >     63 ?    64 @    65 A    66 B    67 C    68 D    69 E    70 F    71 G
72 H     73 I    74 J    75 K    76 L    77 M    78 N    79 O    80 P    81 Q
82 R     83 S    84 T    85 U    86 V    87 W    88 X    89 Y    90 Z    91 [
92 \     93 ]    94 ^    95 _    96 `    97 a    98 b    99 c    100 d   101 e
102 f    103 g   104 h   105 i   106 j   107 k   108 l   109 m   110 n   111 o
112 p    113 q   114 r   115 s   116 t   117 u   118 v   119 w   120 x   121 y
122 z    123 {   124 |   125 }   126 ~
總共有 95 個可列印字元
請按任意鍵繼續 . . .
```

6： 請輸入英文句子，然後將大寫改為小寫，小寫改為大寫，其他字元則不更動輸出。(15-14 節)

```
C:\Cbook\ex\ex15_6.exe
請輸入任意句子：I like Intel CPU
下列是大小寫轉換的結果：
i LIKE iNTEL cpu
請按任意鍵繼續 . . .
```

```
C:\Cbook\ex\ex15_6.exe
請輸入任意句子：I Like iPhone 18
下列是大小寫轉換的結果：
i lIKE IpHONE 18
請按任意鍵繼續 . . .
```

第 16 章

檔案的輸入與輸出

C 編譯程式提供了許多檔案的輸入與輸出函數，以方便讀者設計與檔案有關的操作，這一章將詳細解說。

16-1 檔案的輸入與輸出

基本上我們可以將這些檔案輸入與輸出函數分成兩大類。

1：　有緩衝區的輸入與輸出 (Buffered I/O)

2：　無緩衝區的輸入與輸出 (Unbuffered I/O)

　　所謂的有緩衝區的輸入與輸出是，當它在讀取檔案資料或將資料寫入檔案時，一定都先經過一個緩衝區。當讀取檔案資料時，先從緩衝區裡面找尋是否還有資料，如果有則直接讀取位於緩衝區的資料，如果沒有則令系統讀取磁碟的檔案至緩衝區內。將資料寫入緩衝區的方法，則和讀取資料的方法相反，先將資料寫到緩衝區，當緩衝區內的資料滿時，才將緩衝區資料寫入磁碟內檔案。

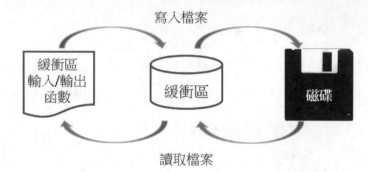

　　所謂的沒有緩衝區的輸入與輸出，表示輸入與輸出的動作是直接在磁碟內，執行讀取資料和寫入資料的動作，如下圖所示：

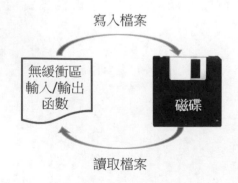

16-2 認識文字檔與二進位檔案

在使用輸入與輸出函數時，會常常提到文字檔 (Text) 與二進位檔 (Binary)，供輸入與輸出函數使用。

所謂的文字檔是指以 ASCII 格式儲存資料，每個字元佔有 1 個位元組空間，一般文書處理軟體或是最簡單的記事本，皆以這種方式儲存檔案。例如，1985，若以文字檔儲存共佔 4 個位元組，其內容如下：

49	57	56	53
1	9	8	5

至於二進位檔是將資料以二進位方式儲存，由於一般的文書處理軟體不能處理二進位檔，所以若以文書處理軟體開啟二進位檔時，所看到的將是一系列的亂碼。一般可執行檔 (以 exe 或 com 為延伸檔名)、聲音檔、影像檔及圖形檔皆是以二進位檔方式儲存。這種方式儲存另一個特色是較省空間。例如，以 1985 為例，其儲存方式如下：

011111000001　佔 3 個位元組
1　　9　　8　　5

16-3 有緩衝區的輸入與輸出函數

本節將對有緩衝區的輸入與輸出函數做一說明，下圖為這些有緩衝區的輸入與輸出函數表，至於檔案類型則是依照函數參數設定。

函數名稱	功能說明
fopen( )	開啟一個檔案
fclose( )	關閉一個檔案
putc( )	寫入一個字元到檔案
fputs( )	寫入字串到檔案
getc( )	從檔案讀取一個字元
fgets( )	從檔案讀取多個字元

函數名稱	功能說明
fprintf( )	輸出資料至某檔案
fscanf( )	從某檔案讀取資料
feof( )	測試是否到了檔案結束位置
ferror( )	測試檔案操作是否正常
remove( )	檔案的刪除

註　檔案操作完成後，需保持關閉檔案的習慣，這樣可以確保緩衝區的資料有確實寫入檔案。

由於上述有緩衝區的輸入與輸出函數是包含在 stdio.h 檔案內，所以程式前面，你必須要包含下列指令。

```
#include <stdio.h>
```

16-3-1　fopen( )

fopen( ) 函數主要是用於開啟檔案，檔案在使用前是需先經過開啟動作的，它使用語法如下所示：

```
FILE *fopen (char *filename, char *mode);
```

上述 fopen( ) 開啟檔案成功會回傳檔案指標，如果開啟失敗則回傳 NULL。上述使用指標方式的宣告語法，各項資料的定義如下所示：

❑ *filename：檔案指標，指的是欲開啟的檔案名稱。

❑ *mode：檔案使用模式，指的是檔案被開啟之後，它的使用方式。

前述的 fopen( ) 函數的使用格式是以指標方式設計，檔案指標的使用與一般變數指標相同，先將指標變數指向檔案，未來檔案開啟後，就可以用這個指標處理該檔案。

有時程式設計師也會直接以下列字串方式設計此函數的，如下所示：

```
File *fopen ("filename","mode");
```

上述 fopen( ) 函數的第 2 個參數是 mode，這是設定檔案的開啟模式，檔案開啟模式基本參數是 "r"、"w"、"a"，其英文原意是 read(讀取)、write(寫入)、append(附加)。mode 參數的基本使用如下，在預設情況是開啟文字檔 (text)：

1： "r"：開啟一個文字檔 (text)，供程式讀取。

2： "w"：開啟一個文字檔 (text)，供程式將資料寫入此檔案內。如果磁碟內不包含這個檔案，則系統會自行建立這個檔案。如果磁碟內包含這個檔案，則原檔案內 容會被蓋過而消失。

3： "a"：開啟一個文字檔(text)，供程式將資料寫入此檔案的末端。如果此檔案不存在，則系統會自行建立此檔案。

如果要開啟二進位檔案，可以在 "r"、"w"、"a" 參數字元右邊加上 "b"。

1： "rb"：開啟一個二進位檔（ binary ），供程式讀取。

2： "wb"：開啟一個二進位檔，供程式資料寫入此檔案內。如果磁碟內不包含這個檔案，則系統會自行建立這個檔案。如果磁碟內包含這個檔案，則此檔案內容會被蓋過而消失。

3： "ab"： 開啟一個二進位檔， 供程式將資料寫入此檔案末端，如果此檔案不存在，則系統會自行建立此檔案。

程式實例 ch16_1.c：基本 fopen( ) 的應用。本程式會嘗試開啟 input1.txt 檔案，如果開啟成功，則列出下面訊息：

　　　　檔案開啟 OK

如果開啟失敗，則列出下面訊息：

　　　　檔案開啟失敗

```
1   /*   ch16_1.c                */
2   #include <stdio.h>
3   #include <stdlib.h>
4   int main()
5   {
6       FILE *fp;
7
8       if ( ( fp = fopen("data1.txt","r") ) == NULL )
9          printf("檔案開啟失敗 \n");
10      else
11         printf("檔案開啟OK \n");
12      system("pause");
13      return 0;
14  }
```

執行結果　　　■ C:\Cbook\ch16\ch16_1.exe

檔案開啟OK
請按任意鍵繼續 ．．．■

　　在前述程式實例第 8 列的檔案開啟指令內，如果檔案開啟失敗，會傳回零，在 stdio.h 內，零的定義是 NULL，所以檔案開啟失敗後，會執行第 9 列輸出 " 檔案開啟失敗 "。因為資料夾有 data1.txt，所以上述輸出 " 檔案開啟 OK"。

16-3-2　fclose( )

　　fclose( ) 執行失敗，它的傳回值是非零值，如果 fclose 執行成功，它的傳回值是零。在 C 語言中關閉檔案主要有兩個目的：

1：　檔案在關閉前會將檔案緩衝區資料寫入磁碟檔案內，否則檔案緩衝區資料會遺失。

2：　一個 C 語言程式，在同一時間可開啟的檔案數量有限，為了讓記憶體可以有更好的應用，以及增加程式工作效率，建議將暫時不用的檔案關閉。

程式實例 ch16_2.c：基本 fclose( ) 的應用。本程式會嘗試開啟 ch16_1.c 檔案，開啟後立即將它關閉。

```
1   /*    ch16_2.c                   */
2   #include <stdio.h>
3   #include <stdlib.h>
4   int main()
5   {
6       FILE *fp;
7       int ret_code;
8
9       if ( ( fp = fopen("ch16_1.c","r") ) == NULL )
10      {
11          printf("檔案開啟失敗! \n");
12          system("pause");
13          exit(1);
14      }
15      else
16          printf("檔案開啟OK \n");
17      if ( (ret_code = fclose(fp))== 0 )
18          printf("檔案關閉OK \n");
19      system("pause");
20      return 0;
21  }
```

執行結果

```
C:\Cbook\ch16\ch16_2.exe
檔案開啟OK
檔案關閉OK
請按任意鍵繼續 . . .
```

16-3-3　putc( )

putc( ) 函數的主要功能是將一個字元，寫入某檔案內，它的使用語法如下：

　　int putc (int ch, FILE *fp);

函數如果執行成功，它的傳回值是 ch 字元值，如果執行失敗，它的傳回值是 EOF，且上述格式中，ch 代表所欲輸出的字元，fp 則是檔案指標。

程式實例 ch16_3.c：簡單建立一個檔案的程式應用。本程式會將你所輸入的某列資料，輸出至 11 列所設定的 out3.txt 檔案內

```
1   /*   ch16_3.c                  */
2   #include <stdio.h>
3   #include <stdlib.h>
4   int main()
5   {
6       FILE *fp;
7       char ch;
8
9       fp = fopen("out3.txt","w");
10      printf("請輸入文字按ENTER鍵結束輸入 \n");
11      while((ch = getche()) != '\r')
12          putc(ch,fp);
13      fclose(fp);            /* 關閉檔案 */
14      system("pause");
15      return 0;
16  }
```

執行結果

```
C:\Cbook\ch16\ch16_3.exe
請輸入文字按ENTER鍵結束輸入
This is a good C book.
```

```
out3 - 記事本
檔案(F)  編輯(E)  格式(O)  檢視(V)
This is a good C book.
```

16-3-4　getc( )

getc( ) 函數的主要目的是從某一個檔案中，讀取一個字元，它的使用語法如下：

　　int getc (FILE *fp);

當執行 getc( ) 函數成功時，傳回值是所讀取的字元，如果所讀取的是檔案結束字元，則此值是 EOF，在 stdio.h 內，此值是-1。

程式實例 ch16_4.c：TYPE 指令的設計，本程式的使用方式如下：

　　ch13_4 檔案名稱

程式執行時，此檔案內容會被列印出來。

```
1   /*    ch16_4.c                    */
2   #include <stdio.h>
3   #include <stdlib.h>
4   int main(int argc, char *argv[])
5   {
6       FILE *fp;
7       char ch;
8
9       if ( argc != 2 )
10      {
11          printf("指令錯誤 ");
12          exit(1);
13      }
14      fp = fopen(argv[1],"r");
15      while ( (ch = getc(fp)) != EOF )
16          printf("%c",ch);
17      fclose(fp);
18      system("pause");
19      return 0;
20  }
```

執行結果

```
data4 - 記事本
檔案(F) 編輯(E) 格式(O) 檢視(V)
C 王者歸來
作者 洪錦魁
```

```
PS C:\cbook\ch16> .\ch16_4 data4.txt
C 王者歸來
作者 洪錦魁
請按任意鍵繼續 . . . ▪
```

程式實例 ch16_5.c：以開啟本文檔的方式列出某檔案所含的字元數，本程式的使用格式如下：

ch16_5 檔案名稱

執行完後，此檔案所含的字元數會被列印在螢幕上。

```
1   /*    ch16_5.c                    */
2   #include <stdio.h>
3   #include <stdlib.h>
4   int main(int argc, char *argv[])
5   {
6       FILE *fp;
7       int   count = 0;
8
9       if ( argc != 2 )
10      {
11          printf("指令錯誤 ");
12          exit(1);
13      }
14      fp = fopen(argv[1],"r");    /* 開啟檔案    */
15      /* 讀到檔案末端才結束 */
16      while ( getc(fp) != EOF )
17          count++;                /* 計算字元數 */
18      printf("%s檔案的字元數是 %d\n",argv[1],count);
19      fclose(fp);                 /* 關閉檔案    */
20      system("pause");
21      return 0;
22  }
```

執行結果

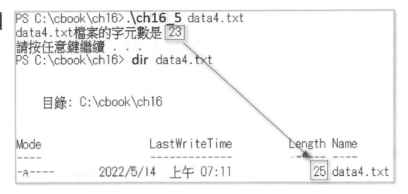

上述第 12 列的 exit( ) 函數可以讓程式結束，用法如下：

exit(0)：程式正常結束。

exit(1)：程式異常結束。

從上圖可以看到 data4.txt 從 dir 指令列出結果是 25 個位元，但是在程式實例 ch16_5.c 中，我們列出 data4.txt 的字元數是 23 個字元。為什麼會這樣？

原因很簡單，在 C 語言以本檔開啟檔案時，每個換行字元是 ' \n'，（ASCII 碼的十進位值是 10），而在 DOS 內每個換行字元是由機架返迴字元（又程回轉字元，ASCII 碼的十進位值是 13），和換行字元（ASCII 碼的十進位值 10）所組成。上述 data4.txt 共有兩列資料，所以當你用 DOS 指令列出 data4.txt 檔案時，可得到 25 個字元。

相同的觀念也可以應用在開啟二進位檔案，不過這時處理的方式和 DOS 相同，所以可以獲得 25 的結果，這將是讀者的習題。

16-3-5　fprintf( )

本函數主要目的是供你將資料，以格式化方式寫入某檔案內。它的使用語法如下：

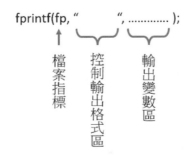

上述函數控制列印區和列印變數區的使用格式和 3-1 節的 printf( ) 使用格式相同，因此，fprintf( ) 和 printf( ) 兩者唯一的差別是，printf( ) 會將資料列印在螢幕上，而 fprintf( ) 會將資料列印在某個檔案指標所指的檔案內。

程式實例 ch16_6.c：請輸入 5 個數字，本程式會將此 5 個數字及此 5 個數字的平均值，存至 out6. txt 檔案內。

```
1   /*    ch16_6.c              */
2   #include <stdio.h>
3   #include <stdlib.h>
4   int main()
5   {
6       FILE *fp;
7       int  var,i;
8       int   sum = 0;
9       float average;
10
11      fp = fopen("out6.txt","w");      /* 開啟檔案 */
12      for ( i = 0; i < 5; i++ )
13      {
14          printf("請輸入資料 %d ==>  ",i+1);
15          scanf("%d",&var);
16          sum += var;
17          fprintf(fp,"%d\n",var); /* 將資料寫入檔案 */
18      }
19      average = (float) sum / 5.0;      /* 求平均   */
20      fprintf(fp,"平均值是 %6.2f",average);
21      fclose(fp);                      /* 關閉檔案 */
22      system("pause");
23      return 0;
24  }
```

執行結果

16-3-6　fscanf( )

本函數主要目的是讓我們從某個檔案指標所指的檔案讀取資料，它的使用語法如下：

fscanf( ) 函數和 scanf( ) 函數兩者之間最大的差別在，scanf( ) 函數主要用於讀取鍵盤輸入讀取資料，fscanf( ) 函數則是從 fp 檔案指標所指的檔案讀取資料。

程式實例 ch16_7.c：將 data7.txt 檔案所存在的 ASCII 碼值列印在螢幕上。假設 data7. txt 內容如下所示：

```
1  /*   ch16_7.c              */
2  #include <stdlib.h>
3  #include <stdio.h>
4  int main()
5  {
6      FILE *fp;
7      int  i,j,var;
8
9      fp = fopen("data7.txt","r"); /* 開啟檔案 */
10     for ( i = 0; i < 5; i++ )
11     {
12        for ( j = 0; j < 5; j++ )
13        {
14           fscanf(fp,"%d",&var);
15           printf("%c",var);
16        }
17        printf("\n");
18     }
19     fclose(fp);  /* 關閉檔案 */
20     system("pause");
21     return 0;
22 }
```

執行結果

```
data7 - 記事本

檔案(F)  編輯(E)  格式(O)
65 66 67 68 69
70 71 72 73 74
75 76 77 78 79
80 81 82 83 84
85 86 87 88 89
```

```
C:\Cbook\ch16\ch16_7.exe
ABCDE
FGHIJ
KLMNO
PQRST
UVWXY
請按任意鍵繼續 . . .
```

16-3-7　feof( )

本函數主要功能是測試在讀取資料時，是否已經讀到檔案末端位置，它的使用語法如下：

```
int feof(fp);
```

上述 fp 是檔案指標，如果目前所讀取資料的位置是在檔案末端，則傳回非零數值，否則傳回零。

程式實例 ch16_8.c：以 feof( ) 函數取代 EOF，讀者可以參考第 17 列，重新設計程式範例 ch16_5.c。

```
1   /*    ch16_8.c              */
2   #include <stdio.h>
3   #include <stdlib.h>
4   int main(int argc, char *argv[])
5   {
6       FILE *fp;
7       int  count = 0;
8       int  ch;
9
10      if ( argc != 2 )
11      {
12          printf("指令錯誤 ");
13          exit(1);
14      }
15      fp = fopen(argv[1],"r");    /* 開啟檔案    */
16      /* 讀到檔案末端才結束 */
17      while ( !feof(fp) )
18      {
19          ch = getc(fp);
20          count++;                /* 計算字元數 */
21      }
22      printf("%s檔案的字元數是 %d\n",argv[1],count);
23      fclose(fp);                 /* 關閉檔案    */
24      system("pause");
25      return 0;
26  }
```

執行結果　與 ch16_5.c 相同。

16-3-8　ferror( )

本函數主要用於測試前一個有關檔案指標的操作是否正確，本函數主要是供設計系統程式的人使用，它的使用語法如下：

```
int ferror(fp);
```

上述 fp 是檔案指標，如果前一個函數對有關檔案指標的操作有錯誤，則傳回值是非零數值，否則傳回值是 0。

程式實例 ch16_9.c：基本 ferror( ) 函數的應用，本程式故意開啟一個可寫入檔案，然後嘗試去讀取所開啟可寫入檔案，當然這會造成程式讀取資料錯誤。

```
1   /*    ch16_9.c              */
2   #include <stdio.h>
3   #include <stdlib.h>
4   int main()
5   {
6       FILE *fp;
7       int  ch;
8
9       fp = fopen("data9.txt","w");   /* 開啟可寫入檔 */
10      ch = getc(fp);                 /* 嘗試讀取資料 */
11      if ( ferror(fp) != 0 )
12         printf("讀檔失敗\n");
13      else
14         printf("讀檔OK\n");
15      fclose(fp);                    /* 關閉檔案 */
16      system("pause");
17      return 0;
18  }
```

執行結果

```
C:\Cbook\ch16\ch16_9.exe
讀檔失敗
請按任意鍵繼續 . . .
```

16-4 有緩衝區的輸入與輸出應用在二進位檔案

下列是應用在二進位檔案，有緩衝區的輸入與輸出函數列表。

函數名稱	功能說明
fwrite( )	將緩衝區資料寫入檔案
fread( )	讀取緩衝區資料
fseek( )	設定準備讀取檔案資料的位置
rewind( )	將準備讀取檔案資料位置，設定在檔案起始位置

16-4-1 fwrite( )

本函數主要目的是提供我們將某個資料緩衝區內容，寫入檔案指標所指的二進位檔案內，本函數使用的語法如下所示：

int fwrite(void *ptr, int length, int count, FILE *stream)

上述各參數意義如下：

❑ ptr：要寫入資料的指標。

❑ length：要寫入元素的大小，以位元組為單位。

❑ count：要寫入元素的個數。

❑ stream：這是輸出流。

程式實例 ch16_10.c：使用 fwrite( ) 函數將字串資料寫入檔案 out10.txt。

```
1   /*   ch16_10.c                */
2   #include <stdio.h>
3   #include <stdlib.h>
4   int main()
5   {
6       FILE *stream;
7       char str[] = "DeepMind Co.";
8
9       stream = fopen("out10.txt","w");   /* 開啟可寫入檔 */
10      fwrite(str, sizeof(str), 1, stream);
11      fclose(stream);                     /* 關閉檔案 */
12      system("pause");
13      return 0;
14  }
```

執行結果

```
out10 - 記事本
檔案(F) 編輯(E) 格式(O)
DeepMind Co.
```

註 雖然上述是將字串資料寫入 out10.txt，這是為了讓讀者瞭解工作原理，建議未來工作如果是寫入文字檔案，還是不要用上述 fwrite( ) 函數。

16-4-2 fread( )

本函數主要目的是供我們將某二元檔檔案內的資料，讀入資料緩衝區內，本函數使用的格式如下所示：

int fread(void *ptr, int length, int count, FILE *stream)

上述各參數意義如下：

❑ ptr：要寫入資料的指標。

❑ length：要寫入元素的大小，以位元組為單位。

❑ count：要寫入元素的個數。

❑ stream：這是輸入流。

程式實例 ch16_11.c：讀取 ch16_10.c 建立的 out10.txt，然後輸出。

```
1   /*    ch16_11.c                  */
2   #include <stdio.h>
3   #include <stdlib.h>
4   int main()
5   {
6       FILE *stream;
7       char var;
8
9       stream = fopen("out10.txt","rb");
10      /* 若不是讀到檔案末端則繼續讀 */
11      while ( fread(&var,sizeof(var),1,stream) != 0 )
12          printf("%c",var);
13      printf("\n");
14      fclose(stream);
15      system("pause");
16      return 0;
17  }
```

執行結果

```
C:\Cbook\ch16\ch16_11.exe
DeepMind Co.
請按任意鍵繼續 . . .
```

16-4-3　fseek( )

本函數主要目的是設定所要讀取資料的位置，以達到隨機讀取檔案的目的，此函數的使用語法如下所示：

int fseek(FILE *stream, long int offset, int origin)

上述各參數意義如下：

❑ stream：指向 FILE 的指標。

❑ offset：參照 origin 的偏移量，以位元組為單位。

❑ origin：作用位置參考點。

上述使用格式中，origin 有三種格式：

SEEK_SET(0)：表示從檔案開頭位置

SEEK_CUR(1)：表示從目前位置

SEEK_END(2)：表示從案末端位置

程式實例 ch16_12.c：fseek( ) 函數的基礎操作。

```
1   /*   ch16_12.c                  */
2   #include <stdio.h>
3   #include <stdlib.h>
4   int main()
5   {
6       FILE *stream;
7
8       stream = fopen("out12.txt","wb");
9       fputs("C Programming Book is a good book.", stream);
10      fseek(stream, 22, SEEK_SET );
11      fputs("By Jiin-Kwei Hung", stream);
12      fclose(stream);
13      system("pause");
14      return 0;
15  }
```

執行結果

out12 – 記事本

檔案(F)　編輯(E)　格式(O)　檢視(V)　說明

C Programming Book is By Jiin-Kwei Hung

16-4-4　rewind( )

本函數主要目的是將欲讀取檔案資料的位置，移至所設定檔案開頭位置，本函數的使用格式如下：

void rewind(FILE *stream)

程式實例 ch16_13.c：使用可讀寫方式開啟二進位檔案 out13.txt，然後將 A … Z 英文字母寫入 out13.txt，然後讀取 out13.txt，最後將所讀資料 A … Z 輸出。

```
1   /*   ch16_13.c                  */
2   #include <stdio.h>
3   #include <stdlib.h>
4   int main()
5   {
6       int n;
7       FILE *ptr;
8       char buffer[27];
9
10      ptr = fopen("out13.txt","rwb");
```

```
11      for ( n='A' ; n<='Z' ; n++)
12          fputc(n, ptr);
13      rewind(ptr);
14      fread(buffer, 1, 26, ptr);
15      fclose(ptr);
16      buffer[26]='\0';
17      puts(buffer);
18      system("pause");
19      return 0;
20  }
```

執行結果

```
■ C:\Cbook\ch16\ch16_13.exe
ABCDEFGHIJKLMNOPQRSTUVWXYZ
請按任意鍵繼續 . . .
```

上述第 13 列是將檔案指標移到檔案最前面，再重新讀取 (第 14 列)，第 16 列是設定字串末端是 '\n'，第 17 列是輸出字串。

16-4-5　輸出資料到二進位檔

本節將直接講解輸出資料到二進位檔案。

程式實例 ch16_13_1.c：輸出簡單資料到二進位檔案。

```
1   /*      ch16_13_1.c              */
2   #include <stdlib.h>
3   #include <stdio.h>
4   int main()
5   {
6       int x = 5;
7       float y = 10.5;
8       int z[] = {8, 10, 12, 14, 16};
9       FILE *stream;
10
11      stream = fopen("out13_1.bin","wb");
12      fwrite(&x, sizeof(int), 1, stream);     /* 寫入變數 x */
13      fwrite(&y, sizeof(float), 1, stream);   /* 寫入變數 b */
14      fwrite(z, sizeof(int), 5, stream);      /* 寫入陣列 z */
15      fclose(stream);
16      system("pause");
17      return 0;
18  }
```

執行結果　執行結果用 Notepad++ 編輯器開啟將看到下列畫面。

```
💾 out13_1.bin ❌
    1   ENQNULNULNULNULNUL(ABSNULNULNUL
    2   NULNULNULFFNULNULNULNULSONULNULNULDLENULNULNUL
```

因為整數和浮點數皆是佔 4 個位元組，上述陣列內有 5 筆資料，所以共有 7 筆資料，此 out13_1.bin 共佔 28 個位元組。

上述由於是二進位檔案，一般編輯器無法讀取，不過我們可以使用 C 開啟檔案，可以參考下一小節。

16-4-6　讀取二進位檔資料

本節將直接講解讀取前一小節所建立的二進位檔案。

程式實例 ch16_13_2.c：讀取前一小節所建立的二進位檔案 out13_1.bin，然後輸出。

```
1   /*       ch16_13_2.c            */
2   #include <stdlib.h>
3   #include <stdio.h>
4   int main()
5   {
6       int x;
7       float y;
8       int z[5];
9       FILE *stream;
10      int i;
11
12      stream = fopen("out13_1.bin","rb");
13      fread(&x, sizeof(int), 1, stream);      /* 讀取變數 x */
14      fread(&y, sizeof(float), 1, stream);    /* 讀取變數 b */
15      fread(z, sizeof(int), 5, stream);       /* 讀取陣列 z */
16      fclose(stream);
17      printf("x = %d\n", x);
18      printf("y = %f\n", y);
19      for (i = 0; i < 5; i++)
20          printf("z[%d] = %d\n", i, z[i]);
21      system("pause");
22      return 0;
23  }
```

執行結果

```
C:\Cbook\ch16\ch16_13_2.exe

x = 5
y = 10.500000
z[0] = 8
z[1] = 10
z[2] = 12
z[3] = 14
z[4] = 16
請按任意鍵繼續 . . .
```

16-5　C 語言預設的檔案指標

C 語言內預設了 5 個標準檔案指標可供我們處理檔案時使用，如下圖所示：

檔案指標名稱	功能說明
stdin	標準輸入設備，指的是鍵盤
stdout	標準輸出設備，指的是螢幕
stderr	標準錯誤流設備，記錄錯誤或是除錯
stdaux	標準輔助設備，指的是串列埠
stdprn	標準列印設備，指的是印表機

由於上述檔案指標，C 編譯程式預設會先開啟，所以在程式中，你可以直接使用上述檔案指標。

程式實例 ch16_14.c：使用 C 語言內建的標準輸出設備，輸出所讀取的資料。

```
1  /*   ch16_14.c              */
2  #include <stdio.h>
3  #include <stdlib.h>
4  int main()
5  {
6      FILE *fp;
7      char ch;
8
9      fp = fopen("data14.txt","r");
10     while ( (ch = getc(fp)) != EOF )
11         putc(ch,stdout);       /* 列印資料到螢幕 */
12     fclose(fp);
13     system("pause");
14     return 0;
15 }
```

執行結果

```
C:\Cbook\ch16\ch16_14.exe

C 王者歸來
作者 洪錦魁
請按任意鍵繼續 . . .
```

16-6　無緩衝區的輸入與輸出

無緩衝區的輸入與輸出的觀念是起源於 UNIX，筆者於 1990 年 8 月曾經出版一本「C 語言入門與應用徹底剖析」，該書適用於 UNIX 系統，在該本書的第 17 章 UNIX 系統的檔案管理內，我即對 UNIX 核心（kernel）程式檔案輸入與輸出做介紹。這類的輸入與輸出函數，由於是透過 UNIX 核心程式進行，因此這類函數可以沒有緩衝區，而程式設計師必須自行控制資料的存取。

　　下列是無緩衝區的輸入與輸出，至於讀取檔案類型則依函數參數設定。

函數名稱	功能說明
open( )	開啟檔案
close( )	關閉檔案
read( )	讀取特定檔案代號的資料
CREAT( )	建立檔案
write( )	將緩衝區資料，寫入檔案代號所指的檔案

　　美國 Borland 公司，在發展 Turbo C 軟體，所持的原則是，除了發展適用於 DOS 系統的函數外，也儘可能的將 UNIX 系統內所想規範的各函數包含在其軟體內。因此，Turbo/Visual/Dev C 除了擁有各位所看到的本章第三節的輸入與輸出函數外，也包含本節所要敘述的無緩衝區的輸入與輸出函數。

　　在這一節的內容會介紹檔案的屬性，讀者可以將滑鼠游標檔案，按一下滑鼠右鍵，執行內容指令，就可以看到該檔案的屬性，下列是顯示 data1.txt 的實例。

由於本節所述函數皆是定義在 fcnt1.h 內，同時檔案屬性的常數定義是在 sys/stat.h 內，另外無緩衝區的輸入與輸出是定義在 io.h 內，所以你必須在程式前方加上下列指令。

```
#include <fcntl.h>
#include <sys/stat.h>
#include <io.h>
```

16-6-1　open( )

open( ) 函數主要的功能是開啟一個檔案，它的使用語法如下：

```
int open (char *filename, int mode, int access);
```

上述各參數的意義如下所示：

❑ filename：檔案名稱

❑ mode：檔案開啟方式，可以參考下列解說。

O_APPEND：將檔案指標指向檔案結尾，相當於將新內容加入內容結尾。

O_CREAT：產生一個供寫入的檔案，不過建議使用 creat( ) 函數取代。

O_RDONLY：產生一個唯讀檔案。

O_RDWR：產生一個可讀取和可寫入的檔案。

O_TRUNC：開啟並設定一個已存在的檔案為空白。

O_WRONLY：開啟一個只能寫入的檔案。

O_BINARY：以二進位方式開啟檔案。

O_TEXT：以文字模態方式開啟檔案。

❑ access：存取屬性，這是設定使用者的存取屬性，此部份主要用於模仿 UNIX 系統，對 DOS 使用者而言，我們可以將它設為零，或是忽略此項，如果真的要設定，可以參考下列說明。

S_IREAD：開啟可以讀取的檔案。

S_IWRITE：開啟可以寫入的檔案。

S_IREAD | S_WRITE：開啟可讀取和寫入的檔案。

　　此外，在上述檔案開啟方式中，你也可以同時開啟兩種特性以上的檔案，而 彼此用 "|" (or) 予以隔開。

　　如果檔案開啟成功，會傳回一個整數值，這個整數值稱檔案代號 (file handle)，在爾後的程式設計中，我們可以利用這個檔案代號，存取此檔案內容。如果檔案開啟失敗，則 C 語言會傳回-1。整個說明如下圖所示：

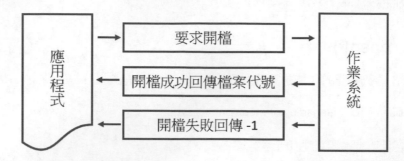

　　在 C 內，另有一個函數，如下所示：

　　_open (char *filename, int mode);

　　它的功能和 open 類似，但是此功能忽略 access 參數項。同樣的，如果開啟檔案成功，它將傳回一個整數值，此值稱檔案代號，如果開啟失敗則回傳-1。

16-6-2　close( )

　　close( ) 函數的主要功能是關閉所開啟的檔案代號，它的使用語法如下：

　　int close(檔案代號);

　　如果檔案關閉成功，傳回值是 0，否則傳回值是-1。

程式實例 ch16_15.c：簡單 open( ) 和 close( ) 函數的應用，本函數會開啟 data15.txt 檔案，然後將該檔案關閉。

```
1  /*   ch16_15.c              */
2  #include <fcntl.h>
3  #include <io.h>
4  #include <sys/stat.h>
5  #include <stdlib.h>
6  #include <stdio.h>
7  int main()
8  {
9      int  fd;                /* 檔案代號 */
```

```
10
11      if ( (fd = open("data15.txt",O_RDONLY)) == -1 )
12      {
13          printf("開檔失敗 \n");
14          exit(1);
15      }
16      else
17          printf("開檔 OK \n");
18
19      if ( close(fd) == -1 )
20          printf("關檔失敗 \n");
21      else
22          printf("關檔 OK \n");
23      system("pause");
24      return 0;
25  }
```

執行結果

```
C:\Cbook\ch16\ch16_15.exe
開檔 OK
關檔 OK
請按任意鍵繼續 . . .
```

16-6-3 read( )

read( ) 函數主要是讓我們從特定的檔案代號內，讀取資料，它的使用語法如下所示：

int read(int fd, void *buf, int size);

上述 read( ) 函數內，各參數的意義如下所示：

❑ fd：這是檔案代號

❑ buf：這是記憶體緩衝區，儲存所要讀取的資料

❑ size：表示所要讀取的字元數量

上述 read 函數如果讀取資料成功，此函數會傳回你所讀取的字元數量，如果讀取資料失敗，它傳回值是-1。

程式實例 ch16_16.c：計算某個檔案的字元數量。

```
1   /*    ch16_16.c                    */
2   #include <fcntl.h>
3   #include <io.h>
4   #include <sys/stat.h>
5   #include <stdio.h>
6   #include <stdlib.h>
7   #define  size    512
8   int main()
9   {
```

```
10      int  fd;                        /* 檔案代號 */
11      char buf[size];
12      int  count = 0;
13      int  i;
14      char fn[] = "data16.txt";
15
16      fd = open(fn ,O_RDONLY);
17      while ( ( i = read(fd,buf,size) ) > 0 )
18        count += i;
19      printf("%s 的字元數是 %d\n", fn, count);
20      close(fd);
21      system("pause");
22      return 0;
23  }
```

執行結果　　C:\Cbook\ch16\ch16_16.exe

data16.txt 的字元數是 116
請按任意鍵繼續 . . .

16-6-4　CREAT( )

這個函數可以建立新的檔案供寫入，語法如下：

　　int creat(int fd, int access);

存取屬性 access 內容如下：

S_IREAD：開啟可以讀取的檔案

S_IWRITE：開啟可以寫入的檔案。

S_IREAD | S_WRITE：開啟可讀取和寫入的檔案。

16-6-5　write( )

write( ) 函數主要目的是讓我們將緩衝區資料，寫入檔案代號所指的檔案內， 此函數的使用語法如下：

　　int write(int fd, void *buf, int size);

上述函數各參數的意義如下：

fd：檔案代號。

buf：緩衝區，儲存欲寫入檔案代號的資料。

size：所欲寫入資料的字元數量。

如果 write( ) 函數執行成功，此函數會傳回寫入的字元數量。如果執行失敗， 傳回值是-1。

程式實例 ch16_17.c：COPY 指令的設計，本程式會將 data17.txt，拷貝至 out17.txt。

```
1   /*   ch16_17.c              */
2   #include <fcntl.h>
3   #include <io.h>
4   #include <sys/stat.h>
5   #include <stdlib.h>
6   #include <stdio.h>
7   #define  size     512
8   int main()
9   {
10      char buffer[size];
11      char fin[] = "data17.txt";
12      char fout[] = "out17.txt";
13      int src, dst;
14      int sizeread;
15
16      src = open(fin, O_RDONLY|O_TEXT);
17      dst = creat(fout, S_IWRITE);
18
19      if((src != -1) && (dst != -1))        /* 檢查檔案是否開啟成功 */
20      {
21          while( !eof(src) )
22          {
23              sizeread = read(src, buffer, size);     /* 讀取檔案 */
24              write(dst, buffer, sizeread);           /* 寫入檔案 */
25          }
26          close(src);
27          close(dst);
28          printf("拷貝檔案 OK\n");
29      }
30      else
31          printf("開啟檔案 Fail\n");
32      system("pause");
33      return 0;
34  }
```

執行結果

```
C:\Cbook\ch16\ch16_17.exe
拷貝檔案 OK
請按任意鍵繼續 . . .
```

讀者可以檢查 out17.txt 與 data17.txt 的內容將會一樣。

16-7　無緩衝區的輸入與輸出應用在二進位檔案

這一節將建立結構 struct 資料，然後將此資料寫入二進位檔案，然後讀取二進位檔案驗證所儲存的二進位檔案。

程式實例 ch16_18.c：將結構資料寫入二進位檔案 out18.bin。**註**：程式執行前資料夾內不可有 out18.bin 檔案，否則會開啟檔案失敗。

```
1   /*   ch16_18.c                  */
2   #include <fcntl.h>
3   #include <io.h>
4   #include <sys/stat.h>
5   #include <stdlib.h>
6   #include <stdio.h>
7   int main()
8   {
9       int fd;
10      char fn[] = "out18.bin";
11      struct data
12      {
13          char name[10];
14          char gender;
15          int age;
16      } info = {"John", 'M', 20};
17
18      fd = open(fn, O_CREAT|O_WRONLY|O_BINARY,S_IREAD);
19      if((fd != -1))        /* 檢測是否檔案開啟成功 */
20      {
21          printf("開檔 OK \n");
22          write(fd, &info, sizeof(info));
23          close(fd);
24          printf("寫入 OK \n");
25      }
26      else
27          printf("開啟檔案失敗\n");
28      system("pause");
29      return 0;
30  }
```

執行結果

```
C:\Cbook\ch16\ch16_18.exe
開檔 OK
寫入 OK
請按任意鍵繼續 . . .
```

上述程式的重點其實就是第 18 列建立二進位檔案 out18.bin，第 22 列是將所建立的結構 struct 資料寫入 out18.bin。

程式實例 ch16_19.c：讀取 ch16_18.c 所寫入的 out18.bin 檔案，然後輸出。

```c
1   /*    ch16_19.c                    */
2   #include <fcntl.h>
3   #include <io.h>
4   #include <sys/stat.h>
5   #include <stdlib.h>
6   #include <stdio.h>
7   int main()
8   {
9       int fd;
10      char fn[] = "out18.bin";
11      struct data
12      {
13          char name[10];
14          char gender;
15          int age;
16      } info = {"John", 'M', 20};
17      fd = open(fn, O_RDONLY|O_BINARY);
18      if((fd != -1))        /* 檢測是否檔案開啟成功 */
19      {
20          read(fd, &info, sizeof(info));
21          printf("info.name   = %s\n",info.name);
22          printf("info.gender = %c\n",info.gender);
23          printf("info.age    = %d\n",info.age);
24          close(fd);
25      }
26      else
27          printf("開啟檔案失敗\n");
28      system("pause");
29      return 0;
30  }
```

執行結果

```
C:\Cbook\ch16\ch16_19.exe

info.name   = John
info.gender = M
info.age    = 20
請按任意鍵繼續 . . .
```

16-8 專題實作 – 隨機讀取二進位檔案資料 / 字串加密

16-8-1 隨機讀取資料的應用

程式實例 ch16_20.c：以開啟二進位檔案方式，隨機讀取 data20.txt 檔案 16 位元資料的應用，本程式在執行時，只要輸入小於 0 的值，程式會立即結束執行。

```c
1   /*    ch16_20.c                    */
2   #include <ctype.h>
3   #include <stdlib.h>
4   #include <stdio.h>
```

```
 5   #include <math.h>
 6   int main(int argc, char *argv[])
 7   {
 8       FILE *fp;
 9       int  sector;
10       int  totalread,totaldigit,totalchar;
11       int  i,j;
12       char buffer[64];
13       char fn[] = "data20.txt";
14
15       fp = fopen(fn,"rb");
16       while ( 1 )
17       {
18           printf("輸入磁區 : ");
19           scanf("%d",&sector);
20           if ( sector < 0 )
21           {
22               printf("結束隨機讀取資料 \n");
23               break;
24           }
25           if ( fseek(fp,sector*64,0) != 0 )
26           {
27               printf("隨機讀取資料錯誤 \n");
28               break;
29           }
30   /* 讀取 64 位元組資料如果讀不到這麼多表示已讀到檔案末端 */
31           if ( ( totalread = fread(buffer,1,64,fp) ) != 64 )
32               printf("end of file.... \n");
33           totalchar = totaldigit = totalread;
34           for ( i = 0; i < ceil((float)totalread / 16); i++ )
35           {
36               for ( j = 0; j < 16; j++ )
37               {
38                   totaldigit--;
39                   if ( totaldigit < 0 ) /* 無資料則列空白 */
40                       printf("   ");
41                   else                  /* 否則輸出 16 進位值 */
42                       printf("%3x",buffer[i*16+j]);
43               }
44               printf("    "); /* 16 進位值和字元間的空白 */
45               for ( j = 0; j < 16; j++ )
46               {
47                   totalchar--;
48                   if ( totalchar < 0 )
49                       printf(" ");    /* 輸出完成後用空白取代 */
50                   else
51                       if ( isprint(buffer[i*16+j]) )
52                           printf("%c",buffer[i*16+j]);/*輸出字元*/
53                       else             /* 非字元則用 . 取代  */
54                           printf(".");
55               }
56               printf("\n");
57           }
58       }
59       fclose(fp);
60       system("pause");
61       return 0;
62   }
```

執行結果

```
■ C:\Cbook\ch16\ch16_20.exe
輸入磁區：0
 54 68 69 73 20 69 73 20 74 68 65 20 74 65 73 74      This is the test
 69 6e 67 20 66 69 6c 65 20 66 6f 72 20 49 6e 74      ing file for Int
 72 6f 64 75 63 74 69 6f 6e 20 74 6f 20 43 2e d       roduction to C..
  a 41 6c 6c 20 6f 66 20 70 72 6f 67 72 61 6d 20      .All of program
輸入磁區：1
end of file....
 63 61 6e 20 62 65 20 72 75 6e 20 69 6e 20 44 65      can be run in De
 63 2d 43 20 61 6e 64 20 56 69 73 75 61 6c 20 43      c-C and Visual C
 2b 2b 2e d  a 42 79 20 4a 69 69 6e 2d 4b 77 65      ++...By Jiin-Kwe
 69 20 48 75 6e 67                                    i Hung
輸入磁區：-1
結束隨機讀取資料
請按任意鍵繼續 . . . ■
```

16-8-2　lseek( )

　　無緩衝區的輸入與輸出有一個 lseek( ) 函數，這個函數和 16-4-3 節 fseek( ) 函數功能類似，只不過一個是適用於無緩衝區的輸入與輸出，另一個是適用於有緩衝區的輸入與輸出。因此，lseek( ) 也是用於設定隨機讀取檔案的起始位置。它的使用語法如下：

　　　int lseek (int fd, long num_byte, int origin);

　　上述函數各參數的意義如下：

1：　fd：檔案代號。

2：　num_byte：表示所欲讀取資料距離 origin 的差距位置，此差距位置最長不可超過64k 位元組。注意，這是長整數。

3：　origin：可以是下列三種值：

　　SEEK_SET：表示檔案起始位置。

　　SEEK_CUR：表示目前位置。

　　SEEK_END：表示檔案末端位置。

　　如果函數執行成功，則傳回 num_byte 值，否則傳回-1。

程式實例 ch16_21.c：以無緩衝區 lseek( ) 函數，重新設計程式範例 ch16_20.c。

```
1   /*    ch16_21.c                  */
2   #include <fcntl.h>
3   #include <stdio.h>
4   #include <stdlib.h>
5   #include <ctype.h>
6   #include <math.h>
7   int main(int argc, char *argv[])
8   {
9       long pos;
10      int  fd;
11      int  sector;
12      int  totalread,totaldigit,totalchar;
13      int  i,j;
14      char buffer[64];
15      char fn[] = "data20.txt";
16
17      fd = open(fn,O_RDONLY | O_BINARY);
18      while ( 1 )
19      {
20          printf("輸入磁區 : ");
21          scanf("%d",&sector);
22          if ( sector < 0 )
23          {
24              printf("結束隨機讀取資料 \n");
25              break;
26          }
27          pos = (long) sector * 64;
28          if ( lseek(fd,pos,SEEK_SET) == -1 )
29          {
30              printf("隨機讀取資料錯誤 \n");
31              break;
32          }
33  /* 讀取 64 位元組資料如果讀不到這麼多表示已讀到檔案末端 */
34          if ( ( totalread = read(fd,buffer,64) ) != 64 )
35              printf("end of file.... \n");
36          totalchar = totaldigit = totalread;
37          for ( i = 0; i < ceil((float)totalread / 16); i++ )
38          {
39              for ( j = 0; j < 16; j++ )
40              {
41                  totaldigit--;
42                  if ( totaldigit < 0 ) /* 無資料則列空白 */
43                      printf("   ");
44                  else            /* 否則輸出 16 進位值 */
45                      printf("%3x",buffer[i*16+j]);
46              }
47              printf("     "); /* 16 進位值和字元間的空白 */
48              for ( j = 0; j < 16; j++ )
49              {
50                  totalchar--;
51                  if ( totalchar < 0 )
52                      printf(" "); /* 輸出完成後用空白取代 */
53                  else
54                      if ( isprint(buffer[i*16+j]) )
55                          printf("%c",buffer[i*16+j]);/*輸出字元*/
56                      else        /* 非字元則用 . 取代   */
57                          printf(".");
```

```
58            }
59            printf("\n");
60        }
61    }
62    close(fd);
63    system("pause");
64    return 0;
65 }
```

執行結果

C:\Cbook\ch16\ch16_21.exe

```
輸入磁區 : 0
54 68 69 73 20 69 73 20 74 68 65 20 74 65 73 74    This is the test
69 6e 67 20 66 69 6c 65 20 66 6f 72 20 49 6e 74    ing file for Int
72 6f 64 75 63 74 69 6f 6e 20 74 6f 20 43 2e  d    roduction to C..
 a 41 6c 6c 20 6f 66 20 70 72 6f 67 72 61 6d 20    .All of program
輸入磁區 : 1
end of file....
63 61 6e 20 62 65 20 72 75 6e 20 69 6e 20 44 65    can be run in De
63 2d 43 20 61 6e 64 20 56 69 73 75 61 6c 20 43    c-C and Visual C
2b 2b 2e  d  a 42 79 20 4a 69 69 6e 2d 4b 77 65    ++...By Jiin-Kwe
69 20 48 75 6e 67                                  i Hung
輸入磁區 : -1
結束隨機讀取資料
請按任意鍵繼續 . . .
```

16-8-3　字串加密

最簡單的字串加密是將字串的元素加上特定數字，這樣就可以達到加密效果。

程式實例 ch16_22.c： 使用字元值加 3 的方式執行字串加密，這個程式會輸出加密結果，
同時會將加密結果的檔案存入 out22.txt。

```
1  /*   ch16_22.c                 */
2  #include <stdio.h>
3  #include <stdlib.h>
4  #include <string.h>
5  int main()
6  {
7      FILE *fp;
8      char fn[] = "out22.txt";
9      int i;
10     int len;
11     char str[100];
12
13     printf("請輸入要加密的字串 : ");
14     gets(str);
15     len = strlen(str);
16     for(i = 0; (i < len && str[i] != '\0'); i++)
17         str[i] = str[i] + 3;
18     printf("加密結果 : %s\n", str);
19     fp = fopen(fn,"w");
20     fprintf(fp, "%s\n", str);
21     fclose(fp);
22     system("pause");
23     return 0;
24 }
```

執行結果

```
■ C:\Cbook\ch16\ch16_22.exe
請輸入要加密的字串：I like it.
加密結果：L#olnh#lwl
請按任意鍵繼續 . . .
```

```
📄 out22 - 記事本
檔案(F)　編輯(E)　格式(O)
L#olnh#lwl
```

16-9 習題

一：是非題

(　) 1： 所謂的有緩衝區的輸入與輸出是，當它在讀取檔案資料或將資料寫入檔案時，一定都先經過一個緩衝區。(16-1 節)

(　) 2： 有緩衝區的輸入與輸出函數是被定義在 stdio.h 檔案內。(16-3 節)

(　) 3： 在 fclose( ) 如果執行失敗，它的傳回值是零。(16-3 節)

(　) 4： fprint( ) 函數主要目的是將資料以格式化方式輸出到螢幕。(16-3 節)

(　) 5： fscanf( ) 主要是從螢幕輸入讀取資料。(16-3 節)

(　) 6： fwrite( ) 函數主要目的是將緩衝區內的內容寫入檔案指標所指的二元檔內。(16-4 節)

(　) 7： fread( ) 函數主要是將文字檔的資料讀入緩衝區內。(16-4 節)

(　) 8： rewind( ) 函數主要是將欲讀取檔案資料位置移至檔案開頭位置。(16-4 節)

(　) 9： 無緩衝區的輸入與輸出函數是被定義在 stdio.h 檔案內。(16-6 節)

(　) 10：使用 open( ) 函數開啟檔案成功時，會傳回一個整數值，這個整數值稱檔案代號，其值會從 1, 2, …, n 依次設定。

二：選擇題

(　) 1： 有緩衝區的輸入與輸出函數是被定義 (A) stdio.h (B) stdlib.h (C) fcntl.h (D) math.h。(16-3 節)

(　) 2： 如果您想使用 fopen( ) 開啟一個文字檔，同時未來資料可寫入此檔案末端，則第 2 個引數需使用 (A) r (B) w (C) a (D) ab。(16-3 節)

( ) 3： 如果您想使用 fopen( ) 函數開啟一個二元檔，同時未來資料可寫入此檔案末端，則第 2 個引數需使用 (A) r (B) w (C) a (D) ab。(16-3 節)

( ) 4： 在 C 語言預設的檔案指標中，那一個指的是鍵盤 (A) stdin (B) stdout (C) stdaux (D) stdprn。(16-5 節)

( ) 5： 無緩衝區的輸入與輸出函數是被定義在 (A) studio.h (B) stdlib.h (C) fcntl.h (D) math.h。(16-6 節)

( ) 6： 使用 open( ) 函數開啟檔案時，如果期待開啟一個可供讀取及寫入的檔案，則第 2 個引數是 (A) O_APPEND (B) O_CREAT (C) O_RDONLY (D) O_RDWR。(16-6 節)

( ) 7： 使用 open( ) 函數開啟檔案時，如果期待開啟一個已存在的檔案並將其設為空白，則第 2 個引數是 (A) O_WRONLY (B) O_TRUNC (C) O_BINARY (D) O_TEXT。(16-6 節)

三：填充題

1： 有緩衝區的開啟檔案函數是 _____。(16-3 節)

2： fprint( ) 和 printf( ) 兩者唯一的差別是 _____ 會將資料列印在螢幕上，而 _____ 會將資料列印在某個檔案指標所指的檔案內。(16-3 節)

3： fscanf( ) 和 scanf( ) 兩者的差別是 _____ 函數讀取鍵盤輸入的資料，_____ 則是從檔案指標所指的檔案讀取資料。

4： 函數 _____ 可用於設定有緩衝區隨機讀取檔案的起始位置函數。(16-4 節)

5： 函數 _____ 函數可將準備讀取檔案資料的位置，設定在檔案起始位置。(16-4 節)

6： C 語言預設的檔案指標中 _____ 指的是鍵盤，_____ 指的是螢幕，_____ 指的是印表機。(16-5 節)

7： 無緩衝區的開啟檔案函數是 _____。(16-6 節)

8： 函數 _____ 可用於設定無緩衝區隨機讀取檔案的起始位置。(16-8 節)

四：實作題

1： 檔案拷貝的應用，本程式執行方式如下：(16-3 節)

　　　ex16_1 檔案 1 檔案 2

下列是執行 ex16_1 data16_1.txt out16_1.txt 的結果。

data16_1 - 記事本	out6_1 - 記事本
檔案(F)　編輯(E)　格式(O)	檔案(F)　編輯(E)　格式(O)
C 王者歸來 作者 洪錦魁	C 王者歸來 作者 洪錦魁

2： 檔案連接程式設計，執行完後檔案 1 的內容，會被接到檔案 2 的末端，本程式的執行方式如下：(16-3 節)

　　ex16_2 檔案 1 檔案 2

下列是執行 ex16_2 data16_1.txt data16_2.txt 的結果，讀者可以比較執行前的 data16_2.txt 和執行後的 data16_2.txt。

data16_2 - 記事本
檔案(F)　編輯(E)　格式(O)　檢視(V)
深智數位股份有限公司 C 王者歸來 作者 洪錦魁

data16_2 - 記事本
檔案(F)　編輯(E)　格式(O)　檢視(V)
深智數位股份有限公司

　　　　　執行前　　　　　　　　　　　執行後

3： 有一個答案檔案 data16_3.txt，答案是 ABCDABCDAB，請讀取字元，然後輸出如下：(16-3 節)

```
C:\Cbook\ex\ex16_3.exe
第   1 答案是  A
第   2 答案是  B
第   3 答案是  C
第   4 答案是  D
第   5 答案是  A
第   6 答案是  B
第   7 答案是  C
第   8 答案是  D
第   9 答案是  A
第  10 答案是  B
請按任意鍵繼續 . . .
```

4： 使用開啟二進位檔案方式重新設計 ch16_5.c。(16-4 節)

```
PS C:\cbook\ex>.\ex16_4 data4.txt
data4.txt檔案的字元數是 25
請按任意鍵繼續 . . .
```

5： 讀取和寫入二進位檔案的實例，這個程式會要求輸入手機號碼，然後用手機末 4
碼當作快遞號碼，讀者要先開啟 out16_5.txt 檔案儲存所輸入的手機號碼，然後關
閉此檔案。接著再重新開啟 out16_5.txt 檔案，然後移動指標可以顯示手機號碼的
末 4 碼。(16-4 節)

```
■ C:\Cbook\ex\ex16_5.exe
請輸入手機號碼 : 0952123456
快遞號碼 3456 已經到了
請按任意鍵繼續 . . .
```

6： DOS 的 Type 指令設計，這個程式會將指定檔案的內容輸出。(16-6 節)

```
■ C:\Cbook\ex\ex16_6.exe
請輸入要顯示內容的檔案 : data16_6.txt
This is the testing file for Introduction to C.
All of program can be run in Dec-C and Visual C++.
By Jiin-Kwei Hungng
請按任意鍵繼續 . . .
```

7： 這是解密程式，請解開 ch16_22.c 的加密檔案 out22.txt。(16-8 節)

```
■ C:\Cbook\ex\ex16_7.exe
I like it.
請按任意鍵繼續 . . .
```

第 17 章

檔案與資料夾的管理

C 語言的函數庫提供許多有價值的檔案及**資料夾**（也可稱**目錄**）的管理函數，以方便讀者設計有用的系統程式，本節將介紹一些實用的檔案及資料夾管理函數。

17-1 檔案的刪除

與檔案的刪除有關的系統函數有兩個，本小節將分別介紹。

17-1-1　remove( )

remove( ) 函數主要用於刪除檔案，它的使用語法如下：

　　int remove(char *pathname);

如果檔案刪除成功它的傳回值是零，否則傳回值是 -1。註：上述 pathname 可以是普通檔案或是檔案路徑名稱。

程式實例 ch17_1.c：刪除 data1.txt 檔案的應用，在 ch17 資料夾內有 data1.txt 檔案供測試。

```
1   /*   ch17_1.c                 */
2   #include <stdio.h>
3   #include <stdlib.h>
4   int main()
5   {
6       int rtn;
7
8       rtn = remove("data1.txt");
9       if (rtn == 0)
10          printf("刪除檔案 OK\n");
11      else
12          printf("刪除檔案失敗\n");
13      system("pause");
14      return 0;
15  }
```

執行結果 讀者可以自行到 ch17 資料夾驗證結果。

```
C:\Cbook\ch17\ch17_1.exe
刪除檔案 OK
請按任意鍵繼續 . . .
```

17-1-2　unlink( )

unlink( ) 函數主要目的是刪除所指定的檔案，它的使用語法如下：

　　int unlink(char *pathname);

如果檔案刪除成功傳回值是 0，否則傳回值是-1。

程式實例 ch17_2.c：刪除 data2.txt 檔案的應用，在 ch17 資料夾內有 data2.txt 檔案供測試。

```
1   /*    ch17_2.c                */
2   #include <stdio.h>
3   #include <stdlib.h>
4   int main()
5   {
6       int rtn;
7
8       rtn = unlink("data2.txt");
9       if (rtn == 0)
10          printf("刪除檔案 OK\n");
11      else
12          printf("刪除檔案失敗\n");
13      system("pause");
14      return 0;
15  }
```

執行結果

```
■ C:\Cbook\ch17\ch17_2.exe
刪除檔案 OK
請按任意鍵繼續 . . .
```

17-2 　檔案名稱的更改

rename( ) 函數主要是提供我們將某一個檔案名稱，改成另一個新的檔案名稱，它的使用語法如下：

　　int rename(char *oldpathname, char *newpathname);

程式執行後，舊檔名 (或檔案路徑名稱) 會被改成新檔名或檔案路徑名稱，如果上述函數執行成功傳回值是 0，否則傳回值-1。

程式實例 ch17_3.c：更改檔案名稱。

```
1  /*   ch17_3.c                  */
2  #include <stdio.h>
3  #include <stdlib.h>
4  int main()
5  {
6      int rtn;
7      char src[] = "data3.txt";
8      char dst[] = "out3.txt";
9
10     rtn = rename(src, dst);
11     if (rtn == 0)
12         printf("更改名稱 OK\n");
13     else
14         printf("更改名稱失敗\n");
15     system("pause");
16     return 0;
17 }
```

執行結果

```
■ C:\Cbook\ch17\ch17_3.exe
更改名稱 OK
請按任意鍵繼續 . . . ■
```

17-3　檔案長度計算

filelength( ) 函數主要目的是供我們直接計算某個檔案的長度，它的使用語法如下：

　　long filelength(int 檔案代號)；

本函數若執行成功傳回值是檔案長度 (以長整數方式儲存)，否則傳回-1。

程式實例 ch17_4.c：回傳檔案長度。

```
1  /*   ch17_4.c                  */
2  #include <stdio.h>
3  #include <stdlib.h>
4  #include <fcntl.h>
5  #include <io.h>
6  int main()
7  {
8      char fn[] = "data4.txt";
9      int   fd;
10
11     fd = open(fn,O_RDONLY);
12     printf("%s 檔案長度是 %d\n",fn,filelength(fd));
13     system("pause");
14     return 0;
15 }
```

執行結果

```
■ C:\Cbook\ch17\ch17_4.exe
data4.txt 檔案長度是 13
請按任意鍵繼續 . . .■
```

17-4 子資料夾的建立

mkdir( ) 函數主要是供我們建立一個子資料夾，它的使用語法如下：

　　int mkdir(char *path);

如果建立子資料夾成功，傳回值是 0，否則傳回值是-1。註：如果所建立的資料夾已經存在，會回傳建立子資料夾失敗。

程式實例 ch17_5.c：建立一個子資料夾的程式設計。

```
1  /*   ch17_5.c              */
2  #include <stdio.h>
3  #include <stdlib.h>
4  int main()
5  {
6      char subdir[] = "dir5";
7
8      if ( mkdir(subdir) == 0 )
9          printf("建立子資料夾 OK \n");
10     else
11         printf("建立子資料夾錯誤 \n");
12     system("pause");
13     return 0;
14 }
```

執行結果

```
■ C:\Cbook\ch17\ch17_5.exe
建立子資料夾 OK
請按任意鍵繼續 . . .
```

17-5 刪除子資料夾

rmdir( ) 函數主要目的是供我們刪除一個子資料夾，它的使用語法如下：

　　int rmdir(char *path);

如果刪除子資料夾成功，傳回值是 0，否則傳回值是-1。

程式實例 ch17_6.c：刪除子資料夾 dir5 的程式設計。

```
1   /*    ch17_6.c                    */
2   #include <stdio.h>
3   #include <stdlib.h>
4   int main()
5   {
6       char subdir[] = "dir5";
7       if ( rmdir(subdir) == 0 )
8           printf("刪除子資料夾 OK \n");
9       else
10          printf("刪除子資料夾錯誤 \n");
11      system("pause");
12      return 0;
13  }
```

執行結果

```
C:\Cbook\ch17\ch17_6.exe
刪除子資料夾 OK
請按任意鍵繼續 . . . ▪
```

17-6 獲得目前資料夾路徑

getcwd( ) 函數的主要目的是列出目前的資料夾路徑，它的使用語法如下所示：

char getcwd(char *pathbuffer, int numchars);

在上述使用語法中，pathbuffer 是儲存獲得資料夾路徑的結果，numchars 則是代表 pathbuffer 緩衝區可儲存多少位元組資料。如果取得目前的資料夾路徑失敗，則回傳是 0。

程式實例 ch17_7.c：列印目前工作資料夾的程式設計。

```
1   /*    ch17_7.c                    */
2   #include <stdio.h>
3   #include <stdlib.h>
4   int main()
5   {
6       char pathname[80];
7
8       if ( getcwd(pathname,80) == 0 )
9       {
10          printf("獲得目前資料夾路徑錯誤 \n");
11          exit(1);
12      }
13      printf("目前資料夾路徑是 %s\n",pathname);
14      system("pause");
15      return 0;
16  }
```

執行結果

```
 C:\Cbook\ch17\ch17_7.exe
目前資料夾路徑是 C:\Cbook\ch17
請按任意鍵繼續 . . .
```

17-7 習題

一：是非題

( ) 1： remove( ) 函數數可用於刪除子目錄。(17-1 節)

( ) 2： 使用 unlink( ) 刪除檔案成功時，傳回值是 0。(17-1 節)

( ) 3： rename( ) 函數可將檔案重新命名。(17-2 節)

( ) 4： 使用 mkdir( ) 函數建立子資料夾成功時，傳回值是 0。(17-4 節)

二：選擇題

( ) 1： 使用 remove( ) 函數刪除檔案失敗時，傳回值是 (A) 0 (B) 1 (C) -1 (D) 大於 0 之隨機數。(17-1 節)

( ) 2： 使用 rename( ) 函數更改檔案名稱成功時，傳回值是 (A) 0 (B) 1 (C) -1 (D) 大於 0 之隨機數。(17-2 節)

( ) 3： (A) unlink( ) (B) filelength( ) (C) getcwd( ) (D) chdir( ) 函數可直接計算檔案的長度。(17-3 節)

( ) 4： (A) unlink( ) (B) filelength( ) (C) getcwd( ) (D) chdir( ) 函數可獲得目前的資料夾路徑。(17-6 節)

三：填充題

1： _____ 或 _____ 函數可刪除指定的檔案。(17-1 節)

2： _____ 函數可更改檔案名稱。(17-2 節)

3： _____ 函數可計算檔案長度。(17-3 節)

4： _____ 函數可建立子資料夾，_____ 函數可刪除子資料夾。(17-4 和 17-5 節)

四：實作題

1： 請設計程式可以使用下列指令，刪除一系列的檔案，讀者可以使用 3 個檔案做測試。(17-1 節)

  ex17_1 data17_1_1.txt data17_1_2.txt data17_1_3.txt

下列是執行畫面。

```
PS C:\cbook\ex> .\ex17_1 data17_1_1.txt data17_1_2.txt data17_1_3.txt
刪除 data17_1_1.txt UK
刪除 data17_1_2.txt OK
刪除 data17_1_3.txt OK
請按任意鍵繼續 . . .
```

2： 請設計更改檔案名稱程式，其中檔案名稱需由鍵盤輸入。(17-2 節)

```
■ C:\Cbook\ex\ex17_2.exe
請輸入舊檔名 : data17_2.txt
請輸入新檔名 : out17_2.txt
更改名稱 OK
請按任意鍵繼續 . . .■
```

3： 請重新設計 ch17_4.c，檔案名稱改為由鍵盤輸入。(17-3 節)

```
■ C:\Cbook\ex\ex17_3.exe
請輸入檔案名稱 : data17_3.txt
data17_3.txt 檔案長度是 32
請按任意鍵繼續 . . .■
```

4： 請重新設計 ch17_5.c，所建立的資料夾改為由鍵盤輸入。(17-4 節)

```
■ C:\Cbook\ex\ex17_4.exe
請輸入資料夾名稱 : out17_4
建立子資料夾 OK
請按任意鍵繼續 . . .
```

5： 請重新設計 ch17_6.c，所刪除的資料夾改為由鍵盤輸入。(17-5 節)

```
■ C:\Cbook\ex\ex17_5.exe
請輸入資料夾名稱 : out17_4
刪除子資料夾 OK
請按任意鍵繼續 . . .
```

第 18 章

資料轉換函數

本章將針對一些較常用的函數做說明，重點是資料轉換函數，這些資料轉換函數皆是包含在 stdlib.h 內，所以在程式前方請加上下列指令。

    #include <stdlib.h>

18-1 atof( )

本函數可將字串轉換成浮點數，它的使用語法如下：

    int atof(char *string);

此時有三種情形會發生：

1： 字串是浮點數，則轉換結果沒有問題，如程式實例 ch18_1.c 第 7 列定義，第 11 列轉換，第 12 列輸出。

2： 浮點數右邊是字母，則只轉換到浮點數為止，如程式實例 ch18_1.c 第 8 列定義，第 13 列轉換，第 14 列輸出。

3： 浮點數左邊是字母，則轉換的結果是零，如程式實例 ch18_1.c 第 9 列定義，第 15 列轉換，第 16 列輸出。

程式實例 ch18_1.c：基本 atof( ) 函數的應用。

```
1  /*   ch18_1.c                 */
2  #include <stdlib.h>
3  #include <stdio.h>
4  int main()
5  {
6      double value;
7      char *str1 = "123.43";
8      char *str2 = "123.43tre";
9      char *str3 = "r54.321";
10
11     value = atof(str1);
12     printf("%8.3f \n",value);
13     value = atof(str2);
14     printf("%8.3f \n",value);
15     value = atof(str3);
16     printf("%8.3f \n",value);
17     system("pause");
18     return 0;
19 }
```

執行結果

```
C:\Cbook\ch18\ch18_1.exe
 123.430
 123.430
   0.000
請按任意鍵繼續 . . .
```

18-2 atoi( )

本函數可將字串轉換成整數，它的使用語法如下：

int atoi(char *string)；

此時也有類似 atoi( ) 函數的三種情形會發生，請參閱 18-1 節。

程式實例 ch18_2.c：基本 atoi( ) 函數的應用。

```
1   /*   ch18_2.c                */
2   #include <stdlib.h>
3   #include <stdio.h>
4   int main()
5   {
6       int  value;
7       char *str1 = "123";
8       char *str2 = "123tre";
9       char *str3 = "r541";
10
11      value = atoi(str1);
12      printf("%d \n",value);
13      value = atoi(str2);
14      printf("%d \n",value);
15      value = atoi(str3);
16      printf("%d \n",value);
17      system("pause");
18      return 0;
19  }
```

執行結果

```
C:\Cbook\ch18\ch18_2.exe
123
123
0
請按任意鍵繼續 . . .
```

18-3 atol( )

本函數可將字串轉換成長整數，它的使用語法如下：

int atol(char *string);

此時也有類似 atof( ) 函數的三種情形會發生，請參閱 18-1 小節。

程式實例 ch18_3.c：基本 atol( ) 函數的應用。

```
1   /*    ch18_3.c                    */
2   #include <stdlib.h>
3   #include <stdio.h>
4   int main(void)
5   {
6       long  value;
7       char *str1 = "1233421";
8       char *str2 = "123876tre";
9       char *str3 = "r541231";
10
11      value = atol(str1);
12      printf("%ld \n",value);
13      value = atol(str2);
14      printf("%ld \n",value);
15      value = atol(str3);
16      printf("%ld \n",value);
17      system("pause");
18      return 0;
19  }
```

執行結果

```
■ C:\Cbook\ch18\ch18_3.exe
1233421
123876
0
請按任意鍵繼續 . . .
```

18-4 gcvt( )

本函數主要用於將雙倍精度浮點數，轉換成字串，它的使用語法如下：

　　char *gcvt(double value,int digits,char *buffer)；

上述語法的參數意義如下：

value：欲轉換的雙倍精度浮點數。

digits：欲儲存及轉換的有效位數。

*buffer：儲存轉換的結果。

程式實例 ch18_4.c：基本 gcvt( ) 函數的應用。

```
1   /*    ch18_4.c                    */
2   #include <stdlib.h>
3   #include <stdio.h>
4   int main()
5   {
6       int digits = 6;
```

```
7       double value1 = 432.1567;
8       double value2 = 1234.34567;
9       char str1[80];
10      char str2[80];
11
12      gcvt(value1,digits,str1);
13      gcvt(value2,digits,str2);
14      printf("%s \n",str1);
15      printf("%s \n",str2);
16      system("pause");
17      return 0;
18  }
```

執行結果

```
■ C:\Cbook\ch18\ch18_4.exe
432.157
1234.35
請按任意鍵繼續 . . .
```

18-5 itoa( )

本函數主要用於將整數轉換成字串,它的使用語法如下:

char itoa(int value, char *string, int radix);

上述語法的參數意義如下:

value:欲轉換成字串的整數

string:儲存轉換後的字串

radix:轉換成字串的底數

程式實例 ch18_5.c:基本 itoa( ) 函數的應用,**註**:3445 的 16 進位值是 d75。

```
1   /*    ch18_5.c                */
2   #include <stdlib.h>
3   #include <stdio.h>
4   int main()
5   {
6       int radix1 = 10;
7       int radix2 = 16;
8       int value1 = 1567;
9       int value2 = 3445;
10      char str1[80];
11      char str2[80];
12
13      itoa(value1,str1,radix1);
14      itoa(value2,str2,radix2);
15      printf("%s \n",str1);
```

```
16      printf("%s \n",str2);
17      system("pause");
18      return 0;
19  }
```

執行結果

```
C:\Cbook\ch18\ch18_5.exe
1567
d75
請按任意鍵繼續 . . .
```

18-6　ltoa( )

本函數主要用於將長整數資料轉換成字串，它的使用語法如下：

　　char ltoa(long value, char *string,int radix);

上述語法的參數意義如下：

❑ value：欲轉換字串的長整數。

❑ string：儲存轉換的字串。

❑ radix：轉換成字串的底數。

程式實例 ch18_6.c：基本 ltoa( ) 函數的應用。

```
1   /*    ch18_6.c                  */
2   #include <stdlib.h>
3   #include <stdio.h>
4   int main()
5   {
6       int radix1 = 10;
7       int radix2 = 16;
8       long value1 = 15677654;
9       long value2 = 7445321;
10      char str1[80];
11      char str2[80];
12
13      ltoa(value1,str1,radix1);
14      ltoa(value2,str2,radix2);
15      printf("%s \n",str1);
16      printf("%s \n",str2);
17      system("pause");
18      return 0;
19  }
```

執行結果

```
C:\Cbook\ch18\ch18_6.exe
15677654
719b49
請按任意鍵繼續 . . .
```

18-7 習題

一：是非題

( ) 1： atof( ) 函數可將字串轉換成浮點數。(18-1 節)

( ) 2： atoi( ) 函數可將字串轉換成整數。(18-2 節)

( ) 3： gcvt( ) 函數主要是將整數轉換成字串。(18-4 節)

( ) 4： itoa( ) 函數主要是將浮點數轉換成字串。(18-5 節)

二：選擇題

( ) 1： 有一字串 "r54.298" 經 atof( ) 轉換成浮點數後的值是 (A) 54.298 (B) 54 (C) 0 (D) 5。(18-1 節)

( ) 2： 有一字串 "123.43tre" 經 atof( ) 轉換成浮點數後的值是 (A) 123.430 (B) 0 (C) 123 (D) 124。(18-1 節)

( ) 3： itoa(3445,strl,16)，最後可得到 strl 的字串是 (A) 3445 (B) d75 (C) 34 (D) 45。(18-5 節)

三：填充題

1： _____ 函數可將字串轉成浮點數。(18-1 節)

2： _____ 函數可將字串轉成整數。(18-2 節)

3： _____ 函數可將字串轉成長整數。(18-3 節)

4： _____ 函數可將長整數轉成字串。(18-4 節)

四：實作題

1： 請設計一個無限迴圈的程式，這個程式可以將所輸入的字串轉成整數，要結束此
程式請輸入 "bye"。(18-1 節)

```
C:\Cbook\ex\ex18_1.exe
請輸入字串 : 55.98
55.98 = 55
請輸入字串 : 56pqr
56pqr = 56
請輸入字串 : qq99
qq99 = 0
請輸入字串 : bye
請按任意鍵繼續 . . .
```

2： 將輸入的整數轉成字串，輸入 0 可以結束程式。(18-5 節)

```
C:\Cbook\ex\ex18_2.exe
請輸入整數 : 30
請輸入底數 : 16
30 = 1e
請輸入整數 : 10
請輸入底數 : 8
10 = 12
請輸入整數 : 9
請輸入底數 : 2
9 = 1001
請輸入整數 : 0
請輸入底數 : 0
請按任意鍵繼續 . . .
```

第 19 章

基本位元運算

所謂的位元運算，其實就是一連串二進位數字間的一種運算，坦白說這是比較高階的 C 語言內容，一般常用在系統程式設計，或是用在執行 CPU 內的暫存器 (register)。在正式講解位元運算前，筆者想先更進一步講解二進位的系統。

19-1 二進位系統

19-1-1　10 進位轉 2 進位

C 語言並沒有二進位的格式符號，如果要將數值轉換成二進位，必須自己編寫函數。將十進位數值轉換成二進位，假設數值是 13，則過程如下：

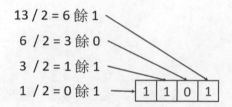

程式實例 ch19_1.c：輸入 10 進位，本程式會轉換成 2 進位輸出。

```
1  /*   ch19_1.c            */
2  #include <stdlib.h>
3  #include <stdio.h>
4  int decimalToBin(int);
5  int main()
6  {
7      int x;
8      printf("請輸入 10 進位數字 : ");
9      scanf("%d", &x);
10     printf("10進位=%d 轉 2進位=%d\n", x, decimalToBin(x));
11     system("pause");
12     return 0;
13 }
14 int decimalToBin(int n)
15 {
16     int binary = 0;        /* 紀錄 2 進位數字 */
17     int times = 1;         /* 每一次增加 10 倍*/
18     int rem;               /* 餘數          */
19     int i = 1;             /* 求餘數迴圈次數   */
20
21     while (n != 0)
22     {
23         rem = n % 2;       /* 計算 2 的餘數    */
24         printf("loop %d: %3d/2, 餘=%d, 商=%d\n",i++,n,rem,n/2);
25         n /= 2;               /* 商          */
26         binary += rem*times;  /* 儲存 10 進位 */
27         times *= 10;       /* 往左至下一筆   */
28     }
29     return binary;
30 }
```

執行結果

```
C:\Cbook\ch19\ch19_1.exe
請輸入 10 進位數字 : 125
loop 1: 125/2, 餘=1, 商=62
loop 2:  62/2, 餘=0, 商=31
loop 3:  31/2, 餘=1, 商=15
loop 4:  15/2, 餘=1, 商=7
loop 5:   7/2, 餘=1, 商=3
loop 6:   3/2, 餘=1, 商=1
loop 7:   1/2, 餘=1, 商=0
10進位=125 轉 2進位=1111101
請按任意鍵繼續 . . .
```

上述 loop 1 產生 2 進位最右邊數值，第 27 列將 times 乘以 10，可以讓下一次產生的數值往左移。

19-1-2 2 進位轉 10 進位

C 語言並沒有提供格式符號讀取 2 進位資料，使用程式要處理 2 進位，可以假設該整數每個位數值是 0 或 1，這樣就可以設計轉換程式。

程式實例 ch19_2.c：將讀取的 2 進位數字轉成 10 進位數字。

```c
1   /*   ch19_2.c                */
2   #include <stdlib.h>
3   #include <stdio.h>
4   #include <math.h>
5   int binToDecimal(int);
6   int main()
7   {
8       int x;
9       printf("請輸入 2 進位數字 : ");
10      scanf("%d", &x);
11      printf("2進位=%d 轉 10進位=%d\n", x, binToDecimal(x));
12      system("pause");
13      return 0;
14  }
15  int binToDecimal(int n)
16  {
17      int number = 0;
18      int i = 0;                       /* 定義處理位數      */
19      int rem;
20      while (n != 0)
21      {
22          rem = n % 10;               /* 從右到左處理數字 */
23          n /= 10;
24          number += rem*pow(2,i);     /* 計算 i 位數的值   */
25          i++;
26      }
27      return number;
28  }
```

執行結果
```
C:\Cbook\ch19\ch19_2.exe
請輸入 2 進位數字： 11111101
2進位=11111101 轉 10進位=253
請按任意鍵繼續 . . .
```

19-2 位元運算基礎觀念

所謂的**位元運算**是指一連串二進位數字間的一種運算，C 語言所提供的位元運算子如下所示：

符號	意義
&	相當於 AND 運算
|	相當於 OR 運算
^	相當於 XOR 運算
~	求位元補數運數
<<	位元左移
>>	位元右移

此外，我們也可以將下列特殊運算式應用在位元運算上。

(e1) op= (e2);

實例 1：x &= y;

相當於

x = x & y;

實例 2：x >>= 5;

相當於

x = x >> 5;

註　5-2 節敘述了邏輯運算子，觀念和本節所述相同，同時讀者會發現符號類似。不過該節所述的運算是以變數為單位，本節所述是應用在變數的位元運算。

19-3 & 運算子

在位元運算符號的定義中，& 和英文 AND 意義是一樣的，& 的基本位元運算如下所示：

a	b	a & b
0	0	0
0	1	0
1	0	0
1	1	1

在上述運算式中，a 和 b 可以是短整數、整數、長整數或是無號數整數。在一般的機器中，一般都是以 32 位元代表整數，因此若是整數變數 a 的值是 25 ，則它在系統中真正的值如下所示：

a = 0000 0000 0000 0000 0000 0000 0001 1001

假設另一整數變數 b 的值是 77，則它在系統中真正的值是：

b = 0000 0000 0000 0000 0000 0000 0100 1101

實例 1：假設 a、b 的變數值如上所示，且有一指令如下：

a & b

可以得到下列結果。

```
a   0000 0000 0000 0000 0000 0000 0001 1001
b   0000 0000 0000 0000 0000 0000 0100 1101
a&b 0000 0000 0000 0000 0000 0000 0000 1001
```

可以得到最後的值是 9。

程式實例 ch19_3.c：& 位元運算的基本應用。

```
1  /*   ch19_3.c              */
2  #include <stdio.h>
3  #include <stdlib.h>
4  int main()
5  {
```

```
6     int  a, b;
7
8     a = 25;
9     b = 77;
10    printf("a & b = %d \n",a&b);
11    a &= b;
12    printf("a     = %d \n",a);
13    system("pause");
14    return 0;
15  }
```

執行結果

```
■ C:\Cbook\ch19\ch19_3.exe
a & b = 9
a     = 9
請按任意鍵繼續 . . .
```

程式實例 ch19_4.c：另一個簡易 & 運算子的應用。在前面實例，所有的運算元皆是以變數表示，其實我們也可以利用整數來當做運算元。

```
1   /*   ch19_4.c                  */
2   #include <stdio.h>
3   #include <stdlib.h>
4   int main()
5   {
6       int  a, b;
7
8       a = 35;
9       b = a & 7;
10      printf("a & b (10 進位) = %d \n",b);
11      b &= 7;
12      printf("a & b (10 進位) = %d \n",b);
13      system("pause");
14      return 0;
15  }
```

執行結果

```
■ C:\Cbook\ch19\ch19_4.exe
a & b (10 進位) = 3
a & b (10 進位) = 3
請按任意鍵繼續 . . .
```

上述程式執行說明如下：

```
    a = 35    0000 0000 0000 0000 0000 0000 0010 0011
        7     0000 0000 0000 0000 0000 0000 0000 0111
   ─────────────────────────────────────────────────────
  b = a&7     0000 0000 0000 0000 0000 0000 0000 00 11  =3
        7     0000 0000 0000 0000 0000 0000 0000 0111
   ─────────────────────────────────────────────────────
  b &= 7      0000 0000 0000 0000 0000 0000 0000 00 11  =3
```

19-4 | 運算子

在位元運算符號的定義中，| 和英文的 or 意義是一樣的，它的基本位元運算如下所示：

a	b	a | b
0	0	0
0	1	1
1	0	1
1	1	1

實例 1：假設 a = 3 和 b = 8 則執行 a | b 之後結果如下所示：

```
a    0000 0000 0000 0000 0000 0000 0000 0011
b    0000 0000 0000 0000 0000 0000 0000 1000
a|b  0000 0000 0000 0000 0000 0000 0000 1011
```

可以得到執行結果是 11(十進位值)。

程式實例 ch19_5.c：基本 | 運算。

```c
1   /*   ch19_5.c                  */
2   #include <stdio.h>
3   #include <stdlib.h>
4   int main()
5   {
6       int  a, b;
7
8       a = 32;
9       b = a | 3;
10      printf("a | b (10 進位) = %d \n",b);
11      b |= 7;
12      printf("a | b (10 進位) = %d \n",b);
13      system("pause");
14      return 0;
15  }
```

執行結果

```
C:\Cbook\ch19\ch19_5.exe
a | b (10 進位) = 35
a | b (10 進位) = 39
請按任意鍵繼續 . . .
```

上述程式執行說明如下：

```
 a = 32   0000 0000 0000 0000 0000 0000 0010 0000
      3   0000 0000 0000 0000 0000 0000 0000 0011
b = a|7   0000 0000 0000 0000 0000 0000 0010 0011 =35
      7   0000 0000 0000 0000 0000 0000 0000 0111
 b |= 7   0000 0000 0000 0000 0000 0000 0010 0111 =39
```

19-5　^ 運算子

在位元運算符號的定義中，^ 和英文的 xor 的意義是一樣的，它的基本位元運算如下所示：

a	b	a ^ b
0	0	0
0	1	1
1	0	1
1	1	0

實例 1：假設 a = 3 和 b = 8 則執行 a ^ b 之後結果如下所示：

```
  a   0000 0000 0000 0000 0000 0000 0000 0011
  b   0000 0000 0000 0000 0000 0000 0000 1000
a^b   0000 0000 0000 0000 0000 0000 0000 1011
```

可以得到執行結果是 11(十進位值)。

程式實例 ch19_6.c：基本 ^ 運算子的程式應用。

```c
1  /*   ch19_6.c              */
2  #include <stdio.h>
3  #include <stdlib.h>
4  int main()
5  {
6      int  a, b;
7
8      a = 31;
9      b = 63;
10     printf("a ^ b = %d \n",a^b);
11     system("pause");
12     return 0;
13 }
```

執行結果

```
C:\Cbook\ch19\ch19_6.exe
a ^ b = 32
請按任意鍵繼續 . . .
```

上述程式執行說明如下：

```
a = 31  0000 0000 0000 0000 0000 0000 0001 1111
b = 63  0000 0000 0000 0000 0000 0000 0011 1111
a^b     0000 0000 0000 0000 0000 0000 0010 0000  =32
```

19-6 ～ 運算子

這個位元運算子相當於求 1 的補數，和其它運算子不同的是，它只需要一個運算子，它的基本運算格式下所示：

a	~a
1	0
0	1

也就是說，這個運算會將位元 1 轉變為 0，位元 0 改變成 1。

實例 1：假設 a = 7 則執行 ~a 之後結果如下所示：

```
a   0000 0000 0000 0000 0000 0000 0000 0111
~a  1111 1111 1111 1111 1111 1111 1111 1000
```

程式實例 ch19_7.c：～ 運算子的基本運算。

```c
1  /*    ch19_7.c                  */
2  #include <stdio.h>
3  #include <stdlib.h>
4  int main()
5  {
6      int  a, b;
7
8      a = 7;
9      b = ~a;
10     printf("a 的 1 補數 ( 10 進位) = %d \n",b);
11     printf("a 的 1 補數 ( 16 進位) = %x \n",b);
12     system("pause");
13     return 0;
14 }
```

執行結果

```
C:\Cbook\ch19\ch19_7.exe
a 的 1 補數（10 進位）= -8
a 的 1 補數（16 進位）= fffffff8
請按任意鍵繼續 . . .
```

19-7　<< 運算子

這是位元左移的運算子，它的執行情形如下所示：

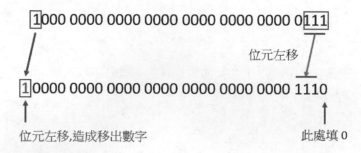

實例 1：假設有一個變數 a = 7，則執行 a << 1 之後結果如下所示：

a	0000 0000 0000 0000 0000 0000 0000 0111
a << 1	0000 0000 0000 0000 0000 0000 0000 1110

所以最後 a 的值是 14。從以上實例中，其實也可以看到，這個指令兼具有將變數值乘 2 的功能。

程式實例 ch19_8.c：位元左移的基本程式運算。

```
1   /*   ch19_8.c              */
2   #include <stdio.h>
3   #include <stdlib.h>
4   int main()
5   {
6       int  a, b;
7
8       a = 7;
9       b = a << 1;
10      printf("位元左移 1 次 = %d \n",b);
11      b = a << 3;
12      printf("位元左移 3 次 = %d \n",b);
13      system("pause");
14      return 0;
15  }
```

執行結果
```
C:\Cbook\ch19\ch19_8.exe
位元左移 1 次 = 14
位元左移 3 次 = 56
請按任意鍵繼續 . . .
```

上述左移 3 個位元的說明如下：

a	0000 0000 0000 0000 0000 0000 0000 0111
a << 3	0000 0000 0000 0000 0000 0000 0011 1000 =56

19-8 >> 運算子

這是一個位元右移的運算子，它的執行情形如下所示：

位元右移,造成移出數字

0000 0000 0000 0000 0000 0000 0000 1111

0000 0000 0000 0000 0000 0000 0000 0111

此處填 0

實例 1： 假設有一個變數 a = 14，則執行 a >> 1 之後結果如下所示：

a	0000 0000 0000 0000 0000 0000 0000 1110
a >> 1	0000 0000 0000 0000 0000 0000 0000 0111

所以最後 a 的值是 7。從以上實例中，其實也可以看到，如果變數值是偶數，這個指令兼具有將變數值除 2 的功能。

程式實例 ch19_9.c： 位元右移的基本程式運算。

```c
1  /*    ch19_9.c              */
2  #include <stdio.h>
3  #include <stdlib.h>
4  int main()
5  {
6      int  a, b;
7
```

```
 8      a = 14;
 9      b = a >> 1;
10      printf("位元右移 1 次 = %d \n",b);
11      b = a >> 3;
12      printf("位元右移 3 次 = %d \n",b);
13      system("pause");
14      return 0;
15 }
```

執行結果

```
■ C:\Cbook\ch19\ch19_9.exe
位元右移 1 次 = 7
位元右移 3 次 = 1
請按任意鍵繼續 . . .
```

上述右移 3 個位元的說明如下：

a	0000 0000 0000 0000 0000 0000 0000 1110
a >> 3	0000 0000 0000 0000 0000 0000 0000 0001 = 1

19-9　位元欄位 (Bit Field)

在 C 語言中，有一種特殊的結構宣告，這種宣告可以充份的利用每一個位元欄位，它的宣告如下所示：

```
struct 位元結構名稱
{
    資料型態 欄位名稱 1 : 位元長度；
        ...
    資料型態 欄位名稱 n : 位元長度；
}
```

在上述位元欄位結構的宣告中，資料型態只能是無號整數 (unsigned integer) 或是整數 (integer)，不過程式設計師比較喜歡使用無號整數當作欄位的資料型態。例如：個人資料的位元欄位結構，可以使用下列方式定義。

```
struct info
{
    unsigned int age : 7 ;
    unsigned int gender : 1 ;
};
```

在上述位元結構中宣告了 info，在這個位元結構內有 2 個欄位，其中 age 佔了 7 個位元，代表年齡，相當於可以儲存 0 – 127 之間的年齡。同時宣告了 age 欄位，這個欄位佔了 1 個位元，代表性別，一般 1 代表男生，0 代表女生。

宣告位元結構變數觀念和第 13 章的 struct 相同，例如：可以宣告變數如下：

    struct info john;

經過上述宣告後就可以使用下列方式存取位元結構的內容。

    john.age = 10;   /* 設定年齡是10歲 */
    john.gender = 1;   /* 設定 1，代表男生 */

此外，也可以在宣告的時候設定結構內容。

    struct info john = {10, 1};

預設條件下，C 語言的位元結構是佔有 4 個位元組，相當於 32 個位元，如果所宣告的欄位比較多，編譯程式會多配置 32 個位元，其觀念可依此類推。

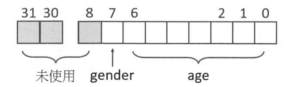

在 Intel CPU 架構下，先宣告的位元欄位會被儲存在記憶體的低位址，上述未使用的空間則是保留供未來使用。

程式實例 ch19_10.c：列出位元結構的記憶體空間數，這也是驗證位元結構會配置 4 個位元組的記憶體空間。

```
1   /*    ch19_10.c              */
2   #include <stdio.h>
3   #include <stdlib.h>
4   int main()
5   {
6       struct info
7       {
8           unsigned int age:7;
9           unsigned int gender:1;
10      };
11      struct info john;
12      printf("john所佔的位元組數 = %d\n",sizeof(john));
13      system("pause");
14      return 0;
15  }
```

執行結果

```
■ C:\Cbook\ch19\ch19_10.exe
john所佔的位元組數 = 4
請按任意鍵繼續 . . . ■
```

程式實例 ch19_11.c：設定位元結構欄位值的應用。

```
1   /*    ch19_11.c                    */
2   #include <stdio.h>
3   #include <stdlib.h>
4   int main()
5   {
6       struct info
7       {
8           unsigned int age:7;
9           unsigned int gender:1;
10      };
11      struct info john = {10, 1};
12      struct info mary;
13      if (john.gender == 1)
14          printf("John是男生, 今年 %d 歲\n",john.age);
15      else
16          printf("John是女生, 今年 %d 歲\n",john.age);
17      mary.age = 20;
18      mary.gender = 0;
19      if (mary.gender == 1)
20          printf("Mary是男生, 今年 %d 歲\n",mary.age);
21      else
22          printf("Mary是女生, 今年 %d 歲\n",mary.age);
23      system("pause");
24      return 0;
25  }
```

執行結果

```
■ C:\Cbook\ch19\ch19_11.exe
John是男生, 今年 10 歲
Mary是女生, 今年 20 歲
請按任意鍵繼續 . . .
```

　　除了上述設定位元欄位值的觀念，如果要從鍵盤讀取值給位元欄位，必須用間接的方法，因為 scanf( ) 函數讀取變數時，必須使用 & 符號，這是位址符號無法用在位元運算，這時可以先將資料讀入一般變數，然後再設定給位元欄位。

程式實例 ch19_12.c：從鍵盤讀取資料，再設定給位元欄位的應用。

```
1   /*    ch19_12.c                    */
2   #include <stdio.h>
3   #include <stdlib.h>
4   int main()
5   {
6       struct info
7       {
8           unsigned int age:7;
9           unsigned int gender:1;
```

```
10      };
11      struct info john;
12      int sex, ages;
13      printf("請輸入年齡 : ");
14      scanf("%d",&ages);
15      john.age = ages;
16      printf("請輸入性別 : ");
17      scanf("%d",&sex);
18      john.gender = sex;
19      struct info mary;
20      if (john.gender == 1)
21          printf("John是男生，今年 %d 歲\n",john.age),
22      else
23          printf("John是女生，今年 %d 歲\n",john.age);
24      system("pause");
25      return 0;
26  }
```

執行結果

```
 C:\Cbook\ch19\ch19_12.exe
請輸入年齡 : 15
請輸入性別 : 1
John是男生，今年 15 歲
請按任意鍵繼續 . . .
```

本書第一章就有說明 C 語言具有高階語言或是低階語言的特色，低階部分可以處理設計作業系統、CPU 暫存器控制、硬體控制或是韌體控制，位元欄位或是本章的位元處理其實就是處理低階的部分，這些部分的更多應用則超出本書的範圍，讀者可以參考相關書籍。

19-10 習題

一：是非題

( ) 1： C 語言二進位的輸出格式符號是 "%b"。(19-1 節)

( ) 2： 位元運算中 "&" 代表 OR 運算。(19-3 節)

( ) 3： 位元運算中 "|" 相當於 AND 運算。(19-4 節)

( ) 4： 位元運算中 "^" 相當於 XOR 運算。(19-5 節)

( ) 5： 執行位元左移時，最右邊的位元將填 "1"。(19-7 節)

( ) 6： 位元運算中 ">>" 代表位元右移。(19-8 節)

二：選擇題

(　) 1：　二進位 "1110" 轉成十進位是 (A) 8 (B) 10 (C) 12 (D) 14。(19-1 節)

(　) 2：　(A) & (B) ^ (C) ~ (D) << 相當於 AND 運算。(19-3 節)

(　) 3：　(A) & (B) ^ (C) ~ (D) << 相當於求位元補數運算。(19-6 節)

(　) 4：　假設 a 值是 00001111，則 ~a 的結果是 (A) 00001111 （ B) 1 1 0 0 0 0 1 （ C) 00011110 (D) 11110000。(19-6 節)

(　) 5：　(A) & (B) ^ (C) >> (D) << 相當於求位元左移。(19-7 節)

(　) 6：　假設 a 值是 00001111，則 a<<3 的結果是 (A) 00001111 (B) 01111000 (C) 00111100 (D)11110000。(19-7 節)

(　) 7：　(A) & (B) ^ (C) >> (D) << 相當於求位元右移。(19-8 節)

(　) 8：　位元欄位預設所佔的記憶體空間是 (A) 1 個位元組 (B) 2 個位元組 (C) 3 個位元組 (D) 4 個位元組。(19-9 節)

三：填充題

1：　假設 a 值是 3，b 值是 2，執行完 a & b 是 _____ 。(19-3 節)

2：　假設 a 值是 3，b 值是 4，執行完 a | b 是 _____ 。(19-4 節)

3：　假設 a 值是 0，b 值是 1，執行完 a ^ b 是 _____ 。(19-5 節)

4：　假設 a 值是 0，b 值是 0，執行完 a ^ b 是 _____ 。(19-5 節)

5：　假設 a 值是 3，執行完 a << 1 後，結果是 _____ 。(19-7 節)

6：　假設 a 值是 3，執行完 a >> 1 後，結果是 _____ 。(19-8 節)

四：實作題

1：　輸入 2進位數字，然後轉成 8 進位輸出。(19-1 節)

```
C:\Cbook\ex\ex19_1.exe
請輸入 2 進位數字：101010
轉換為 8 進位數字 = 52
請按任意鍵繼續 . . .
```

```
C:\Cbook\ex\ex19_1.exe
請輸入 2 進位數字：111101
轉換為 8 進位數字 = 75
請按任意鍵繼續 . . .
```

2： 輸入 8 進位數字，然後轉成 2 進位輸出。(19-1 節)

```
■ C:\Cbook\ex\ex19_2.exe
請輸入 8 進位數字 : 52
轉換為 2 進位數字 = 101010
請按任意鍵繼續 . . .
```

```
■ C:\Cbook\ex\ex19_2.exe
請輸入 8 進位數字 : 75
轉換為 2 進位數字 = 111101
請按任意鍵繼續 . . .
```

3： 請輸入 2 個數字，然後執行 "&" 運算。(19-3 節)

```
■ C:\Cbook\ex\ex19_3.exe
請輸入 2 個數字 : 25 77
a & b = 9
請按任意鍵繼續 . . .
```

4： 請輸入數字和向左位移數，然後輸出結果。(19-7 節)

```
■ C:\Cbook\ex\ex19_4.exe
請輸入要處理數字 : 7
請輸入向左位移數 : 3
a << b = 56
請按任意鍵繼續 . . .
```

5： 請輸入數字和向右位移數，然後輸出結果。(19-7 節)

```
■ C:\Cbook\ex\ex19_5.exe
請輸入要處理數字 : 14
請輸入向右位移數 : 3
a >> b = 1
請按任意鍵繼續 . . .
```

第 20 章

建立專案 - 適用大型程式

20-1 程式專案的緣由

前面 19 章內容所有的程式皆是單一程式，一個程式可以完成所需的工作，在職場可能碰到的問題複雜，單一程式設計會讓整個結構看起來很複雜，同時不容易分工。這時需要將程式功能模組化，也就是將程式依照功能需求分成許多小程式，由不同的程式設計師設計，最後再將這些小程式組織起來執行，C 語言可以使用專案觀念，將這些小程式組織起來，這將是本章的主題。

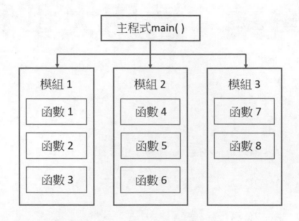

上述主程式 main( ) 是整個專案的入口，所謂的模組可以想成是一個功能，這個功能是由一個或是多個函數組成。

註　預設 main( ) 是專案的入口，不過我們也可以更改專案入口的函數名稱。

20-2 基礎程式實作

這一節將使用含多個函數的實例作解說，這個程式功能盡量精簡讓讀者容易了解，但又不失專案的精神，下一節則是講解將這一節的實例拆解，然後組成專案。

程式實例 ch20_1.c：建立一個函加法 add( )、減法 (sub) 和乘法 (mul) 的函數，然後給予數字，可以獲得結果。

```
1  /*   ch20_1.c                 */
2  #include <stdio.h>
3  #include <stdlib.h>
4  int add(int, int);
```

```
5   int sub(int, int);
6   int mul(int, int);
7   int main()
8   {
9       printf("2 + 5 = %d\n",add(2,5));
10      printf("9 - 3 = %d\n",sub(9,3));
11      printf("3 * 6 = %d\n",mul(3,6));
12      system("pause");
13      return 0;
14  }
15  int add(int x, int y)
16  {
17      return x ｜ y;
18  }
19  int sub(int x, int y)
20  {
21      return x - y;
22  }
23  int mul(int x, int y)
24  {
25      return x * y;
26  }
```

執行結果　　■ C:\Cbook\ch20\ch20_1.exe
```
2 + 5 = 7
9 - 3 = 6
3 * 6 = 18
請按任意鍵繼續 . . . ■
```

上述實例簡單容易了解。

20-3　模組化程式

　　所謂的模組化其實就是將程式功能拆解，從 ch20_1.c 可以知道這個程式除了 main( ) 函數當作主程式外，有 3 個功能，如下：

　　　int add( );　　　　　　　/* 執行加法 */
　　　int sub( );　　　　　　　/* 執行減法 */
　　　int mul( );　　　　　　　/* 執行乘法 */

　　有了上述觀念，我們可以將 ch20_1.c 拆解成 4 個程式，如下所示：

ch20_2.c：

```
1   /*    ch20_2.c                */
2   #include <stdio.h>
3   #include <stdlib.h>
4   int add(int, int);
5   int sub(int, int);
6   int mul(int, int);
7   int main()
8   {
9       printf("2 + 5 = %d\n",add(2,5));
10      printf("9 - 3 = %d\n",sub(9,3));
11      printf("3 * 6 = %d\n",mul(3,6));
12      system("pause");
13      return 0;
14  }
```

add.c：

```
1   /*   add.c               */
2   int add(int x, int y)
3   {
4       return x + y;
5   }
```

sub.c：

```
1   /*    sub.c              */
2   int sub(int x, int y)
3   {
4       return x - y;
5   }
```

mul.c：

```
1   /*   mul.c               */
2   int mul(int x, int y)
3   {
4       return x * y;
5   }
```

　　上述是非常簡單的功能，所以每個模組程式都不需 include 標頭檔，在實際的程式應用中，讀者需依功能需求導入標頭檔，或是函數的原型宣告。

20-4 建立專案與執行

　　本節將以 Dev C++ 環境講解建立專案的方法，首先請執行 File/New/Project 指令。

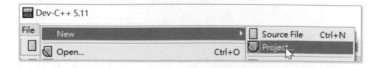

這時會出現 New Project 對話方塊,然後請選擇 Console Application,選擇 C Project,同時輸入專案名稱 mypro20_2,如下所示:

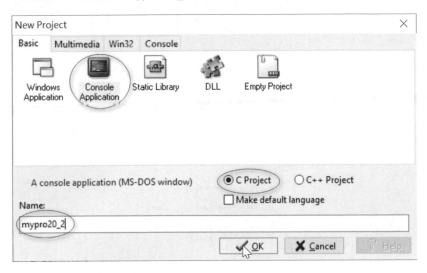

請按 OK 鈕,接著選擇這個專案要儲存的資料夾,筆者選擇:

c:\Cbook\ch20\ch20_2

請按**存檔鈕**。回到 Dev C++ 視窗可以看到 main.c 檔案標籤。

```
Project  Classes  Debug    [*] main.c
⊞ 🛡 mypro20_2        1    #include <stdio.h>
                      2    #include <stdlib.h>
                      3
                      4    /* run this program using the console
                      5
                      6 ⊟  int main(int argc, char *argv[]) {
                      7        return 0;
                      8 └  }
```

請將 20-3 節 ch20_2.c 檔案內容拷貝至 main.c，可以得到下列結果。

```
Project  Classes  Debug    [*] main.c
⊞ 🛡 mypro20_2        1    /*    ch20_2.c              */
                      2    #include <stdio.h>
                      3    #include <stdlib.h>
                      4    int add(int, int);
                      5    int sub(int, int);
                      6    int mul(int, int);
                      7    int main()
                      8 ⊟  {
                      9        printf("2 + 5 = %d\n",add(2,5));
                     10        printf("9 - 3 = %d\n",sub(9,3));
                     11        printf("3 * 6 = %d\n",mul(3,6));
                     12        system("pause");
                     13        return 0;
                     14 └  }
```

請按**存檔鈕**，這時檔案名稱會出現 main，如果未來要由此 main.c 啟動此專案這時可以按存檔鈕。假設未來我想改成使用原先的 ch20_2.c 啟動此專案，請將檔案名稱改為 ch20_2，如下所示：

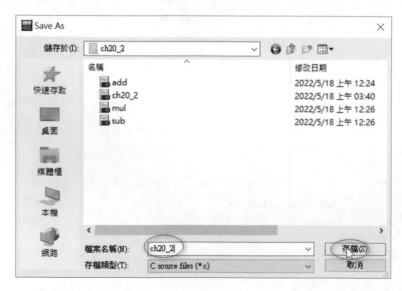

按**存檔鈕**，可以看到已經存在，如下：

請按**是**鈕，可以得到下列結果。

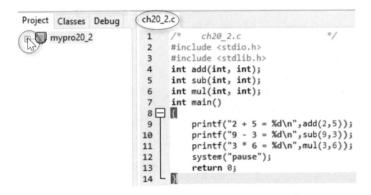

上述按 ⊞ 鈕，可以展開 mypro20_2 專案，然後看到此專案下含 ch20_2.c。

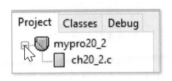

下一步是將 add.c、sub.c 和 mul.c 加入此專案，請執行 Dev C++ 視窗的 Project/ Add to Project 指令。

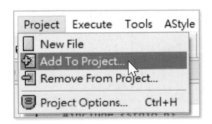

接著會出現 Open File 對話方塊，筆者選擇 add.c 檔案，如下所示：

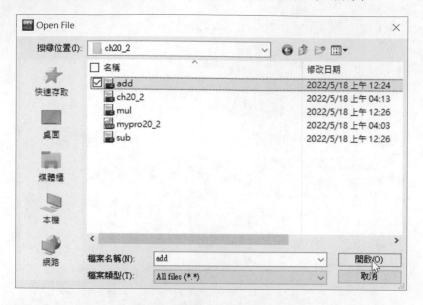

請按**開啟**鈕。**註：**上述也可以一次選擇所有專案的檔案。

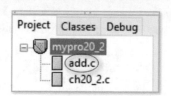

可以看到 Project 欄位有 add.c 檔案，表示將 add.c 檔案加入專案成功。請重複上述步驟，加上 sub.c 和 mul.c 檔案，可以得到下列結果。

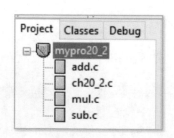

現在可以依照編譯與執行一般程式的方式執行此專案，最後可以得到下列結果。

```
C:\Cbook\ch20\ch20_2\mypro20_2.exe
2 + 5 = 7
9 - 3 = 6
3 * 6 = 18
請按任意鍵繼續 . . .
```

20-5　增加功能的專案

　　mypro20_2 專案的函數太簡單了，下列增加一些複雜度，讀者可以了解各個函數需要 "#include" 或是宣告函數原型皆不可少，下列是 mypro20_3 專案。

ch20_3.c

```
1   /*   ch20_3.c              */
2   #include <stdio.h>
3   #include <stdlib.h>
4   double area(double);
5   void display(double);
6   int main()
7   {
8       area(3.0);
9       system("pause");
10      return 0;
11  }
```

area.c：

```
1   #include <math.h>
2   #define PI 3.14159
3   double display(double);
4   double area(double r)
5   {
6       double ar;
7       ar = PI * pow(r,2);
8       display(ar);
9       return;
10  }
```

display.c：

```
1   #include <stdio.h>
2   void display(double x)
3   {
4       printf("area = %lf\n",x);
5   }
```

執行結果

```
C:\Cbook\ch20\ch20_3\mypro20_3.exe
area = 28.274310
請按任意鍵繼續 . . .
```

20-6 不同檔案的全域變數與 extern

建立專案時，可能會使用到全域變數，其他模組的函數如果要引用此全域變數，在該函數內要用 extern 宣告該全域變數，這樣就可以讓不同的函數共用該全域變數。

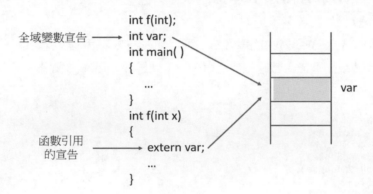

下列是 mypro20_4 專案。

ch20_4.c

```
1  /*   ch20_4.c              */
2  #include <stdio.h>
3  #include <stdlib.h>
4  int count = 0;
5  void counter();
6  int main()
7  {
8      printf("count = %d\n",count);
9      counter();
10     printf("count = %d\n",count);
11     count++;
12     printf("count = %d\n",count);
13 }
```

counter.c

```
1  /*   counter.c             */
2  void counter()
3  {
4      extern int count;
5      count++;
6  }
```

執行結果　▣ C:\Cbook\ch20\ch20_4\mypro20_4.exe

```
count = 0
count = 1
count = 2
```

20-7 習題

一：是非題

(　) 1： 在模組化的程式設計中，一個模組可能有一個或多個函數。(20-1 節)

(　) 2： 宣告一個變數為全域變數後，其他檔案可以不需宣告隨意引用。(20-6 節)

二：選擇題

(　) 1： 一個檔案要引用其他檔案的全域變數需要使用 (A) key (B) extern (C) auto (D) global 關鍵字。(20-6 節)

三：填充題

1： 一個檔案要引用其他檔案的全域變數需要使用 ＿＿＿＿＿ 關鍵字。

四：實作題

1： 請擴充設計 ch20_2.c，增加 rem( ) 函數設計，這個函數可以回傳餘數。(20-4 節)

▣ C:\Cbook\ex\ex20_1\pro20_1.exe

```
2 + 5 = 7
9 - 3 = 6
3 * 6 = 18
9 % 2 = 1
請按任意鍵繼續 . . .
```

2：　請更改設計 ch20_2.c，main( ) 函數內不要有 printf( ) 函數，但是增加 show( ) 函數可以輸出結果，最後可以獲得一樣的結果，下列是 main( ) 函數設計觀念和執行結果。

```
1   /*      ex20_2.c                  */
2   #include <stdio.h>
3   #include <stdlib.h>
4   int add(int, int);
5   int sub(int, int);
6   int mul(int, int);
7   int main()
8   {
9       add(2,5);
10      sub(9,3);
11      mul(3,6);
12      system("pause");
13      return 0;
14  }
```

```
■ C:\Cbook\ex\ex20_2\pro20_2.exe
2 + 5 = 7
9 - 3 = 6
3 * 6 = 18
請按任意鍵繼續 . . .
```

第 21 章

基本串列結構

本章所介紹的資料結構，和前面所談的指標結構不太一樣，這個資料結構要藉助某些記憶體函數，進行記憶體的取得與釋回，我們稱這類的資料結構為 " 動態的資料結構 "。

21-1 動態資料結構的基礎

21-1-1　動態資結構的緣由

前面章節有介紹陣列，例如：下列陣列宣告：

    int data[10];

C 語言的編譯程式在編譯過程 (compile time)，會為上述 data 陣列配置 40 個位元組的記憶體空間給 data 陣列。程式在執行期間這個記憶體空間一直會存在，無法更動，也無法收回，直到程式結束。

在程式規劃時，由於常常無法預知所需要陣列的記憶體空間，因此常常會造成記憶體資源的浪費。為了改良此缺點，因此有了動態配置記憶體空間 (dynamic memory allocation) 的概念，所謂的動態配置記憶體空間是指，程式在執行階段 (run time) 可以要求取得記憶體空間，同時當記憶體空間不需要時，隨時可以釋回記憶體空間給系統，這樣就可以達到節省記憶體空間的目的。

21-1-2　動態配置記憶體空間

本書 11-3-6 節，筆者指出了指標常發生的錯誤，最大的問題是當宣告指標後，指標沒有記憶體空間，就直接賦值。學會了這一節的觀念後，我們應該可以在宣告完指標後，為此指標配置記憶體空間，然後再賦值，這樣就可以完成工作。

動態配置記憶體空間需使用 malloc( ) 函數，此函數是在 stdlib.h 標頭檔案，基本語法如下：

    指標變數 = (指標變數的資料型態 *) malloc(記憶體空間);

實例 1：宣告指標變數 ptr，同時為此指標配置整數的記憶體空間。

    int *ptr;
    ptr = (int *) malloc(size);

上述 malloc( ) 函數的參數 size 是指位元組的大小，可以直接設定數值，也可以使用 sizeof( ) 函數取得特定資料類型的位元組數，經過上述宣告就可以為指標賦值了。

程式實例 ch21_1.c：使用上述觀念重新設計 ch11_12.c。

```
1   /*   ch21_1.c                    */
2   #include <stdio.h>
3   #include <stdlib.h>
4   int main()
5   {
6       int *ptr;
7
8       ptr = (int *) malloc(sizeof(int));
9       *ptr = 10;
10      printf("*ptr = %d\n",*ptr);
11      system("pause");
12      return 0;
13  }
```

執行結果

```
C:\Cbook\ch21\ch21_1.exe
*ptr = 10
請按任意鍵繼續 . . .
```

上述執行完第 6 列和第 8 列記憶體空間如下 (記憶體位址是假設值)：

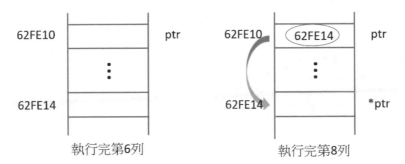

執行完第6列　　　　　　執行完第8列

上述第 8 列相當於為指標取得記憶體空間，執行第 9 列可將資料 10 放在所指位址，可以得到下列結果。

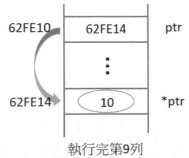

執行完第9列

所以第 10 列輸出，可以得到 10。

使用上述宣告記憶體空間，也可以一次宣告多個資料型態的記憶體空間，這種方式相當於是宣告陣列的記憶體空間，例如：下列是宣告含 5 個元素的整數陣列。

```
int *ptr;
ptr = (int *) malloc(5*sizeof(int));
```

經過上述宣告後，就可以使用指標存取多個元素值。

程式實例 ch21_2.c：宣告含 2 個整數元素記憶體空間，然後由指標賦值。

```
1   /*   ch21_2.c                  */
2   #include <stdio.h>
3   #include <stdlib.h>
4   int main()
5   {
6       int i;
7       int *ptr;
8
9       ptr = (int *) malloc(2*sizeof(int));
10      *ptr = 10;
11      *(ptr+1) = 20;
12      for (i = 0; i < 2; i++)
13          printf("*(ptr+%d) = %d\n",i,*(ptr+i));
14      system("pause");
15      return 0;
16  }
```

執行結果

```
■ C:\Cbook\ch21\ch21_2.exe
*(ptr+0) = 10
*(ptr+1) = 20
請按任意鍵繼續 . . .
```

上述是以整數為例，我們可以將此觀念應用在 C 語言的其他資料型態，例如：字元、字串、浮點數、雙倍精度浮點數或是結構 struct 等。

程式實例 ch21_3.c：將配置記憶體空間的觀念應用在字串資料。

```
1   /*   ch21_3.c                 */
2   #include <stdlib.h>
3   #include <stdio.h>
4   int main()
5   {
6       char  *str;
7
8       if (( str = (char *) malloc(80*sizeof(char))) == NULL)
9       {
10          printf("無法取得記憶體空間 \n");
11          exit(1);
12      }
```

```
13      printf("請輸入句子 : ");
14      gets(str);
15      printf("你輸入的句子是 \n");
16      puts(str);
17      system("pause");
18      return 0;
19  }
```

執行結果

```
■ C:\Cbook\ch21\ch21_3.exe

請輸入句子 : Hi! How are you?
你輸入的句子是
Hi! How are you?
請按任意鍵繼續 . . . ■
```

上述程式重點是第 8 至 12 列，第 8 列可以配置字串的記憶體空間，如果配置記憶體空間過程失敗，則會回傳 NULL，這時可以執行第 10 和 11 列。

程式實例 ch21_4.c：將配置記憶體空間的觀念應用在結構 struct 資料。

```
1   /*   ch21_4.c                    */
2   #include <stdio.h>
3   #include <stdlib.h>
4   int main()
5   {
6       int i;
7       int n;                 /* 定義學生人數 */
8       struct student
9       {
10          char name[12];
11          char phone[10];
12          int math;
13      };
14      struct student *stu;
15      printf("請輸入學生人數 : ");
16      scanf("%d",&n);
17      stu = (struct student *) malloc(n*sizeof(struct student));
18      for (i = 0; i < n; i++)
19      {
20          fflush(stdin);
21          printf("請輸入姓名 : ");
22          gets((stu+i)->name);
23          printf("請輸入手機號碼 : ");
24          gets((stu+i)->phone);
25          printf("請輸入數學成績 : ");
26          scanf("%d",&(stu+i)->math);
27      }
28      for (i = 0; i < n; i++)
29      {
30          printf("H1 %s 歡迎你\n", (stu+i)->name);
31          printf("手機號碼 : %s \t 數學成績 : %d\n", \
32                  (stu+i)->phone,(stu+i)->math);
33      }
34      system("pause");
35      return 0;
36  }
```

執行結果

```
C:\Cbook\ch21\ch21_4.exe
請輸入學生人數：2
請輸入姓名：John
請輸入手機號碼：0952111111
請輸入數學成績：98
請輸入姓名：Kevin
請輸入手機號碼：0952123456
請輸入數學成績：80
Hi John 歡迎你
手機號碼：0952111111          數學成績：98
Hi Kevin 歡迎你
手機號碼：0952123456          數學成績：80
請按任意鍵繼續 . . .
```

21-2 鏈結串列節點的宣告與操作

21-2-1　動態資料結構的宣告

基本上動態資料結構至少包含兩個以上的欄位宣告，其中一個欄位是指向同 一型態資料的指標，另外至少要有一個欄位存放基本元素。

下面所定義的資料結構包含兩個欄位，一個是指向同類資料的指標，另一個 是資料元素。

```
struct list
{
    int data;                        /* 儲存一般資料      */
    struct list next;                /* 指向下一個節點的指標 */
};
typedef struct list node;
```

上述 struct list 使用上比較不方便，所以使用 typedef 將 struct list 重新定義為一個節點。

```
    typedef struct list node;
```

經過上述資料宣告之後，node 就成了一個動態指標結構，它的結構圖形如下所示：

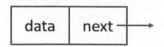

　　其中 data 記憶體存的是整數值，而 next 則是一個指標變數，指向同一類型的資料型態位址。如果沒有下一個元素，則 next 箭頭所指的值是 NULL，NULL 定義是 0。

　　通常我們都是用 NULL 代表串列的結尾。

21-2-2　記憶體的配置

　　上述的宣告，並不會立即佔據記憶體的儲存空間，我們必須在呼叫 malloc( ) 之後，才可取得記憶體空間，它的呼叫語法如下：

```
malloc(size);
```

　　假設我們宣告一個動態指標如下：

```
node *ptr;
```

　　則在程式中，我們可用下面方式來配置實際的記憶體空間。

```
ptr = (node *) malloc(sizeof(node));
```

　　經過上述宣告後，系統會配置足以容納節點（node）大小的記憶體空間，同時有一個指標 ptr 會指向這個記憶體位置，如下所示：

　　假設我們想將上圖 data 的值設定成 5，將 next 指向 NULL，我們可用下列指令完成這個工作。

```
ptr->data = 5;
ptr->next = NULL;
```

　　執行完後，整個結構圖形如下所示：

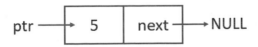

程式實例 ch21_5.c：基礎動態串列結構。

```
1   /*   ch21_5.c              */
2   #include <stdlib.h>
3   #include <stdio.h>
4   struct list              /* 宣告動態資料結構 */
5   {
6       int data;
7       struct list *next;
8   };
9   typedef struct list node;
10  int main()
11  {
12      node *ptr;
13
14      ptr = (node *) malloc(sizeof(node)); /* 取得記憶體空間 */
15      ptr->data = 5;                       /* 設定第 1 個節點值 */
16      ptr->next = NULL;
17      /* 接下來取得第 2 個節點記憶體空間 */
18      ptr->next = (node *) malloc(sizeof(node));
19      ptr->next->data = 10;                /* 設定第 2 個節點值 */
20      ptr->next->next = NULL;
21      printf("第 1 個節點值是 = %d\n",ptr->data);
22      printf("第 2 個結點值是 = %d\n",ptr->next->data);
23      system("pause");
24      return 0;
25  }
```

執行結果

```
■ C:\Cbook\ch21\ch21_5.exe
第 1 個節點值是 = 5
第 2 個結點值是 = 10
請按任意鍵繼續 . . .
```

上述程式的整個流程如下所示：

1：　執行完第 14 列 ptr = (node *) malloc (sizeof(node));

　　記憶體圖形如下所示：

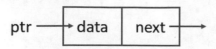

2：　執行完第 15 列 ptr->data = 5;

　　記憶體圖形如下所示：

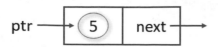

3 ： 執行完第 16 列 ptr->next = NULL;

記憶體圖形如下所示：

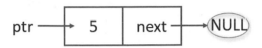

4 ： 執行完第 18 列 ptr->next = (link) malloc(sizeof(node));

記憶體圖形如下所示：

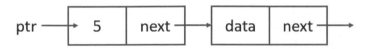

5 ： 執行完第 19 列 ptr->next->data = 10;

記憶體圖形如下所示：

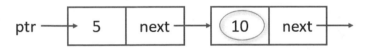

6 ： 執行完 ptr->next->next = NULL;

記憶體圖形如下所示：

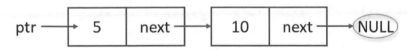

　　從上述步驟相信讀者應可很容易了解，為什麼第一個節點 (node) 的值是 5， 第二個節點 (node) 的值是 10 了。

　　上述程式第 12 列是宣告節點指標 *ptr，然後第 14 列為節點配置記憶體空間，接著再設定節點值。另外，也可以採用宣告節點變數方式建立節點，當宣告節點變數時，編譯程式會自動為此節點配置記憶體空間。

程式實例 ch21_6.c：宣告節點變數方式，重新設計 ch21_5.c。

```
1   /*    ch21_6.c              */
2   #include <stdlib.h>
3   #include <stdio.h>
4   struct list               /* 宣告動態資料結構 */
5   {
```

```
6       int data;
7       struct list *next;
8   };
9   typedef struct list node;
10  int main()
11  {
12      node a, b;
13      node *ptr;
14      ptr = &a;
15      ptr->data = 5;              /* 設定第 1 個節點值 */
16      ptr->next = NULL;
17      /* 接下來取得第 2 個節點記憶體空間 */
18      ptr->next = &b;
19      ptr->next->data = 10;       /* 設定第 2 個節點值 */
20      ptr->next->next = NULL;
21      printf("address=%X\t", &a);
22      printf("data=%d\t", ptr->data);
23      printf("next=%X\n",ptr->next);
24      printf("address=%X\t", &b);
25      printf("data=%d\t",ptr->next->data);
26      printf("next=%X\n",ptr->next->next);
27      system("pause");
28      return 0;
29  }
```

執行結果

上述執行後可以標記節點的位址，整個記憶體圖形如下：

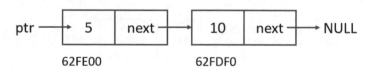

註　NULL 表示 0。

21-3　建立與輸出鏈結串列

21-3-1　基礎實例

雜亂無章的節點，對程式設計而言，並沒有太大的好處的，如果我們將不同的節點 (node)，依線性方式連接起來，則這類的資料結構，我們稱鏈結串列。

程式實例 ch21_7.c：建立鏈結串列，然後順序輸出鏈結串列。

```c
1   /*    ch21_7.c                    */
2   #include <stdlib.h>
3   #include <stdio.h>
4   struct list                /* 宣告動態資料結構 */
5   {
6       int data;
7       struct list *next;
8   };
9   typedef struct list node;
10  int main()
11  {
12      node  *ptr, *head;
13      int   num,i;
14
15      head = (node *) malloc(sizeof(node));
16      ptr = head;                /* 將指標指向第一個節點 */
17      printf("請輸入 5 筆資料 \n");
18      for ( i = 0; i <= 4; i++ )
19      {
20          scanf("%d",&num);
21          ptr->data = num;   /* 設定節點值 */
22          ptr->next = (node *) malloc(sizeof(node));
23          if ( i == 4 )  /* 如果是第 5 筆資料將指標指向 NULL */
24              ptr->next = NULL;
25          else             /* 否則將指標指向下一個節點          */
26              ptr = ptr->next;
27      }
28      printf("順序列印串列 \n");
29      ptr = head;                /* 將指標指向第一個節點      */
30      while ( ptr != NULL ) /* 如果不是指向 NULL 則列印 */
31      {
32          printf("串列值 ==> %d\n",ptr->data);
33          ptr = ptr->next;
34      }
35      system("pause");
36      return 0;
37  }
```

執行結果

```
■ C:\Cbook\ch21\ch21_7.exe

請輸入 5 筆資料
5
6
7
4
3
順序列印串列
串列值 ==> 5
串列值 ==> 6
串列值 ==> 7
串列值 ==> 4
串列值 ==> 3
請按任意鍵繼續 . . . ■
```

上述程式的整個重點過程如下所示：

1：　執行完第 15 列時，記憶體圖形如下所示：

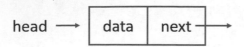

2：　執行完第 16 列時，記憶體圖形如下所示：

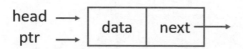

3：　執行完第 18 列至第 27 列的迴圈後，記憶體圖形如下所示：

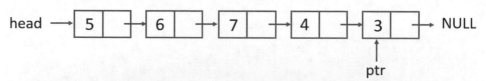

4：　執行完第 29 列，可以將 ptr 指標移回串列起始位置，記憶體圖形如下所示：

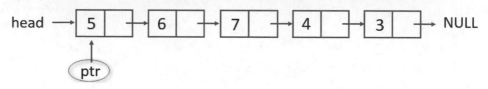

所以從第 30 列到第 34 列的迴圈，可以順序列印這個串列資料。

21-3-2　設計建立串列函數和列印串列函數

前一小節的實例，筆者使用 main( ) 函數就完成工作，雖然可行，但是在講究程式效率的今天，最好還是設計建立串列函數和列印串列函數，這樣未來在處理串列問題時可以隨時呼叫引用。

程式實例 ch21_8.c：建立串列函數和列印串列函數的設計，然後這個程式會列印第 14 列的陣列資料。

```
1  /*   ch21_8.c                  */
2  #include <stdlib.h>
3  #include <stdio.h>
4  struct list
5  {
6      int data;
7      struct list *next;
8  };
```

```
 9  typedef struct list node;
10  node *create_list(int *, int);
11  void print_list(node *);
12  int main()
13  {
14      int arr[] = { 3, 12, 8, 9, 11 };
15      node  *ptr;
16
17      ptr = create_list(arr,5);
18      print_list(ptr);
19      system("pause");
20      return 0;
21  }
22  /* 列印鏈結串列函數 */
23  void print_list(node *pointer)
24  {
25      while ( pointer )
26      {
27          printf("%d\n",pointer->data);
28          pointer = pointer->next;
29      }
30  }
31  /* 將陣列轉成鏈結串列函數 */
32  node *create_list(int array[],int num)
33  {
34      node *first, *cur, *newnode;
35      int  i;
36  /* first 指向串列的第一個節點 */
37      first = (node *) malloc(sizeof(node));
38      first->data = array[0];        /* 第一筆資料    */
39      cur = first;                   /* 移動暫時指標 */
40      for ( i = 1; i < num; i++ )
41      {
42          newnode = (node *) malloc(sizeof(node));
43          newnode->next = NULL;
44          newnode->data = array[i];
45          cur->next = newnode;       /* 舊節點指標指向新節點 */
46          cur = newnode;             /* 移動暫時指標         */
47      }
48      return first;
49  }
```

執行結果

```
C:\Cbook\ch21\ch21_8.exe

3
12
8
9
11
請按任意鍵繼續 . . .
```

21-4　搜尋節點

串列操作很重要是搜尋節點，基本上是從串列起始位址往後搜尋，直到碰上 NULL。

程式實例 ch21_9.c：搜尋串列節點，如果找到節點值回傳該節點位址，否則回傳 NULL。

```
1  /*   ch21_9.c                        */
2  #include <stdlib.h>
3  #include <stdio.h>
4  struct list
5  {
6      int data;
7      struct list *next;
8  };
9  typedef struct list node;
10 node *create_list(int *, int);
11 void print_list(node *);
12 node *search(node *, int);
13 int main()
14 {
15     int arr[] = { 3, 12, 8, 9, 11 };
16     node   *ptr, *obj;
17     int data;
18
19     ptr = create_list(arr,5);
20     print_list(ptr);
21     printf("請輸入搜尋數字 : ");
22     scanf("%d",&data);
23     obj = search(ptr, data);
24     if (obj != NULL)
25         printf("找到 %d 了\n",data);
26     else
27         printf("找不到指定數字\n");
28     system("pause");
29     return 0;
30 }
31 /* 列印鏈結串列函數 */
32 void print_list(node *pointer)
33 {
34     while ( pointer )
35     {
36         printf("%d\n",pointer->data);
37         pointer = pointer->next;
38     }
39 }
40 /* 將陣列轉成鏈結串列函數 */
41 node *create_list(int array[],int num)
42 {
43     node *first, *cur, *newnode;
44     int  i;
45 /* first 指向串列的第一個節點 */
46     first = (node *) malloc(sizeof(node));
47     first->data = array[0];       /* 第一筆資料    */
48     cur = first;                  /* 移動暫時指標 */
```

```
49      for ( i = 1; i < num; i++ )
50      {
51          newnode = (node *) malloc(sizeof(node));
52          newnode->next = NULL;
53          newnode->data = array[i];
54          cur->next = newnode;      /* 舊節點指標指向新節點 */
55          cur = newnode;            /* 移動暫時指標        */
56      }
57      return first;
58  }
59  /* 搜尋節點函數 */
60  node *search(node *ptr, int val)
61  {
62      while(ptr != NULL)
63      {
64          if(ptr->data == val)      /* 是否找到節點值      */
65              return ptr;           /* 回傳節點位址        */
66          else
67              ptr = ptr->next;      /* 將指標指向下一個節點 */
68      }
69      return NULL;                  /* 找不到則回傳 NULL   */
70  }
```

執行結果

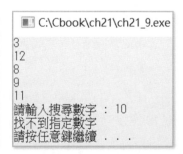

上述程式的重點是第 60 至 70 列的 *search( ) 函數，ptr 是串列的節點指標，只要此指標不是 NULL，就執行第 64 列持續搜尋，如果找到則執行第 65 列回傳節點，如果找不到則將指標移到下一個節點。如果執行到串列末端，仍然找不到則回傳 NULL。

21-5 插入節點

在程式設計時，我們常常需要在串列中，插入一個節點。假設有一個串列結構如下所示：

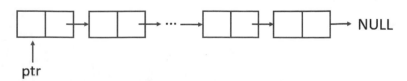

在插入節點時，會有三種情況發生：

情況 1：將節點 newnode 插入在串列第一個節點前面，此時只要將新建立的節點 newnode 指標指向串列的第一個節點就可以了，如下所示：

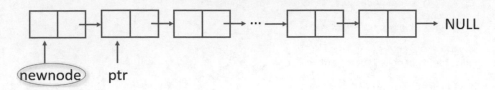

情況 2：將節點 newnode 插入在串列的最後一個節點後面，此時請將串列最後一個節點指標指向新建立的節點，然後將新建立節點 newnode 指標指向 NULL ，如下所示：

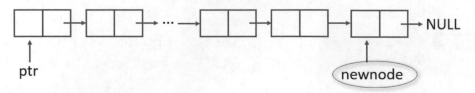

情況 3：將節點插入在串列中間任意位置。假設節點是要插在 p 和 q 節點間，且 p 的指標是指向 q 位置，如下如示：

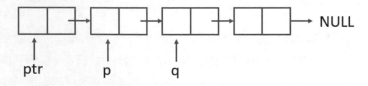

在插入時，應將 p 指標指向新節點 newnode，新節點 newnode 指標指向 q，如下所示：

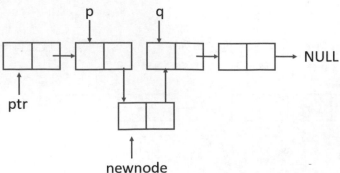

程式實例 ch21_10.c：建立含 3 個節點的串列，然後在節點 9 的後面插入一個新的節點，新節點的內容是 10。

```
1   /*    ch21_10.c                    */
2   #include <stdlib.h>
3   #include <stdio.h>
4   struct list
5   {
6       int data;
7       struct list *next;
8   };
9   typedef struct list node;
10  node *create_list(int *, int);
11  void print_list(node *);
12  node *search(node *, int);
13  void insert(node *, int);
14
15  int main()
16  {
17      int arr[] = { 3, 9, 11 };
18      node  *ptr, *obj;
19
20      printf("插入前\n");
21      ptr = create_list(arr,3);
22      print_list(ptr);
23      obj = search(ptr, 9);
24      insert(obj, 10);
25      printf("插入後\n");
26      print_list(ptr);
27      system("pause");
28      return 0;
29  }
30  /* 列印鏈結串列函數 */
31  void print_list(node *pointer)
32  {
33      while ( pointer )
34      {
35         printf("%d\n",pointer->data);
36         pointer = pointer->next;
37      }
38  }
39  /* 將陣列轉成鏈結串列函數 */
40  node *create_list(int array[],int num)
41  {
42      node *first, *cur, *newnode;
43      int  i;
44  /* first 指向串列的第一個節點 */
45      first = (node *) malloc(sizeof(node));
46      first->data = array[0];        /* 第一筆資料    */
47      cur = first;                   /* 移動暫時指標 */
48      for ( i = 1; i < num; i++ )
49      {
50         newnode = (node *) malloc(sizeof(node));
51         newnode->next = NULL;
52         newnode->data = array[i];
53         cur->next = newnode;        /* 舊節點指標指向新節點 */
54         cur = newnode;              /* 移動暫時指標        */
55      }
```

```
56        return first;
57    }
58    /* 搜尋節點函數 */
59    node *search(node *ptr, int val)
60    {
61        while(ptr != NULL)
62        {
63            if(ptr->data == val)        /* 是否找到節點值        */
64                return ptr;             /* 回傳節點位址          */
65            else
66                ptr = ptr->next;        /* 將指標指向下一個節點 */
67        }
68        return NULL;                    /* 找不到則回傳 NULL     */
69    }
70    /* 在ptr節點後面一個新的節點，插入數值是 data */
71    void insert(node *ptr,int data)
72    {
73        node *newnode;
74        newnode = (node *) malloc(sizeof(node)); /* 取得新節點 */
75        newnode->data = data;              /* 設定新節點的data      */
76        newnode->next = ptr->next;         /* 新節點指向ptr的next */
77        ptr->next = newnode;               /* ptr的next指向新節點 */
78    }
```

執行結果

```
■ C:\Cbook\ch21\ch21_10.exe
插入前
3
9
11
插入後
3
9
10
11
請按任意鍵繼續 . . . ■
```

上述程式執行插入節點前的串列內容如下：

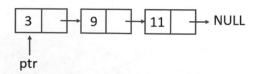

執行插入後串列內容如下：

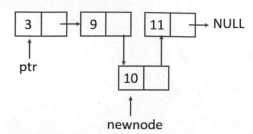

21-6 刪除節點

假設有一個串列結構如下：

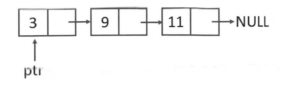

在程式設計時，我們常常需要在串列中，在刪除節點時，會有三種情況發生：

情況 1：刪除的串列是空串列，沒有節點可以刪除。

情況 2：刪除串列的第一個節點。此時只要將串列指標指向下一個節點就可以了，如下圖所示：

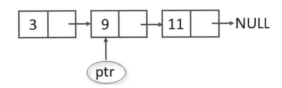

情況 3：刪除串列中的節點。此時只要將指向欲刪除節點的指標，指向欲刪除節點的下一個節點就可以了，如下圖所示：

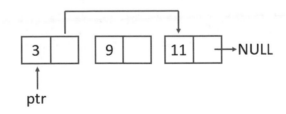

上述情況 3 的觀念，同樣可以適用在刪除串列最後一個節點。

程式實例 ch21_11.c：刪除指定串列節點的應用。

```
1  /*   ch21_11.c                    */
2  #include <stdlib.h>
3  #include <stdio.h>
4  struct list
5  {
6      int data;
7      struct list *next;
8  };
```

```
 9  typedef struct list node;
10  node *create_list(int *, int);
11  void print_list(node *);
12  node *search(node *, int);
13  node *delete(node *, node *);
14  int main()
15  {
16      int arr[] = { 3, 9, 11 };
17      node  *ptr, *obj;
18      int data;
19
20      printf("插入前\n");
21      ptr = create_list(arr,3);
22      print_list(ptr);
23      printf("請輸入搜尋數字 : ");
24      scanf("%d",&data);
25      obj = search(ptr, data);
26      if (obj != NULL)
27      {
28          ptr = delete(ptr, obj);
29          printf("刪除後\n");
30          print_list(ptr);
31      }
32      else
33          printf("找不到此節點\n");
34      system("pause");
35      return 0;
36  }
37  /* 列印鏈結串列函數 */
38  void print_list(node *pointer)
39  {
40      while ( pointer )
41      {
42          printf("%d\n",pointer->data);
43          pointer = pointer->next;
44      }
45  }
46  /* 將陣列轉成鏈結串列函數 */
47  node *create_list(int array[],int num)
48  {
49      node *first, *cur, *newnode;
50      int  i;
51  /* first 指向串列的第一個節點 */
52      first = (node *) malloc(sizeof(node));
53      first->data = array[0];        /* 第一筆資料    */
54      cur = first;                   /* 移動暫時指標 */
55      for ( i = 1; i < num; i++ )
56      {
57          newnode = (node *) malloc(sizeof(node));
58          newnode->next = NULL;
59          newnode->data = array[i];
60          cur->next = newnode;       /* 舊節點指標指向新節點 */
61          cur = newnode;             /* 移動暫時指標          */
62      }
63      return first;
64  }
65  /* 搜尋節點函數 */
```

```
66  node *search(node *ptr, int val)
67  {
68      while(ptr != NULL)
69      {
70          if(ptr->data == val)        /* 是否找到節點值        */
71              return ptr;             /* 回傳節點位址          */
72          else
73              ptr = ptr->next;        /* 將指標指向下一個節點 */
74      }
75      return NULL;                    /* 找不到則回傳 NULL     */
76  }
77  /* 刪除指定節點 */
78  node *delete(node *first, node *del_node)
79  {
80      node *ptr;
81      ptr = first;
82      if(first == NULL)               /* 如果串列是NULL則印出這是空串列 */
83      {
84          printf("這是空串列\n");
85          return NULL;
86      }
87      if(first == del_node)           /* 如果刪除的是第一個節點 */
88          first = first->next;        /* 把first指向下一個節點 */
89      else                            /* 刪除其它節點 */
90      {
91          while(ptr->next != del_node)    /* 迴圈找出要刪除的節點 */
92              ptr = ptr->next;
93          ptr->next = del_node->next;     /* 重新設定ptr的next指標 */
94      }
95      return first;
96  }
```

執行結果

```
■ C:\Cbook\ch21\ch21_11.exe
插入前
3
9
11
請輸入搜尋數字：3
刪除後
9
11
請按任意鍵繼續 . . .
```

```
■ C:\Cbook\ch21\ch21_11.exe
插入前
3
9
11
請輸入搜尋數字：9
刪除後
3
11
請按任意鍵繼續 . . .
```

```
■ C:\Cbook\ch21\ch21_11.exe
插入前
3
9
11
請輸入搜尋數字：11
刪除後
3
9
請按任意鍵繼續 . . .
```

21-7　釋回記憶體空間 free( )

通常節點被刪除後，將無法再繼續存取，此時我們可以使用 C 語言的 free( ) 函數，將此記憶體的空間歸還系統。假設 pointer 是指向被刪除的節點，可以使用下列指令，歸還這個節點。

```
free(pointer);
```

程式實例 ch21_12.c：請重新設計 ch21_11.c，增加當刪除節點後，將此節點記憶體空間歸還系統，因為這個程式只有 void *delete( ) 函數內有增加 free( ) 函數，所以只列出此函數。

```
78  node *delete(node *first, node *del_node)
79  {
80      node *ptr;
81      ptr = first;
82      if(first == NULL)              /* 如果串列是NULL則印出這是空串列 */
83      {
84          printf("這是空串列\n");
85          return NULL;
86      }
87      if(first == del_node)          /* 如果刪除的是第一個節點 */
88      {
89          first = first->next;       /* 把first指向下一個節點 */
90          free(del_node);
91      }
92      else                           /* 刪除其它節點 */
93      {
94          while(ptr->next != del_node)   /* 迴圈找出要刪除的節點 */
95              ptr = ptr->next;
96          ptr->next = del_node->next;    /* 重新設定ptr的next指標 */
97          free(del_node);
98      }
99      return first;
100 }
```

執行結果　與 ch21_11.c 相同。

　　上述第 90 和 97 列因為 del_node 已經被刪除，所以可以使用 free( ) 函數刪除此節點。

21-8　雙向鏈結串列

　　一個雙向鏈結串列的基本結構如下所示：

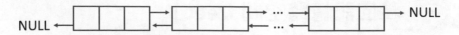

　　雙向鏈結串列中每一個串列節點至少包含三個欄位，其中一個存放基本元素資料。另外兩個則存放指標，其中一個指標指向前面，另一個指標指向後面，如下所示：

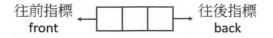

往前指標　front　　　　　往後指標　back

這種雙向鏈結串列節點，它的資料宣告方式如下所示：

```
struct list
{
    int data;
    struct list *front;
    struct list *back;
},
typedef struct list node;
```

在前面幾節所談的鏈結串列，有一個最大的缺點是，在搜尋串列時，你只能沿著一個方向搜尋，而無法往回搜尋，而雙向鏈結串列正好可以克服這個問題。

程式實例 ch21_13.c：建立雙向連結串列，先反向輸出，然後順序輸出。

```
1   /*   ch21_13.c                   */
2   #include <stdlib.h>
3   #include <stdio.h>
4   struct list              /* 雙向鏈結串列宣告 */
5   {
6       int data;
7       struct list *front;  /* 指向下一個節點 */
8       struct list *back;   /* 指向前一個節點 */
9   };
10  typedef struct list node;
11  int main()
12  {
13  /* cur是目前節點指標         */
14  /* ptr是固定在第一個節點指標 */
15      node  *cur, *ptr, *newnode;
16      int   num, i;
17
18      printf("請輸入 3 筆資料 \n");
19      for ( i = 0; i < 3; i++ )
20      {
21          newnode = (node *) malloc(sizeof(node));
22          scanf("%d",&num);
23          if (i == 0)         /* 建立第一個節點        */
24          {
25              newnode->back = NULL;
26              newnode->front = NULL;
27              newnode->data = num;
28              cur = newnode;    /* 目前指標位置         */
29              ptr = newnode;    /* 固定不變串列開始位置 */
30          }
31          if ( i > 0 )         /* 建立其他節點          */
32          {
33              newnode->front = cur;
34              newnode->back = NULL;
35              newnode->data = num;
```

```
36                cur->back = newnode;
37                cur = newnode;   /* cur 指向所建的節點 */
38          }
39      }
40      printf("反向列印雙向鏈結串列\n");
41      while ( cur )              /* cur 偉往前輸出        */
42      {
43          printf("串列值 ==> %d\n",cur->data);
44          cur = cur->front;
45      }
46      printf("順序列印雙向鏈結串列\n");
47      cur = ptr;                 /* cur 移到最前節點 */
48      while ( cur )
49      {
50          printf("串列值 ==> %d\n",cur->data);
51          cur = cur->back;
52      }
53      system("pause");
54      return 0;
55  }
```

執行結果

```
C:\Cbook\ch21\ch21_13.exe
請輸入 3 筆資料
5
9
3
反向列印雙向鏈結串列
串列值 ==> 3
串列值 ==> 9
串列值 ==> 5
順序列印雙向鏈結串列
串列值 ==> 5
串列值 ==> 9
串列值 ==> 3
請按任意鍵繼續 . . .
```

上述程式建立雙向鏈結串列完成後，記憶體圖形如下所示：

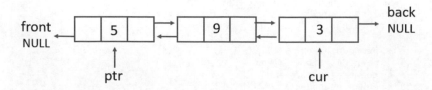

21-9 指標補充解說

　　網路上常看到一些工程師在建立串列結構時，使用比較簡潔的宣告方式，可以參考下列宣告。

```
struct list
{
    int data;
    struct list *next;
};
typedef struct list node;
typedef node *link;                        /* 重新定義 node */
```

經過上述宣告後，可以使用下列方式建立指標。

```
link ptr;
```

然後使用下列方式取得記憶體空間。

```
ptr = (link) malloc(sizeof(node));
```

然後使用下列方式建立節點內容和將指標指向 NULL。

```
ptr->data = 5;
ptr->next = NULL;
```

程式實例 ch21_14.c：使用上述方式重新設計 ch21_5.c。

```
1  /*   ch21_14.c                 */
2  #include <stdlib.h>
3  #include <stdio.h>
4  struct list                /* 宣告動態資料結構 */
5  {
6      int data;
7      struct list *next;
8  };
9  typedef struct list node;
10 typedef node *link;
11 int main()
12 {
13     link  ptr;
14
15     ptr = (link) malloc(sizeof(node)); /* 取得記憶體空間 */
16     ptr->data = 5;                     /* 設定第 1 個節點值 */
17     ptr->next = NULL;
```

```
18          /* 接下來取得第 2 個節點記憶體空間 */
19          ptr->next = ( link ) malloc(sizeof(node));
20          ptr->next->data = 10;              /* 設定第 2 個節點值 */
21          ptr->next->next = NULL;
22          printf("第 1 個節點值是 = %d\n",ptr->data);
23          printf("第 2 個結點值是 = %d\n",ptr->next->data);
24          system("pause");
25          return 0;
26      }
```

執行結果 　與 ch21_5.c 相同。

21-10 習題

一：是非題

(　) 1： 通常設計程式時，使用 NULL 代表串列的結尾。(21-1 節)

(　) 2： 若想執行串列的連接，只要將某個串列末端，連接到另一個串列的起始。
　　　　(21-5 節)

(　) 3： 將節點插在串列起點或是串列終點，方法是一樣的。(21-5 節)

(　) 4： 串列節點刪除的狀況有 2 種。(21-6 節)

(　) 5： free( ) 函數主要是取得記憶體空間。(21-7 節)

(　) 6： 在雙向鏈結串列中，必須有 2 個指標欄位，其中一個指向前面，另一個指向
　　　　後面。(21-8 節)

二：選擇題

(　) 1： 函數 (A) free( )　(B) malloc( ) (C) printf( ) (D) scanf( )　，可配置記憶體空間。
　　　　(21-1 節)

(　) 2： 函數 (A) free( )　(B) malloc( ) (C) printf( ) (D) scanf( )　，可以釋回記憶體空間。
　　　　(21-7 節)

(　) 3： 那一種串列可用於正向列印串列值，也可以反向列印串列值 (A) 線性串列 (B)
　　　　一般串列 (C) 雙向鏈結串列 (D) 堆疊。(21-8 節)

三：填充題

1： 串列的節點刪除有 3 種情形分別是 _____ 、 _____ 、 _____ 。(21-6 節)

2： 函數 _____ 可用於配置記憶體空間， _____ 可用於釋回記憶體空間。(21-7 節)

3： 雙向鏈結串列有 2 個指標分別指向 _____ 、 _____ 。

四：實作題

1： 利用鏈結串列，將順序輸入的資料存在串列資料結構上，然後將此串列資料，以相反順序列印出來。(21-3 節)

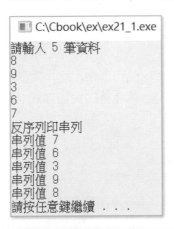

2： 有兩個整數陣列，請參考 ch21_8.c 為這兩個陣列建立鏈結串列，然後將兩個鏈結串列連接，最後輸出，下列是這兩個鏈結串列內容。(21-3 節)

```
int arr1[ ] = {3, 12, 8, 9, 11};
int arr2[ ] = {12, 13, 15};
```

下列是執行結果。

3：　設計函數可以將串列內容排序，原先串列資料建立方式可以參考 ch21_9.c。(21-3
　　　節)

```
C:\Cbook\ex\ex21_3.exe
排序前
3
12
8
9
11
排序後
3
8
9
11
12
請按任意鍵繼續 . . .
```

4：　串列資料的維護，請參考 ch21_10.c，然後擴充這個程式可以輸入插入位置和插入
　　　值，如果找到插入位置則可以輸入插入值，在輸入搜尋值時如果輸入 0，則程式
　　　可以執行結束。(21-5 節)

```
C:\Cbook\ex\ex21_4.exe
插入前
3
9
11
請輸入搜尋值 ：5
找不到搜尋值
請輸入搜尋值 ：9
請輸入插入值 ：10
插入後新串列如下 ：
3
9
10
11
請輸入搜尋值 ：11
請輸入插入值 ：15
插入後新串列如下 ：
3
9
10
11
15
請輸入搜尋值 ：0
請按任意鍵繼續 . . .
```

5: 本程式在執行時，會先將一個具有 5 個元素的資料串列，進行排序。然後分別將 15 和 7 元素插入此串列中，每插入完一個元素後，隨即列印串列元素驗證插入結果，原始串列內容如下：

```
int arr1[ ] = {3, 12, 8, 9, 11};
```

下列是執行結果。

```
C:\Cbook\ex\ex21_5.exe
插入節點前先執行列印
3
8
9
11
12
插入節點 15 再列印
3
8
9
11
12
15
插入節點 7  再列印
3
7
8
9
11
12
15
請按任意鍵繼續 . . .
```

第 22 章

堆疊與佇列

堆疊 (stack) 和佇列 (queue) 分別是一種特殊抽象的鏈結串列資料型態，本章將說明最基本的觀念，為讀者未來學習演算法和資料結構建立基礎。

22-1 堆疊

22-1-1 認識堆疊

所謂的堆疊 (stack) 就是一種資料結構，這種資料結構包含兩個特性。

1： 只從結構的某一端存取資料。

2： 所有資料元素皆是以後進先出 (last in, first out) 的原則或是又稱先進後出 (first in, last out) 的原則進行處理。

實例 1：假設將資料 5 放入堆疊中，假設原先的堆疊是空集合，則執行完後，堆疊結構如下所示：

實例 2：假設將資料 6 放入堆疊中，則執行完後，堆疊結構如下所示：

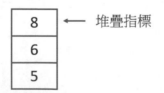

實例 3：假設你將資料 8 放入堆疊中，則執行完後，堆疊結構如下所示：

值得注意的是，在堆疊資料的使用中，你一定要保存一個指標，這個指標需恆指向堆疊結構的頂點位置。當將資料存入堆疊時，必須將資料放在堆疊頂端，然後將這個堆疊指標，指向新元素。

至於堆疊資料的宣告方式，和第 21 章串列結構的宣告的觀念是一樣的，如下所示：

```
struct stacks
{
    int data;
    struct stacks *next;
};
typedef struct stacks node;
```

如果我們使用上述資料宣告，再仔細繪製前述 8，6，5 三筆資料的堆疊圖形，結果如下所示：

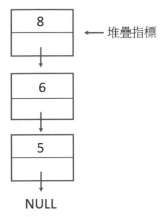

22-1-2　設計 push( ) 函數

一般我們將資料放入堆疊的動作，稱為 push，下面是 push( ) 函數的說明：

```
node *push(node *stack, int value)
{
    node   *newnode;

    newnode = (node *) malloc(sizeof(node));
    newnode->data = value; /* 設定新堆疊點的值 */
    newnode->next = stack; /*新堆疊指標指向原堆疊頂端*/
    stack = newnode;       /*設定指向新堆疊頂端指標   */
    return stack;          /*傳回指向堆疊頂端指標     */
}
```

在上述函數中，push 包含兩個引數，第一個引數 stack 是堆疊指標，會恆指向堆疊頂端位置。第二個引數是 value，表示欲放入堆疊的值。當執行完這個函數後，push 會自動將堆疊頂端指標傳回呼叫函數。

實例 4：假設我們想將另一筆資料 4，利用 push 函數放入堆疊中，則執行完建立節點記憶體空間後，堆疊圖形可以參考下方左圖。

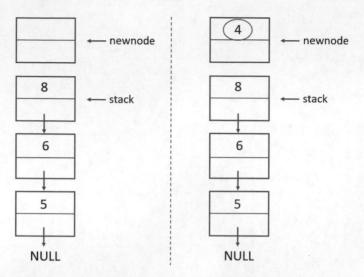

執行完 "newnode->data = value;" 後，堆疊圖形可以參考上方右圖。

執行完 "newnode->next = stack;" 後，堆疊圖形可以參考下方左圖。

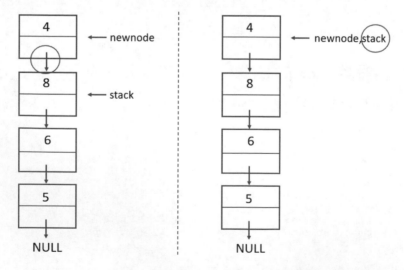

執行完 "stack = newnode;" 後，堆疊圖形可以參考上方右圖。

從上圖可知，stack 將和 newnode 指向同一位置，也就是指向堆頂端位置，最後 push 函數會將 stack 指標傳回呼叫程式。

22-1-3 設計 pop( ) 函數

至於讀取堆疊資料的動作稱 pop，可以分成三個步驟。

1： 讀取堆疊頂端的值。

2： 將堆疊指標，往下移一格。

3： 釋回原先頂端的節點。

下面是 pop( ) 函數的說明。

```
node *pop(node *stack, int *value)
{
    node *top;

    top = stack;
    stack = stack->next;
    *value = top->data;    /* 取得堆疊頂端值            */
    free(top);             /* 釋回原最頂端的堆疊節記憶空間 */
    return stack;          /* 傳回指向堆疊頂端指標        */
}
```

程式實例 ch22_1.c：分別將 5 筆資料使用 push( ) 函數堆入堆疊，然後使用 pop( ) 函數，將這 5 筆資料輸出，因為堆疊的特性是後進先出，所以資料會反向列印。

```
1  /*    ch22_1.c              */
2  #include <stdlib.h>
3  #include <stdio.h>
4  struct stacks
5  {
6      int data;
7      struct stacks *next;
8  };
9  typedef struct stacks node;
10 node *push(node *, int);
11 node *pop(node *, int *);
12 /* 將資料放入堆疊 */
13 node *push(node *stack, int value)
14 {
15     node  *newnode;
16
17     newnode = (node *) malloc(sizeof(node));
18     newnode->data = value; /* 設定新堆疊點的值 */
19     newnode->next = stack; /*新堆疊指標指向原堆疊頂端*/
20     stack = newnode;          /*設定指向新堆疊頂端指標   */
21     return stack;             /*傳回指向堆疊頂端指標     */
22 }
23 /* 由堆疊取得資料 */
24 node *pop(node *stack, int *value)
25 {
26     node *top;
27
28     top = stack;
```

```
29        stack = stack->next;
30        *value = top->data;      /* 取得堆疊頂端值                  */
31        free(top);               /* 釋回原最頂端的堆疊節記憶空間 */
32        return stack;            /* 傳回指向堆疊頂端指標            */
33  }
34  int main()
35  {
36      int    arr[] = { 3, 12, 8, 9, 11 };
37      node   *ptr;
38      int    val, i;
39
40      ptr = NULL;
41      printf("順序列印整數陣列 \n");
42      /* 將陣列資料放入堆疊同時執行列印 */
43      for ( i = 0; i < 5; i++ )
44      {
45          ptr = push(ptr,arr[i]);
46          printf("%d\n",arr[i]);
47      }
48      printf("反向列印原整數陣列 \n");
49      /* 取得堆疊資料同時執行列印 */
50      for ( i = 0; i < 5; i++ )
51      {
52          ptr = pop(ptr,&val);
53          printf("%d\n",val);
54      }
55      system("pause");
56      return 0;
57  }
```

執行結果

```
C:\Cbook\ch22\ch22_1.exe
順序列印整數陣列
3
12
8
9
11
反向列印原整數陣列
11
9
8
12
3
請按任意鍵繼續 . . .
```

22-2　佇列

22-2-1　認識佇列

佇列 (queue) 是另一種抽象的資料結構，這種資料結構包含兩個特性。

1：　從串列的某一端讀取資料，而從串列的另一個端存入資料。

2：　所有的資料元素皆是以先進先出（first in, first out）的原則進行資料處理。

一般而言，佇列的資料宣告方式，和堆疊及串列的資料宣告方式是一樣的，如下所示：

```
struct queue
{
    int data;
    struct queue *next;
};
typedef struct queue node;
```

實例 1：假設你想將資料 5 放入佇列中，假設原先的佇列是空集合，則執行完後， 佇列結構如下所示：

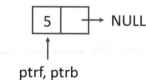

實例 2：假設你想將資料 6 放入佇列中，則執行完後佇列結構如下所示：

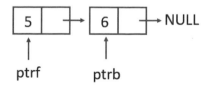

在上述範例中，ptrf 代表佇列起始節點，主要是方便取得佇列資料使用。而 ptrb 則代表佇列的末端節點，主要是方便存入資料時使用。

> **註**　假設佇列是空集合，則 ptrf 和 ptrb 則指向 NULL，若是佇列只包含一個節點，則 ptrf 和 ptrb 會指向同一個節點。

實例 3：假設你想將資料 8 放入佇列中，則執行完後，佇列結構如下所示：

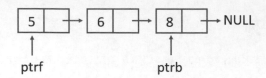

22-2-2　設計 enqueue( ) 函數

在資料結構或演算法領域，將資料存入佇列的動作稱為 enqueue，它的函數設計如下所示：

```
node *enqueue(node *queue, int value)
{
    node *newnode;

    newnode = (node *) malloc(sizeof(node));
    newnode->data = value;   /* 將資料存入新建佇列節點    */
    newnode->next = NULL;
    if ( queue != NULL )     /* 移動queue(ptrb)指向新結點 */
    {
        queue->next = newnode;
        queue = queue->next;
    }
    else
        queue = newnode;     /* 建第一個節點的設定        */
    return queue;
}
```

22-2-3　設計 dequeue( ) 函數

佇列的另一個重要工作是，讀取佇列資料，它的基本資料讀取動作，可分成三個步驟：

1：　讀取 ptrf 所指節點的值。

2：　將 ptrf 移向 ptrf->next。

3：　釋回原先 ptrf 節點給系統。

實例 1：延續 22-2-1 節的實例 3，假設我們想讀取前一個範例佇列的一筆資料，則讀完之後佇列結構如下所示：

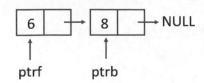

上述讀取佇列資料的動作稱 dequeue，此函數設計如下所示：

```
node *dequeue(node *queue, int *value)
{
    node *dequeuenode;

    dequeuenode = queue;
    *value = dequeuenode->data;        /* 取得佇列資料 */
    queue = queue->next; /* 重新設定queue(ptrf)指標位置 */
    free(dequeuenode);   /* 取得資料後即釋回記憶空間      */
    return queue;
}
```

程式實例 ch22_2.c：利用 enqueue 函數建立一個佇列，然後利用 dequeue 函數將上述所建佇列資料，列印出來。

```
1   /*    ch22_2.c                */
2   #include <stdlib.h>
3   #include <stdio.h>
4   struct queue
5   {
6       int data;
7       struct queue *next;
8   };
9   typedef struct queue node;
10  node *enqueue(node *, int);
11  node *dequeue(node *, int *);
12  /* 將資料存入佇列 */
13  node *enqueue(node *queue, int value)
14  {
15      node *newnode;
16
17      newnode = (node *) malloc(sizeof(node));
18      newnode->data = value;  /* 將資料存入新建佇列節點      */
19      newnode->next = NULL;
20      if ( queue != NULL )    /* 移動queue(ptrb)指向新結點 */
21      {
22          queue->next = newnode;
23          queue = queue->next;
24      }
25      else
26          queue = newnode;        /* 建第一個節點的設定        */
27      return queue;
28  }
29  /* 讀取佇列資料 */
30  node *dequeue(node *queue, int *value)
31  {
32      node *dequeuenode;
33
34      dequeuenode = queue;
35      *value = dequeuenode->data;            /* 取得佇列資料 */
36      queue = queue->next; /* 重新設定queue(ptrf)指標位置 */
37      free(dequeuenode);   /* 取得資料後即釋回記憶空間      */
38      return queue;
39  }
40  int main()
```

```
41  {
42      int    arr[] = { 3, 12, 8, 9, 11 };
43      node *ptrb, *ptrf;
44      int    val, i;
45
46      ptrf = NULL;                    /* 最初化佇列起始節點指標 */
47      ptrb = ptrf;                    /* 最初化佇列末端節點指標 */
48      printf("使用 enqueue 建立佇列 \n");
49      for ( i = 0; i < 5; i++ )
50      {
51          ptrb = enqueue(ptrb,arr[i]);
52          if ( ptrf == NULL )     /* 成立代表建第一個佇列節點 */
53              ptrf = ptrb; /*建第一個節點時兩個指標指向相同位置*/
54          printf("%d\n",arr[i]);
55      }
56      printf("使用 dequeue 列印佇列 \n");
57      for ( i = 0; i < 5; i++ )
58      {
59          ptrf = dequeue(ptrf,&val);
60          printf("%d\n",val);
61      }
62      system("pause");
63      return 0;
64  }
```

執行結果

```
C:\Cbook\ch22\ch22_2.exe
使用 enqueue 建立佇列
3
12
8
9
11
使用 dequeue 列印佇列
3
12
8
9
11
請按任意鍵繼續 . . .
```

22-3 習題

一：是非題

( ) 1： 堆疊 (stack) 只從某一端存取資料。(22-1 節)

( ) 2： 堆疊資料處理原則是先進先出。(22-1 節)

( ) 3： 使用堆疊時要保存一個指標，這個指標將一直指向堆疊底部。(22-1 節)

( ) 4： 佇列資料處理原則是先進先出。(22-2 節)

( ) 5： 使用佇列時需保持 2 個指標，一個指向佇列起始節點，另一個指向佇列末端
節點。(22-2 節)

二：選擇題

( ) 1： 將資料存入堆疊的動作稱 (A) pop　(B) push　(C) dequeue　(D) enqueue。(22-1
節)

( ) 2： 讀取堆疊資料的動作稱 (A) pop (B)push　(C) dequeue　(D) enqueue。(22-2 節)

( ) 3： 讀取佇列資料的動作稱 (A) pop (B) push (C) dequeue (D) enqueue。(22-2 節)

三：填充題

1： 資料處理是以先進後出的原則稱 _____。(22-1 節)

2： 將資料放入堆疊的動作稱 _____，讀取堆疊的資料稱 _____。(22-1 節)

3： 現在將 9，10，11，12 存入堆疊，則取出順序是 _____。(22-1 節)

4： 資料處理是以先進先出的原則稱 _____。(22-2 節)

5： 將資料放入佇列的動作稱 _____，讀取佇列的資料稱 _____。(22-2 節)

6： 現在將 9，10，11，12 存入佇列，則取出順序是 _____。(22-2 節)

四：實作題

1： 請將程式實例 ch22_1.c 改為從鍵盤輸入整數陣列，此陣列有 5 個元素，然後反向
輸出整數陣列。(22-1 節)

```
C:\Cbook\ex\ex22_1.exe
順序列印整數陣列
請輸入資料 ： 10
請輸入資料 ： 11
請輸入資料 ： 15
請輸入資料 ： 20
請輸入資料 ： 8
反向列印原整數陣列
8
20
15
11
10
請按任意鍵繼續 . . .
```

2:　請將程式實例 ch22_2.c 改為從鍵盤輸入整數陣列，此陣列有 5 個元素，然後順序
　　輸出整數陣列。(22-1 節)

第 23 章

二元樹

　　樹是另一種特殊的資料結構，每一顆樹都必須有一個根節點 (root node)。在根節點下可以有零到 n 個子節點。

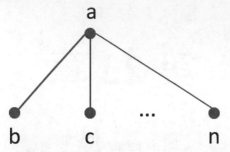

　　例如，在上圖中，a 是根節點，b、c、,,, 、n，則是 a 的子節點，當然子節點也可以擁有自己的子節點。

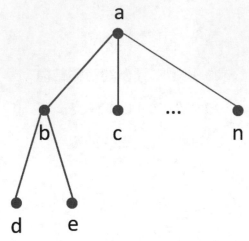

　　從上圖中可知，d 和 e 皆是 b 的子節點。假設 b 是 a 的子節點，一般我們又稱 a 是 b 的父節點。

　　如果某個樹，一個節點最多可以有 n 個子節點，則我們稱這類的樹為 n 元樹。假設，某個樹一個節點最多可以有二個子節點，則我們稱這類的樹是二元樹 (Binary tree)，這也是本章的重點。

　　另外，如果某個節點本身沒有子節點，則我們稱這個節點是**葉節點** (leaf node)。沒有父節點的節點，我們稱之為**根節點** (root node)。從上圖可知 a 是根節點。d，e，c…n 則是葉節點。

23-1 二元樹的節點結構

從上面敘述可知，二元樹最多可以擁有兩個子節點，另外，每一個節點一定要儲存代表這個節點的基本資料。所以可知，每一個二元樹的節點至少應包含三個欄位。其中一個欄位是存放基本資料，另兩個欄位則是存放指標，指至適當子節點位置，如下圖所示：

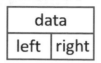

二元樹的基本資料宣告方式，如下所示：

```
struct tree
{
    int data;
    struct tree *right, *left;
};
typedef struct tree node;
```

在上述宣告中，data 欄位存放的是二元樹節點的基本資料，righ 和 left 則分別是指向右邊子樹和左邊子樹的指標。

23-2 二元樹的建立

一般二元樹的建立有三個原則：

1： 將第一個欲建的元素放在根節點

2： 將元素值與節點值做比較，如果元素值大於節點值，則將此元素值送往節點的右邊子節點，如果此右邊子節點不是 NULL 則重複比較，否則建立一個新節點存放這筆資料，然後將新節點的右邊子節點和左邊子節點設成 NULL。

3： 如果元素值小於節點值，則將此元素值送往節點的左邊子節點，如果此左邊子節點不是 NULL，則重複比較。否則，則建立一個新的節點存放這筆資料，然後將新節點的右邊子節點，和左邊子節點設定成 NULL。

實例 1：若遵照上述規則，假設用下列資料順序 7，6，2，8，9，10，1，5 建立樹狀資料結構，則可以得到下列結果。

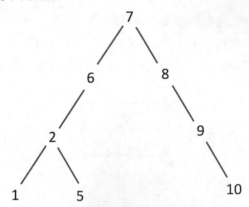

註　在上述範例中，我們沒有將指向 NULL 的指標表示出來。

　　下面是建立樹狀資料結構的函數設計，要呼叫這個函數時，只要傳送節點指標、及元素值給此函數就可以了。

```
/* 建立二元樹 */
node *create_btree(node *root, int val)
{
    node *newnode, *current, *back;

    newnode = (node *) malloc(sizeof(node)); /*建立新節點*/
    newnode->data = val;                      /*存入節點值*/
    newnode->left = NULL;  /* 新節點左子樹指標指向 NULL */
    newnode->right = NULL; /* 新節點右子樹指標指向 NULL */
    if ( root == NULL )            /* 新節點是根節點     */
    {
        root = newnode;
        return root;
    }
    else                           /* 新節點是其它位置 */
    {
        current = root; /*由根節點開始找尋新節點正確位置 */
        while ( current != NULL )
        {
            back = current;
            if ( current->data > val )/*如果節點值大於插入值*/
                current = current->left;   /* 指標往左子樹走 */
            else
                current = current->right;  /* 指標往右子樹走 */
        }
        if ( back->data > val )  /* 如果葉節點值大於插入值 */
            back->left = newnode; /*新節點放在葉節點的左子樹*/
        else                      /* 否則 */
            back->right = newnode;/*新節點放在葉節點的右子樹*/
    }
    return root;
}
```

23-3 二元樹的列印

一般的線性串列只有從頭到尾或是從尾到頭的列印方式兩種,但是二元樹有三種不同的列印方式:

1: 中序 (inorder) 列印方式。

2: 前序 (preorder) 列印方式。

3: 後序 (postorder) 列印方式。

我們將在下列三小節,說明上述二元樹的資料列印方式。

23-3-1 中序的列印方式

假設有一樹狀資料結構如下所示:

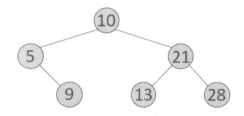

所謂中序列印是從左子樹往下走,直到無法前進就處理此節點,接著處理此節點的父節點,然後往右子樹走,如果右子樹無法前進則回到上一層。也可以用另一種解釋,遍歷左子樹 (Left,縮寫是 L)、根節點 (Root,縮寫是 D)、遍歷右子樹 (Right,縮寫是 R),整個遍歷過程簡稱是 LDR。

用這個觀念遍歷上述二元樹可以得到下列結果:

5, 9, 10, 13, 21, 28

上述中序列印相當於可以得到由小到大的排序結果,如上所示,設計中序列印的遞迴函數步驟如下:

1: 如果左子樹節點存在,則遞迴呼叫 inorder(root->left),往左子樹走。

2: 處理此節點 (會執行此行,是因為左子樹已經不存在)。

3: 如果右子樹節點存在,則遞迴呼叫 inorder(root->right),往右子樹走。

　　中序列印的函數 inorder( ) 如下所示：

```
/* 中序列印二元樹 */
void inorder(node *root)
{
    if ( root != NULL )
    {
        inorder(root->left);    /* 先檢查左邊子樹 */
        printf("%d\n",root->data);
        inorder(root->right);   /* 再檢查右邊子樹 */
    }
}
```

程式實例 ch23_1.c：建立一個二元樹，並以中序方式將它列印出來。

```
1   /*    ch23_1.c              */
2   #include <stdlib.h>
3   #include <stdio.h>
4   struct tree
5   {
6       int data;
7       struct tree *left, *right;
8   };
9   typedef struct tree node;
10  node *create_btree(node *, int);
11  void inorder(node *);
12  int main()
13  {
14      int arr[] = {10, 21, 5, 9, 13, 28};
15      node *ptr;
16      int i;
17
18      ptr = NULL;              /* 最初化根節點指標 */
19      printf("使用陣列資料建立二元樹 \n");
20      for ( i = 0; i < 6; i++ )
21      {
22          ptr = create_btree(ptr,arr[i]);
23          printf("%d\n",arr[i]);
24      }
25      printf("使用中序inorder列印二元樹\n");
26      inorder(ptr);
27      system("pause");
28      return 0;
29  }
30  /* 建立二元樹 */
31  node *create_btree(node *root, int val)
32  {
33      node *newnode, *current, *back;
34
35      newnode = (node *) malloc(sizeof(node)); /*建立新節點*/
36      newnode->data = val;                    /*存入節點值*/
37      newnode->left = NULL;   /* 新節點左子樹指標指向 NULL */
38      newnode->right = NULL;  /* 新節點右子樹指標指向 NULL */
39      if ( root == NULL )              /* 新節點是根節點       */
40      {
41          root = newnode;
42          return root;
43      }
44      else                             /* 新節點是其它位置 */
45      {
```

```
46          current = root; /*由根節點開始找尋新節點正確位置 */
47          while ( current != NULL )
48          {
49             back = current;
50             if ( current->data > val )/*如果節點值大於插入值*/
51                current = current->left;   /* 指標往左子樹走 */
52             else
53                current = current->right;  /* 指標往右子樹走 */
54          }
55          if ( back->data > val )  /* 如果葉節點值大於插入值 */
56             back->left = newnode; /*新節點放在葉節點的左子樹*/
57          else                          /* 否則 */
58             back->right = newnode;/*新節點放在葉節點的右子樹*/
59       }
60       return root;
61   }
62   /* 中序列印二元樹 */
63   void inorder(node *root)
64   {
65       if ( root != NULL )
66       {
67          inorder(root->left);    /* 先檢查左邊子樹 */
68          printf("%d\n",root->data);
69          inorder(root->right);   /* 再檢查右邊子樹 */
70       }
71   }
```

執行結果

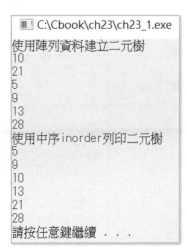

下列二元樹節點左邊的數字是**中序**遍歷列出節點值的順序。

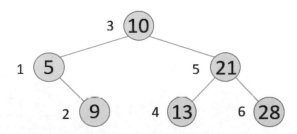

為了方便解說，筆者將節點改為英文字母，然後使用**二元樹**和**堆疊**分析整個第 63-71 列遞迴 inorder( ) 函數遍歷二元樹的過程：

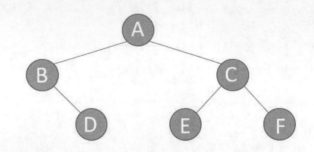

1：　由 A 進入 inorder( )。

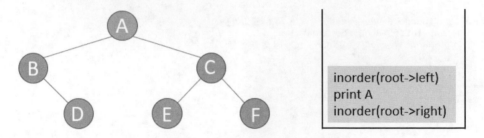

2：　因為 A 的左子樹 B 存在，所以進入 B 的遞迴 inorder( )。

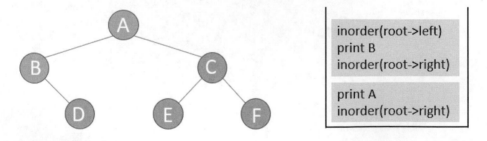

3：　B 沒有左子樹，所以 inorder(root->left) 執行結束，圖形如下：

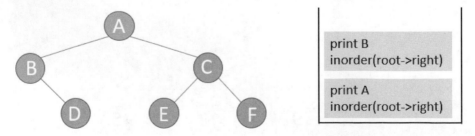

4： 執行 print B。

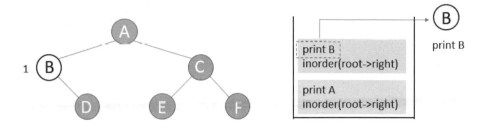

5： 因為 B 的右子樹 D 存在，所以進入 D 的遞迴 inorder( )。

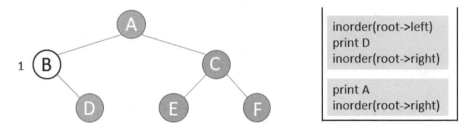

6： 由於 D 沒有左子樹，所以 inorder(root->left) 執行結束，執行 print D。

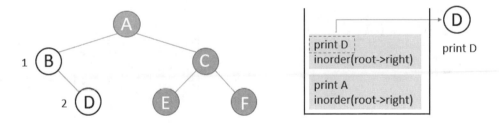

7： D 沒有右子樹，所以 inorder(root->right) 執行結束，接下來執行 print A。

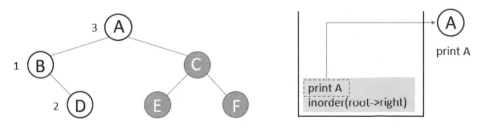

8：　因為 A 的右子樹 C 存在，所以進入 C 的遞迴 inorder( )。

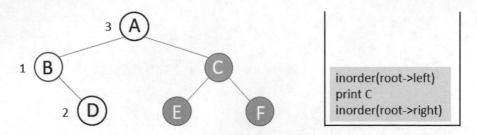

9：　因為 C 的左子樹 E 存在，所以進入 E 的遞迴 inorder( )。

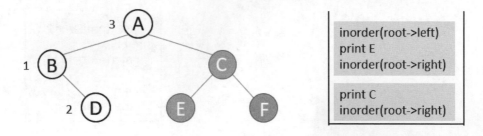

10：由於 E 沒有左子樹，所以 inorder(root->left) 執行結束，執行 print E。

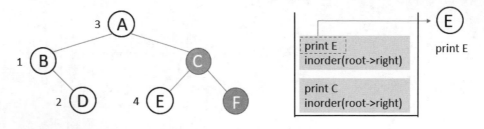

11：E 沒有右子樹，所以 inorder(root->right) 執行結束，接下來執行 print C。

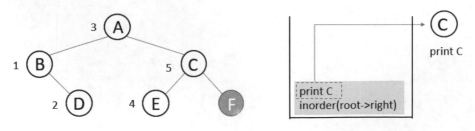

12：因為 C 的右子樹 F 存在，所以進入 F 的遞迴 inorder( )。

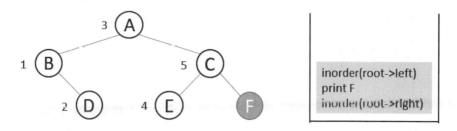

13：由於 F 沒有左子樹，所以 inorder(root->left) 執行結束，執行 print F。

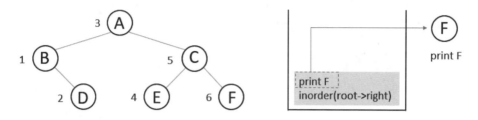

14：由於 F 沒有右子樹，所以執行結束。

上述節點旁的數值則是列印的順序，現在只要將英文字母用原來的數字取代就可以了。

23-3-2 前序的列印方式

下列是與 23-3-1 節相同的二元樹結構：

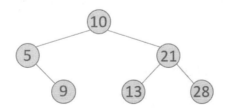

所謂前序 (preorder) 列印是每當走訪一個節點就處理此節點，遍歷順序是往左子樹走，直到無法前進，接著往右走。也可以用另一種解釋，根節點 (Root，縮寫是 D)、遍歷左子樹 (Left，縮寫是 L)、遍歷右子樹 (Right，縮寫是 R) ，整個遍歷過程簡稱是 DLR。

用這個觀念遍歷上述二元樹可以得到下列結果：

10, 5, 9, 21, 13, 28

依上述觀念設計前序列印的遞迴函數步驟如下：

1：　處理此節點。

2：　如果左子樹節點存在，則遞迴呼叫 preorder(root->left)，往左子樹走。

3：　如果右子樹節點存在，則遞迴呼叫 preorder(root->right)，往右子樹走。

前序列印的函數 preorder( ) 如下所示：

```
/* 前序列印二元樹 */
void preorder(node *root)
{
    if ( root != NULL )
    {
        printf("%d\n",root->data);
        preorder(root->left);    /* 先檢查左邊子樹 */
        preorder(root->right);   /* 再檢查右邊子樹 */
    }
}
```

程式實例 ch23_2.c：建立一個二元樹，並以前序方式，將它列印出來。

```
1   /*    ch23_2.c                    */
2   #include <stdlib.h>
3   #include <stdio.h>
4   struct tree
5   {
6       int data;
7       struct tree *left, *right;
8   };
9   typedef struct tree node;
10  node *create_btree(node *, int);
11  void preorder(node *);
12  int main()
13  {
14      int arr[] = { 10, 21, 5, 9, 13, 28 };
15      node *ptr;
16      int i;
17
18      ptr = NULL;                /* 最初化根節點指標 */
19      printf("使用陣列資料建立二元樹 \n");
20      for ( i = 0; i < 6; i++ )
21      {
22          ptr = create_btree(ptr,arr[i]);
23          printf("%d\n",arr[i]);
24      }
25      printf("使用前序preorder列印二元樹\n");
26      preorder(ptr);
27      system("pause");
28      return 0;
29  }
```

```
30   /* 建立二元樹 */
31   node *create_btree(node *root, int val)
32   {
33       node *newnode, *current, *back;
34
35       newnode = (node *) malloc(sizeof(node)); /*建立新節點*/
36       newnode->data = val;                     /*存入節點值*/
37       newnode->left = NULL;   /* 新節點左子樹指標指向 NULL */
38       newnode->right = NULL;  /* 新節點右子樹指標指向 NULL */
39       if ( root == NULL )             /* 新節點是根節點      */
40       {
41           root = newnode;
42           return root;
43       }
44       else                            /* 新節點是其它位置 */
45       {
46           current = root; /*由根節點開始找尋新節點正確位置 */
47           while ( current != NULL )
48           {
49               back = current;
50               if ( current->data > val )/*如果節點值大於插入值*/
51                   current = current->left;    /* 指標往左子樹走 */
52               else
53                   current = current->right;   /* 指標往右子樹走 */
54           }
55           if ( back->data > val )  /* 如果葉節點值大於插入值 */
56               back->left = newnode; /*新節點放在葉節點的左子樹*/
57           else                            /* 否則 */
58               back->right = newnode;/*新節點放在葉節點的右子樹*/
59       }
60       return root;
61   }
62   /* 前序列印二元樹 */
63   void preorder(node *root)
64   {
65       if ( root != NULL )
66       {
67           printf("%d\n",root->data);
68           preorder(root->left);   /* 先檢查左邊子樹 */
69           preorder(root->right);  /* 再檢查右邊子樹 */
70       }
71   }
```

執行結果

```
C:\Cbook\ch23\ch23_2.exe
使用陣列資料建立二元樹
10
21
5
9
13
28
使用前序preorder列印二元樹
10
5
9
21
13
28
請按任意鍵繼續 . . .
```

23-3-3　後序的列印方式

下列是與 23-3-2 節相同的二元樹結構：

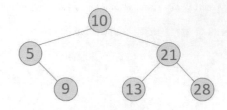

所謂後序 (postorder) 列印和前序列印是相反的，每當走訪一個節點需要等到兩個子節點動走訪完成，才處理此節點。也可以用另一種解釋，遍歷左子樹 (Left，縮寫是 L)、遍歷右子樹 (Right，縮寫是 R)、根節點 (Root，縮寫是 D)，整個遍歷過程簡稱是 LRD。

用這個觀念遍歷上述二元樹可以得到下列結果：

　9, 5, 13, 28, 21, 10

依上述觀念設計後序列印的遞迴函數步驟如下：

1：　如果左子樹節點存在，則遞迴呼叫 postorder(root->left)，往左子樹走。

2：　如果右子樹節點存在，則遞迴呼叫 postorder(root->right)，往右子樹走。

3：　處理此節點。

後序列印的函數 postorder( ) 如下所示：

```
62  /* 後序列印二元樹 */
63  void postorder(node *root)
64  {
65      if ( root != NULL )
66      {
67          postorder(root->left);    /* 先檢查左邊子樹 */
68          postorder(root->right);   /* 再檢查右邊子樹 */
69          printf("%d\n",root->data);
70      }
71  }
```

程式實例 ch23_3.c：使用 10, 21, 5, 9, 13, 28 系列數字建立一個二元樹，然後使用後序方式列印。

```
1   /*   ch23_3.c                    */
2   #include <stdlib.h>
3   #include <stdio.h>
4   struct tree
5   {
6       int data;
7       struct tree *left, *right;
8   };
9   typedef struct tree node;
10  node *create_btree(node *, int);
11  void postorder(node *);
12  int main()
13  {
14      int arr[] = { 10, 21, 5, 9, 13, 28 };
15      node *ptr;
16      int i;
17
18      ptr = NULL;                 /* 最初化根節點指標 */
19      printf("使用陣列資料建立二元樹 \n");
20      for ( i = 0; i < 6; i++ )
21      {
22          ptr = create_btree(ptr,arr[i]);
23          printf("%d\n",arr[i]);
24      }
25      printf("使用後序postorder列印二元樹\n");
26      postorder(ptr);
27      system("pause");
28      return 0;
29  }
30  /* 建立二元樹 */
31  node *create_btree(node *root, int val)
32  {
33      node *newnode, *current, *back;
34
35      newnode = (node *) malloc(sizeof(node)); /*建立新節點*/
36      newnode->data = val;                     /*存入節點值*/
37      newnode->left = NULL;   /* 新節點左子樹指標指向 NULL */
38      newnode->right = NULL;  /* 新節點右子樹指標指向 NULL */
39      if ( root == NULL )         /* 新節點是根節點       */
40      {
41          root = newnode;
42          return root;
43      }
44      else                            /* 新節點是其它位置 */
45      {
46          current = root; /*由根節點開始找尋新節點正確位置 */
47          while ( current != NULL )
48          {
49              back = current;
50              if ( current->data > val )/*如果節點值大於插入值*/
51                  current = current->left;   /* 指標往左子樹走 */
52              else
53                  current = current->right;  /* 指標往右子樹走 */
54          }
```

```
55        if ( back->data > val )   /* 如果葉節點值大於插入值 */
56            back->left = newnode; /*新節點放在葉節點的左子樹*/
57        else                      /* 否則 */
58            back->right = newnode;/*新節點放在葉節點的右子樹*/
59        }
60    return root;
61 }
62 /* 後序列印二元樹 */
63 void postorder(node *root)
64 {
65    if ( root != NULL )
66    {
67        postorder(root->left);   /* 先檢查左邊子樹 */
68        postorder(root->right);  /* 再檢查右邊子樹 */
69        printf("%d\n",root->data);
70    }
71 }
```

執行結果

```
C:\Cbook\ch23\ch23_3.exe
使用陣列資料建立二元樹
10
21
5
9
13
28
使用後序postorder列印二元樹
9
5
13
28
21
10
請按任意鍵繼續 . . .
```

23-4　習題

一：是非題

(　) 1： 每一個樹 (tree) 皆有兩個根節點 (root node)。(23-1 節)

(　) 2： 在根節點下可以有零到 n 個子節點。(23-1 節)

(　) 3： 某個樹最多可以有 2 個子節點，則我們稱這是二元樹。(23-1 節)

(　) 4： 每一個二元樹的節點最多可以有 2 個欄位。(23-1 節)

(　) 5： 在建立二元樹時，如果元素值大於節點值，則此元素值將送給節點在右邊的子節點。(23-2 節)

(　) 6： 二元樹的列印方式有 2 種，分別是前序 (preorder) 和後序 (postorder) 列印方式。(23-3 節)

(　) 7： 所謂的前序列印方式是每個節點會比它的左邊子節點及右邊子節點先列印，右邊子節點又比左邊子節點先列印。(23-3 節)

(　) 8： 所稱的後序列印方式是在列印某個節點時，一定要先列印左節點，然後右節點。(23-3 節)

二：選擇題

(　) 1： 二元樹最少需有 (A) 1 (B) 2 (C) 3 (D) 4 個欄位。(23-1 節)

(　) 2： 二元樹需有 (A) 2 (B) 3 (C) 4 (D) 5 個欄位存放指標。(23-1 節)

(　) 3： 二元樹的根節點有 (A) 1　 (B) 2 (C) 3 (D) 4 個。(23-3 節)

(　) 4： 哪一項不是二元樹的列印方式？ (A) 中序 (inorder) (B) 前序 (preorder) (C) 後序 (postorder) (D) 線性。(23-3 節)

(　) 5： 在列印二元樹時，可將資料由小到大列印 (A) 中序 (inorder) (B) 前序 (preorder) (C) 後序 (postorder) (D) 線性。(23-3 節)

三：填充題

1： 某個樹最多可以有 n 個子節點，則我們稱這類的樹為 _____。(23-1 節)

2： 某個節點本身沒有子節點，則我們稱這個節點是 _____。(23-1 節)

3： 二元樹的列印方式為 _____、_____、_____，其中 (　) 可將資料由小排列到大。(23-3 節)

4： _____ 列印方式是，每個節點會比它的子節點先列印，而左邊子節點又比 右邊子節點先列印。(23-3 節)

5: 假設有一二元樹如下：(23-3 節)

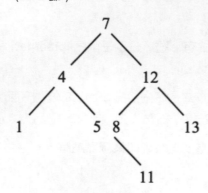

中序列印結果是 _____

前序列印結果是 _____

後序列印結果是 _____

四：實作題

1: 請設計建立二元樹，此二元樹的節點值是從鍵盤輸入，輸入 0 代表輸入結束，然後分別使用中序、前序和後序方式輸出此二元樹。(23-3 節)

```
C:\Cbook\ex\ex23_1.exe
輸入 0 代表建立二元數結束
請輸入節點值：7
請輸入節點值：4
請輸入節點值：1
請輸入節點值：5
請輸入節點值：12
請輸入節點值：8
請輸入節點值：13
請輸入節點值：11
請輸入節點值：0
使用中序inorder列印二元樹
1  4  5  7  8  11  12  13
使用前序preorder列印二元樹
7  4  1  5  12  8  11  13
使用後序postorder列印二元樹
1  5  4  8  13  12  7
請按任意鍵繼續 . . . _
```

2：　寫一個 counter( ) 函數，這個函數可以輸出二元樹有多少個子節點。(23-3 節)

```
C:\Cbook\ex\ex23_2.exe
輸入 0 代表建立二元樹結束
請輸入節點值 : 7
請輸入節點值 : 4
請輸入節點值 : 1
請輸入節點值 : 5
請輸入節點值 : 12
請輸入節點值 : 8
請輸入節點值 : 13
請輸入節點值 : 11
請輸入節點值 : 0
二元樹的節點數 = 8
請按任意鍵繼續 . . .
```

3：　請參考 ch23_1.c 建立二元樹，然後輸入數值，最後列出此數值是否在此二元樹內。
(23-3 節)

```
C:\Cbook\ex\ex23_3.exe
使用陣列資料建立二元樹
10
21
5
9
13
28
請輸入搜尋值 = 13
13 找到了
請按任意鍵繼續 . . .
```

```
C:\Cbook\ex\ex23_3.exe
使用陣列資料建立二元樹
10
21
5
9
13
28
請輸入搜尋值 = 16
16 找不到
請按任意鍵繼續 . . .
```

第 24 章

C 語言邁向 C++ 之路

24-1　C++ 的基礎觀念

C++ 語言基本上是由 C 語言擴充而來的，幾乎絕大部分的 C 語言語法結構，皆可直接適用於 C++ 語言，這一章內容主要是介紹 C++ 語言和 C 語言的差異，以奠定讀者未來學習 C++ 語言的基礎。

結構化 (structure)Pascal 語言，結構化 C 語言，結構化 Fortran 語言，……，等是幾年前最常聽到的名詞。隨著軟體的發展，軟體變得越來越複雜，同時程式的長度也越來越長，逐漸的專業電腦程式設計師感覺到，結構化的電腦語言在處理高度複雜的程式時，已有漸感困難的情形，為了解決結構化電腦語言的缺點，於是物件導向程式（Object Oriented Programming）的觀點隨即興起。

物件導向程式設計，除了融合了結構化語言原有的特性外，另外，又增加了許多新功能，例如：類別、函數和運算子多功能化、虛擬函數， … 等。促使它可更容易將一大型程式分割成許多小程式，然後你可以利用電腦語言，將各個被分割的小程式轉換成個別的物件 (Objects)。

在物件導向程式設計中，有三個重要的特性：

❏ **物件 (objects)**

物件導向程式設計中，最重要的我想就是物件了，在物件內有兩種資料，一是資料 (data)，另一則是程式碼 (我們也可以將程式碼想像成是函數)，程式碼主要用以處理物件資料。在物件內有些資料和程式碼可供外面其它物件使用，有些則否，如此各物件資料變多了一層保護作用。

像這擁有功能保護物件以防外界存取的功能，又稱資料封裝 (encapsulation)。

❏ **多型 (Polymorphism)**

物件導向程式設計，同時也允許多型的功能，所謂多型，就是同樣名稱的函數，可擁有不同功能。另外，它也允許相同的運算子有不同的功能，例如， "<<" 符號在 C++ 語言中，不僅可供 cout 做為資料輸出使用，同時它也可以被用來做位元左移使用。

❏ **繼承 (Inheritance)**

某個物件可以繼承其它物件的特性，如此就允許程式設計師以階層式的觀念來處理各物件內的資料。

至於以上特性，限於篇幅筆者本章將只介紹 C++ 與 C 語言的差異，讀者可以自行閱讀更多關於 C++ 的書籍，在此預祝讀者學習愉快。

24-2 C++ 語言的延伸檔名

相信讀者已經了解 C 語言的延伸檔名是小寫 c，C++ 環境內，C++ 語言的延伸檔名則是 cpp。

所以若是有一個程式名稱是 ch24_1，則此程式的全名應是 ch24_1.cpp。

24-3 函數的引用

在 C 語言中，部份函數在使用時，可以不必用 #include 指令，將定義該函數的標頭檔，放在程式前面。例如，printf() 函數，你在使用前，可以不必將 #include <stdio.h> 放在程式前面，程式編譯時，可能會出現警告 Warning 訊息，程式仍可以執行。

C++ 語言對此規定則比較嚴格，凡是有使用的函數，一定要在程式前面，將定義該函數的標頭檔用 #include 指令引用。

24-4 程式的註解

在 C 語言內，凡是在 "/*" 和 " */" 之間的文句皆會被視為是程式的註解。在 C++ 語言內，除了上述規則仍然適用於 C++ 語言外，凡是 "//" 後面的文句也會被視為程式註解的。

其實絕大部份的物件導向程式設計師，皆使用 "//" 為程式的註解符號。

24-5 C++ 語言新增加的輸入與輸出

C++ 語言除了可使用傳統 C 語言的輸入與輸出函數外，另外，它又增加了新的輸入與輸出觀念，此觀念又稱管道的輸出與輸入 (stream I/O)，相信各位對傳統的 C 語言輸入與輸出已經很了解了，為了讓讀者可熟悉 C++ 語言新增加的輸入與輸出觀念，這一章的程式範例，皆採用此種方式執行輸入與輸出功能。

C++ 語言新增加的輸入與輸出的關鍵字如下：

cout：主要用於普通輸出。

cin：主要用於普通輸入。

24-5-1　cout

cout 的英文發音是 (see – out)，讀者可將它想像成是一個輸出運算指令。這個關鍵字必須配合輸出運算子 "<<" 使用，兩個配合使用，可引導資料輸出到標準輸出裝置 (通常是指螢幕)。

cout 的基本使用語法如下：

　　cout << 輸出資料 1 << 輸出資料 2 … ;

也就是將各輸出資料間用 "<<" 運算子隔間，然後 cout 運算子的結束位置加上 ";" 號就可以了。我們也可以用不同列重新表示上述使用格式。

　　　cout << 輸出資料 1
　　　　　<< 輸出資料 2
　　　　　…
　　　　　<< … ;

程式實例 ch24_1.cpp：以 cout 方式，執行簡單字串的輸出。

```
1  //   ch24_1.cpp            /
2  #include <cstdlib>
3  #include <iostream>
4  using namespace std;
5  int main()
6  {
7      cout << "C++語言簡介" << endl;
8      cout << "C++語言簡介" << endl;
9      system("pause");
10     return 0;
11 }
```

執行結果

```
C:\Cbook\ch24\ch24_1.exe
C++語言簡介
C++語言簡介
請按任意鍵繼續 . . .
```

在舊式的 C++ 語言教材中，第 2 和 3 列，常可以看到使用下列方式引用標題檔。

```
#include <stdlib.h>
#include <iostream.h>
```

因為 cin 和 cout 是被定義在標題檔 iostream.h 內，所以必須加上 #include <iostream.h>，而 system("pause") 是被定義在 stdlib.h 標題檔內，所以必須加上 #include <stdlib.h>，這個觀念在前面的 C 語言部份已多有介紹。

在 1997 年新版的 ANSI C++ 內，標題檔的延伸檔名 .h 已捨棄不用，同時凡是所有從 C 語言移植至 C++ 語言函數標題檔，全部前面加上小寫字母 c，所以第 3 列看到用 #include <cstdlib>，多了這個小寫字母 c，用以區隔這是從 C 語言移植過來的。

有了上述觀念，如果您有一個程式，是引用數學函數，原先 C 語言要使用下列指令，引用數學函數。

```
#include <math.h>
```

在 C++ 語言內，可以使用下列指令。

```
#include <cmath>
```

不過程式設計時，如果沿用過去舊有的 C 語言的方式也不會錯，有些編譯程式頂多出現警告訊息，程式仍可正常執行。不過目前已經跨入新的時代，建議以新的觀念撰寫 C++ 程式。此外在使用舊式的 C 語言語法內，您不必加上程式第 4 列，如下：

```
using namepace std;
```

上述是設定名稱空間，但是使用新的 C++ 語言語法，必須加上上述指令。因為 C++ 標準程式內的函數、類別及物件均是定義在這個名稱空間內，所以程式必須加上第 5 列。否則第 8 列的 cout 指令需改成下列指令。

```
std::cout << "c++ 語言簡介 " << std::endl;
```

最後程式第 7 列及第 8 列使用了 endl 物件，這可促使接下來的輸出可以換列輸出，它相當於 C 語言的 "\n" 換列字元。

程式實例 ch24_2.cpp：重新設計前一個程式範例，但本程式只有一個 cout 指令。

```
1   //   ch24_2.cpp          /
2   #include <cstdlib>
3   #include <iostream>
4   using namespace std;
5   int main()
6   {
7       cout << "C++語言簡介" << endl
8            << "C++語言簡介" << endl;
9       system("pause");
10      return 0;
11  }
```

執行結果　與 ch24_1.cpp 相同。

　　cout 也可以用於列印整數，浮點數或是字元，於列印這些變數資料時，cout 會將它們的實際值列印出來。

程式實例 ch24_3.cpp：整數，浮點數和字元的列印。

```
1   //   ch24_3.cpp          /
2   #include <cstdlib>
3   #include <iostream>
4   using namespace std;
5   int main()
6   {
7       int i = 6;
8       float j = 5.43;
9       char k = 'r';
10      cout << "i = " << i << endl
11           << "j = " << j << endl
12           << "k = " << k << endl;
13      system("pause");
14      return 0;
15  }
```

執行結果

```
C:\Cbook\ch24\ch24_3.exe
i = 6
j = 5.43
k = r
請按任意鍵繼續 . . .
```

　　cout 也可用於字串輸出的，下面程式將說明此概念。

程式實例 ch24_4.cpp：簡單 echo 指令的設計，本程式會將你的輸入資料列印出來。

```
1   //   ch24_4.cpp          /
2   #include <cstdlib>
3   #include <iostream>
4   using namespace std;
5   int main(int argc, char *argv[])
6   {
7       int i;
```

```
8        for (i = 1; i < argc; i++)
9            cout << argv[i] << endl;
10       system("pause");
11       return 0;
12   }
```

執行結果
```
PS C:\cbook\ch24> .\ch24_4 testing cout string output function
testing
cout
string
output
function
請按任意鍵繼續 . . .
```

24-5-2　cin

cin 的英文發音是 (see-in)，讀者可將它想像成是一個輸入運算指令。這個關鍵字
必須配合輸入運算子 ">>" 使用，兩個配合使用，可供你從標準輸入裝置讀取資料，它
的使用語法如下：

cin >> 資料 1 >> 資料 2 ...;

也可以將上述使用格式，分成好幾列撰寫，如下所示：

cin >> 資料 1

　　>> 資料 2

　　...

　　>> 資料 n；

程式實例 ch24_5.cpp：cin 和 cout 的混合應用。

```
1   //   ch24_5.cpp          /
2   #include <cstdlib>
3   #include <iostream>
4   using namespace std;
5   int main()
6   {
7       int i, j, k, sum;
8       char ch1, ch2;
9       float x1, x2, ave;
10
11      cout << "請輸入 2 個字元" << endl;
12      cin >> ch1 >> ch2;
13      cout << "這兩個字元的相反輸出是" << endl << "===> "
14           << ch2 << ch1 << endl;
15      cout << "請輸入 3 個整數" << endl << "==> ";
16      cin >> i
17          >> j
18          >> k;
```

```
19      sum = i + j + k;
20      cout << "總和是" << endl << "==> "
21          << sum << "\n";
22      cout << "請輸入 2 個浮點數" << endl << "==> ";
23      cin >> x1 >> x2;
24      ave = (x1 + x2) / 2.0;
25      cout << "平均是 ==>  " << ave << endl;
26      system("pause");
27      return 0;
28  }
```

執行結果

```
C:\Cbook\ch24\ch24_5.exe
請輸入 2 個字元
a b
這兩個字元的相反輸出是
===> ba
請輸入 3 個整數
==> 1 2 3
總和是
==> 6
請輸入 2 個浮點數
==> 1.2 2.3
平均是 ==>  1.75
請按任意鍵繼續 . . .
```

24-6 變數的宣告

在 C 語言中，你一定要在程式區段前方宣告所有的變數。在 C++ 語言中，則無此限制，你只要在使用其變數前面，宣告該變數就可以了。

程式實例 ch24_6.c：以 C++ 語言特有的變數宣告方式，繪製特別圖形。注意，本程式並沒有在程式區段前方宣告變數 i 和 j，而只是在第 8 列和 10 列使用 i 和 j 變數前分別宣告它們。

```
1  //   ch24_6.cpp          /
2  #include <cstdlib>
3  #include <iostream>
4  using namespace std;
5  int main()
6  {
7      for (int i=0; i < 8; i++)
8      {
9          for (int j=0; j < 8; j++)
10         if ( (i+j) % 2 == 0 )
11             cout << "AA";
12         else
13             cout << "   ";
14         cout << endl;
```

```
15        }
16        system("pause");
17        return 0;
18  }
```

執行結果

```
C:\Cbook\ch24\ch24_6.exe
AA  AA  AA  AA
    AA  AA  AA  AA
AA  AA  AA  AA
    AA  AA  AA  AA
AA  AA  AA  AA
    AA  AA  AA  AA
AA  AA  AA  AA
    AA  AA  AA  AA
請按任意鍵繼續 . . .
```

24-7 動態資料宣告

在 C 語言中，你可在宣告資料的同時，設定此變數的初值。假設你想宣告一個變數 i，且在宣告的同時，將 i 值設為 1，則你的宣告應如下所示：

int i = 1;

上述資料宣告方式稱靜態的資料宣告。在 C++ 語言中，除了上述資料宣告外，你也可以在宣告資料的同時，設定其運算式，例如，你可以在宣告變數 sun 時，設定它等於 i+j+k，如下所示：

int sum = i+j+k;

上述資料宣告方式，又稱動態資料的宣告。

程式實例 ch24_7.cpp：基本 態資料宣告的應用。本程式會將你所輸入的 3 個整數相加，請注意程式第 13 列在宣告變數 sum 時，同時設定其運算式。

```
1  //   ch24_7.cpp        /
2  #include <cstdlib>
3  #include <iostream>
4  using namespace std;
5  int main()
6  {
7      int i, j, k;
8
9      cout << "請輸入 3 個整數" << endl << "--> ";
10     cin >> i
11        >> j
```

```
12          >> k;
13      int sum = i + j + k;
14      cout << "總和是" << endl << "==> "
15          << sum << "\n";
16      system("pause");
17      return 0;
18  }
```

執行結果

```
■ C:\Cbook\ch24\ch24_7.exe
請輸入 3 個整數
==> 2 4 8
總和是
==> 14
請按任意鍵繼續 . . .
```

24-8　const 運算子

const 是 C++ 語言新增加的運算子，經此宣告後，此變數就成一個常數，爾後程式使用中，你不可更改此變數的值。它的使用格式如下：

　　const 資料型態 變數 = 某一數值；

程式實例 ch24_8.cpp：const 運算子的基本應用。本程式在第 7 列以 const 宣告 loop 為 9 之後，在其它地方不可更改 loop 的值了。

```
1  //   ch24_8.cpp          /
2  #include <cstdlib>
3  #include <iostream>
4  using namespace std;
5  int main()
6  {
7      const int loop = 9;
8      int i = 5;
9
10     while ( i <= loop )
11     {
12         int j =1;
13         while (j++ <= (loop-i))
14             cout << " ";
15         j = loop;
16         while ( (j++ - i) < i )
17             cout << "A";
18         i++;
19         cout << endl;
20     }
21     system("pause");
22     return 0;
23 }
```

執行結果　■ C:\Cbook\ch24\ch24_8.exe

```
     A
    AAA
   AAAAA
  AAAAAAA
AAAAAAAAA
請按任意鍵繼續 . . .
```

24-9 範圍運算子

在 C 語言中，當外在變數和某區段內的區域變數名稱相同時，在該區段內的外在變數會失去效力。C++ 語言雖然仍保持此項特性，但是在 C++ 語言中，我們可以利用範圍運算子 "::"，讓此外在變數在區段內發揮作用。

下面程式第 11 列將說明此觀念。

程式實例 ch24_9.cpp：基本範圍運算子的應用。

```cpp
1   //    ch24_9.cpp          /
2   #include <cstdlib>
3   #include <iostream>
4   using namespace std;
5   char ch = 'D';
6   void modify()
7   {
8       char ch;
9       ch = 's';
10      cout << "ch = " << ch << endl;
11      ::ch = 'T';
12      cout << "ch = " << ch << endl;
13  }
14  int main()
15  {
16      cout << "呼叫 modify 前" << endl;
17      cout << ch << endl;
18      modify();
19      cout << "呼叫 modify 後" << endl;
20      cout << ch << endl;
21      system("pause");
22      return 0;
23  }
```

執行結果　■ C:\Cbook\ch24\ch24_9.exe

```
呼叫 modify 前
D
ch = s
ch = s
呼叫 modify 後
T
請按任意鍵繼續 . . . ▄
```

24-10 型別的轉換

在 C 語言中，假設有一個浮點數 x 的值是 5.83，在運算時，若是我們想以強制運算元型態將此值轉換成整數，且設定其值給 var，則我們的指令格式應如下所示：

```
x = 5.83;
…
var =(int) x;
```

C++ 語言除了可以適用上述方法外，我們也可以將某個資料型態名稱，當成函數一樣，去完成型別的轉換。下面是 C++ 語言執行型態轉換的方式。

```
x = 5.83;
…
var =int(x);
```

程式實例 ch24_10.c：C++ 語言格式，基本型態轉換的應用。

```
1  //   ch24_10.cpp          /
2  #include <cstdlib>
3  #include <iostream>
4  using namespace std;
5  int main()
6  {
7      float x;
8      int y = 9;
9      int z = 4;
10
11     x = y / z;
12     cout << "x = " << x << endl;
13     x = float(y) / float(z);
14     cout << "x = " << x << endl;
15     system("pause");
16     return 0;
17 }
```

執行結果

```
C:\Cbook\ch24\ch24_10.exe
x = 2
x = 2.25
請按任意鍵繼續 . . .
```

24-11　C++ 語言函數的規則

C++ 語言函數定義與新式的 ANSI C 語言相同。本節將直接以程式範例解說。

程式實例 ch24_11.c：以 C++ 語言特有的格式，設計一個列印較大值的函數。

```
1    //   ch24_11.cpp          /
2    #include <cstdlib>
3    #include <iostream>
4    using namespace std;
5    int larger_value(int, int);
6    int main()
7    {
8        int i, j;
9
10       cout << "請輸入兩數值" << endl << "==> ";
11       cin >> i >> j;
12       larger_value(i, j);
13       system("pause");
14       return 0;
15   }
16   int larger_value(int a, int b)
17   {
18       if (a < b)
19           cout << "較大值是 = " << b << endl;
20       else if (a > b)
21           cout << "較大值是 = " << a << endl;
22       else
23           cout << "兩數值相等" << endl;
24   }
```

執行結果

```
C:\Cbook\ch24\ch24_11.exe

請輸入兩數值
==> 2 7
較大值是 = 7
請按任意鍵繼續 . . . ■
```

24-12　最初化函數參數值

在 C++ 語言中，可允許我們為函數的參數設定其初值，如此便可允許我們使用較少的參數數值來呼叫此函數，而未來實際參數列中的參數，則以其初值為計算值。

設定函數參數值的原則，你必須將所設定初值的參數放在未設定初值參數的右邊。例如，若有 i、j 和 k 3 個參數，而 k 的參數初值是 5，則你的參數寫法應如下所示：

函數名稱(int i, int j, int k = 5)

程式實例 ch24_12.cpp：最初化函數參數值的應用。本程式 16 列呼叫 sum 函數，由於只傳遞兩個參數，所以函數在運算時，會將 c 設定為零。程式 18 列再度呼叫此 sum 函數時，由於傳遞了三個參數，所以 c 值應隨 k 值而變化。

```cpp
1  //   ch24_12.cpp          /
2  #include <cstdlib>
3  #include <iostream>
4  using namespace std;
5  int sum(int a, int b, int c=0)
6  {
7      return (a+b+c);
8  }
9  int main()
10 {
11     int i = 3;
12     int j = 4;
13     int k = 5;
14     int result;
15
16     result = sum(i, j);
17     cout << "result 1 = " << result << endl;
18     result = sum(i, j, k);
19     cout << "result 2 = " << result << endl;
20     system("pause");
21     return 0;
22 }
```

執行結果

```
■ C:\Cbook\ch24\ch24_12.exe
result 1 = 7
result 2 = 12
請按任意鍵繼續 . . . ■
```

24-13 函數多功能化

C++ 語言對於函數的使用，有一個重大的改革，它可允許相同函數名稱在同一個程式內。例如，你可以設計一個函數 display() 專門處理列印字串事宜，你也可以設計一個函數 display() 專門列印整數，至於在程式某些地方呼叫 display() 函數列印資料時，程式本身究竟是列印字串或是列印整數，則視所傳遞的參數決定。

我們可以將上述概念，以下圖方式表示：

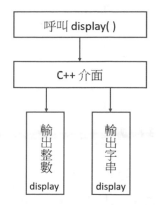

在上圖中 C++ 語言介面主要是用於偵測所傳遞的參數，而由參數型態判別應呼叫那一個函數。

上述功能，我們將它稱為函數多功能化 (function overload)，它主要優點是，減輕使用者的記憶負擔，使用者只要記得 display( ) 函數可列印資料，而不必理會是由那一個 display( ) 函數執行此列印功能。

在傳統的電腦語言中，若是我們想設計上述 display( ) 函數，我們需分別設計列印整數的函數，和列印字串的函數，且這兩個函數名稱不可以相同。因此，在呼叫函數時，我們必須記得函數的個別名稱，如此增加了使用者記憶的負荷。

程式實例 ch24_13.cpp：函數多功能化的基本應用。

```
1   //   ch24_13.cpp          /
2   #include <cstdlib>
3   #include <iostream>
4   using namespace std;
5   // 顯示字串
6   int display(char str[])
7   {
8       cout << "字串是 : " << str << endl;
9   }
10  // 顯示整數
11  int display(int i)
12  {
13      cout << "整數是 : " << i << endl;
14  }
15  int main()
16  {
17      int i = 3;
18      char str[] = "Deepmind";
19
20      display(str);
21      display(i);
22      system("pause");
23      return 0;
24  }
```

執行結果

```
C:\Cbook\ch24\ch24_13.exe
字串是 : Deepmind
整數是 : 3
請按任意鍵繼續 . . .
```

24-14 inline 運算子

inline 運算子主要目的是，強迫 C++ 編譯程式在呼叫函數位置，以函數的主體取代。如此可以增加程式的執行速度，但是此類用法將會造成程式佔用空間增加。

它的使用方式很簡單，你只要在函數前面加上 inline 運算子就可以了，如下所示：

inline 函數型態 函數名稱( )

{

...

}

其實讀者可以將由 inline 宣告的函數，想像成程式語言的巨集。

程式實例 ch17_14.cpp：inline 函數的基本應用。

```cpp
1   //    ch24_14.cpp            /
2   #include <cstdlib>
3   #include <iostream>
4   using namespace std;
5   // 回傳絕對值
6   inline int abs(int i)
7   {
8       return (i < 0 ? -i : i);
9   }
10  // 回傳較小值
11  inline int min(int v1, int v2)
12  {
13      return (v1 <= v2 ? v1 : v2);
14  }
15  int main()
16  {
17      int i, j;
18
19      cout << "請輸入第 1 個值 : ==> ";
20      cin >> i;
21      cout << "請輸入第 2 個值 : ==> ";
22      cin >> j;
23      cout << endl << "最小值 = " << min(i,j) << endl;
24      i = abs(i);
25      j = abs(j);
26      cout << endl << "絕對值 abs(i) = " << i << endl;
27      cout << endl << "絕對值 abs(j) = " << j << endl;
28      system("pause");
29      return 0;
30  }
```

執行結果

```
C:\Cbook\ch24\ch24_14.exe
請輸入第 1 個值 ：==> -55
請輸入第 2 個值 ：==> 55

最小值 = -55

絕對值 abs(i) = 55

絕對值 abs(j) = 55
請按任意鍵繼續 . . .
```

24-15 函數位址的傳送

程式實例 ch12_14.c，筆者介紹了下列 swap( ) 函數，使用指標達到傳遞位址的資料，促成資料對調。

```
int swap (int *x, int *y)
{
    int tmp;
    tmp = *x;
    *x = *y;
    *y = tmp;
}
```

若是想改成以位址傳遞方式，促使資料對調，此時可以使用下列 swap( ) 函數。

```
void swap(int &x, int &y)
{
    int tmp;
    tmp = x;
    x = y;
    y = tmp;
}
```

在 C++ 語言中也允許你以下面格式代表上述函數格式的。

```
void swap(int& x, int& y)
```

程式實例 ch24_15.c：以 C++ 的格式重新設計資料對調函數。

```cpp
1   //   ch24_15.cpp          /
2   #include <cstdlib>
3   #include <iostream>
4   using namespace std;
5   int swap(int& x, int& y)
6   {
7       int tmp;
8
9       tmp = x;
10      x = y;
11      y = tmp;
12  }
13  int main()
14  {
15      int i, j;
16
17      i = 10;
18      j = 20;
19      cout << "呼叫 swap 前" << endl
20          << "i = " << i << ",   j = " << j << endl;
21      swap(i, j);
22      cout << "呼叫 swap 前" << endl
23          << "i = " << i << ",   j = " << j << endl;
24      system("pause");
25      return 0;
26  }
```

執行結果

```
■ C:\Cbook\ch24\ch24_15.exe
呼叫 swap 前
i = 10,    j = 20
呼叫 swap 前
i = 20,    j = 10
請按任意鍵繼續 . . .
```

24-16　new 和 delete

在 C++ 語言中，除了可以和 C 語言一樣使用 malloc( ) 函數配置記憶體空間外。C++ 語言另外還提供了一個運算子 new，讓我們可以很方便配置記憶體空間，它的使用語法如下：

指標變數 = new 資料型態;

此 new 運算子和 malloc() 函數比較，主要的優點有三個：

1： 它主動計算配置此資料型態所需的記憶體空間，且配置足夠的空間。

2： 它將正確傳回指標型態。

3： 我們可在配置記憶體空間的同時，設定其初值。

在 C++ 語言中，除了可以和 C 語言一樣使用 free( ) 函數釋回記憶體空間外， C++ 語言另外還提供了一個運算子 delete，可讓我們可以很方便釋回記憶體空間，它的使用語法如下：

　　delete 指標變數;

程式實例 ch24_16.cpp：簡單 new 和 delete 的應用。

```
1   //   ch24_16.cpp          /
2   #include <cstdlib>
3   #include <iostream>
4   using namespace std;
5   int main()
6   {
7       int *i;
8
9       i = new int;          // 配置記憶體
10      *i = 10;
11      cout << "i = " << *i << endl;
12      delete i;             // 收回記憶體
13      system("pause");
14      return 0;
15  }
```

執行結果

```
C:\Cbook\ch24\ch24_16.exe
i = 10
請按任意鍵繼續 . . .
```

在前面已經介紹過，可以用 new 配置記憶體空間時，同時設定其初值，它的使用語法如下：

　　指標變數 = new 資料型態(初值);

程式實例 ch24_17.cpp：以 new 配置記憶體時，同時設定其初值的方式，重新撰寫前一個程式範例。

```cpp
1   //   ch24_17.cpp            /
2   #include <cstdlib>
3   #include <iostream>
4   using namespace std;
5   int main()
6   {
7       int *i;
8
9       i = new int(10);        // 配置記憶體
10      cout << "i = " << *i << endl;
11      delete i;               // 收回記憶體
12      system("pause");
13      return 0;
14  }
```

執行結果

```
■ C:\Cbook\ch24\ch24_17.exe
i = 10
請按任意鍵繼續 . . .
```

24-17　習題

一：是非題

(　) 1： 物件導向程式設計中的物件，基本上有兩種資料，一是資料 (data)，另一是程式碼 (也可想成是函數)。(24-1 節)

(　) 2： C++ 語言的延伸檔名是 cpp。(24-2 節)

(　) 3： cout 需配合 ">>" 運算子使用，主要是讀取資料。(24-5 節)

(　) 4. 在 C++ 語言中，變數資料可以在使用時才宣告，同時在宣告中設定其運算式。(24-6 節)

(　) 5： 最初話函數參數值的規則是，將所設定初值的參數放在未設定初值參數的左邊。(24-12 節)

(　) 6： inline 運算子可促使函數執行速度加快。(24-14 節)

二：選擇題

(   ) 1： 哪一項不是物件導向的特性 (A) 物件 object (B) 多型 (ploymorphism) (C) 繼承 (Inhertance) (D) 函數 (function)。(24-1 節)

(   ) 2： cin 的英文發音是 see-in，讀者可將想成 (A) 輸出字元 (B) 輸入整數 (C) 輸出運算 (D) 輸入運算指令。(24-5 節)

(   ) 3： 經 (A) const (B) cout (C) cin (D) namespace 設定的變數將成常數，無法更改其值。(24-8 節)

(   ) 4： (A) const (B) cout (C) new (D) delete 指令可配置記憶體空間。(24-16 節)

(   ) 5： (A) const (B) cout (C) new (D) delete 指令可釋回記憶體空間。(24-16 節)

三：填充題

1： C++ 語言的延伸檔名是 _____。(24-2 節)

2： C++ 語言新增加的程式註解是規定凡是在 _____ 之後的文字皆是註解。(24-4 節)

3： C++ 語言除了可以使用傳統 C 語言的輸入與輸出外，另又增加新的輸入與輸出觀念，此觀念又稱管道的輸入與輸出 (stream I/O)，其中 _____ 配合 _____ 運算子可用於輸出，_____ 配合 _____ 運算子可用於輸入。(24-5 節)

4： stdlib.h 在 C++ 語言中，是被定義在 _____ 內，當使用新的 C++ 標頭檔時，需另加 (   ) 敘述。(24-5 節)

5： C++ 語言的換列輸出，常使用 _____物件。(24-5 節)

6： 範圍運算子符號是 _____，可促使外在變數在區段內發揮作用。(24-9 節)

四：實作題

1： 請以 C++ 語言規則輸出下列文字。(24-5 節)

第一列 您的姓名

第二列 您的班級名稱

第三列 您的學校名稱

```
■ C:\Cbook\ex\ex24_1.exe
洪錦魁
五年甲班
明志工專
請按任意鍵繼續 . . .
```

2 ： KMall 內的台灣故事館週一至週日的入場人數分別如下：(24-5 節)

788, 862, 983, 1023, 1500, 3800, 3920

請使用 cin 讀取上述資料，然後用 cout 輸出本週平均入場人數及本週入場總人數，輸出入格式由讀者自訂。

```
■ C:\Cbook\ex\ex24_2.exe
請輸入 7 天入場人數
==> 788 862 983 1023 1500 3800 3920
入場總人數是 : 12876
每天平均人數 : 1839.43
請按任意鍵繼續 . . .
```

3 ： 請設計一個 sum( ) 函數求總和，此函數擁有 3 個參數 a、b、c，若是您只輸入一個參數值 a，則 b 設為 1，c 設為 0，若是您輸入兩個參數值，則 c 設為 0，請輸入 a, b, c 值資料測試。(24-12 節)

```
■ C:\Cbook\ex\ex24_3.exe
請輸入 a, b, c
==> 10 20 30
 sum(a)       = 11
 sum(a, b)    = 30
 sum(a, b, c) = 60
請按任意鍵繼續 . . .
```

4 ： 請設計一個 display() 函數，此函數可以執行下列 3 個功能，一是列印整數，二是列印浮點數，三是列印字串，本程式基本上是程式範例 ch17_13.cpp 的擴充，請用不同資料測試。(24-13 節)

```
■ C:\Cbook\ex\ex24_4.exe
字串是 : Deepmind
整數是 : 3
浮點數 : 10.5
請按任意鍵繼續 . . . ■
```

附錄 A

ASCII 碼

附錄 **A** ASCII 碼

10進位	16進位	8進位	ASCII	繪圖字完	10進位	16進位	8進位	ASCII	繪圖字完
0	00	00	NUL	NULL	30	1E	36	RS	▲
1	01	01	SOH	☺	31	1F	37	US	▼
2	02	02	STX	☻	32	20	40	SP	SPACE
3	03	03	ETX	♥	33	21	41	!	!
4	04	04	EOT	♦	34	22	42	"	"
5	05	05	ENQ	♣	35	23	43	#	#
6	06	06	ACK	♠	36	24	44	$	$
7	07	07	BEL	●	37	25	45	%	%
8	08	10	BS	▫	38	26	46	&	&
9	09	11	HT	○	39	27	47	'	'
10	0A	12	LF	◙	40	28	50	(	(
11	0B	13	VT	♂	41	29	51	)	)
12	0C	14	FF	♀	42	2A	52	*	*
13	0D	15	CR	♪	43	2B	53	+	+
14	0E	16	SO	♫	44	2C	54	,	,
15	0F	17	SI	☼	45	2D	55	-	-
16	10	20	DLE	►	46	2E	56	.	.
17	11	21	DC1	◄	47	2F	57	/	/
18	12	22	DC2	↕	48	30	60	0	0
19	13	23	DC3	‼	49	31	61	1	1
20	14	24	DC4	¶	50	32	62	2	2
21	15	25	NAK	§	51	33	63	3	3
22	16	26	SYN	■	52	34	64	4	4
23	17	27	ETB	↨	53	35	65	5	5
24	18	30	CAN	↑	54	36	66	6	6
25	19	31	EM	↓	55	37	67	7	7
26	1A	32	SUB	→	56	38	70	8	8
27	1B	33	ESC	←	57	39	71	9	9
28	1C	34	FS	∟	58	3A	72	:	:
29	1D	35	GS	↔	59	3B	73	;	;

10進位	16進位	8進位	ASCII	繪圖字完
60	3C	74	<	<
61	3D	75	=	=
62	3E	76	>	>
63	3F	77	?	?
64	40	100	@	@
65	41	101	A	A
66	42	102	B	B
67	43	103	C	C
68	44	104	D	D
69	45	105	E	E
70	46	106	F	F
71	47	107	G	G
72	48	110	H	H
73	49	111	I	I
74	4A	112	J	J
75	4B	113	K	K
76	4C	114	L	L
77	4D	115	M	M
78	4E	116	N	N
79	4F	117	O	O
80	50	120	P	P
81	51	121	Q	Q
82	52	122	R	R
83	53	123	S	S
84	54	124	T	T
85	55	125	U	U
86	56	126	V	V
87	57	127	W	W
88	58	130	X	X
89	59	131	Y	Y

10進位	16進位	8進位	ASCII	繪圖字完
90	5A	132	Z	Z
91	5B	133	[	[
92	5C	134	\	\
93	5D	135	]	]
94	5E	136	^	^
95	5F	137	_	_
96	60	140	`	
97	61	141	a	a
98	62	142	b	b
99	63	143	c	c
100	64	144	d	d
101	65	145	e	e
102	66	146	f	f
103	67	147	g	g
104	68	150	h	h
105	69	151	i	i
106	6A	152	j	j
107	6B	153	k	k
108	6C	154	l	l
109	6D	155	m	m
110	6E	156	n	n
111	6F	157	o	o
112	70	160	p	p
113	71	161	q	q
114	72	162	r	r
115	73	163	s	s
116	74	164	t	t
117	75	165	u	u
118	76	166	v	v
119	77	167	w	w

10進位	16進位	8進位	ASCII	繪圖字完	10進位	16進位	8進位	ASCII	繪圖字完
120	78	170	x	x	150	96	226	û	
121	79	171	y	y	151	97	227	ù	
122	7A	172	z	z	152	98	230	ÿ	
123	7B	173	{	{	153	99	231	Ö	
124	7C	174	|	|	154	9A	232	Ü	
125	7D	176	}	}	155	9B	233	ø	
126	7E	176	~	~	156	9C	234	£	
127	7F	177	DEL	△	157	9D	235	¥	
128	80	200	Ç		158	9E	236	Pts	
129	81	201	ü		159	9F	237	ƒ	
130	82	202	é		160	A0	240	á	
131	83	203	â		161	A1	241	í	
132	84	204	ä		162	A2	242	ó	
133	85	205	à		163	A3	243	ú	
134	86	206	å		164	A4	244	ñ	
135	87	207	ç		165	A5	245	Ñ	
136	88	210	ê		166	A6	246	<u>a</u>	
137	89	211	ë		167	A7	247	<u>o</u>	
138	8A	212	è		168	A8	250	¿	
139	8B	213	ï		169	A9	251	⌐	
140	8C	214	î		170	AA	252	¬	
141	8D	215	ì		171	AB	253	½	
142	8E	216	Ä		172	AC	254	¼	
143	8F	217	Å		173	AD	255	¡	
144	90	220	É		174	AE	256	«	
145	91	221	æ		175	AF	257	»	
146	92	222	Æ		176	B0	260	░	
147	93	223	ô		177	B1	261	▒	
148	94	224	ö		178	B2	262	▓	
149	95	225	ò		179	B3	263	│	

10進位	16進位	8進位	ASCII	繪圖字完
180	B4	264	┤	
181	B5	265	╡	
182	B6	266	╢	
183	B7	267	╖	
184	B8	270	╕	
185	B9	271	╣	
186	BA	272	║	
187	BB	273	╗	
188	BC	274	╝	
189	BD	275	╜	
190	BE	276	╛	
191	BF	277	┐	
192	C0	300	└	
193	C1	301	┴	
194	C2	302	┬	
195	C3	303	├	
196	C4	304	─	
197	C5	305	┼	
198	C6	306	╞	
199	C7	307	╟	
200	C8	310	╚	
201	C9	311	╔	
202	CA	312	╩	
203	CB	313	╦	
204	CC	314	╠	
205	CD	315	═	
206	CE	316	╬	
207	CF	317	╧	
208	D0	320	╨	
209	D1	321	╤	

10進位	16進位	8進位	ASCII	繪圖字完
210	D2	322	╥	
211	D3	323	╙	
212	D4	324	╘	
213	D5	325	╒	
214	D6	326	╓	
215	D7	327	╫	
216	D8	330	╪	
217	D9	331	┘	
218	DA	332	┌	
219	DB	333	█	
220	DC	334	▄	
221	DD	335	▌	
222	DE	336	▐	
223	DF	337	▀	
224	E0	340	α	
225	E1	341	β	
226	E2	342	Γ	
227	E3	343	π	
228	E4	344	Σ	
229	E5	345	σ	
230	E6	346	μ	
231	E7	347	τ	
232	E8	350	Φ	
233	E9	351	θ	
234	EA	352	Ω	
235	EB	353	δ	
236	EC	354	∞	
237	ED	355	Ø	
238	EE	356	∈	
239	EF	357	∩	

10進位	16進位	8進位	ASCII	繪圖字完
240	F0	360	$\equiv$	
241	F1	361	$\pm$	
242	F2	362	$\geq$	
243	F3	363	$\leq$	
244	F4	364	$\lceil$	
245	F5	365	$\rfloor$	
246	F6	366	$\div$	
247	F7	367	$\approx$	
248	F8	370	°	
249	F9	371	•	
250	FA	372	·	
251	FB	373	$\sqrt{}$	
252	FC	374	n	
253	FD	375	2	
254	FE	376	▪	
255	FF	377	BLANK	

附錄 B
C 指令與語法相關索引表

附錄 C

專有名詞和函數索引表

附錄 D

本書習題解答

第 1 章

一：是非題

1：X　2：O　3：X　4：X　5：X

6：O　7：O　8：X

9：O　10：X

二：選擇題

1：D　2：D　3：B　4：A　5：A

6：C　7：B

三：填充題

1：C, UNIX

2：COBOL

3：Assembly

4：目的檔，可執行檔

5：Dev C++, Visual C++

6：Grace Hopper, 蛾

7：可攜性

第 2 章

一：是非題

1：X　2：X　3：X　4：O　5：X

6：O　7：X　8：O

9：X　10：X　11：O　12：X　13：X

14：O　15：O　16：O

二：選擇題

1：D　2：D　3：B　4：C　5：D

6：C　7：A　8：D

9：C　10：C

三：填充題

1：long

2：unsigned short int, unsigned int

3：溢位

4：'\n'

5：0, 0x

第 3 章

一：是非題

1：O　2：X　3：O　4：O　5：X

6：O　7：X　8：O

二：選擇題

1：B　2：D　3：A　4：C　5：B

6：C　7：B

三：填充題

1："\n"

2：

9	9	8	

3：

		7	8	9	.	5	6

4：

		c

5：

c		

6："%x"

7："%u"

8："%e"

9：&

10：fflush( )

11：getche( )

12：getch( )

第 4 章

一：是非題

1：O　2：X　3：O　4：X　5：O

6：X

二：選擇題

1：C　2：A　3：B　4：C　5：B

三：填充題

1：floor( ) 函數

2：ceil( ) 函數

3：hypot( ) 函數

4：exp( ) 函數

5：弧度

──── 第 5 章 ────

一：是非題

1：X　2：X　3：O　4：X　5：X

6：O　7：O　8：X　9：O

二：選擇題

1：D　2：C　3：A　4：B　5：D

6：D　7：D

三：填充題

1：== , !=

2：&& , ||

3：e1 ? e2 : e3

4：switch

5：goto

──── 第 6 章 ────

一：是非題

1：O　2：X　3：O　4：O　5：O

6：X　7：O　8：X

9：X　10：O　11：X　12：O　13：O

14：O　15：X　16：X

二：選擇題

1：B　2：C　3：D　4：A　5：A

6：C　7：C　7：C　8：B

9：C　10：A　11：A

三：填充題

1：關係運算式

2：for 迴圈

3：'\r'

4：do … while 迴圈

5：do … while 迴圈

6：for 迴圈，while 迴圈

7：break

8：continue

9：RAND_MAX

10：time( )

11：sleep( )，usleep( )

──── 第 7 章 ────

一：是非題

1：O　2：X　3：O　4：X　5：X

6：O　7：O　8：X

9：X　10：O

二：選擇題

1：C　2：B　3：B　4：C　5：A

三：填充題

1：6，8

2：3

3：列

4：行

5：3

6：小，大

7：1，2

第 8 章

一：是非題

1：X　2：X　3：O　4：O　5：X

6：X　7：X　8：O　9：X

二：選擇題

1：A　2：D　3：B　4：C　5：D

6：A　7：B　8：A　9：D

三：填充題

1：char

2：'\0'

3：%s，%ns，%-ns

4：'\r'

5：puts( )

6：strcat( )

7：1

8：strlen( )

9：strupr( )

10：strlwr( )

11：strrev( )

12：字串數量

第 9 章

一：是非題

1：X　2：X　3：O　4：X　5：X

6：O　7：X　8：O

9：X　10：O　11：X

二：選擇題

1：A　2：C　3：B　4：B　5：B

6：C　7：D　8：A

三：填充題

1：函數原型，函數主體

2：return

3：使問題越來越小，有終止條件

4：堆疊

5：靜態

6：register

第 10 章

一：是非題

1：O　2：X　3：X　4：O　5：X

6：O　7：O　8：O　9：O

二：選擇題

1：A　2：D　3：B　4：B　5：A

6：C　7：B

三：填充題

1：stdio.h，stdlib.h，math.h

2：常數的代換，字串的代換，定義簡易
的函數

3：#，\

4：#undef

5：#include "C:\Cbook\test.h

6：#ifndef

第 11 章

一：是非題

1：O　2：O　3：X　4：X　5：X

6：X　7：X　8：O

9：X　10：O　11：X　12：O　13：X

14：O　15：X

二：選擇題

1：A　2：A　3：C　4：B　5：D

6：A　7：D　8：C

9：C　10：B　11：C　12：B

三：填充題

1：1，4，4

2：指標

3：ptr，&ptr，*ptr

4：指標沒有指向位址

5：NULL

6：num[1]

7：ptr，&ptr，*ptr，**ptr

8：*(n+i) + j

9：*(*(n+i) + j)

10：pan

第 12 章

一：是非題

1：X　2：O　3：O　4：X　5：X

6：X

二：選擇題

1：C　2：D　3：A　4：A　5：D

三：填充題

1：變數位址

2：call by address

3：p[ ][5]

4：char *[ ]

5：*argc[ ]

第 13 章

一：是非題

1：O　2：X　3：X　4：X　5：X

6：O　7：X　8：O

二：選擇題

1：A　2：B　3：A　4：A　5：C

三：填充題

1：結構

2："."

3：大括號

4：巢狀結構

5：data[n].price

6：->

第 14 章

一：是非題

1：O　2：X　3：X　4：O　5：X

二：選擇題

1：B　2：C　3：D　4：C　5：A

三：填充題

1：union

2：0，1，50，51

3：typedef

第 15 章

一：是非題

1：X　2：X　3：O　4：X　5：O

6：O

二：選擇題

1：A　2：C　3：D　4：B　5：D

三：填充題

1：非 0 值

2：非 0 值

3：0

4：非 0 值

5：isxdigit( )

6：0

7：islower( )

8：tolower( )

第 16 章

一：是非題

1：O　2：O　3：X　4：X　5：X

6：O　7：X　8：O

9：X　10：X

二：選擇題

1：A　2：C　3：D　4：A　5：C

6：D　7：B

三：填充題

1：fopen( )

2：printf( )，fprintf( )

3：scanf( )，fscanf( )

4：fseek( )

5：rewind( )

6：stdin，stdout，stdprn

7：open( )

8：lseek( )

第 17 章

一：是非題

1：X　2：O　3：O　4：O

二：選擇題

1：C　2：A　3：B　4：C

三：填充題

1：remove( )，unlink( )

2：rename( )

3：filelength( )

4：mkdir( )，rmdir( )

第 18 章

一：是非題

1：O　2：O　3：X　4：X

二：選擇題

1：C　2：A　3：B

三：填充題

1：atof( )

2：atoi( )

3：atol( )

4：ltoa( )

第 19 章

一：是非題

1：X　2：X　3：X　4：O　5：X

6：O

二：選擇題

1：D　2：A　3：C　4：D　5：D

6：B　7：C　8：D

三：填充題

1：2

2：7

3：1

4：0

5：6

6：1

第 20 章

一：是非題

1：O　2：X

二：選擇題

1：B

三：填充題

1：extern

第 21 章

一：是非題

1：O　2：O　3：O　4：X　5：X
6：O

二：選擇題

1：B　2：B　3：C

三：填充題

1：刪除空串列，刪除第一個節點，刪除
串列中的節點
2：malloc( )，free( )
3：前面，後面

第 22 章

一：是非題

1：O　2：X　3：X　4：O　5：O

二：選擇題

1：B　2：A　3：C

三：填充題

1：堆疊
2：push，pop
3：12, 11, 10, 9
4：佇列

5：enqueue，dequeue
6：9, 10, 11, 12

第 23 章

一：是非題

1：X　2：O　3：O　4：X　5：O
6：X　7：X　8：O

二：選擇題

1：C　2：A　3：A　4：D　5：A

三：填充題

1：n 元樹
2：葉節點
3：前序，中序，後序，中序
4：前序
5：1, 4, 5, 7, 8, 11, 12, 13，7, 4, 1, 5, 12, 8,
11, 13，1, 5, 4, 11, 8, 13, 12, 7

第 24 章

一：是非題

1：O　2：O　3：X　4：O　5：X
6：O

二：選擇題

1：D　2：D　3：A　4：C　5：D

三：填充題

1：cpp
2：//
3：cout，<<，cin，>>
4：cstdlib，using namespace std
5：endl
6：::